EINSCHLÜSSE

IM BALTISCHEN BERNSTEIN

Carsten Gröhn

Vorderseite:

Staphylinidae: *Bolitobius groehni* Schülke, 2000, Holotypus GPIH 4347

Rückseite:

Blattlauslöwe, Hemerobiidae, Coll. Damzen

Heuschrecke, Tettigonidae

Schabe, Blattina: *Cotyloblatta irmgardgroehni* Anisyutkin, 2012, Holotypus GPIH 4544

Großflügler, Corydalidae: *Chauliodes carsteni*, Wichard, 2009, Holotypus GPIH 4310

Seite 1:

Kurzflüglerkäfer (Paederinae) „wandert“ auf einem Ast

1. Auflage 2015

Layout, Satz, Prepress:
Ole Friedrich, www.friedrich-art.de

Printed in Germany

ISBN 978-3-529-05457-0

Besuchen Sie uns im Internet:
www.wachholtz-verlag.de
www.ambertop.de

GEFANGEN SEIT JAHRMILLIONEN

Es gibt eine Fülle an Literatur über Bernstein, aber nur wenige umfassende Werke über die Einschlüsse (Inklusen). Bachofen-Echt veröffentlichte 1949 das erste Buch, dass die Pflanzen und Tiere im Bernstein in systematischer Reihenfolge erfasste: „Der Bernstein und seine Einschlüsse". Es war lange Zeit vergriffen, wurde dann 1996 im Jörg Wunderlich Verlag neu aufgelegt.

Wolfgang Weitschat und Wilfried Wichard knüpften daran an und schufen 1998 den „Atlas der Pflanzen und Tiere im Baltischen Bernstein", ein Standardwerk, das leider schnell vergriffen war. 2002 folgte die erweiterte Neuauflage in Englisch „Atlas of Plants and Animals in Baltic Amber". Auch dieses Standardwerk ist schon lange vergriffen und leider nicht neu aufgelegt worden.

Mit dem Buch „Einschlüsse im Baltischen Bernstein" soll an diese Werke angeknüpft und eine Lücke geschlossen werden. Dabei werden die vergriffenen Werke vom Aufbau her nicht kopiert, sondern eine ganz neue Herangehensweise gewagt.

Die Fototechnik und Bildverarbeitungsmöglichkeiten haben sich in den letzten Jahrzehnten fortentwickelt und so können hochaufgelöste Fotografien von Einschlüssen gezeigt werden – sofern ihr Erhaltungszustand es zugelassen hat.

Die einzelnen Tiergruppen werden in systematischer Reihenfolge abgehandelt. Das Buch erhebt nicht den Anspruch, aus wissenschaftlicher Sicht einwandfrei sein zu wollen. Trotzdem habe ich versucht, möglichst viele namhafte Wissenschaftler, die sich mit der Erforschung der jeweiligen Tiergruppe beschäftigen, zu kontaktieren und habe wertvolle Tipps und neue Kenntnisse beigesteuert bekommen. Das Buch soll in erster Linie von den Bildern leben. Da viele Einschlüsse, die im ATLAS abgebildet sind, aus meiner Privatsammlung stammen, sehen wir in diesem Buch einige „Bekannte" wieder.

Es werden nur die Einschlüsse des Baltischen Bernsteins erfasst. Fast alle Gruppen, zumindest die Großgruppen, kommen z. B. auch im Dominikanischen und Burmesischen Bernstein vor, so dass dieses Buch auch für deren Einschlüsse eine wertvolle Bestimmungshilfe darstellt.

Es werden bei der systematischen Abhandlung auch Gruppen vorgestellt, die bisher nicht im Baltischen Bernstein nachgewiesen wurden, deren Vorkommen aber wahrscheinlich ist und die irgendwann mit an Sicherheit grenzender Wahrscheinlichkeit gefunden werden.

Meiner Frau Jutta danke ich für ihre große Geduld und ihre Bereitschaft, mich die vielen Stunden vor dem Mikroskop arbeiten zu lassen, und dass sie immer zur rechten Zeit mit der richtigen Abwechslung aufwartete.

Meinem Sohn Ole Friedrich bin ich zu allergrößtem Dank verpflichtet, denn er hat neben seinem Beruf nächtelang das druckreife Layout geschaffen, wie auch schon beim 2013 erschienenen Buch „ALLES ÜBER BERNSTEIN".

Mit diesem Werk erscheint bereits mein viertes Buch im Wachholtz-Naturprogramm. Ich danke dem Verlagsteam von Wachholtz – Murmann Publishers für die rundherum gute Betreuung und dem Verleger für die Übernahme von Risiken, die mit umfangreichen Standardwerken verbunden sind. Die frühzeitige Zusage zur Aufnahme ins Naturprogramm hat mich frei und unbeschwert arbeiten lassen.

Carsten Gröhn

INHALT

Systematischer Teil

Abkürzungen

aff. = affinis (lat.: eng verwandt)
cf. = collectio formarum (lat.: Rassenkreis)
et al. = aus dem Lateinischen, entspricht dem Deutschen „und andere"
F = Fühler
Fl = Flügel
Kö = Körper
HT = Holotypus
PT = Paratypus
NT = Neotypus

Vorangestellte zwei- bis fünfstellige Zahlen: Nummer des Einschlusses aus der Sammlung Gröhn bzw. anderer Sammlungen

Die Museen, aus deren Sammlungen Typenmaterial gezeigt wird, sind wie folgt abgekürzt:

BPSM Bayrische Staatssammlung für Paläontologie und Geologie München
DSM Universität Bremen / Dt. Schifffahrtsmuseum
GPIH Museum des Geologisch-Paläontologischen Instituts der Universität Hamburg
MNHU Museum für Naturkunde der Humboldt Universität Berlin
MPAS Museum of Natural History, Inst. of System. and Evol., Polish Academy of Sciences, Kraków
SDEI Senckenberg Deutsches Entomologisches Institut
SMF Naturmuseum Senckenberg Frankfurt
SMNS Stattliches Museum f. Naturkunde Stuttgart

DER BERNSTEIN-WALD

Unzweifelhaft existierte der „Bernsteinwald" vor 40–50 Millionen Jahren im Bereich des heutigen nordöstlichen Europas. Er hatte eine große Ausdehnung über weit mehr als tausend Kilometer, sowohl in Nord-Süd-Richtung als auch Ost-West-Richtung. Die Ostsee gab es damals noch nicht, in ihrem Bereich floss der Baltische Urstrom, der in das Eozänmeer entwässerte. Auch die Angabe der großen Zeitspanne ist richtig, denn den Bernsteinwald hat es sicher einige Millionen Jahre lang gegeben. Das Klima war damals sehr stabil, tropisch bis subtropisch; Klimaschwankungen mit Vereisungen der Polkappen gab es nicht.

Woher wissen wir das so genau? Ein Indiz: Nach dem Aktualitätsprinzip müssen wir davon ausgehen, dass Insektengruppen, die heute ausschließlich in den Tropen leben, auch damals tropisches Klima bevorzugten. Konkret: Die Hauptverbreitung der Gottesanbeterinnen, Stabschrecken, Gekkos liegt heute im subtropischen bis tropischen Raum – und wir finden sie im Bernstein!

Es ist spannend, den Bernsteinwald zu rekonstruieren. Dabei helfen uns einerseits die Grabgemeinschaften (Taphozönosen): Das sind Ansammlungen verschiedener Lebewesen in einem Bernstein. Andererseits helfen uns die Fossilien gleichen Alters von anderen Fundorten bei der Rekonstruktion. Dazu gehören die vielen Fossilien der legendären Grube Messel bei Darmstadt und aus dem Geiseltal bei Halle: Die Tiere lebten zur selben Zeit wie die Lebewesen des Bernsteinwaldes. Sie zeigen uns Lebewesen, die aufgrund ihrer Größe nicht im Bernstein zu finden sein können (oder nur Teile von ihnen): Urpferdchen, Urraubtiere, primitive Primaten (Halbaffen), Fledermäuse und andere Insektenfresser, kleine Vögel, aber auch Krokodile, Amphibien und natürlich Fische.

Zur Zeit des Bernsteinwaldes muss ein sehr feuchtes, warmes Klima geherrscht haben, mit reichlich stehenden und fließenden Gewässern. Eine Fülle von Bernsteininsekten ist der Gewässernähe zuzuordnen, entweder sie selbst oder deren Larven. Denken wir an die vielen Zuckmücken, Köcherfliegen, Eintagsfliegen, Steinfliegen, Schwammfliegen, Schlammfliegen, die Sumpfkäfer, Taumelkäfer, Wasserwanzen u. v. m. Sie alle sind zumindest in einem Entwicklungsstadium auf Wasser angewiesen.

Aber auch Einzelfunde lassen Rückschlüsse auf Biotope im Bernsteinwald zu. So wurde eine Steinfliegenlarve mit Kiemen im Bernstein gefunden, deren heutige Verwandte in schnell fließenden, kalten Gebirgsbächen vorkommen. Auch andere Indizien könnten angeführt werden, dass es höher gelegene Areale gegeben hat, von denen herab kühlere Bäche flossen, z. B. der Erstnachweis des Brunnenkrebses *Niphargus groehni,* dessen Verwandte heute im Wasser von kühlen Brunnen, Höhlensystemen und Quellen leben.

Heterogene Taphozönosen

Ein kleines Rätsel bleiben die manchmal so unterschiedlich zusammengesetzten Syninklusen/Grabgemeinschaften: Einschlüsse aus verschiedenen Subbiotopen. Man müsste doch annehmen, dass an der Stelle, an der **ein** Baum harzte und **ein** Schlauben-Harzstück auf der Rinde entstand, dann auch nur Lebewesen aus der Rindenfauna zu finden sind, ergänzt durch die Fluginsekten der näheren Umgebung, nicht aber Lebewesen aus der Totholzfauna oder Bodenfauna, schon gar nicht aus der Gewässerfauna. Tatsache aber ist, dass einige Schlaubenbernsteine solche heterogen zusammengesetzten Inklusenansammlungen zeigen. Das kann nur so erklärt werden:

- Das aromatisch duftende glänzende Harz muss Insekten magisch angezogen haben, auch aus größerem Abstand.
- Der Wind hat mitgespielt und vieles vom Boden aufgewirbelt oder von weiter her herangeweht.
- Harz hat Einschlüsse eingefangen und ist auf den Boden geflossen oder getropft. Dort sind weitere

Einschlüsse ins Harz gelangt bzw. darauf festgeklebt und nachfolgender Harzfluss hat sie eingeschlossen.
- Der harzende Baum hat in Gewässernähe gestanden, so dass aus sehr unterschiedlichen Biotopen Lebewesen eingeschlossen werden konnten.

Ein schönes Beispiel einer heterogenen Taphozönose zeigt der Bernstein Nr. 69 der Sammlung Scheele, Geologisch-Paläontologisches Museum der Universität Hamburg. Diesen „Klassiker" unter den Syninklusen-Bernsteinen kennen wir bereits aus „Im Bernsteinwald" (Wichard & Weitschat, 2004). Er enthält neben Sternhaaren und Pflanzenresten über 40 Gliederfüßer:

Eine mittig gelegene Schnepfenfliege (Rhagionidae), siebzehn Tanzfliegen (Empididae), viele Trauermücken (Sciaridae) und Langbeinfliegen (Dolichopodidae), zwei Käfer (Coleoptera), Springschwänze (Collembola), Milben, eine Spinne, Blattlauslarven und aus dem aquatischen Bereich zwei Köcherfliegen (Trichoptera: Polycentropodidae, Helicopsychidae).

Nähere Informationen zu „Taphozonösen im Baltischen Bernstein" sind bei Wichard (2009) nachzulesen.

Heterogene Taphozönose, Syninklusen-Bernstein,
aus Wichard & Weitschat, 2004

Homogene Taphozönosen

Der Bernstein Nummer 2871 mit einer Größe von 55 mm enthält einen Massenfang von 25 Termiten und Termitenflügel (Isoptera), eine Stelzmücke und einzelne Stelzmückenbeine (Limoniidae), zwei Baummulmkäfer (Aderidae), einen Scheinbockkäfer (Oedemeridae), einen Kleinschmetterling (Microlepidoptera), mehrere Trauermücken (Sciaridae), eine Gallmücke (Cecidomyiidae), mehrere Schmetterlingsmücken (Psychodidae) und mehrere Hornmilben = Moosmilben (Oribatida). Diese Grabgemeinschaft zeigt uns ausschließlich Tiere, die nicht auf Wassernähe angewiesen sind, sondern im eher trockenen Biotop gelebt haben.

2871 Massenfang Termiten und Termitenflügel

Ein weiteres solches Beispiel zeigt der Bernstein Nummer 8278 mit einer Größe von 35mm. Er enthält: Laufkäfer (Carabidae), Laufkäfer (Carabidae – *Dyschirius*), Breitrüssler (Anthribidae), kleine Ameise (Formicidae), große Ameise (Myrmicinae *Aphaenogaster sommerfeldti* Mayr), kleiner und großer Hundertfüßer (Chilopoda – Lithobiidae), Zuckmücke (Chironomidae), Springschwanz (Collembola).

8278 Homogene Taphozönose

Kiefer-Doppelnadel 20 mm

Thujazweig 14 mm

Fagus, Buchenblatt 45 mm

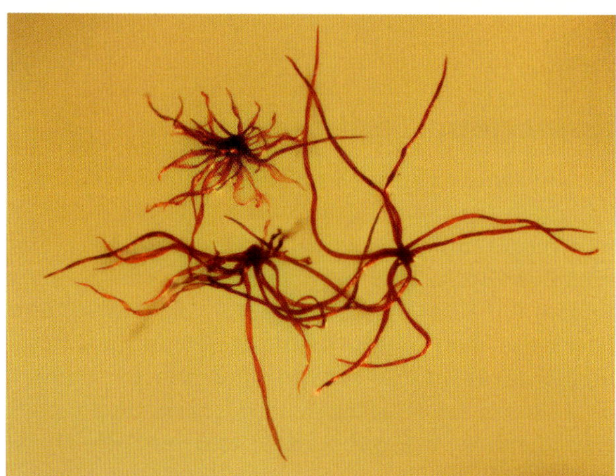

Eichenknospe 8 mm
Eichenblüte 5 mm
Sternhaare der Eiche 2–4 mm

Die Pflanzenwelt

Die Pflanzenwelt lässt sich schwieriger rekonstruieren, denn Pflanzen können nicht ins Harz fliegen. Sie müssen entweder direkt vom Harz betropft oder durch Wind hinein geweht worden sein. Unzweifelhaft gab es viele Eichen, deren Sternhaare in dieser Form nur der Baltische Bernstein enthält. Die vielen Luftsackpollen im Bernstein weisen auf Kiefern hin. Weniger häufig vorkommende Nacktsamer („Nadelhölzer") sind Fichten, Thuja und Zypressen. Nachgewiesene Laubbäume sind neben den Eichen auch Buchen und Ahorn. Lebermoose weisen auf ein Biotop mit hoher Luftfeuchtigkeit und Schatten hin und kommen recht häufig im Bernstein vor; Laubmoose etwas seltener und Farne sehr selten, was an ihrer Größe liegen könnte. Neben tropischen und subtropischen Pflanzenfamilien (z. B. Lorbeer, Palmen), finden wir Pflanzenfamilien aus gemäßigten Zonen (z. B. Rosengewächse, Steinbrech). Einige Familien der Blütenpflanzen wiederum weisen auf lichte Wälder hin, z. B. Heidegewächse, Kreuzblütler, Wolfsmilchgewächse und Doldenblütler. Insgesamt sind schon über 50 Familien der höheren Blütenpflanzen nachgewiesen.

Zusammenfassend kann man sagen, dass es sicher nicht **den** typischen Bernsteinwald gegeben hat, sondern einen sehr abwechslungsreichen riesigen Wald mit verschiedensten Subbiotopen. Dabei dürfen wir nicht den Fehler begehen, anhand der gefundenen Einschlüsse ein direktes Abbild des Bernsteinwaldes zu rekonstruieren. Wir müssen bedenken, dass nicht alle Pflanzen und Tiere des Bernsteinwaldes die gleiche Möglichkeit hatten, ins Harz zu geraten. Kleine Fluginsekten und leichte Pflanzenteile wie die Sternhaare geraten viel leichter und deshalb häufiger ins Harz als große Tiere und fest wurzelnde Pflanzen. Die so häufig im Bernstein eingeschlossenen Sternhaare lassen deshalb nicht zwangsläufig den Schluss zu, dass die Eichen im Bernsteinwald vorherrschten.

Der Harzproduzent

Der in fast allen Büchern erwähnte Baum des Bernsteinwaldes, der große Mengen Harz produziert haben soll, ist die Kiefer *Pinus succinifera*. Widerlegt ist das bisher nicht eindeutig, aber Zweifel daran gibt es schon. So könnte z. B. auch eine Zeder infrage kommen. Vergleicht man die Infrarotspektren, so stellt man wenige Ähnlichkeiten zwischen dem Baltischen Bernstein und dem Harz heutiger Nadelhölzer fest. Sie gleichen aber den Harzen von Araucarien, die heute z. B. in Neuseeland oder auf Madagaskar wachsen und große Mengen Harz produzieren, viel mehr als den heutigen Kiefern. Andererseits finden wir häufig Luftsackpollen im Bernstein, ein Hinweis auf Kieferngewächse. Sie bilden die typische Endform aus, indem sich an zwei Stellen die äußere Pollenschicht ablöst und sich zwei seitliche Luftsäcke bilden.

Vavra (2008) sieht sogar Unterschiede zwischen dem Bitterfelder und Baltischen Bernstein, die sich in den Ergebnissen der Infrarotspektroskopie ähneln; im Bitterfelder Bernstein ist aber als löslicher Inhaltsstoff sehr viel Dehydroabietinsäure nachzuweisen, deutlich mehr als im Baltischen Bernstein. Das lässt die Überlegung zu, dass es unterschiedliche Harzproduzenten gab. Für den Baltischen Bernstein werden *Pinus succinifera* und *Cedrus* (beides Pinaceae), aber auch *Agathis* aus der Familie Araucariaceae diskutiert, während für den Bitterfelder Bernstein die Gattung *Picea* (Fichte) in Erwägung gezogen wird. Dagegen sprechen die oben erwähnten häufig vorkommenden Luftsackpollen, die *Pinus* zuzuordnen sind. Nach neuesten Untersuchungen von A. P. Wolfe (2009) kommt auch ein Vertreter der Schirmtannen (Sciadopityaceae) als Harzproduzent infrage. Wolfe gibt schlüssige Erklärungen dazu.

Welche Baumart nun wirklich der Hauptproduzent des Harzes gewesen ist, bleibt bis auf weiteres ein Rätsel. Da aber Einschlüsse von Kiefernadeln, Kieferzapfen und Kieferpollen im Bernstein zu finden sind, Nachweise von Zedern und Araukarien aber fehlen, sollte man doch davon ausgehen, dass eine Kiefer der Harzproduzent war.

Die Diskussion über die Harzproduzenten des Bernsteinwaldes ist ganz sicher noch nicht abgeschlossen. Haben die harzproduzierenden Bäume unnatürlich stark geharzt? Auch diese Frage wurde jahrzehntelang kontrovers diskutiert. Früher dachte man sogar, dass die Kiefern des Bernsteinwaldes krankhaft stark harzten. Später setzte sich die Meinung durch, dass allein die lange Zeit, die der Bernsteinwald existierte, für die großen Harz- bzw. Bernsteinmengen verantwortlich gewesen sei und die Kiefern nicht unter einer Krankheit litten. Neuere Untersuchungen und Rezentvergleiche haben die Diskussion neu entfacht.

In einer ökologischen Studie der Georg-August-Universität Göttingen zur Harzproduktion heißt es: „Ein internationales Forscherteam unter der Leitung von Privatdozent Dr. Alexander Schmidt vom Courant Forschungszentrum Geobiologie der Universität Göttingen ist den Bernsteinwäldern im südlichen Pazifik auf der Spur. Während einer sechswöchigen Expedition untersuchten die Wissenschaftler zunächst die Bernsteinvorkommen Neuseelands und reisten dann auf die Pazifikinsel Neukaledonien. Dort entdeckten sie neue Pilzarten und entschlüsselten Wechselbeziehungen zwischen harzenden Bäumen, Gliederfüßern und Mikroorganismen als Ursache erhöhter Harzproduktion. Sie wiesen für diese heutigen Ökosysteme nach, dass Insektenbefall und pathogene Mikroorganismen die Art und Menge von Harzausflüssen stark verändern.

Diese ökologischen Zusammenhänge könnten eine Erklärung für die Bernsteinlagerstätten auf der

„Bernsteinwald" in Neukaledonien
© Alexandert Schmidt

Harzender Baum in Neukaledonien
© Alexandert Schmidt

südlichen Erdhalbkugel liefern. Massive Bernsteinvorkommen entstanden im Verlauf der Erdgeschichte in bestimmten Zeitabschnitten. Warum Bäume in manchen Zeiträumen überhaupt übermäßig Harz produziert haben, gilt bislang als ungelöstes Rätsel. Die tropischen Waldökosysteme Neukaledoniens werden von Koniferen dominiert, von denen einige Vertreter große Harzmengen produzieren. So konnte das Forscherteam an heute lebenden Arten untersuchen, unter welchen Bedingungen starke Harzflüsse produziert werden. Dabei stießen die Wissenschaftler auf eine Pilzflora, die artenreicher ist als bisher angenommen. Sie entdeckten neue Arten, die zur Gruppe der Schlauchpilze (Ascomycota) gehören. Diese neuen Pilzarten leben ausschließlich auf frisch entstandenen Harzflüssen der Koniferen und ernähren sich von den Inhaltstoffen der Harze. Das Forscherteam fand zudem verschiedene Rüsselkäferarten, die in Zweigen von Araukarien leben. Die Besiedlung durch die Käferlarven löst in den Ästen und Zweigen der Bäume eine gesteigerte Harzproduktion aus – als Abwehrmechanismus gegen den Insektenfraß. Von den dadurch entstehenden unzähligen Harztropfen profitieren wiederum Vertreter der oben genannten harzbewohnenden Schlauchpilze. „Die Entschlüsselung solcher Wechselbeziehungen in heutigen Ökosystemen hilft uns dabei, Ökosysteme aus der erdgeschichtlichen Vergangenheit zu rekonstruieren", erklärt der Göttinger Paläontologe Prof. Dr. Schmidt. „In die weiteren Diskussionen um die Ursachen für Bernsteinlagerstätten muss das Auftreten von neuen holzbewohnenden Insektengruppen und Mikroorganismen in der Erdgeschichte stärker als bisher einbezogen werden." Die Ergebnisse der ökologischen Studien auf Neukaledonien ermöglichen zudem ein besseres Verständnis der alten Bernsteinwälder Neuseelands, die ebenfalls eine hohe Diversität an Koniferen aufwiesen und in denen, ebenso wie heute auf Neukaledonien, Vertreter der Araukariengewächse große Mengen an Harz produzierten." (Schmidt, 2012).

Neben dem Hauptproduzenten des Harzes, das für den Baltischen Bernstein verantwortlich ist, gab es auch andere Harzproduzenten in geringerem Umfang. Von ihnen stammen die **akzessorischen Harze:**

Glessit, eine Bernsteinart, die sich grundlegend vom „normalen" Baltischen Bernstein, dem Succinit, unterscheidet und mit einem Anteil von wenigen Prozent zusammen mit dem Succinit gefunden wird. Zu erkennen ist diese Bernsteinart an der typischen Feinstruktur, die bei 25facher oder größerer Vergrößerung körnig aussieht. Außerdem ist Glessit nicht so gut zu schleifen und eignet sich kaum für die Schmuckherstellung. Der Ursprungsbaum soll aus der Familie Burseraceae (Balsambaumgewächse) stammen, heute in den tropischen Regionen weit verbreitet (nach Krumbiegel, 1993). Glessit wird nicht nur in der Nord- und Ostsee gefunden, sondern ist auch aus der Braunkohlegrube Bitterfeld und der Lausitz bekannt.

Gedanit ist ein spröder Bernstein, der auf den ersten Blick wie Succinit aussieht, aber keine Bernsteinsäure enthält. Er kommt zu weit weniger als ein Prozent vor. Sein Harzlieferant soll *Cupressospermum saxonicum* sein (nach Krumbiegel, 1994); der Name weist darauf hin, dass auch im Bitterfelder Bernstein Gedanit in geringen Mengen gefunden wurde. Er ist brüchig und schlecht zu schleifen, wird deshalb auch kaum für die Schmuckherstellung verwendet.

Es werden viele weitere akzessorische Harze beschrieben, gesicherte Erkenntnisse über die Harz liefernden Baumarten gibt es aber nicht.

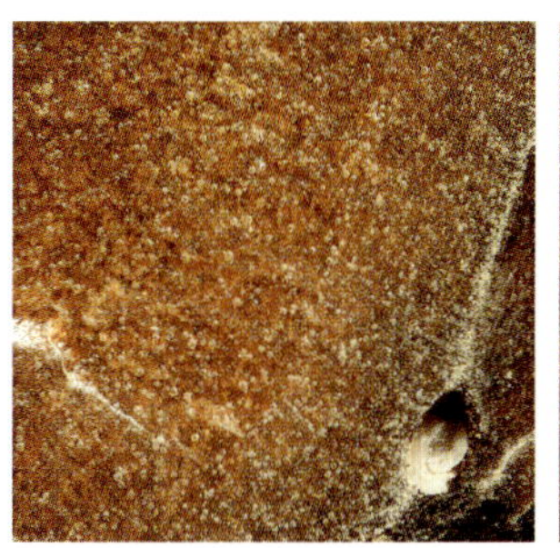

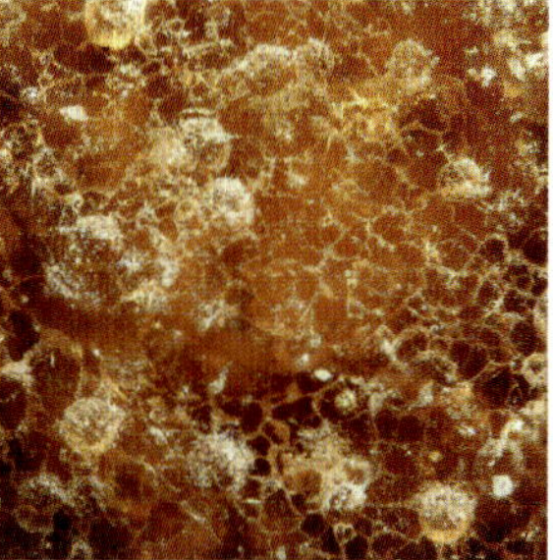

Glessit, Vergrößerung 25x und 100x

Gedanit

Was hätten wir im Bernsteinwald gehört?

Die Rufe der Lemuren und Urpferdchen, das Quaken der Frösche, das Zirpen der Grillen und Zikaden... Der Phantasie sind keine Grenzen gesetzt. Reisen wir in die Tropen oder Subtropen und setzen uns morgens vor Sonnenaufgang in den Wald und lauschen der Natur, vielleicht hat es im Bernsteinwald ähnlich geklungen...

ENTSTEHUNG UND UMLAGERUNG DES BERNSTEINS

Im Zeitalter des Paläogen (genauer: Im Unteren Eozän – Lutetium, vor ca. 45 Millionen Jahren) gelangten große Mengen Harz von den Bäumen des Bernsteinwaldes in das vor Verwitterung schützende Wasser von Sümpfen, Seen, Bächen und Flüssen. Das Meer schob sich im Verlauf des Eozäns immer weiter nach Osten vor und teilte den Bernsteinwald in einen nördlichen und südlichen Wald. Das Meer reichte bis weit über Kaliningrad (früher Königsberg) hinaus. Der Baltische Urstrom, der legendäre Eridanos, hatte seine Mündung nördlich von Kaliningrad. Er beförderte über lange Zeit aus dem nördlichen Bernsteinwald Sedimente mit darin enthaltenem Harz ins Meer und schuf meterdicke Ablagerungen in seinem Flussdelta.

Diese Ablagerungen finden wir heute als sogenannte Blaue Erde großflächig in der Russischen Enklave Kaliningrad bis hinein nach Polen. Im Binnenland liegt die Blaue Erde bei Jantarny (früher Palmnicken) in 30– 40 m Tiefe, weiter im Norden Richtung Ostsee in nur 10–15 m Tiefe und im Bereich der Ostsee erreicht die Blaue Erde den Meeresgrund. Die Verteilung der Blauen Erde zeigt deutlich den Fächer des ehemaligen Flussdeltas des Eridanos. Die tatsächliche Färbung dieses Sedimentes ist eher graugrün als blau und stammt vom enthaltenen Glaukonit her. In der Blauen Erde befinden sich bis über 3 kg Bernstein pro Kubikmeter Erde.

Sicher haben auch andere kleinere Flüsse Harze ins Meer geschwemmt und Ablagerungen geschaffen. So könnte der Moler-Bernstein aus dem Norden Dänemarks in Ablagerungen entstanden sein, die ein Fluss aus dem Gebiet zwischen Südschweden und Norwegen schuf.

Das vor über 40 Millionen Jahren ins Meer geschwemmte Harz wandelte sich in den Fluss-Sedimenten, begünstigt durch den Druck darüber gelagerter Sand- und Wassermassen, durch einen fortschreitenden Polymerisationsprozess über Kopal zu Bernstein um. Dieser Prozess dauerte über eine Million Jahre.

Lange Zeit war eine Altersdatierung nicht exakt möglich. Die Altersbestimmung durch radioaktive

Das Meer im Unteren Eozän

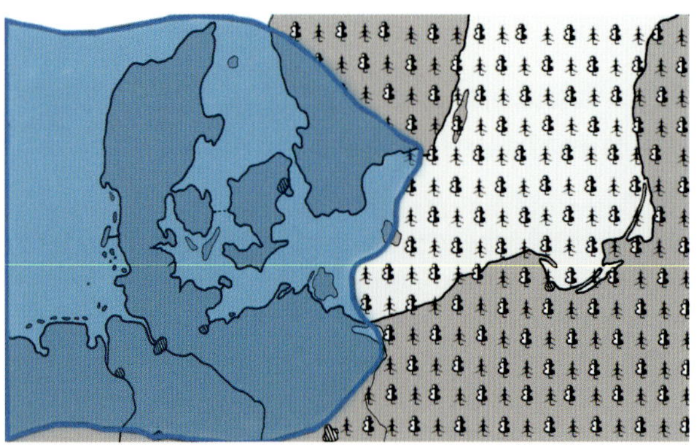

Das Meer im mittleren Eozän und der Eridanos

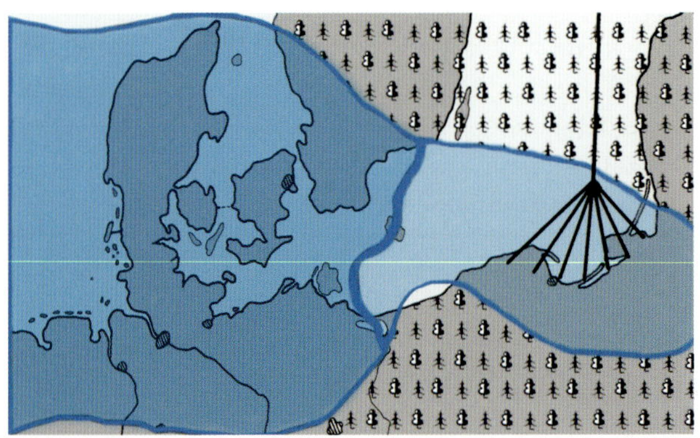

Lackfilm Blaue Erde

Elemente kann nicht angewendet werden, da die C14-Methode aufgrund der geringen Halbwertszeit von etwas mehr als 5700 Jahren nur bis zu einem Alter von ca. 50.000 Jahren sichere Ergebnisse liefert. Die Kalium-Argon-Methode oder ähnliche Methoden mit radioaktiven Elementen hoher Halbwertszeiten sind nur für Gesteine sehr hohen Alters sicher anwendbar. Die Geologen benutzen neben dieser direkten absoluten Altersbestimmung weitere Methoden, die einerseits die Schichtfolgen der Sedimente berücksichtigen, andererseits die darin enthaltenen Leitfossilien. So konnte man anhand von Mikrofossilien das eozäne Alter bestimmen. Neuere Untersuchungen an Glaukoniten (Ritzkowkski, 1997) haben die Bildungszeit der Hauptschicht der Blauen Erde ins Mittel-Eozän datiert. Da es weitere, tiefer gelegene, aber nicht so bernsteinreiche Horizonte gibt, muss man annehmen, dass Harze schon ab dem Unter-Eozän in diese sekundäre Lagerstätte transportiert wurden. Deshalb ist es richtig, wenn wir das Alter des Baltischen Bernsteins mit 40–50 Millionen Jahren angeben.

Um die weitere Verteilung des Baltischen Bernsteins verstehen zu können, muss man die Entwicklung des heutigen Ostseeraumes vom Eozän bis heute betrachten, vor allem die Regression und Transgression des Meeres.

Im Laufe der auf das Eozän folgenden vielen Millionen Jahre änderte sich das Klima, es wurde trockener und kälter. Auch die Vegetation änderte sich entsprechend, den Bernsteinwald gab es nicht mehr. Im Laufe des Miozäns (vor ca. 20 Millionen Jahren) zog sich das Meer immer weiter aus dem Bereich der heutigen Ostsee zurück.

Im Pliozän (vor ca. 3 Millionen Jahren) nahm das Meer ungefähr den Bereich der heutigen Nordsee ein. Eine Ostsee gab es nicht. Es erstreckte sich vor dem Pleistozän (dem Eiszeitalter) das Baltische-Urstrom-System über 1.000 km von Finnland, über das Baltikum und Süd-Schweden, über Mecklenburg-Vorpommern, Schleswig-Holstein, Niedersachsen bis zu den Niederlanden. Die Mündung lag im Beckenzentrum der heutigen Nordsee (nach

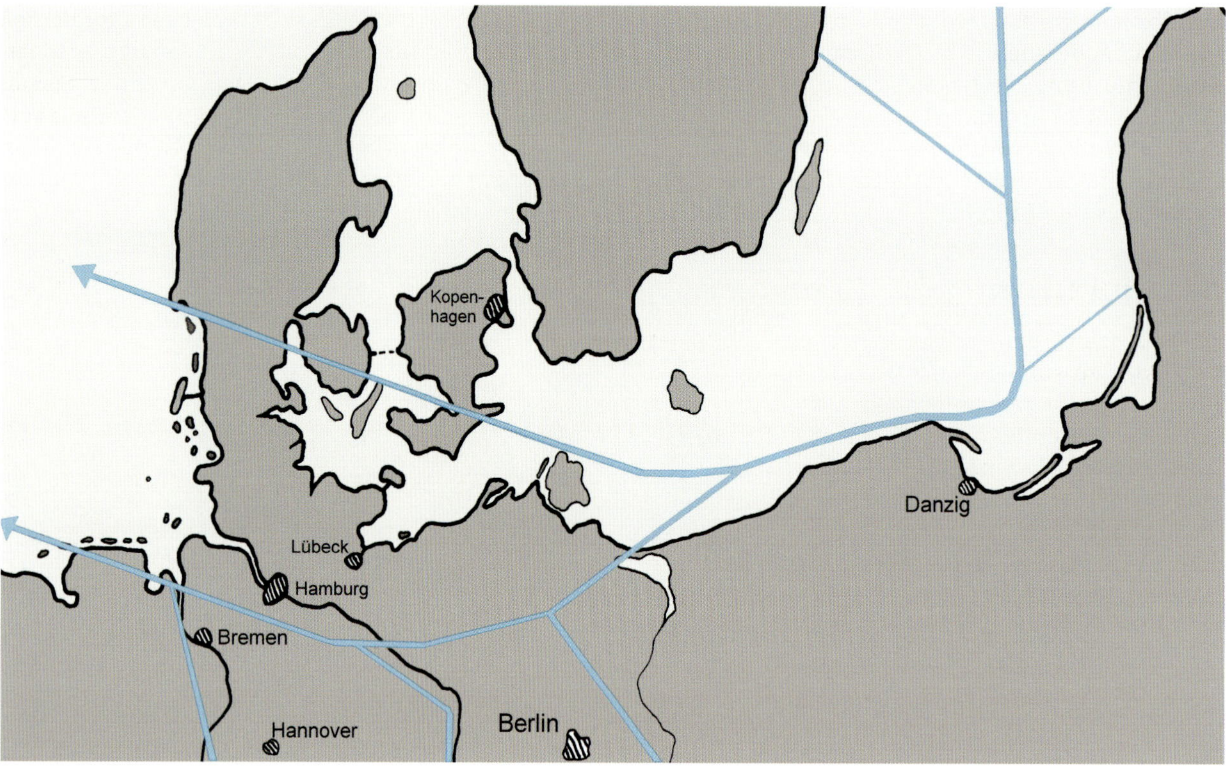

Das Baltisches Urstrom-System

Schulz, 2003, Troppenz, 2012 und Van Keulen, Smit und Rhebergen, 2012). „Der Baltische Urstrom bestand aus einem breiten System verflochtener oder mäandrierender Arme, wozwischen Sand- und Kiesbänke lagen ... Nebst Wasser hatte Treibeis einen großen Anteil im Sedimentzufuhr ... mit Blöcken bis zu 40 cm im Querschnitt. Viele dieser Steine haben unregelmäßige, eckige Formen, die stark von der ellipsoiden Form von Geröllen abweichen. Dieses Material kann nur mittels Eisschollen herangeführt worden sein. Flusseis kann bis zu 7 % seines Inhaltes an festem Material mit sich führen. Wo die Blöcke aus dem Eis heraus tauten, fielen sie zu Boden ... Eine Umlagerung des Kieses durch Wasser und Eis wird sich öfters ereignet haben. Besonders wenn sich wegen eines kalten Klimas keine sedimentfixierende Vegetationsdecke bilden konnte, schnitt der Fluss vorher abgelagertes Material immer wieder neu an" (Van Keulen, Smit und Rhebergen 2012), darin können dann auch Bernsteine enthalten gewesen sein.

Der Baltische Urstrom oder Nebenflüsse schnitten in ihrem Verlauf auch Teile der Blauen Erde an und wuschen Bernsteine aus. Der relativ leichte Bernstein wurde Richtung Westen vom Wasser mitgeführt, vor allem nach starken Regenfällen.

Die Entwicklung der „Ostsee" nach der jüngsten Eiszeit

Die Gletscher der jüngsten der drei großen Eiszeiten, der Weichseleiszeit, schmolzen vor ca. 14.000 Jahren ab. Die Schmelzwasser bildeten hinter der westlichen Eisbarriere den großen Baltischen Eisstausee. Vor ca. 10.000 Jahren war die Eisbarriere so weit abgeschmolzen, dass ein Teil des Baltischen Eisstausees über das heutige Mittelschweden abfloss. Durch die Wassermassen des abschmelzenden Eises stieg der Meeresspiegel und für wenige hundert Jahre wurden Nordsee und der östliche Süßwassersee, die heutige Ostsee, über das heutige Mittelschweden verbunden. Nach der Eiszeit hebt sich das ursprünglich durch kilometerdicke Eismassen herunter gedrückte Land, ein Vorgang, der heute noch anhält. Durch diese Landhebung schloss sich vor ca. 9.500 Jahren die Mittelschweden-Wasserverbindung wieder und es entstand ein weiteres Mal ein großer Binnensee, der Ancylussee. Er wurde nach dem Leitfossil *Ancylus fluviatilis* (einer Süßwasserschnecke) benannt.

Der Meeresspiegel stieg immer weiter; das Nordseeniveau lag vor ca. 8.000 Jahren mindestens 15 m über dem des Ancylussees. Schließlich brach die

Landbrücke im Bereich des heutigen Norddänemark-Südschweden und der Binnensee wurde geflutet, die heutige Ostsee entstand. Sie bestand demnach in ihren groben Umrissen (abgesehen von den noch nicht vorhandenen Nehrungen) schon seit der letzten Eiszeit, hatte also auch immer Kontakt zur Blauen Erde.

Die Umlagerung des Bernsteins

Im Pleistozän (dem Eiszeitalter) ist der entscheidende Faktor zu suchen, warum nicht nur im Ostseeraum Bernstein gefunden werden kann. Es gab drei große Kaltzeiten im nordeuropäischen Raum, während der Gletscher mehrere Male von Skandinavien zum Teil bis an den Rand der Mittelgebirge vorgestoßen sind. Die so genannten Leitgeschiebe (leiten zum Ursprungsort der Steine) in den Kiesgruben belegen die beiden Hauptfließrichtungen der Gletscher, die einerseits von Norden nach Süden, andererseits von Osten nach Westen verliefen. Korn (1927) zeigt die Herkunft und Verteilung einiger ausgewählter Leitgeschiebe. Der Verteilungsfächer der Alandgesteine zeigt sehr schön, wie der Gletscher des Warthestadiums der Saalekaltzeit auf seinem Weg von Osten auch über Ostpreußen und damit über die Blaue Erde gezogen ist und Bernstein aufnehmen konnte. Der Transport ging im Süden bis ans Mittelgebirge und im Westen bis in die Niederlande. Nach dem Abschmelzen des Gletschereises haben die Schmelzwasser die Umverteilung vollendet und einen Teil des Bernsteins auch in die Nordsee geschwemmt.

Wie weit haben die Gletscher den Bernstein verfrachtet?

Die Gletscher hatten auch Feuersteine (Flintsteine) transportiert, sehr feste, verwitterungsbeständige Gesteine. Verbinden wir die südlichsten Fundpunkte der von Gletschern transportierten Feuersteine, so erhalten wir die sogenannte „Feuersteinlinie". Sie zeigt uns an, wie weit die Gletscher nach Süden und Westen vorgestoßen waren. Man könnte zu ihr auch „Bernsteinlinie" sagen. Die südlichste Ausdehnung der Gletscher ist entsprechend auch die südlichste Ausdehnung der Bernsteinvorkommen.

In der ersten großen Eiszeit, der Elster-Eiszeit, schoben sich die Gletscher bis an den Rand der Mittelgebirge. Die Moränen dieser Eiszeit sind fast überall von jüngeren Schichten überdeckt worden. Die zweite große Eiszeit (Saale-Eiszeit) hatte mehrere Gletschervorstöße, von denen der erste (Drenthe I) fast so weit vordrang wie die Elster-Gletscher, im Westen sogar darüber hinaus bis fast nach Köln. Die letzte Eiszeit (Weichsel- Eiszeit) ließ die Gletscher nur bis Hamburg und südlich des jetzigen Elbeverlaufes vordringen. In jeder Eiszeit wurden Teile des Bernsteins wieder umgelagert und neu verfrachtet, so dass der Bernstein dann schon auf tertiärer, quartärer oder noch jüngerer Lagerstätte liegt.

Verteilungsfächer der Aland-Gesteine, Korn 1927

Maximaler Vorstoß der Gletscher,
nach Henningsen & Katzung, 2002, verändert und ergänzt.
Blau: Saale-Eiszeit (Drenthe-Stadium)
Braun-Rot: Elster-Eiszeit
Schwarz: Hauptfließrichtung der Gletscher

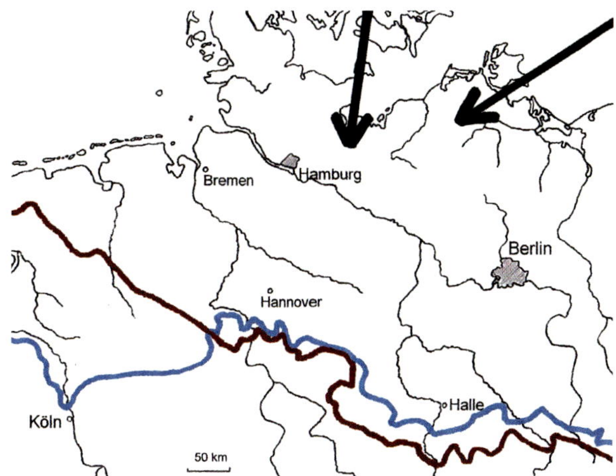

BERNSTEIN – EIGENSCHAFTEN UND AUSSEHEN

Dem Aussehen nach ein Stein, aber leichter als andere Steine, der Herkunft nach ein Harz, aber härter als rezente Harze, ein über Jahrhunderte in den verschiedenen Kulturbereichen gefragter und beliebter organischer edler Stein, das ist Bernstein. Berichte finden wir schon in Dichtungen von Homer und Ovid, sowie in den Werken der führenden Denker des Altertums, wie Aristoteles und Tacitus.

Wie nahe Dichtung und Wahrheit beieinander liegen, ergibt sich aus den Namen, den verschiedene Sprachen diesem Stein gegeben haben. So überliefert uns Tacitus das altgermanische Wort „Glaes", das sich auf die Durchsichtigkeit des Bernsteins bezieht und von dem ganz offensichtlich unser heutiges Wort „Glas" abgeleitet wurde. Die leichte Brennbarkeit hat diesem Stein seinen deutschen Namen eingebracht, denn Bernstein heißt nichts anderes als Brennstein, abgeleitet von dem niederdeutschen Verb „börnen" für „brennen". Nur wurde „Börnsteen" dann falsch übersetzt. Im Altdeutschen hieß der Bernstein „Agtstein" oder „Ait Stein", vom altdeutschen Verb „aiten" = brennen. Im Holländischen heißt Bernstein „Barnsteen" oder „Brandsteen", im Schwedischen „Barnsten", im Polnischen „Bursztyn" usw., also überall dieselbe Bedeutung.

Die Römer nannten den Bernstein „electrum", die Griechen „electron": Reibt man Bernstein auf Wolle, dann kann man einen kleinen Papierschnipsel oder Watte damit aufheben, er wird elektrostatisch angezogen.

Bernstein ist nicht auf den Baltischen Raum beschränkt. Mittlerweile sind über 200 verschiedene Bernsteinfundorte bekannt. Nicht alle Fundorte liefern Bernstein mit Einschlüssen. Die inklusenreichsten Bernsteine stammen aus der Dominikanischen Republik, dem Baltikum und aus Myanmar (Burma). Für die Wissenschaft sind sie in der umgekehrten Reihenfolge interessant; das hängt mit dem Alter der Fossilien zusammen. Der Dominikanische Bernstein ist ca. 20–25 Millionen Jahre, der Baltische Bernstein ca. 40–50 Millionen Jahre und der Burmesische Bernstein ca. 100 Millionen Jahre alt. Vom Erhaltungszustand der Einschlüsse ist der Baltische Bernstein unübertroffen.

Brennender Bernstein, Foto © Max J. Kobbert

Physikalische Eigenschaften

(Angelehnt an: Ganzelewski – Bernstein, Tränen der Götter, 1996)

Die **Härte** beträgt 2–3 auf der 10-teiligen Mohsschen Härteskala, es handelt sich also um ein recht weiches Material, das sich gut mit einfachen Mitteln bearbeiten lässt (schleifen, bohren, sägen).

Die **Dichte** liegt zwischen 1,05–1,096 Gramm pro Kubikzentimeter. Bei starkem Bläschengehalt (z. B. beim Knochenbernstein) kann die Dichte sogar unter 1 sinken und damit schwebt dieser Bernstein im Wasser oder treibt sogar auf. Je salziger das Wasser, desto schwerer ist es und umso leichter ist der Bernstein im Vergleich zum Salzwasser. Je kälter das Wasser, desto größer seine Dichte. Seine maximale Dichte erreicht das Wasser bei exakt 4 Grad Celsius, weshalb der Bernstein unter diesen Bedingungen im Verhältnis am leichtesten ist und am besten aus dem Wasser an den Strand gespült werden kann – Winterzeit! Klare Bernsteine, also auch die Schlauben-Bernsteine mit Einschlüssen, schwimmen bei einer Salzkonzentration von 15 % an der Oberfläche (15 g Salz auf 100 ml Wasser).

Bernstein schwebt im Salzwasser

Schmelzpunkt: Einen richtigen Schmelzpunkt besitzt Bernstein nicht. Bei ca. 170 Grad Celsius wird er schon weich und formbar, so dass man aus Bernsteinresten Pressbernstein herstellen kann. Bei diesen Temperaturen werden aber die Einschlüsse schwarz, eine Fälschung ist auf diese Weise nicht herzustellen. Oberhalb von 300 Grad schmilzt der Bernstein und zersetzt sich dabei, kann also nicht wieder zu richtigem Bernstein abkühlen.

Bernstein enthält viele **flüchtige Bestandteile,** ätherische Öle usw., die im Laufe der Millionen Jahre z. T. heraus gedunstet, aber immer noch im Bernstein vorhanden sind. Deshalb riecht Bernstein beim Schleifen angenehm harzig, ein Indiz für Naturbernstein. Gepresster Bernstein, erhitzter Bernstein, autoklavierter Bernstein riecht beim Schleifen nicht mehr so stark, weil flüchtige Stoffe entwichen sind. Trotzdem wird er noch als Echter Bernstein bezeichnet, aber er ist kein Naturbernstein mehr!

Der **elektrische Widerstand** ist sehr hoch. Deshalb wird der Baltische Bernstein auch heute noch als Isolator in Spezialgeräten eingesetzt; meist wird dafür Pressbernstein benutzt. Der Widerstand liegt bei ca. 1018 Ohm.

Bernstein verhält sich **elektromagnetisch:** An Wolle gerieben lädt sich der Bernstein elektrostatisch auf und zieht z. B. Wattebäuschchen oder Papierschnitzel an. Wohl aus dem Wissen über solche Experimente heraus schlugen dann Stoney und Helmholtz den Namen „Elektron“ für eine postulierte einheitliche „elektrische“ Elementarladung vor.

Bei **UV-A-Bestrahlung** (also „Schwarzlicht“ mit einer Wellenlänge zwischen 315 und 380 nm, das auch in der Disco verwendet wird) leuchtet Naturbernstein ohne Verwitterungskruste gelblich-grau, älterer Bernstein leuchtet eher olivgrau.

Die **Infrarotspektroskopie** lässt eine sichere Unterscheidung zwischen Succinit (dem „normalen“ Baltischen Bernstein) und anderen fossilen Harzen zu. Die mit dieser Methode gewonnenen IR-Spektren sind für jede Harzart verschieden und stellen sozusagen ihren Fingerabdruck dar.

Löslichkeit: Bernstein ist weitgehend beständig gegen organische Lösungsmittel, ein Riesenvorteil für den Bernsteinsammler bei der Prüfung auf Echtheit. Benzin, Lösungsmittel, Benzylbenzoat usw. hinterlassen auch nach vielen Stunden keine sichtbaren Spuren. Auch starke Säuren wie z. B. 50 %ige Schwefelsäure und starke Laugen bleiben auch bei längerer Einwirkungsdauer ohne Einfluss auf den Bernstein.

Beständigkeit: Farbveränderungen: Bernstein verändert seine Farbe bei Lagerung an der Luft. Er dunkelt bis ins Rote. Es bilden sich „Krakel“ = Risse an der Oberfläche, es entsteht eine Verwitterungsrinde.

Chemische Eigenschaften: Es wurden bisher über 70 verschiedene organische Verbindungen nachgewiesen, die am Aufbau unseres Baltischen Bernsteins = Succinit beteiligt sind! Ganz sicher sind es sehr viele mehr: In Werner Freudenbergers Dokumentation „Götter und magische Steine" wird von bis zu 3000 Inhaltsstoffen berichtet. Fossile Harze, die viel Bernsteinsäure enthalten, werden Succinite genannt, enthalten sie wenig oder keine Bernsteinsäure, nennt man sie Retinite. Mittlerweile ist Bernsteinsäure auch für andere Bernsteinarten von anderen Fundorten nachgewiesen.

„Knochenbernstein"

Bernsteinfarben

Der typische, jedem bekannte Bernstein hat eine klar-honiggelbe bis klar-gelbbräunliche Farbe, ist eben bernsteinfarben. Aber nur 10 % des geförderten Bernsteins gehört zu dieser Kategorie.

Submikroskopisch kleine Bläschen trüben den Bernstein (sog. matte, „flohmige", „flumige" Bernsteine). Die Bläschengröße schwankt zwischen 0,0008 mm und 0,002 mm und kann bis zu 900.000 Bläschen pro Quadratmillimeter betragen (Angaben aus Ganzelewski – Bernstein, Tränen der Götter). Allerfeinste Bläschen ergeben die reinweiße Farbe des Bernsteins, die recht selten ist, feine Bläschen lassen den Bernstein milchig-gelblich-trüb erscheinen. Diese gelblichen Bernsteine nennt man Bastard-Bernsteine, ein schlimmes Wort für solch schöne Bernsteine. Es ist eine Sammelbezeichnung für trübe Bernsteine. Die Trübungen können einheitlich sein oder örtlich begrenzt, dann entstehen „Wolken". Der gräulich-gelbe Bernstein wird auch als perlfarbener Bastard bezeichnet, der bräunlichgelbe Bernstein als kumstfarbiger Bastard (bräunlichgelb wie der Kumst = ostpreußischer Sauerkohl).

Schaumiger Bernstein

Klarer Bernstein

Knochenbernstein, auch Kreidebernstein genannt (nicht zu verwechseln mit dem Erdzeitalter Kreide), ist ebenfalls ein trüber Bernstein von weißlich bis gelblichbrauner Farbe, aber mit größeren Bläschen und lange nicht so hart wie der rein weiße Bernstein.

Noch grober und lufthaltiger in der Struktur ist der **schaumige Bernstein,** der sogar im Süßwasser aufschwimmen kann.

Unstrittig ist, dass die Trübungen mit Feuchtigkeit zu tun haben. Doch wie ist die Feuchtigkeit ins Harz gelangt? Man dachte früher, dass es wetterabhängig sei und das Harz (und der daraus entstandene Bernstein) bei regnerischem oder nebligem Wetter trübe wird und bei Sonnenschein klar. Das widerspricht der Tatsache, dass Harz hydrophob, d. h. Wasser abweisend ist.

Die Trübung wird von innen her verursacht, d. h. das trübe Harz ist wetterunabhängig entstanden. In einem Baumstamm gibt es wasserleitende und saftleitende Gefäße neben Harzkanälen. Tritt nur Harz aus Harzkanälen an die Oberfläche aus, ist das Harz und der später daraus entstandene Bernstein klar. Wurden auch benachbarte Saftkanäle verletzt (das ist bei größeren Wunden immer der Fall), tritt Baumsaft zusammen mit Harz aus und bildet eine trübe Emulsion. Wir können das bei gefällten Kiefern oder Windbruch beobachten, aber auch selbst den Versuch machen: Die Abbildung zeigt eine Fichte, die gezielt im Rindenbereich verletzt wurde. Das Ergebnis nach einiger Zeit ist ein trübes milchiges Harz. Solch ein Harz würde bei Bedingungen, die Bernstein entstehen ließen, sicher in einigen Millionen Jahren einen milchig-trüben Bernstein ergeben.

Weißlich-trübes Harz

Rotbrauner Bernstein: Eine von außen beginnende Verwitterung, zunächst mit dem Auge nicht sichtbar, färbt den vorher klaren oder honiggelben Bernstein immer dunkler, bis er rotbraun aussieht. Diese Verwitterung kann durch Risse oder Löcher nach innen fortschreiten. So kann ein ursprünglich trübgelb aussehender Bernstein nach 50 Jahren rotbraun aussehen.

Brauner Bernstein: Von sich aus braunen Bernstein gibt es nicht. Diese Farbe kommt meist durch Holzreste zustande, die den Bernstein vollkommen ausfüllen können. Auch durch Alterung von weißem/milchigem Bernstein oder durch feinste bräunlich gefärbte Bläschen kann der Bernstein bräunlich aussehen.

Schwarzer Bernstein: Auch diese Farbvariante kommt durch starke Einlagerung von organischen Resten zustande (oder durch sehr starkes Erhitzen im Autoklaven).

Grüner Bernstein: „Richtigen" grünen Bernstein gibt es nicht, er kann nur durch Erhitzen zustande kommen, sogenannter geklärter Bernstein. Ein leichter Grünstich allerdings kann bei trübem Bernstein schon vorkommen. Meist findet man grünliche oder bläuliche Bernsteinfarben in Verbindung mit weißlichen Anteilen und meist in Bernsteinen, die Humus oder Holzraspel eingeschlossen haben.

Brack, auch Schlack genannt: Extreme Form von pflanzlichen Einschlüssen, fast nur aus Pflanzenresten oder Humuserde bestehend, die durch das Harz zusammengehalten wurden, häufig kaum als Bernstein erkennbar. Wahrscheinlich ist dieser Bernstein durch Herabtropfen auf Humuserde entstanden oder Harz ist in mit Humus gefüllte Astlöcher geflossen oder holzbohrende Insekten (z. B. Käfer und ihre Larven) haben ihre Produkte der Bohrtätigkeit hinterlassen.

Blauer Bernstein: Selten ist ein Bernstein fast reinblau, meist kommt die bläuliche Farbe in Verbindung mit weißen Bereichen vor. Die Entstehung der

Farbvarianten: Braunschwarz, braun und grünlich

blauen Farbe ist nicht endgültig geklärt. Wahrscheinlich kommt die blaue Farbe durch Lichtstreuung an kleinsten Einschlüssen (Bläschen) zustande, die alle genau dieselbe Größe haben müssen. Eine andere Theorie besagt, dass die blaue Farbe durch Pyrit (Schwefelkies) bzw. Markasit zustande kommt. Die blaue Variante ist der seltenste Bernstein. Nicht zu verwechseln ist diese „echte" blaue Farbe mit der blauen Farbe, den manche Bernsteine unter UV-Licht zeigen.

Am attraktivsten sind die Bernsteine, die eine Mischung aus den verschiedensten Farben aufweisen.

Verwitterung

Der Bernstein konnte viele Millionen Jahre unverwittert überdauern, aber nur unter bestimmten Voraussetzungen. Er musste unter Luftabschluss gelagert und durfte nicht der Trockenheit ausgesetzt sein. Diese Bedingungen finden wir nur in der Erde unterhalb des Grundwasserspiegels und im Meer.

Die UV-Strahlung verändert die Zusammensetzung des Bernsteins und lässt ihn spröde werden. Trockenheit erzeugt zunächst feinste Oberflächenrisse, die immer stärker werden. Luft, vor allem der Sauerstoff, begünstigt die Verwitterung. Diese Verwitterung beginnt im Prinzip sofort nach der Förderung aus dem schützenden Grundwasser oder dem Meer. Unter dem Mikroskop erkennt man bei falsch gelagertem Bernstein schon nach wenigen Jahren feinste Oberflächenrisse, so, als ob lehmige Erde austrocknet und aufreißt. Nach weiteren Jahren falscher Lagerung verfärbt sich der Bernstein zunehmend – er wird dunkler. Nach einigen Jahrzehnten Lagerung im Freien auf der Erdoberfläche ist ein kleiner Bernstein dann durch und durch verwittert und zerfällt.

Ein rein weißer Bernstein bekommt nach einigen Jahren eine Patina, d. h. verfärbt sich oberflächlich zunehmend ins Gelblich-braune. Ein milchig-gelber Bernstein wird dunkler und rotbrauner. Die Verwitterung schreitet von außen nach innen fort, die Verwitterungskruste wird immer dicker.

Wie kann ich den Bernstein vor der Verwitterung schützen?

1. Bernstein, der länger als 20 Jahre ohne wesentliche Verwitterungserscheinungen überdauern soll, muss möglichst vor direktem Sonnenlicht geschützt werden und wenig Luft um sich haben. Die Aufbewahrung in einem Minigripbeutel (kleine Plastikbeutel verschiedener Größe mit luftdichtem Verschluss, auch Druckverschlussbeutel oder ZipLock-Beutel genannt) bietet sich an, weil kaum Luft im Beutel verbleibt. Auf diese Weise aufbewahrte Bernsteine zeigen auch nach 20 Jahren noch keinerlei oberflächliche Verwitterungserscheinungen.

2. Dem Erfindungsreichtum sind keine Grenzen gesetzt. Es gibt Sammler, die bewahren ihre Bernsteine in Gläsern mit Wasser auf (Nachteil: Das Wasser wird im Laufe der Zeit trübe und riecht – da hilft nur eine kräftige Portion Salz). Andere Sammler ölen ihre Bernsteine, bevor sie sie in den Beutel legen. Wiederum andere benutzen ihr Vakuumiergerät...

3. Soll der Bernstein auch nachfolgenden Generationen erhalten bleiben, wie zum Beispiel wissenschaftlich wertvolles Material, muss er konserviert werden. Es bieten sich die Lackkonservierung und das Eingießen in Kunstharz an (siehe Erklärung auf Seite 68).

Oberfläche eines verwitterten Bernsteins

Querschnitt durch verwitterten Bernstein

ENTSTEHUNG VON INKLUSEN

In aller Kürze formuliert: Das Lebewesen muss ins Harz geraten und dieses dann unter glücklichen Umständen zu Bernstein geworden sein.

Veranschaulichen wir uns, wie und wo ein Baum harzen kann, kommen wir auf die verschiedenen Erscheinungsformen des aus dem Harz entstandenen Bernsteins.

Fast alle Nadelbäume und die Kiefern im Besonderen enthalten Harz in ihren Harzkanälen. Es hat eine Schutzfunktion und verschließt Wunden, die dem Baum z. B. durch Käferlarvenfraß oder mechanische äußere Verletzungen zugefügt wurden. Aber auch durch das natürliche Wachstum des Baumes über das Kambium zwischen Holzteil und Rinde entstehen Spannungen und Risse, vor allem in der Rinde, weil sie nicht entsprechend mitwachsen kann. Hier tritt dann Harz nach außen, aber auch unter die Borke und in die Rinde in sogenannte Taschen. Nach außen gelangtes Harz kann entweder flächig auf der Oberfläche des Stammes abfließen oder von einem Ast abtropfen. Bei starkem Harzfluss können sich am Fuße des Stammes größere Kissen bilden, die bis unter die Wasseroberfläche fließen können, wenn der Baum im bzw. am Wasser steht.

So ergeben sich die folgenden Naturformen:

1 Stalaktiten und Stalaktitentropfen
2 Tropfen
3 Schlauben
4, 5 Harztaschen (Hohlraum- und Rissfüllungen)
6 Harzkissen

Bei oberflächlich fließendem Harz ist die Wahrscheinlichkeit, dass sich ein Insekt verfängt, wesentlich größer als bei Harz, das im Baum fließt. So finden wir in Harztaschen und Rissfüllungen innerhalb eines Baumes nur im Ausnahmefall einen Einschluss (z. B. eine Holz fressende Käferlarve), der obendrein schlecht erkannt werden kann, weil dieses Harz und der daraus entstandene Bernstein meist milchig-trübe ist. Außen am Baum fließendes Harz ist wesentlich häufiger klar und bildet beste Voraussetzungen dafür, dass ein Tier auf ihm kleben bleibt und sich nicht befreien kann. Es muss aber noch ein nächster Schritt folgen: Das Tier muss vollständig vom Harz umflossen werden, damit es vor Verwesung und Verwitterung geschützt ist. Das ist bei sogenannten Schlauben-Bernsteinen der Fall gewesen, bei denen vor über 40 Millionen Jahren auf eine erste Harzschicht eine oder mehrere weitere Harzschichten geflossen sind. Die auf der älteren Harzschicht gelegenen und festgeklebten Tiere oder Pflanzen wurden durch den weiteren Harzfluss eingeschlossen und geschützt. Nun befand sich das Lebewesen zwar geschützt im Harz, es war aber lange noch kein Bernstein! Es folgte der lange Prozess der Bernsteinentstehung, der schon weiter vorne behandelt wurde.

Die Schlauben-Bernsteine sind die für den Inklusensammler begehrtesten Bernsteine. Es gibt nichts Interessanteres als solch einen Rohbernstein selbst zu schleifen und auf eingeschlossene Insekten zu prüfen. Beim vorsichtigen Wegschleifen der mehr oder weniger starken Verwitterungskruste erhält man den ersten Einblick und kann dann entscheiden, wie weit man noch weiter schleifen darf, um keinen Einschluss zu beschädigen. Solche Roh-Schlaubenbernsteine werden teuer gehandelt, denn es könnte ja etwas sehr Seltenes darin enthalten sein. Und die Chance, dass man in einem Schlaubenbernstein Einschlüsse findet, ist doch recht groß!

3
2
4
5
1
6

Stalaktitentropfen im Bernstein

Konvexe Außenseite und konkave Innenseite des Bernsteins

Roh-Schlaubenbernstein und Querschnitt durch eine Schlaube

Bernstein-tropfen

Einschlüsse ins Harz unter Wasser?

Die landläufige Meinung (auch unter Bernsteinwissenschaftlern) war bisher, dass unter Wasser keine Einschlüsse ins Harz gelangen können. Alexander Schmidt vom Museum für Naturkunde der Humboldt-Universität Berlin (jetzt Georg-August-Universität Göttingen) und David Dilcher vom Florida Museum of Natural History wollten es genau wissen und starteten Freilandversuche in den Sümpfen Floridas. In einem Spiegel-online-Artikel (2007) heißt es dazu: „Aufgrund von Bernsteinfunden mit Wasserinsekten und deren Larven, die niemals das Wasser verlassen, kann man schließen, dass es in den urzeitlichen Bernsteinwäldern Bäche, Teiche und Tümpel gegeben haben muss", erzählt Schmidt Spiegel Online. Demzufolge müssen zumindest einige der stark harzenden Bäume Kontakt zum Wasser gehabt haben. Dann spielten Schmidt und Dilcher ganz einfach die Szenen nach, die sich in den Wäldern des Eozäns zugetragen haben müssen. Dafür gingen sie in die Sümpfe Floridas. „Dort finden sich viele stark harzende Kiefernbäume, die im Wasser stehen", erzählt Schmidt. Perfekte Studienobjekte also. Schmidt und Dilcher sägten die Rinde einiger Bäume an und beobachteten, ob und wie das auslaufende Harz eine Todesfalle für Mikroorganismen und Insekten darstellte. Dabei stellte sich heraus, dass sich das Harz beim Kontakt mit dem Wasser in drei Fraktionen aufteilte. Ein dünner Harzfilm breitete sich auf der Wasseroberfläche aus. Allerdings trocknete er schnell aus und zerbrach. Er taugte nicht zur Bernsteinfalle. Kleinere Harztropfen jedoch von bis zu vier Zentimeter Länge blieben am Fuße des Stammes hängen - knapp unterhalb der Wasseroberfläche. Sie wurden sehr schnell zu Fallen für die Wasserinsekten und waren auch schon nach einer Woche ausgehärtet.

Der größte Teil des Harzes aber floss den gesamten Stamm herunter und sammelte sich auf dem Sumpfboden zu einem großen Kissen. Dieses Harz härtete nicht aus, solange es von Wasser bedeckt war, aber es wurde dennoch zu einer effektiven Falle, besonders für größere und sehr kleine Lebewesen. An seiner Oberfläche entwickelte sich nämlich mit der Zeit eine etwas festere Haut, die nur von größeren Lebewesen durchbrochen werden konnte. Kleinere Insekten waren dann im noch flüssigen Inneren des Harzkissens gefangen. Es konnte aber auch passieren, dass das Harzkissen, wenn es über eine raue Oberfläche floss, ganze Wassertropfen umschlang, die Kleinstorganismen enthielten.

Insgesamt beobachteten die Forscher schon nach zwei Tagen, dass in beiden Harzfraktionen Lebewesen – vom Einzeller bis zum größeren Krebs – gefangen waren. Doch damit ein Wasserbewohner tatsächlich in einem Bernstein landet, reicht es nicht, dass Harz unter Wasser gelangt und sich Tiere darin verfangen. Wie Schmidt und Dilcher schreiben, muss sich auch die Wassertiefe ändern, damit das Harz freigelegt wird und aushärten kann. Zur Langzeitkonservierung muss das Harz zudem später von Sedimenten bedeckt oder aus der Küstenregion ins Meer verschoben werden.

Gegen diese Möglichkeit, dass Wasserinsekten tatsächlich unter Wasser ins Harz gerieten, sprechen viele Schlaubenbernsteine, die neben den eingeschlossenen Wasserinsekten auch Mücken, Sternhaare, Springschwänze u. a. in der gleichen Schlaubenschicht zeigen. Einige Bernsteine könnten aber auch für diese Möglichkeit sprechen – das sind schlaubenlose Bernsteine, die z. B. nur eine Köcherfliegenlarve enthalten. Auf jeden Fall hat Alexander Schmidt die Diskussion um eingeschlossene Wasserinsekten neu entfacht. Es bleibt abzuwarten, ob der Bernstein selbst uns weitere Aufschlüsse zu diesem Thema bringt. Die mikroskopische Untersuchung einiger Bernsteine zeigte uns zweifelsfrei eingeschlossene limnische Algen und Protozoen – der Grund überhaupt für die Freilandstudien von Schmidt.

Sind alle Einschlüsse im Bernstein Hohlräume?

Es ist allgemein bekannt, dass Einschlüsse im Bernstein nur Hohlräume sind, nur ein Abdruck ist erhalten. Selten sind auch Chitinreste erhalten, nie aber Weichteile (so dachte man bisher). Die abgebildete Bremse im Bernstein weist ein seltsames Phänomen aufweist: Der Kopf und das Fazettenauge sind angeschliffen und nun müsste man ein Loch erwarten. Aber nein, der ganze Kopf ist innen mit klarem

Am Kopf angeschliffene Bremse

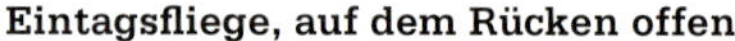
Eintagsfliege, auf dem Rücken offen

Muskelstränge in der offenen Eintagsfliege

Bernstein ausgefüllt, so dass man sogar die Abdrücke der Einzelaugen auf der gegenüberliegenden Seite von innen heraus betrachten kann – also kein Hohlraum. Auch die abgebildete Eintagsfliegenlarve ist angeschliffen und man erkennt, dass sie vollständig mit Bernstein gefüllt ist. Sie muss im Bernsteinwald mit der Bauchseite ins Harz geraten sein. Dann haben Räuber, wahrscheinlich Ameisen, den Körper angefressen oder sogar ausgefressen. Anschließend ist sehr dünnflüssiges Harz in einer nächsten Schicht darüber geflossen und in die Hohlräume gezogen. So haben wir einen schönen Einblick in das Innere der Larve und können sogar Muskelstränge erkennen.

Pohl (2011) schreibt zur Weichteilerhaltung in seinem Text „Einblicke in die inneren Strukturen des Tieres“: „Auf diese Weise konnten sich die Forscher nicht nur ein detailliertes und realistisches Bild von der äußeren Gestalt des urzeitlichen Insekts machen. ‚Die Mikro-CT erlaubt vor allem auch Einblicke in die inneren Strukturen des Tieres‘, hebt Dr. Pohl hervor. Anders als bei versteinerten Fossilien, bei denen innere Organe durch den Versteinerungsprozess unter hohem Druck zerstört werden, bleibt das Gewebe in Bernstein manchmal weitestgehend intakt. Etwa 80 Prozent der inneren Gewebestrukturen des fossilen Fächerflüglers sind hervorragend erhalten; das hat die Auswertung der Mikro-CT-Daten jetzt ergeben. Muskulatur, Gehirn und Nervengewebe, Sinnesorgane, Verdauungs- und Fortpflanzungsapparat des Insekts liegen vor den Jenaer Wissenschaftlern wie ein offenes Buch. Ausgerüstet mit 3D-Brillen können sie das Tier dreidimensional am Bildschirm betrachten; um es zu drehen oder virtuelle Schnitte in verschiedenen Positionen anzulegen, braucht es nur ein paar Mausklicks.“

Der Nachweis von Weichteilerhaltungen in Einschlüssen hat die Bernsteinforschung revolutioniert. Wäre dann auch eine DNS-Erhaltung und „Jurassic Park“ denkbar? Ganz sicher nicht, denn erstens wären DNS-Reste nach 40 Millionen Jahre nicht intakt erhalten und zweitens gab es vor 40 Millionen Jahren keine Saurier mehr...

Wolfgang Weitschat und Peter Christian Voigt berichteten, dass sie frisch geförderten Bernstein zerbrochen haben, um in die Einschlüsse zu schauen. Sie fanden mehrfach eine weißlich-milchige Flüssigkeit, in der auch muskelartige Strukturen zu erkennen waren. Walter Ludwig berichtete mehrfach von frisch gesammeltem Bernstein mit Inklusen, die beim Zerbrechen eine weißlich-gelbliche Masse enthielten, die man als Ganzes aus den Inklusen herausziehen konnte.

Bei älteren Bernsteinen, d. h. Bernsteinen, deren Förderung Jahre zurück lag, waren die Einschlüsse luftgefüllte Hohlräume und die Feuchtigkeit aus den Hohlräumen heraus gezogen. Ähnliches können wir bei sogenannten Wasserwaagen beobachten. In frisch gefördertem Bernstein bewegt sich manchmal in einer mit Flüssigkeit gefüllten Blase ein Luftbläschen. Betrachtet man diesen Bernstein einige Jahre später, erkennt man, dass die Wasserwaage „tot“ ist, weil die Flüssigkeit aus den Bläschen und dem Bernstein heraus diffundiert ist.

Der Bernstein müsste demnach auch leichter geworden sein. Das kann durch Wiegen eines Bernsteines kurz nach der Förderung und einige Jahre später bewiesen werden. So zeigte ein in Bitterfeld frisch gegrabener 470g schwerer Bernstein nach 15 Jahren Lagerung im Wohnzimmer nur noch ein Gewicht von 454 g.

Die Diskussion über Einschlüsse als Hohlräume müsste neu eröffnet werden.

Erhaltung der Einschlüsse

Verwitterung

Sind Einschlüsse vollständig im Bernstein eingeschlossen und haben keinen Kontakt zur Außenwelt, dann überdauern sie lange Zeit. Sowie ein Kontakt zur Außenwelt über Risse, Brüche, durch Anschleifen usw. hergestellt wurde, setzt die Verwitterung ein. So finden wir keine gut erhaltenen Einschlüsse, wenn ein Teil von ihnen die Oberfläche berührt. Wir sehen das an dem gezeigten Beispiel zweier Langbeinfliegen: Die rechte hatte Kontakt zur Oberfläche und die Verwitterung hat den gesamten Körper erfasst, die linke zeigt keine Veränderungen, weil sie vollständig im Bernstein eingeschlossen ist.

5693 Zwei Langbeinfliegen, die rechte völlig verwittert, die linke sehr gut erhalten

8337 Verwitterte Stelzmücke und unverwitterter Käfer

Verlumung

Manche Einschlüsse zeigen eine sogenannte Verlumung, einseitig oder vollständig, meist aber auf der der Rinde zugewandt gewesenen Seite. Eine weißliche trübe Schicht verdeckt dann die Sicht auf den Einschluss. Man vermutete lange Zeit, dass die Sonne den Bernstein bzw. das Harz auf der lichtzugewandten Seite geklärt hatte. Das scheint aber unwahrscheinlich, denn in einem Bernsteinwald wird kaum viel Sonne auf die Baumstämme geschienen haben und wenn, dann nur sehr begrenzt auf eine Seite des Baumes. Der Grund der Verlumung wird vielmehr in der Feuchtigkeit zu suchen sein: Auf der Seite, die ins Harz gerät, kann der Einschluss nicht trocknen, die andere Seite zeigt zur Luft und kann trocknen oder zumindest antrocknen, bevor eine weitere Harzschicht darüber fließt. Es fällt auf, dass chitinarme große Einschlüsse, wie zum Beispiel Raupen, häufig starke Verlumung zeigen, während Käfer mit starkem Chitinpanzer oder kleine, lympharme Mücken kaum Verlumung zeigen.

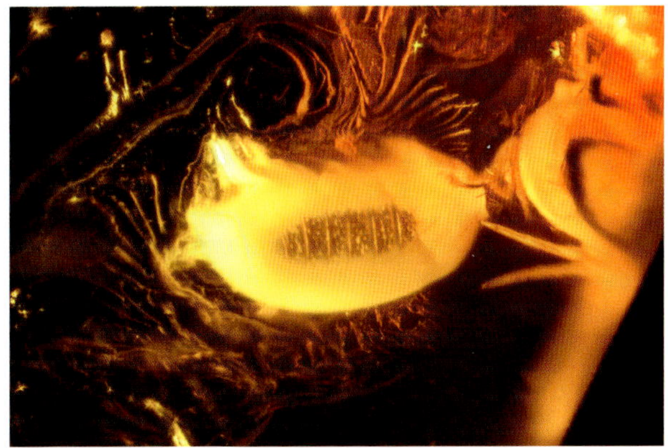

2617 Stark verlumte Assel (Isopoda)

Rätsel dahingehend gibt das gezeigte Beispiel eines Zuckmückenmännchens auf, deren feinste Fühlerhärchen unverklebt „wie in der Luft" eingeschlossen sind und die Mücke nur auf der Rückseite verlumt ist, d.h. auf der Seite, die zum Stamm zeigte. Diese Erhaltung der Fühler kann nur geschehen sein, indem die Mücke vollständig in sehr, sehr dünnflüssiges Harz geraten ist, also nicht auf einer Harzschicht festklebte und antrocknete. Vollständig vom Harz umhüllt müsste die Mücke aber ringsherum verlumt sein und nicht nur einseitig. Was hat zur Klärung des Harzes auf der lichtzugewandten Seite geführt? Ist es doch die Lichteinstrahlung gewesen, die die feinsten Bläschen hat auftreiben lassen und das Harz auf der lichtzugewandten Seite geklärt hat?

9595 „Puschelfühler" eines Zuckmückenmännchens

3028 Am Kopf verpilzte Biene
2831 Teilweise verpilzte Schabe

Verpilzung

Nicht nur Verlumungen können die Sicht auf die Inkluse beeinträchtigen, auch Verpilzung kommt häufig vor. Feinste Pilzfäden (Hyphen) wachsen auf dem Einschluss oder aus ihm heraus. Das ist ein Zeichen dafür, dass der Einschluss einige Zeit auf dem Harz frei gelegen haben musste, bevor ein weiterer Harzfluss die Pilzfäden mit einschloss.

Gärung

Wird ein Insekt ins Harz eingeschlossen, dann setzt der Verwesungsprozess ein, bei dem unter anaeroben Bedingungen Fäulnisgase entstehen. Der Insektenkörper bläht sich im noch nicht verfestigten Harz auf oder die Gärungsblasen treten aus dem Körper ins Harz aus. Irgendwann erhärtet das Harz und lässt uns im Bernstein bis heute diese Blasen erkennen. Offen bleibt die Frage, warum einige Insekten aufgebläht sind, andere nicht – und das im selben Bernstein. Prozentual gesehen sind es nach eigenen Schätzungen weit weniger als 10 %. Es hängt sicher damit zusammen, ob das Insekt auf dem Harz austrocknen konnte, bevor eine weitere Harzschicht es unter Luftabschluss brachte. Dann müssten alle Insekten einer Schlaubenschicht entweder aufgebläht sein oder nicht. Auch wird der Feuchtigkeitsgehalt des Insekts eine Rolle gespielt haben: Eine „fette“ Langbeinfliege wird eher vom Gärungsprozess aufgetrieben als ein flacher, lymphärmerer Felsenspringer, ebenso der Hinterleib einer Ameise eher als der Hinterleib einer Trauermücke.

Aktionen

Bei Sammlern besonders beliebt sind Aktionsstücke, Momentaufnahmen eines Geschehens im Bernsteinwald. Das kann ein Schlupfvorgang sein, eine Transportbeziehung (Phoresie), Parasitismus, ein Beutefang, ein Kampfgeschehen, ein Geschlechtsakt (Kopula), Eiablage und vieles mehr ist denkbar.

Abdrücke

Die meisten Sammler von Einschlüssen (Pflanzen und Tieren im Bernstein) achten nur auf das Innere des Bernsteins. Rohbernsteine werden häufig voreilig angeschliffen, um hineinschauen zu können. Es ist ratsam, zuerst einen Blick auf die Oberfläche zu werfen. Man kann interessante und seltene Abdrücke oder Auflagerungen entdecken.

Den wohl seltensten und spektakulärsten Abdruck sah ich vor vielen Jahren in einer Privatsammlung in Danzig: Die Spur einer Kleinsäugerpfote mit deutlich erkennbaren Ballen und sogar zwei deutlich sichtbaren Krallenabdrücken. Ich schätzte das Tier auf Mardergröße.

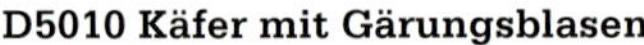

D5010 Käfer mit Gärungsblasen

9584 Gnitzen beim Geschlechtsakt (Ceratopogonidae)
2705 Ameise frisst im Laufkäfer (Carabidae)

Holzabdruck auf Bernstein

Rest einer Bockkäferlarve –
halb Einschluss, halb Abdruck

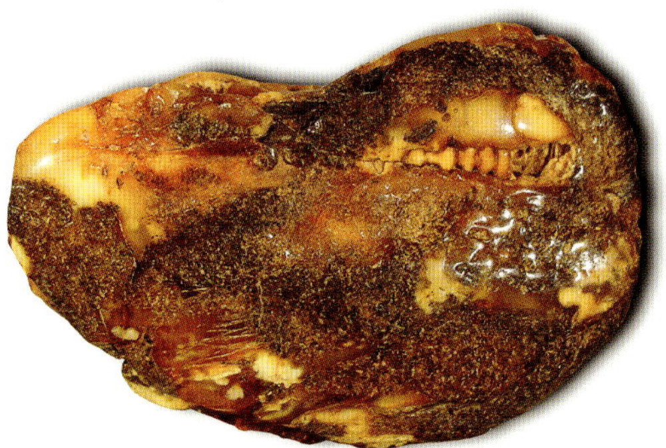

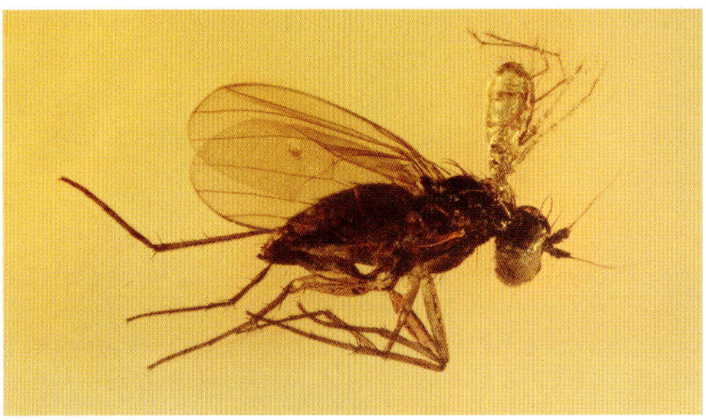

868 Ameisen „im Kampf“ (Formicidae)
6720 Eingesponnene Ameise (Formicidae)
6236 Parasitische Milbe auf Langbeinfliege (Dolichopodidae)

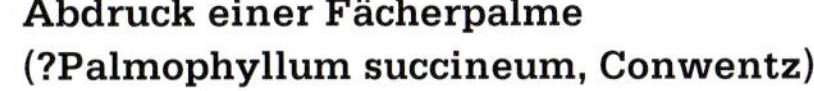

Abdruck einer Fächerpalme
(?Palmophyllum succineum, Conwentz)

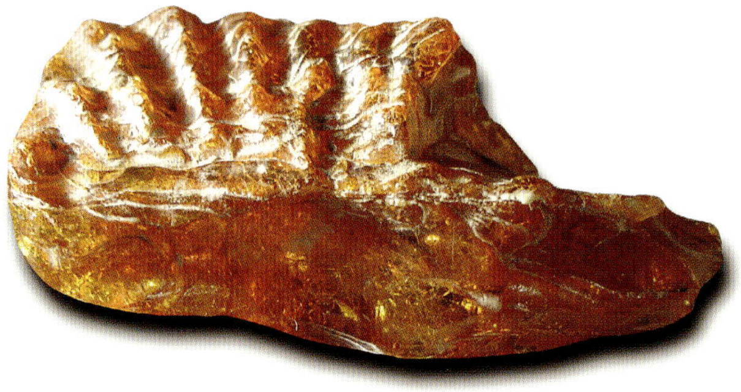

HÄUFIGKEIT EINES EINSCHLUSSES

Um die tatsächliche Häufigkeit der verschiedenen Einschlüsse aus den Tierordnungen und -familien beurteilen zu können, darf man nicht von bestehenden Bernsteinsammlungen ausgehen. Jede Sammlung hat ihren Schwerpunkt und dadurch eine verfälschte Häufigkeitsverteilung. Man muss selbst Rohbernsteine am Fundort sammeln, schleifen und auswerten. Ich habe viele, viele Kilo Bernsteine in den letzten Jahrzehnten gesammelt und geschliffen, vor allem aus der nun leider gefluteten Grube Bitterfeld/Sachsen. Man erkennt nach einiger Zeit eine recht gute, gesicherte Häufigkeitsverteilung, die natürlich nur für den Baltischen/Bitterfelder Bernstein Gültigkeit besitzt.

Verständlicherweise sind die Insekten am häufigsten, gefolgt von den Spinnentieren. Die anderen Großgruppen wie Tausendfüßer, Krebse, Wirbeltiere folgen erst mit großem Abstand, sind also auf jeden Fall selten! Und bei den Spinnentieren führt die Liste natürlich die Gruppe der Milben an (fast 75 %), die vor allem als winzige Jungmilben sehr häufig vorkommen, gefolgt von den Spinnen (ca. 25 %). Weberknechte und Pseudoskorpione als dritte und vierte Gruppe der Spinnentiere machen weniger als 1 % aus!!

Bei den Insektenordnungen ist die Reihenfolge (nach Hoffeins, 2003, prozentual gerundet) im Baltischen Bernstein:

- Diptera (Zweiflügler = Fliegen und Mücken) 64 %
- Collembola (Springschwänze) 12 %
- Hymenoptera (Wespen, Ameisen) 10 %
- Hemiptera (Zikaden u. a.) 5,5 %
- Coleoptera (Käfer) 5,4 %.

Alle anderen Ordnungen (Felsenspringer, Silberfischchen, Eintagsfliegen, Ohrwürmer, Stabschrecken, Steinfliegen, Schaben, Heuschrecken, Staubläuse, Thripse, Netzflügler, Schmetterlinge, ja sogar Köcherfliegen) kommen jeweils mit weniger als 1% vor!

Aufschlüsselung der Diptera = Zweiflügler

1. Mücken:
- Chironomidae (Zuckmücken) 37,5 %
- Sciaridae (Trauermücken) 19,8 %
- Mycetophilidae (Pilzmücken) 8,6 %
- Ceratopogonidae (Gnitzen) 6,1 %
- Cecidomyiidae (Gallmücken) 2,9 %
- Psychodidae (Schmetterlingsmücken) 2,5 %
- Tipuloidea (Schnaken, Stelzmücken) 2,1 %
- Alle anderen Mückenfamilien sind nur mit unter 0,1 % vertreten!

2. Fliegen:
- Dolichopodidae (Langbeinfliegen) 13,3 %
- Phoridae (Rennfliegen) 3,2 %
- Empididae (Tanzfliegen) 3,0 %
- Rhagionidae (Schnepfenfliegen) 0,3 %
- Acalyptratae 0,2 %
- Alle anderen Fliegenfamilien sind nur mit unter 0,1% vertreten!

Käfer

Die Käfer sind in der Hoffeins-Veröffentlichung nicht aufgeschlüsselt.

Meine Statistik, die auf der Auswertung vieler tausend Käfereinschlüsse beruht, möchte ich hier ergänzen. Sie beruht sowohl auf den sehr vielen Eigenfunden als auch der Auswertung unsortierten Materials bei Händlern, auf Messen usw. Da das in dieser Form wissenschaftlichen Ansprüchen nicht genügt, belasse ich es bei der reinen Häufigkeitsverteilung ohne Prozentangaben. Betrachtet man die drei ganz großen Käfersammlungen aus Berlin, Kopenhagen und die Klebs-Sammlung, dann fällt auf, dass die Häufigkeitsverteilungen nicht übereinstimmen.

Beispiel:

Reihenfolge der Häufigkeit Coll. Berlin:
Sumpfkäfer, Schnellkäfer, Pochkäfer, Kurzflügler usw.

Reihenfolge der Häufigkeit Coll. Klebs:
Sumpfkäfer, Schnellkäfer, Pochkäfer, Laufkäfer (rangieren bei Coll. Berlin erst an 15. Stelle!) usw.

Reihenfolge der Coll. Kopenhagen:
Sumpfkäfer, Ameisenkäfer (rangieren bei Coll. Berlin erst an 12. Stelle!) usw.

Daran kann man deutlich sehen, dass mit unterschiedlichen Präferenzen gesammelt wurde. Das soll hier in meiner Statistik korrigiert werden, so dass sich eine hoffentlich richtige Verteilung findet. Unzweifelhaft ist die Vormachtstellung der Sumpfkäfer (Scirtidae = früher Helodidae), die auch darauf hinweisen, dass es viel feuchte Biotope im Bernsteinwald gegeben haben muss.

1. Scirtidae (Sumpfkäfer)
2. Aderidae (Baummulmkäfer)
3. Anobiidae (Pochkäfer)
4. Elateroidea (Schnellkäfer – Elateridae, einschließlich Schienenkäfer – Eucnemidae und Hüpfkäfer – Throscidae)
5. Scraptidae (Seidenkäfer)
6. Staphylinidae (Kurzflügler, einschließlich Palpenkäfer – Pselaphidae)
7. Mycetophagidae (Baumschwammkäfer)
8. Mordellidae (Stachelkäfer)
9. Scolytidae (Borkenkäfer)
10. Serropalpidae (= Melandryidae, Düsterkäfer)

Die Häufigkeiten von 4.–7. sind ziemlich gleich und können durchaus gleichgesetzt werden.

Dass in einigen Sammlungen Laufkäfer (Carabidae), Rüsselkäfer (Curculionidae), Weichkäfer (Cantharidae) so häufig vorkommen, liegt allein daran, dass sie so attraktive und große Käfer sind und deshalb vornehmlich gesammelt wurden.

Kleines Rechenbeispiel, das veranschaulicht, wie selten einige Einschlüsse wirklich sind:

Wenn man annimmt, dass die Weichkäfer nur mit einer Häufigkeit von 2 % der Käfer vorkommen, dann täuscht diese Zahl, denn Käfer machen in der Gesamtstatistik nur 5,4 % aus. Man muss also von diesen 5,4 % wiederum die 2 % berechnen: Also kommt man auf eine relative Häufigkeit von 0,054 x 0,02 = 0,00108! Da nur jeder tausendste Bernstein einen gut erhaltenen Einschluss enthält, müssen wir die berechneten, abgerundeten 0,001 noch mal mit 0,001 multiplizieren und wissen jetzt:

Um einen gut erhaltenen Weichkäfer zu finden, muss man 1 Million Rohbernsteine durchsuchen!

Weichkäfer

WERT EINES EINSCHLUSSES (INKLUSE)

Wer den Wert eines Einschlusses im Bernstein wirklich beurteilen/einschätzen will, der sollte einmal selbst Rohbernsteine gesammelt und geschliffen haben. Erst dann kann man sich ein Urteil erlauben und stellt fest, dass die Preise, die auf dem Markt erzielt werden, manchmal sehr viel zu gering ausfallen!

Ich selbst habe tausende Rohbernsteine gesammelt und geschliffen und festgestellt, dass nur ca. jeder fünfzigste bis hundertste Bernstein einen Einschluss enthält. Dieser ist dann aber häufig schlecht erhalten, beschädigt, schlecht sichtbar oder ein sehr häufig vorkommender Einschluss. Nur jeder tausendste Bernstein enthält eine gut erhaltene und gut sichtbare, aber trotzdem meist häufige Inkluse. Und nur jeder Zehntausendste Bernstein enthält einen seltenen und obendrein auch noch gut erhaltenen Einschluss. Wenn man bedenkt, welche Mühe es kostet, einen Rohbernstein bis zur Endpolitur zu schleifen, dann kann der Wert z. B. einer gut erhaltenen Fliege in einem sauber polierten Bernstein gar nicht hoch genug eingeschätzt werden.

Ich möchte ein Beispiel anführen. Auf einer meiner stundenlangen Suche fand ich einen Bernstein mit einer Zuckmücke. Zuhause habe ich ihn sorgfältig geschliffen und poliert, dann ein Mikrofoto geschossen, anschließend nach der Lackmethode konserviert. Viel Zeit kostete die nähere Bestimmung bis zum Gattungsniveau. Rechnen wir nun den Zeitaufwand und multiplizieren ihn mit dem Mindestlohn, rechnen dazu noch den Eigenwert der Inkluse, wieviel müsste dieser Einschluss dann kosten?

Wir finden in Seebernsteinen, d. h. an den Küsten der Ostsee und Nordsee gesammelten Bernsteinen, etwas weniger Einschlüsse als in Erdbernsteinen, d. h. in Kiesgruben gegrabenen oder direkt aus der Blauen Erde stammenden Bernsteinen. Das liegt daran, dass Einschlüsse vornehmlich in Schlauben-Bernsteinen vorkommen und diese werden in der Brandungszone der See leichter zerstört als feste Nichtschlauben-Bernsteine.

Häufig wird die Frage gestellt, wie viel ein bestimmter Einschluss in Euro oder Dollar wert sei. Ich kann keine konkrete Antwort geben, denn erstens variieren die Preise im Laufe der Jahre, zweitens muss ich den Erhaltungszustand sehen, drittens kommt es auf die Seltenheit an: Nicht jede Langbeinfliege (das sind die häufigsten Fliegen im Baltischen Bernstein) ist gleich viel wert. Es gibt bei Familien und Gattungen, die häufig vorkommen, auch sehr seltene, vorher noch nie gesehene Arten. Und nicht zuletzt hat jedes Sammlungsobjekt zwei Preisniveaus, den schwer zu beziffernden tatsächlichen Marktpreis und den Liebhaberpreis, den ein begeisterter Sammler auszugeben bereit ist.

Der gezeigte Käfer hat von der Seltenheit her keinen allzu hohen Wert, die Erhaltung ist aber so perfekt, dass ein Liebhaberpreis erzielt werden kann.

Ein gut erhaltener Einschluss in einem nicht zu

kleinen Bernstein sollte mindestens 10 Euro Wert haben! Nach oben gibt es dann keine Grenze: Ein äußerst seltener Einschluss kann ohne weiteres den Wert eines Neuwagens haben!

Es kommt beim Wert einer Inkluse nicht auf die Größe des Bernsteins an, sondern auf den Inhalt! Das bedenken viele Sammleranfänger nicht und sind manchmal enttäuscht, wenn ihr schöner Einschluss sich in einem nur 10 mm kleinen Bernstein befindet. Es ist wie beim Menschen: **Auf den Inhalt kommt es an!** Ein Beispiel dafür: Einer meiner wertvollsten Einschlüsse ist ein perfekt erhaltener Floh, der wissenschaftlich beschrieben wurde (*Palaeopsylla groehni,* Holotypus). Der Bernstein misst nur 12 mm – aber der Wert ist hoch. Solch wertvolles Typenmaterial muss nach den heute gültigen Konventionen in einer Museumssammlung verwahrt werden, in diesem Falle ist es das Museum des Geologisch-Paläontologischen Instituts der Universität Hamburg. Deshalb scheuen sich viele Sammler, einen Einschluss wissenschaftlich beschreiben zu lassen, weil sie ihn dann, wenn es ein Typus werden soll, einem Museum spenden oder verkaufen müssten.

Manch Sammler verwendet bei der Beschriftung seiner Einschlüsse eine Verschlüsselung der Häufigkeit bzw. des Wertes, indem er die Zahlen 1 bis 6 oder die Buchstaben A–F verwendet, z. B.:

1 sehr häufiger Einschluss, wird bei jeder Durchsicht von Inklusenmaterial gefunden

2 häufiger Einschluss, aber nicht bei jeder Durchsicht zu finden

3 eher selten zu finden, bei Durchsicht größerer Mengen Inklusenmaterials aber immer dabei

4 selten zu finden, auch bei Durchsicht größerer Mengen Inklusenmaterials nicht immer dabei

5 sehr selten

6 Raritäten (äußerst selten)

8257 Rindenkäfer in perfekter Erhaltung (Colydiidae)

DER AUTOKLAV (AUTOKLAVIERTER BERNSTEIN)

Ein Autoklav ist ein dicht verschlossener Eisen- oder Stahlbehälter, in dem ein hoher Druck und hohe Temperatur aufgebaut werden kann, vom Prinzip her ähnlich wie ein Schnellkochtopf. Das Prinzip wurde schon 1674 von dem französischen Physiker Papin entwickelt. Früher mussten Dutzende dicker Schrauben unter großem Zeitaufwand auf- und eingeschraubt werden, heute gibt es auch Schnellverschlüsse. Die Größe des Autoklaven schwankt von kleinen Geräten zum Beispiel für den Zahnarzt, bis hin zu Riesenbehältern im Vulkanisierbetrieb. Auch der aufgebaute Druck schwankt stark. So werden in der Verbundwerkstoff-Technik nur 10 bar benutzt, Laborautoklaven arbeiten bis 150 bar, Spezialautoklaven bauen bis zu 7000 bar Druck auf, bei einer Temperatur von über 600 Grad Celsius.

Ein Autoklav wird vielseitig eingesetzt. Da der hohe Druck und die große Hitze keimtötend wirken, benutzt man den Autoklav zum Sterilisieren im medizinischen und mikrobiologischen Bereich und in der Lebensmittelindustrie. Weitere Anwendungsgebiete finden wir in der Baustoff-, Glas-, Luftfahrt- und Vulkanisierindustrie.

Zunehmend häufig wird der Autoklav auch für die Behandlung von Bernstein eingesetzt. Bernstein wird ab 150 Grad weich und formbar. Durch die Hitze bei einem Druck von ungefähr 25 bar kann man trüben, milchigen Bernstein klären. Außerdem wird der Bernstein fester, Risse und Bläschen können verschwinden, was für die Schmuckherstellung ein wesentlicher Faktor ist.

Leider hat die Hitze und der hohe Druck Auswirkungen auf die Einschlüsse (Inklusen) im Bernstein: Sie werden dunkler bis schwarz, verformen sich und feine Strukturen verschwinden. Deshalb ist autoklavierter Bernstein bei Sammlern von Einschlüssen nicht beliebt.

Es gibt beim Autoklavieren wenige Vorteile für den Inklusensammler: Zum einen können weißliche Verlumungen verschwinden, das Insekt ist dadurch besser sichtbar. Zum anderen wird der Bernstein klarer und die Sicht auf einen Einschluss verbessert. Das betrifft aber weniger als 10 % der Bernsteine, die Einschlüsse enthalten. In den allermeisten Fällen leiden die Einschlüsse stark. Ausnahmen bilden Käfer oder andere Insekten mit einem harten Chitinpanzer und/oder einem dicken Körper, die trotz Behandlung im Autoklaven noch ansehnlich aussehen. Bei geflügelten Insekten leiden besonders die Flügel, deren feine Äderung manchmal sogar unsichtbar werden kann. Weiche Körper werden zusammengepresst und verlieren ihre Originalform.

Gezeigt ist das Beispiel eines Schienenkäfers im Bernstein, der stark autoklaviert wurde und trotzdem gut zu erkennen ist. Weiterhin das Beispiel eines Bernsteins mit einer Larve, einer Blattlaus und einem Pflanzenrest. Die Larve ist trotz Autoklavierens gut erhalten, die zarte Blattlaus hingegen schwarz verkohlt, ebenso der Pflanzenrest. Ein Negativbeispiel zeigen die Fliegen: Die eine ist autoklaviert und schwarz „verbrannt", die andere im Naturbernstein.

Autoklav

Labor-Autoklav

7677 Larve, Blattlaus und Pflanzenrest, autoklaviert

8354 Schienenkäfer (Eucnemidae), autoklaviert

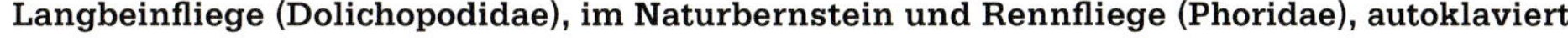

Langbeinfliege (Dolichopodidae), im Naturbernstein und Rennfliege (Phoridae), autoklaviert

BETRACHTUNG UND FOTOGRAFIE VON EINSCHLÜSSEN

Lupen

Das Einfachste ist eine normale Lupe. Aber auch da gibt es große Unterschiede. Normale Leselupen sind kaum geeignet, da sie nur 2- bis 4-fach vergrößern – und die Einschlüsse im Bernstein sind meist recht klein. Auf Messen oder in Fachgeschäften kann man schon ab ca. 8 Euro recht gute Lupen mit einer Vergrößerung von 6-fach, 8-fach, 10-fach, 12-fach oder 15-fach kaufen. Für den „Normalsammler" ist eine 8-fach- oder 10-fach-Lupe zu empfehlen. Hauptsächlich kommt es dann auf gute Beleuchtung des Bernsteins an.

Binokulare Betrachtungsweise

Die binokulare Betrachtungsweise ist auf jeden Fall einer einfachen Lupe vorzuziehen, da erst so die räumliche Wirkung und der eigentliche Genuss des Betrachtens zustande kommen. Eine günstige Alternative zu den teuren Binokularen sind für den Einsteiger kleine, gut zu transportierende Binokulare mit fester Vergrößerung, meist 20x. Auch kleine Makroskope sind für den Einsteiger eine Alternative. Das Prinzip ist einfach: An einem Stativ befindet sich eine höhenverstellbare Halterung mit einem Linsensystem, das eine Zweifachvergrößerung hat. Darauf wird ein Taschenfernglas (Opernglas) gesetzt. Mit einem 8x21 Fernglas kann man dann 16x vergrößern. Die Kosten eines Makrostandes betragen ca. 30 Euro, die Kosten eines einfachen Opern-Fernglases ca. 20 Euro.

Eine bessere Optik, größeres Gesichtsfeld und verschiedene Objektive haben die „richtigen" Binokulare, die für den Inklusenbetrachter 6,4x bis 40x vergrößern sollten, bei Okularen mit 10x oder 12x Vergrößerung. Für 300–500 Euro gibt es schon recht brauchbare Geräte.

Wer aber den absoluten Genuss haben möchte, der muss schon einige tausend Euro investieren – und aufwärts sind da keine Grenzen gesetzt. Ich habe zum Beispiel ein Jahr lang auf Urlaub verzichtet und mir damals ein LEICA WILD M3C Binokular und als Beleuchtung eine Kaltlichtleuchte von SCHOTT KL 2500 LCD geleistet – und es nie bereut! Es folgte später die neuere komfortablere Version LEICA MS 5 mit höhenverstellbarem Okularaufsatz. Der leidenschaftliche Inklusensammler sollte irgendwann einmal in solch ein teures Binokular investieren und dann sein Leben lang Freude daran haben!

Makrostand

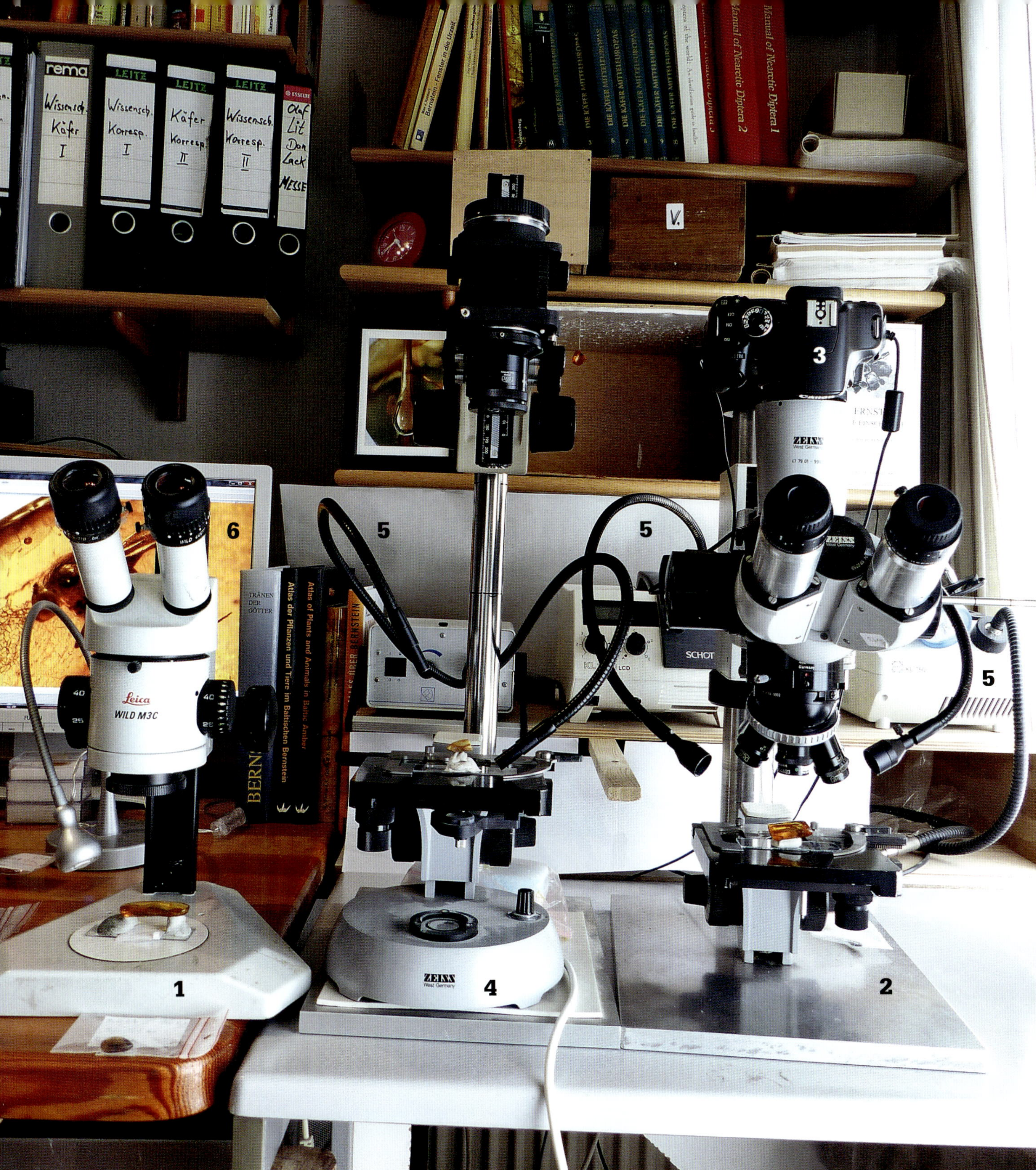

1 Leica WILD M3C Binokular
2 Binokular-Eigenbau aus Zeiss-Teilen mit hochwertigen Objektiven (Luminaren)
3 Canon-Digitalkamera, angeschlossen an Computer und Bildschirm
4 Makro-Fotografie-Einrichtung
5 Schwanenhals-Leuchten
6 Bildschirm, der das Kamerabild anzeigt

Fotografieren

Ein Höhepunkt für den Sammler ist eine Fotoausrüstung, mit der er seine Inklusen durch das Binokular fotografieren kann. Dieses ist ein weitläufiges Kapitel, das von einfachsten Fotos durch das Okular hindurch, über Tubus-Fotografie bis hin zu aus mehreren Einzelbildern zusammengefügten (gestackten) hochaufgelösten Fotos reicht.

Bei der Fotografie von Einschlüssen unterscheiden wir die Makro- und die Mikrofotografie. Für Einschlüsse bzw. Objekte, die 8–10 mm groß oder größer sind, eignet sich die kostengünstigere Makrofotografie. Es gibt spezielle Makroobjektive; in Kombination mit Balgengeräten oder Zwischenringen kann man mit der aufgesetzten Kamera sehr schöne Makroaufnahmen schießen. Für kleinere Einschlüsse bzw. Objekte gehen wir in den Bereich der Mikrofotografie, also ab einem Abbildungsmaßstab von 1:1. Die etwas teureren Mikroskope bzw. Binokulare haben zusätzlich einen Fototubus, auf den eine Kamera gesetzt werden kann. Entsprechende Adapter gibt es für fast jeden Kameratyp. Die digitale Kamera kann an einen Computer angeschlossen werden und die Einschlüsse, die fotografiert werden sollen, können unmittelbar am Bildschirm betrachtet werden. Das Problem ist einerseits die gute Ausleuchtung, andererseits die geringe Schärfentiefe. Letzteres Problem kann durch Mehrschichtaufnahmen, die am Computer zusammengesetzt werden, behoben werden. Bei einem „normalen" Foto ist nur eine Ebene scharf abgebildet. Im Vergleich dazu sehen wir ein gestacktes Foto; in diesem Fall ist die Langbeinfliege 50 mal (in verschiedenen Ebenen) fotografiert worden. Die Einzelfotos zeigen jeweils nur eine Ebene scharf, das gestackte Foto zeigt eine Tiefenschärfe, die nur mit dieser Methode zu erreichen ist. Das an dieser Stelle ausführlicher zu erläutern, überstiege den Rahmen dieses Buches.

Beleuchtung

Für die einfache Betrachtung ohne starke Vergrößerung und ohne fotografische Hintergrundgedanken reicht eine kleine, niedrige Nachttisch- oder Schreibtischlampe mit einer Beleuchtung aus, die 40 Watt entspricht. Für größere Vergrößerungen ab 20-fach muss man eine stärkere, gezieltere Lichtquelle benutzen, also am besten eine Kaltlichtleuchte mit mindestens zwei Lichtleitern („Schwanenhälsen"). Für die Inklusenfotografie ist eine solche Ausrüstung unumgänglich.

Einzelfoto: Kopfbereich scharf

Einzelfoto: Flügelbereich scharf

Einzelfoto: Hinterbeinbereich scharf

Gestacktes Foto (aus 50 Einzelfotos zusammengesetztes Bild)

Tipps und Tricks

Voraussetzung für eine scharfe Abbildung ist ein Planschliff direkt über dem Einschluss. Das ist bei runden Bernsteinen häufig nicht möglich. Trotzdem kann man verzerrungsfrei fotografieren: Man muss den Bernstein in eine Flüssigkeit legen, die ungefähr den gleichen Brechungsindex wie Bernstein hat. Das ist bei Glyzerin und noch genauer bei Benzylbenzoat (Apothekername: Benzylium benzoikum) der Fall, notfalls geht auch einfach das Tauchen in Wasser. Der Bernstein muss allerdings mit einer Klammer oder Pinzette fixiert werden und es muss erschütterungsfrei fotografiert werden, da sich sonst die Wasseroberfläche bewegt.

Achtung: Bei Verwendung von Benzylbenzoat darf der Bernstein keinen Riss enthalten, der bis zum Einschluss zieht. Benzylbenzoat würde schnell durch den Riss in den Einschluss ziehen und ihn dunkel verfärben, Flügelstrukturen können ganz verschwinden! **Abhilfe:** Vorher den Riss an der Oberfläche mit einem Kleber abdichten, z. B. einem Zweikomponentenkleber.

Tipps zur Fixierung des Bernsteins:

1) Ohne Tauchen in Flüssigkeit: Der Bernstein wird mit einer fettfreien Klebemasse auf einem Objektträger fixiert. Dafür eignen sich z. B. Pritt-Haftpunkte (Poster Buddies – Multifix).

2) Tauchen in Flüssigkeit: Eine Pinzette wird beweglich an einer Halterung befestigt, mit Hilfe eines Gummibandes wird eine Klemmwirkung der Pinzette erzeugt und der Bernstein festgehalten. Zwei kleine Lederstücke, auf die Pinzettenspitzen gespießt, erleichtern das Einklemmen des Bernsteins. Der Fantasie für den Bau eines Haltegerätes sind da keine Grenzen gesetzt.

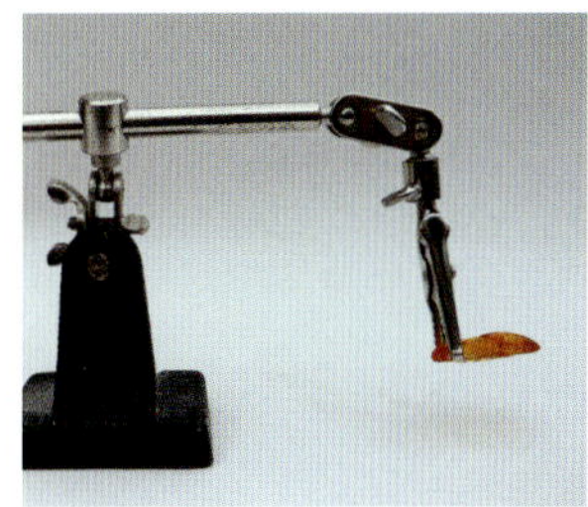

Schleifen oder nicht schleifen?

Viele größere Bernsteine mit Einschlüssen habe ich früher stark beschliffen, um eine ganz bestimmte Inkluse besser einsehen und fotografieren zu können. Ich kenne einen Sammler, der seine Bernsteine sogar bis „zur Briefmarke" dünn geschliffen hat. Er hat sie dann auf einem kleinen, dünnen Glas (zerschnittener Objektträger) fixiert, fotografiert und auf diesem Glas archiviert – eine sehr platzschonende Methode. Heute ärgert er sich sehr darüber, denn im Bernstein enthalten gewesene Syninklusen sind unwiederbringlich verloren.

Wenn man möglichst viel Bernsteinmaterial und Syninklusen erhalten will, liegen die Einschlüsse oft tief im Bernstein und sind schlecht zu fotografieren. Denn der Brechungsindex zwischen Bernstein und Luft ist verschieden, und Schlieren im Bernstein können zu Verzerrungen führen, die unter Umständen unzutreffende Merkmale vortäuschen.

Soll ein Einschluss fotografiert und/oder wissenschaftlich bearbeitet werden, dann führt kein Weg daran vorbei, den Bernstein über diesem Einschluss bis auf wenige Millimeter weg- und plan zu schleifen. Die beiden Fotos zeigen ein Beispiel. Über 10 mm tief im Bernstein gelegen ließ die Inkluse kein scharfes Bild zu. Nach dem Planschliff bis 1 mm an die Fliege heran wurde ein gestochen scharfes Foto möglich, die großen Dornen am Oberschenkel der Fliege erwiesen sich als Täuschung.

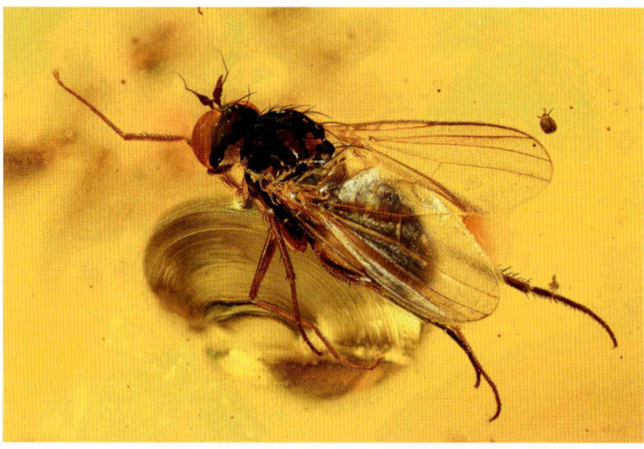

T001 Langbeinfliege, oben: 10 mm tief im unbearbeiteten Bernstein gelegen, unten: nach dem Planschliff, Coll. + Fotos © Kobbert

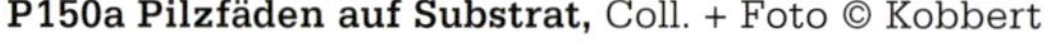

P150a Pilzfäden auf Substrat, Coll. + Foto © Kobbert

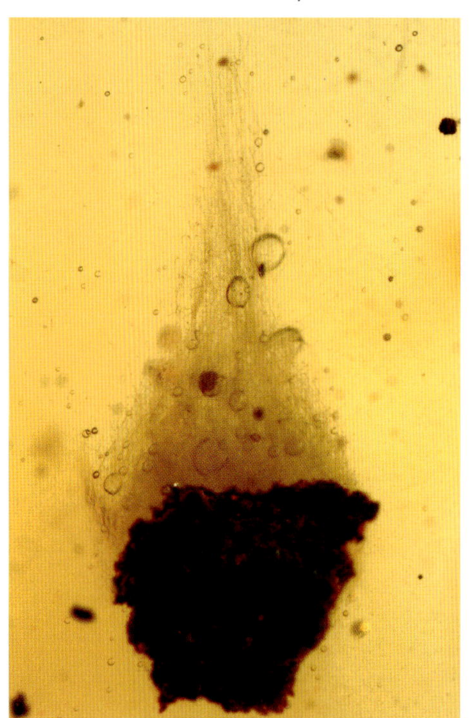

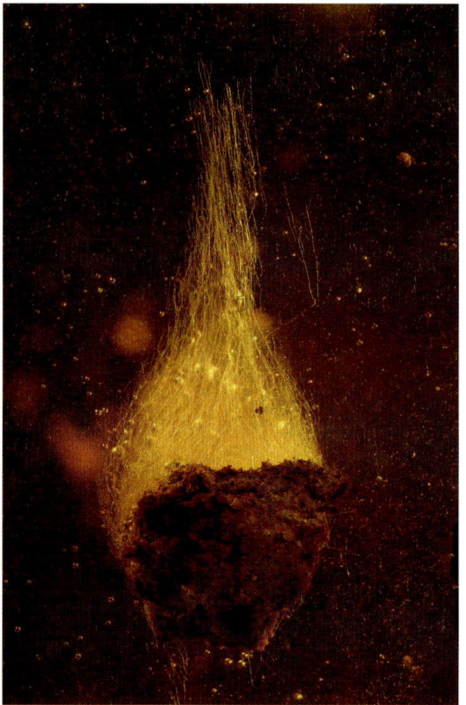

Die Frage der Beleuchtung

Um den dokumentarischen Wert eines Fotos zu erhöhen, d. h. möglichst viele Einzelheiten sichtbar zu machen, muss man viel mit der Beleuchtung „spielen". Auflicht von einer Seite oder Durchlicht reichen häufig nicht aus; bessere Ergebnisse erzielt man mit zwei oder mehr Lichtquellen (siehe Kaltlichtleuchte mit mehreren Schwanenhälsen). Hilfreich kann auch die Dunkelfeldfotografie oder seitliches Licht sein (vgl. Foto der Pilzfäden im Durchlicht und in seitlichem Licht vor einer Lichtfalle).

Detailreiches Foto oder künstlerisches Foto?

Ich zeige in diesem Buch größtenteils Einschlüsse, die durch ihre Farbe erkennen lassen, dass sie im Bernstein liegen. Interessant und ästhetisch anzuschauen kann es aber auch sein, wenn man mit Lichteffekten spielt. So stürzt auf dem Foto unten die Trauermücke wie Phaeton hinab vom Himmel, einen Feuerschweif hinter sich herziehend.

Unübertroffen in Schärfe und Ausleuchtung sind die hochaufgelösten, gestackten Fotos von Jens W. Janzen, die sich mit elektronenmikroskopischen Bildern messen lassen können (siehe Ameisenkopf auf der folgenden Seite).

„Phaeton" stürzt herab, Coll. + Foto © Lhotzky

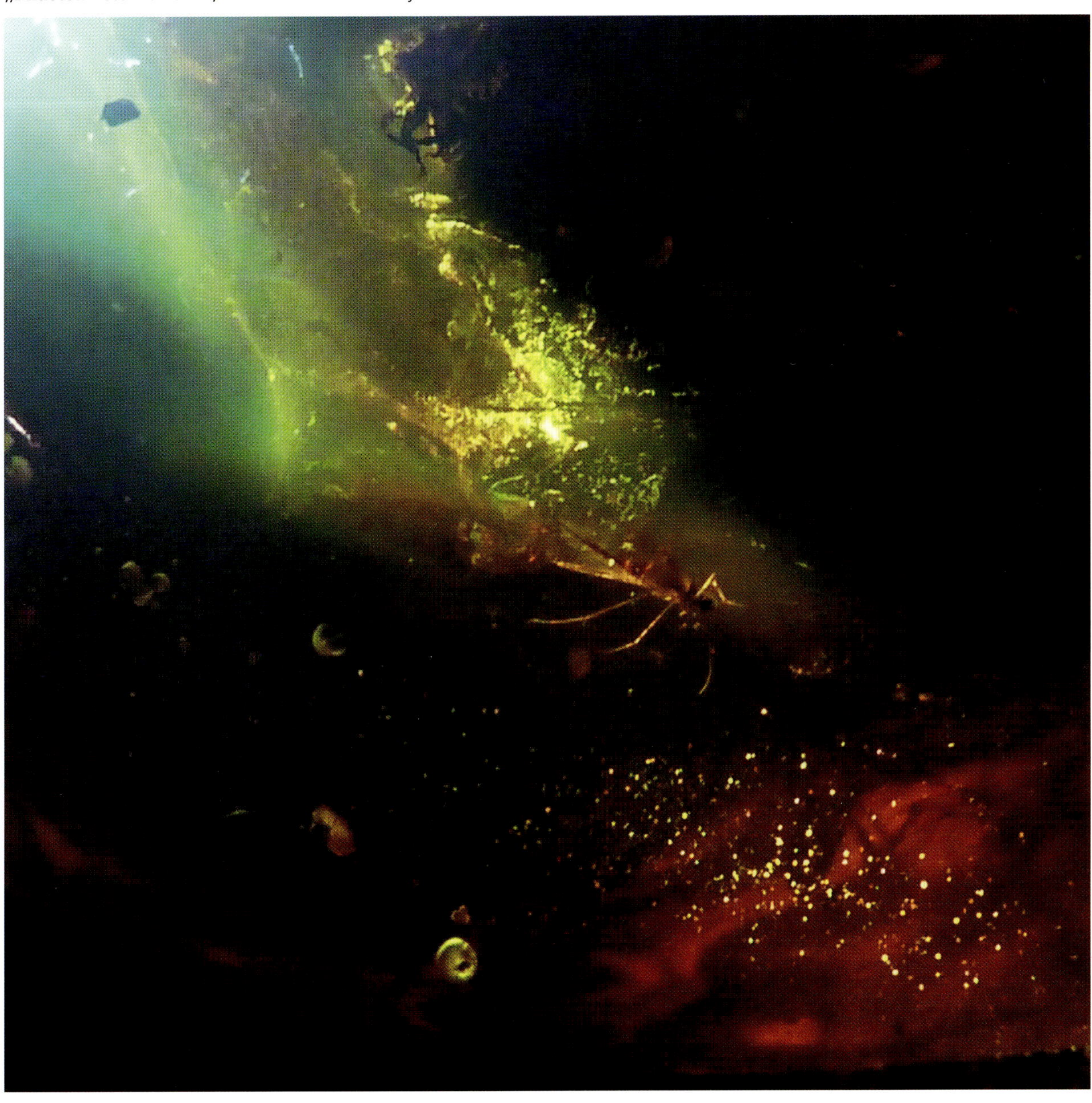

Ameisenkopf, Foto © Janzen

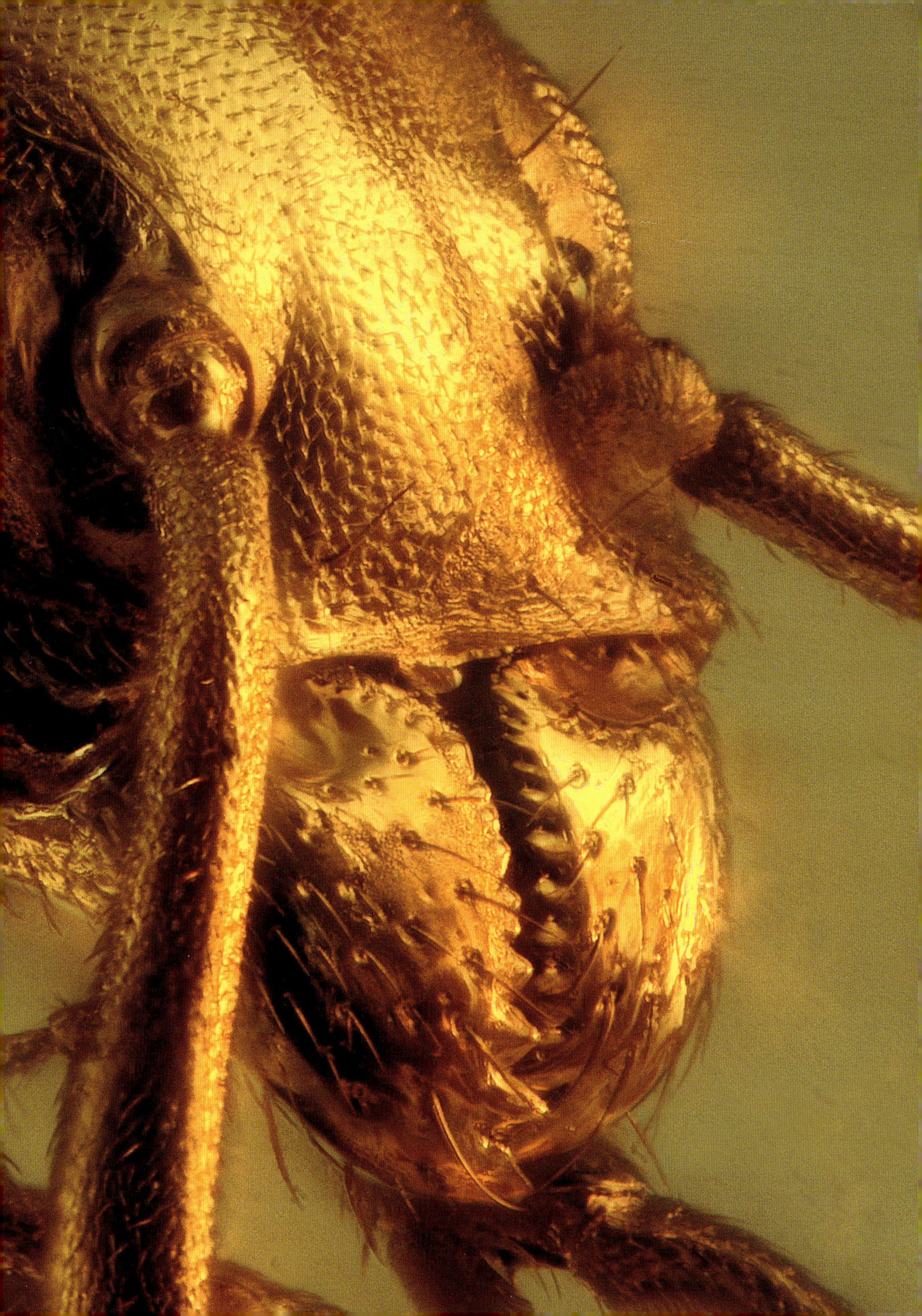

TIERE IM BALTISCHEN BERNSTEIN

Für viele der Tiergruppen gibt es ständig sich verändernde systematische Einteilungen. Selbst die Reihenfolge der Großgruppen ist noch stetem Wandel unterworfen. Hatte man früher allein nach morphologischen Kriterien die Gruppen eingeteilt, zeigt uns heute die Analyse und der Vergleich der DNS teilweise ganz andere Zusammenhänge.

Da im Bernstein keine DNS erhalten ist, müssen wir uns auf morphologische Fakten beschränken. Dabei spielt die Stammesgeschichte einer Gruppe die entscheidende Rolle; so sind die Einzeller vor den Mehrzellern anzusiedeln und z. B. die flügellosen Urinsekten vor den geflügelten Insekten. Die Organisationshöhe spielt in der heutigen Systematik keine Rolle mehr, denn alle heute lebenden Tier- und Pflanzengruppen sind auf ihre Weise hoch organisiert und haben es geschafft, bis heute zu überleben. Es geht ausschließlich um die stammesgeschichtlichen Beziehungen der Taxa zueinander.

Die Untergruppen können nicht für alle Ordnungen erfasst werden. So erfolgt die Auflistung der Familien z. B. nur für die Kapitel: Spinnen, Steinfliegen, Wanzen, Käfer, Köcherfliegen, Mücken, Fliegen u. a., ohne den Anspruch auf Vollständigkeit.

In der Auflistung sind nur die Gruppen aufgeführt, die im Baltischen Bernstein gefunden worden sind bzw. deren Vorkommen im Baltischen Bernstein wahrscheinlich ist. Die systematischen Kategorien in den einzelnen Zeilen sind nicht einheitlich. Erkenntnisse über die Flora und Fauna des Baltischen Bernsteins können wir m. E. auch auf den Bitterfelder Bernstein (Saxony amber) übertragen, denn nach neuesten Untersuchungen ist auch für diesen Bernstein ein eozänes Alter nachgewiesen (Weitschat, 2008). Genauso verhält es sich mit dem Ukrainer Bernstein (Rovno amber), den Fossillagerstätten Geiseltal, Messel und Eckfelder Maar.

Alle großen Tiergruppen, die es im Bernsteinwald gab, existieren auch heute noch. Auch die Familien und zum Teil auch die Gattungen sind bis heute erhalten. Die Arten dagegen haben sich verändert. Es gibt keinen Nachweis dafür, dass sich Arten über 40 Millionen Jahre lang identisch gehalten haben. Viele der nächsten Verwandten der Tiere und Pflanzen des Baltischen Bernsteins leben heute in den Subtropen von Südostasien, Südamerika, Australien, Süd-Japan usw.

Nach dem Aktualitätsprinzip nimmt man an, dass

heute wirksame Faktoren auch in der Vergangenheit genauso wirksam gewesen sind. So können wir Kenntnisse über rezente Tiergruppen, über phylogenetische Zusammenhänge usw. getrost auch auf die Bernstein-Einschlüsse übertragen.

Es wird versucht, einerseits die häufigsten Vertreter aus den verschiedenen Tiergruppen in Bild und Beschreibung zu erfassen, andererseits auch die Raritäten vorzustellen. Die einzelnen Tiergruppen werden in systematischer Reihenfolge abgehandelt. Eine vollständige Erfassung aller im Bernstein bekannten Familien, geschweige denn Gattungen oder Arten, ist hier nicht möglich. Nehmen wir das Beispiel der Käfer: Es sind schon über hundert Käferfamilien aus dem Bernstein bekannt und immer wieder wird eine neue Käferfamilie im Bernstein entdeckt. Allein den Käfern des Baltischen Bernsteins müsste man ein eigenes Buch widmen – und ein solches ist gedanklich auch schon in Planung.

Es gibt Tiergruppen, von denen noch keine Vertreter im Baltischen Bernstein gefunden wurden. Die Tiergruppen, die entweder noch gar nicht fossil im Bernstein nachgewiesen sind, oder aber zum Beispiel im Dominikanischen oder Burmesischen Bernstein, werden trotzdem vorgestellt, wenn aufgrund der heutigen Lebensweise ein Vorkommen im subtropischen Bernsteinwald vermutet werden kann.

Tiere im Bernstein mit Hilfe eines Bestimmungsschlüssels zu bestimmen ist manchmal sehr schwierig, da wichtige Bestimmungsmerkmale nicht einsehbar sind oder das Tier zu tief im Bernstein eingebettet liegt, um scharf abgebildet werden zu können. Das gilt vor allem für Bestimmungsschlüssel, die für rezente Tiere erarbeitet wurden. Für Bernsteinfossilien gibt es nur Bestimmungsschlüssel für Untergruppen; deren Vorstellung würde den Rahmen dieses Buches sprengen. Deshalb wird versucht, am Ende des Buches mit einem neu entwickelten, sehr einfachen Bestimmungsschlüssel für die Großgruppen und einige Untergruppen auch dem Nichtfachmann eine Hilfe an die Hand zu geben, unterstützt durch entsprechende Abbildungen.

Systematik der Tiere im Baltischen Bernstein

Grau: Vertreter dieser Gruppen sind noch nicht im Baltischen Bernstein gefunden worden, sind aber zu erwarten.

1. Einzellige Lebewesen – Prokaryoten, Protisten
2. Fadenwürmer – Nematoda
3. Ringelwürmer – Annelida
4. Schnecken – Gastropoda
5. Spinnentiere – Arachnida
6. Krebse – Crustacea
7. Tausendfüßer – Myriapoda
8. Bärtierchen – Tardigrada
9. Beintastler – Protura
10. Springschwänze – Collembola
11. Doppelschwänze – Diplura
12. Borstenschwänze – Thysanura
13. Libellen – Odonata
14. Eintagsfliegen – Ephemeroptera
15. Steinfliegen – Plecoptera
16. Tarsenspinner – Embioptera
17. Ohrwürmer – Dermaptera
18. Termiten – Isoptera
19. Schaben – Blattoidea
20. Grillenschaben – Grylloblattodea
21. Gottesanbeterinnen – Mantodea
22. Stabschrecken – Phasmida
23. Raubschrecken – Mantophasmatodea
24. Heuschrecken – Orthoptera
25. Rindenläuse – Psocoptera
26. Bodenläuse – Zoraptera
27. Fransenflügler – Thysanoptera
28. Wanzen – Heteroptera
29. Mooswanzen – Coleorrhyncha
30. Zikaden – Auchenorrhyncha (Cicadina)
31. Pflanzenläuse – Sternorrhyncha
32. Echte Tierläuse – Phthiraptera
33. Großflügler – Megaloptera
34. Kamelhalsfliegen – Rhaphidioptera
35. Netzflügler – Neuroptera
36. Käfer – Coleoptera
37. Fächerflügler – Strepsiptera
38. Hautflügler – Hymenoptera
39. Schnabelfliegen – Mecoptera
40. Köcherfliegen – Trichoptera
41. Schmetterlinge –Lepidoptera
42. Zweiflügler – Diptera
43. Flöhe – Siphonaptera
44. Wirbeltiere – Vertebrata

PFLANZEN IM BALTISCHEN BERNSTEIN

Es überschritte den Umfang dieses Buches, wollte man auch die Pflanzen im Baltischen Bernstein umfassend aufführen. Dazu muss in den kommenden Jahren ein eigenes Buch geschrieben werden. Leider gibt es nur sehr wenige Paläobotaniker, die sich mit der eozänen Flora auskennen.

An dieser Stelle werden nur einige wenige Beispiele von Pflanzen im Baltischen Bernstein gezeigt. Vorangestellt ist eine Übersicht, leicht verändert, nach Weitschat & Wichard („Atlas der Pflanzen und Tiere im Baltischen Bernstein"). Ergänzt sind in der Übersicht die einzelligen Lebewesen, die ebenfalls im Bernstein erhalten sind, aber erst in den letzten Jahren entdeckt und näher untersucht worden sind.

Lebermoos

Laubmoos

Übersicht der Pflanzen im Bernstein

(Systematik, nach Weitschat & Wichard, 1998)

Auch einzellige Lebewesen sind im Bernstein gefunden worden, dazu gehören Bakterien, Blaualgen, Wurzelfüßer (Foraminiferen), Kieselalgen (Diatomeen) u. a.

Die Pilze gehören systematisch weder zu Pflanzen noch zu Tieren.

Farn

Von höheren Pflanzen wurden im Bernstein gefunden:

1. Hepaticae – Lebermoose
2. Musci – Laubmoose
3. Pteridophyta – Farne
4. Gymnospermae – Nacktsamer
5. Angiospermae – Bedecktsamer

Gymnospermae – Nacktsamer (Nadelhölzer)
mit Araukariengewächsen (Araucariaceae), Zypressengewächsen (Cupressaceae), Kieferngewächsen (Pinaceae), Eibengewächsen (Taxaceae) u. a.

Angiospermae – Bedecktsamer (Einkeimblättrige und Zweikeimblättrige):

Monocotyledonae – Einkeimblättrige:
Araceae – Aronstabgewächse
Commelinaceae – Kommelinengewächse
Poaceae (= Gramineae) – Süßgräser
Liliaceae – Liliengewächse
Najadaceae – Nixenkrautgewächse
Palmeae – Palmen

Dicotyledonae – Zweikeimblättrige:
Aceraceae – Ahorngewächse
Apocynaceae – Hundsgiftgewächse
Aquifoliaceae – Stechpalmengewächse
Betulaceae – Birkengewächse
Campanulaceae – Glockenblumengewächse
Caprifoliaceae – Geißblattgewächse
Celastraceae – Spindelbaumgewächse
Chenopodiaceae – Gänsefußgewächse
Cistaceae – Zistrosengewächse
Clethraceae – Scheinellergewächse
Asteraceae (= Compositae) – Korbblütler
Connaraceae
Brassicaceae (= Cruciferae) – Kreuzblütler
Dilleniaceae – Rosenapfelgewächse
Droseraceae – Sonnentaugewächse
Ericaceae – Heidekrautgewächse
Euphorbiaceae – Wolfsmilchgewächse
Fagaceae – Buchengewächse
Geraniaceae – Storchschnabelgewächse
Hamamelidaceae – Zaubernussgewächse
Hippocastanaceae – Rosskastaniengewächse
Lauraceae – Lorbeergewächse
Loranthaceae – Mistelgewächse
Magnoliaceae – Magnoliengewächse
Myricaceae – Gagelstrauchgewächse
Myrsinaceae – Myrsinengewächse
Olacaceae – Olaxgewächse
Oleaceae – Ölbaumgewächse
Oxalidaceae – Sauerkleegewächse
Papilionaceae – Schmetterlingsblütler
Pentaphylaceae
Pittosporaceae – Klebsamengewächse
Polygonaceae – Knöterichgewächse
Proteaceae – Silberbaumgewächse
Pyrolaceae – Wintergrüngewächse
Rhamnaceae – Kreuzdorngewächse
Rosaceae – Rosengewächse
Rubiaceae – Rötegewächse
Saliaceae – Weidengewächse
Santalaceae – Sandelgewächse
Saxifragaceae – Steinbrechgewächse
Scrophulariaceae – Braunwurzgewächse
Theaceae – Teestrauchgewächse
Thymelaeaceae – Seidelbastgewächse
Tiliaceae – Lindengewächse
Ulmaceae – Ulmengewächse
Apiaceae (=Umbelliferae) – Doldengewächse
Urticaceae – Brennesselgewächse
Vitaceae – Weinrebengewächse

Fruchtkörper eines Pilzes

Zapfen

Laubblatt

Blüte

TYPENMATERIAL

Ein Typus oder Holotypus oder Holotyp ist ein Lebewesen, rezent oder fossil, das zur wissenschaftlichen Neubeschreibung dient. Dient es zur Aufstellung einer neuen Gattung, ist es ein Genotypus. Ist ein Typus verloren gegangen und ein anderes artgleiches Lebewesen dient zur Wiederbeschreibung dieser Art, nennen wir es einen Neotypus. Werden neben dem Holotypus artgleiche Lebewesen in der Beschreibung erfasst, sind dieses die Paratypen.

Der Wissenschaftler, der nach gründlicher weltweiter Recherche der Meinung ist, dass das betreffende Lebewesen eine neue Tierart darstellt und eine genaue Beschreibung vornimmt, hat auch das Recht, den Namen für diese Tierart festzulegen. Dabei wird die sogenannte binäre Nomenklatur in lateinischer Sprache verwendet, d.h. jedes Lebewesen hat einen Nachnamen und einen Vornamen. Der Nachname stellt den Gattungsnamen dar und wird vorangestellt, der Vorname ist der Artname. Der gewählte Artname sollte einen konkreten Bezug zu dem Tier haben: Entweder wird der Name des Finders, des Besitzers oder eines Sponsors verwendet oder ein typisches Merkmal. „Eodiprion groehni Schedl, 2007" sagt uns, dass es sich um eine fossile Wespe handelt („eo" = alt und „diprion" = Name einer Wespengattung), dass Gröhn sie gefunden hat und dass der Forscher Schedl sie 2007 beschrieben hat.

Hat der beschreibende Wissenschaftler Gattungs- und Artname festgelegt, dann wird sein Name und die durch ein Komma abgetrennte Jahreszahl dem Art- und Gattungsname hinzugefügt und nicht in Klammern gesetzt. Hat ein anderer Wissenschaftler später eine Revision vorgenommen und eine Art in eine andere Gattung gestellt, dann wird der Erstbeschreiber mit der Jahreszahl genannt, aber in Klammern gesetzt. Das entspricht den internationalen Regeln für die zoologische Nomenklatur (ICZN).

Ein Typus dient anderen Wissenschaftlern als Vergleichsobjekt, soll jedem Wissenschaftler auf der Welt zur Verfügung stehen und soll deshalb nach neueren Richtlinien grundsätzlich in einem Museum oder einer ähnlichen Einrichtung aufbewahrt werden. Dort bekommt der Typus eine Typennummer der Sammlung. Der Privatsammler scheut sich häufig, sein Inklusenmaterial auf diese Weise zu „verlieren". Denn wenn sein Stück von einem Wissenschaftler beschrieben werden soll, muss er es einem Museum spenden oder einem Museum verkaufen.

Einen finanziellen Ausgleich bekommt man bei einer Spende nur dahingehend, dass man eine Spendenbescheinigung in einer bestimmten Höhe bekommt. Das wäre bei einem vermeintlich häufigen Einschluss, für den man nicht allzu viel bezahlt hat, eine äquivalente Lösung. Hat der Sammler aber viele tausend Euro für einen seltenen Einschluss bezahlt, gibt er ihn ungern als Spende her – und die meisten Museen sind heute finanziell nicht so gut gestellt, dass sie solch teure Einschlüsse aufkaufen könnten. So schlummern sicher noch viele potentielle Holotypen in den Privatsammlungen.

Ich habe aus meiner großen Inklusensammlung bisher über 200 Typen dem Museum des Geologisch-Paläontologischen Instituts der Universität Hamburg gespendet, davon sind 63 Typen nach mir benannt („... *groehni*"). Und diese Typen sind/waren z. T. die seltensten und teuersten aus meiner Sammlung.

Angesichts der angesprochenen Probleme sollte man in Frage stellen, ob wissenschaftliche Beschreibungen nur bei Museumsstücken möglich sein sollten. Vielmehr sollte man es wie in der Kunst handhaben. Dort befinden sich zahlreiche Bilder und Objekte in Privatsammlungen und werden nichtsdestotrotz kunstwissenschaftlich behandelt. Oft werden sie für Ausstellungen ausgeliehen. Entsprechend könnte bei Inklusen zum Standard werden, dass Stücke aus Privatsammlungen zu Bestimmung, Beschreibung und gegebenenfalls Ausstellung zeitlich terminiert ausgeliehen werden. Durch diese Regel würde die Wissenschaft gewinnen, weil viele interessante neue Stücke beschrieben werden könnten.

2699 Großflügler, Corydalidae:
***Chauliodes carsteni* Wichard, 2009,**
Holotypus GPIH 4310

826 Großflügler, Sialidae: *Sialis groehni* Wichard, 1997,
Holotypus GPIH 4353

651 Urameise, Ponerinae: *Ponera lobulifera* Dlussky, 2008,
Paratypus GPIH 4506

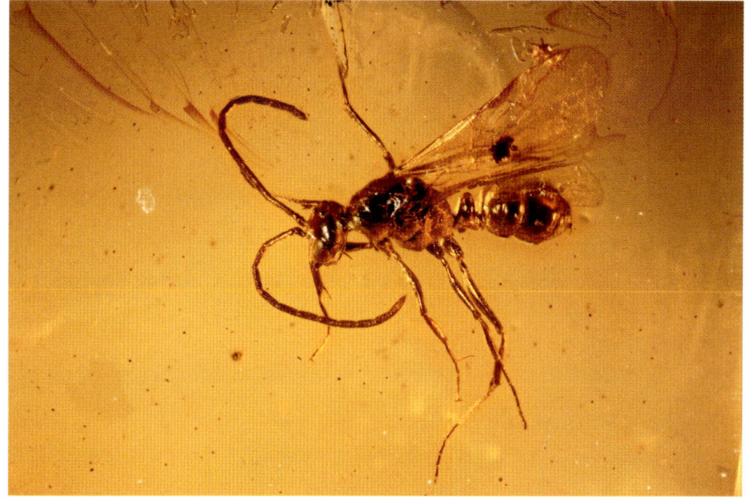

Beschriftungszettel für einen Holotypus.

HOLOTYPE
Diptera: DOLICHOPODIDAE

Wheelerenomyia ♂
baltica Bickel

det. D. Bickel, 2010 BAM-132

Typenmaterial aus der Sammlung Carsten Gröhn

Übersicht über die Holotypen (HT), Paratypen (PT) und Neotypen (NT) im Museum des Geologisch-Paläontologischen Instituts der Universität Hamburg (GPIH) der Sammlung Carsten Gröhn (fortlaufende Nummerierung)

Anmerkung: Am Anfang steht die Sammlungsnummer der Sammlung Gröhn („ex. Coll. Gröhn Nr. ...“). Innerhalb der Großgruppen sind die Untergruppen alphabetisch geordnet.

I. Typenmaterial aus dem Baltischen Bernstein:

Spinnentiere – Arachnida:

2176	GPIH 4339	Anapidae: *Balticoroma ernstorum* Wunderlich, 2003 PT
2118	GPIH 4346	Anapidae: *Balticoroma serafinorum* Wunderlich, 2003 PT
575	GPIH 4406	Anapidae: *Mysmena groehni* Wunderlich, 2003 PT
3999	GPIH 4337	Archaeidae: *Myrmecarchaea petiolus* Wunderlich, 2003 HT
3907	GPIH 4338	Archaeidae: *Myrmecarchaea pediculus* Wunderlich, 2003 HT
2874	GPIH 4488	Cheliferidae: *Electrochelifer groehni* Dashdamirov, 2006 HT
5944	GPIH 4485	Corinnidae: *Protoorthobola bifida* Wunderlich, 2005 HT
3914	GPIH 4340	Dysderidae: *Harpactaea communis* Wunderlich, 2003 PT
7888	GPIH 4413	Feaellidae: *Feaella groehni* Henderickx, 2014 HT
3913	GPIH 4312	Solifugae: *Palaeoblossia groehni* Wunderlich, 2001 HT
5900	GPIH 4342	Synotaxidae: *Eosinotaxus paucispina* Wunderlich, 2003 HT
3923	GPIH 4301	Spatiatoridae: *Spatiator praeceps* Wunderlich, 2004 HT
942	GPIH 4341	Tetrablemmidae: *Balticoblemma unicorniculum* Wunderlich, 2003 PT
5958	GPIH 4499	Theridiidae: *Ulesanis longicymbium* Wunderlich, 2007 PT
3926	GPIH 4405	Uloboridae: *Eomiagrammops spinipes* Wunderlich, 2003 PT

Krebse – Crustacea:

2650	GPIH NN	Niphargidae: *Niphargus groehni* Coleman, 2002 HT

Tausendfüßer – Myriapoda

7035	GPIH 4573	Scolopendridae: *Theatops groehni* Edgecombe, 2015 HT

Silberfischchen – Lepismatidae:

1623	GPIH 4502	Nicoletiidae: *Electronicoletia groehni* Staniczek & Bechly, 2014 HT

Eintagsfliegen – Ephemeroptera:

76	GPIH 4451	Heptageniidae: *Ecdyonurus groehnorum* Godunko, 2007 HT

Steinfliegen – Plecoptera:

6945	GPIH 4483	Nemouridae: *Lednia zilli* Caruso & Wichard, 2010 HT

Schaben – Blattoidea:

7137	GPIH 4544	Blattina: *Cotyloblatta irmgardgroehni* Anisyutkin, 2012 HT
7142	GPIH 4414	Polyphagidae: *Paraeuthyrrhapha groehni* Anisyutkin, 2008 PT
2811	GPIH 4501	Polyphagidae: *Paraeuthyrrhapha groehni* Anisyutkin, 2007 HT

Stabschrecken – Phasmida:

1661	GPIH 4343	Archipseudophasmatidae: *Archipseudophasma phoenix* Zompro, 1999 HT
2632	GPIH 4412	Timematodea: *Electrotimema carstengroehni* Zompro, 2004 HT

Gladiatorschrecken – Mantophasmatodea:

2723	GPIH 4502	Mantophasmatidae: *Rhaptophasma groehni* Zompro, 2008 HT

Fransenflügler – Thysanoptera:

3770	GPIH 4544	Aeolothripidae: *Mymarothrips groehni* Ulitzka, 2014 HT

Wanzen – Heteroptera:

2259	GPIH 4308	Aradidae: *Aneurus groehni* Heiss, 2001 HT
2223	GPIH 4317	Anthocoridae: *Lyctoferus groehni* Popov, 2002 HT

2289	GPIH 4318	Anthocoridae: *Lyctoferus groehni* Popov, 2002 PT
2269	GPIH 4320	Anthocoridae: *Lyctoferus insertus* Popov, 2002 HT
2264	GPIH 4319	Anthocoridae: *Lyctoferus similis* Popov, 2002 HT
5320	GPIH 4540	Anthocoridae: *Xyloesteles parvulus* Popov, 2010 HT
1680-2	GPIH 4336	Gerridae: *Electrogerris kotashevichi* Andersen, 2000 HT
1680-6	GPIH 4348	Gerridae: *Electrogerris kotashevichi* Andersen, 2000 PT
5236	GPIH 4344	Hydrometidae: *Hydrometa groehni* Andersen, 2003 HT
2286	GPIH 4408	Microphysidae: *Loricula damzeni* Popov, 2000 PT
5216	GPIH 4409	Microphysidae: *Loricula pericarti* Popov, 2000 HT
5279	GPIH 4478	Miridae: *Cylapopsallops kerzhneri* Popov, 2005 HT
5350	GPIH 4515	Miridae: *Epigonopsallops groehni* Popov, 2008 HT
2296	GPIH 4476	Miridae: *Fulviocylapus gorczygai* Popov, 2005 HT
5203	GPIH 4477	Miridae: *Fulviocylapus gorczygai* Popov, 2005 PT
5246	GPIH 4460	Miridae: *Metoisops groehni* Herczek & Popov, 2014 HT
2291	GPIH 4461	Miridae: *Metoisops intergerivus* Herczek & Popov, 2014 HT
5327	GPIH 4457	Miridae: *Metoisops variabilis* Popov, 2014 PT
5353	GPIH 4662	Miridae: *Tschirnhausia sambiensis* Herczek & Popov, 2011 HT
5256	GPIH 4490	Piesmatidae: *Heissiana serafini* Popov, 2002 PT
5250	GPIH 4491	Piesmatidae: *Heissiana serafini* Popov, 2002 PT
2008	GPIH 4492	Piesmatidae: *Heissiana serafini* Popov, 2002 PT
5394	GPIH 4569	Thaumastocoridae: *Thaumastastotingis areolatus* Heiss, 2015 HT
2238	GPIH 4306	Tingidae: *Archaepopovia jurii* Gulup, 2001 HT
5294	GPIH 4410	Tingidae: *Parasinalda groehni* Heiss, 2013 HT
2235	GPIH 4350	Veliidae: *Balticoveila weitschati* Andersen, 2000 HT

Zikaden – Auchenorrhyncha (Cicadina):

244	GPIH 4311	Achilidae: *Ptychogroehnia reducta* Szwedo & Stroinski, 2001 HT
3711	GPIH 4473	Cicadellidae: *Jantariola dubia* Szwedo, 2005 HT
198	GPIH 4471	Cicadellidae: *Jantarivacanthus kotejai* Szwedo, 2005 HT
2672	GPIH 4474	Cicadellidae: *Longipteria pulchra* Szwedo, 2005 HT
2680	GPIH 4475	Cicadellidae: *Protodikraneura cephalica* Szwedo, 2005 HT
454	GPIH 4472	Cicadellidae: *Dikraniola bruneiguttata* Szwedo, 2005 PT
1712	GPIH 4470	Cixiidae: *Perkunus bruziorum* Szwedo & Stroinski, 2002 HT
373	GPIH 4576	Tropiduchidae: *Patollo aestiorum* Szwedo & Stroinski, 2013 HT

Schildläuse – Coccoidea:

1919	GPIH 4494	Grohnidae: *Grohnus eichmanni* Koteja, 2004 HT
1903	GPIH 4493	Serafinidae: *Serafinus acutipterus* Koteja, 2004 HT

Blattläuse – Aphidoidea:

3457	GPIH 4431	Hormaphididae: *Unicohormaphis sorini* Wegierek & Zyla, 2011 HT

Großflügler – Megaloptera:

2699	GPIH 4310	Corydalidae: *Chauliodes carsteni* Wichard, 2003 HT
826	GPIH 4353	Sialidae: *Sialis groehni* Wichard, 1997 HT

Netzflügler – Neuroptera:

7069	GPIH 4550	Berothidae: *Electriberotha groehni* Makarkin, 2014 HT
7078	GPIH NN	Nevrorthidae: *Electroneurorthus malickyi* Wichard et al. 2010 HT
7076	GPIH 4523	Nevrorthidae: *Paleoneurorthus bifurcates* Wichard, 2009 HT
7081	GPIH NN	Nevrorthidae: *Palaeoneurorthus groehni* Wichard et al. 2010 HT
7097	GPIH NN	Nevrorthidae: *Palaeoneurorthus hoffeinsorum* Wichard, 2010 PT
6997	GPIH 4522	Sisyridae: *Paleosisyra electrobaltica* Wichard, 2009 HT

Käfer – Coleoptera:

4264	GPIH 4519	Attelabidae: *Baltocar groehni* Riedel, 2010 HT
1680-1	GPIH 4336	Carabidae: *Loricera electrica* Klausnitzer, 2003 HT
4297	GPIH 4458	Cryptophagidae: *Atomaria groehni* Perkovsky et al. 2014 HT
4071	GPIH 4420	Cupedidae: *Cupes groehni* Kirejtshuk, 2011 HT

4318 GPIH 4421 Cupedidae: *Cupes groehni* Kirejtshuk, 2011 PT

4225 GPIH 4422 Cupedidae: *Cupes tesselatus* Kirejtshuk, 2011 HT

4261 GPIH 4423 Cupedidae: *Cupes weitschati* Kirejtshuk, 2011 HT

1127 GPIH 4517 Curculionidae: *Baltocar hoffeinsorum* Riedel, 2010 PT

1125 GPIH 4518 Curculionidae: *Baltocar hoffeinsorum* Riedel, 2010 PT

7977 GPIH 4497 Curculionidae: *Baltocar subnudus* Riedel, 2012 PT

7958 GPIH 4520 Curculionidae: *Kuschelomacer kerneggeri* Riedel, 2010 PT

4456 GPIH 4464 Dermestidae: *Anthrenus ambericus* Herrmann, 2005 HT

4064 GPIH 4465 Dermestidae: *Anthrenus groehni* Herrmann, 2005 HT

4458 GPIH 4468 Dermestidae: *Attagenus hoffeinsei* Herrmann, 2005 PT

4751 GPIH 4467 Dermestidae: *Globicornis ambericus* Herrmann, 2005 HT

4081 GPIH 4482 Dermestidae: *Megatoma electra* Zhantiev, 2006 HT

1367 GPIH 4466 Dermestidae: *Trogoderma larvalis* Herrmann, 2005 HT

2450 GPIH 4462 Elateridae: *Abelater succineus* Schimmel, 2004 HT

1184 GPIH 4463 Elateridae: *Megapenthes groehni* Schimmel, 2004 HT

4612 GPIH 4469 Elateridae: *Megapenthes voigti* Schimmel, 2004 HT

7968 GPIH 4516 Chrysomelidae: *Arostropsis groehni* Kirejtshuk, 2010 HT

4554 GPIH 4524 Dytiscidae: *Hydroporus carstengroehni* Balke, 2009 HT

2474 GPIH 4307 Gyrinidae: *Orectochilus groehni* Mazzoldi, 2001 HT

8052 GPIH 4570 Jacobsoniidae: *Derolathrus groehni* Cai, 2015 HT

4666 GPIH 4453 Latridiidae: *Corticarina palaeominuta* Reike, 2012 PT

8219 GPIH 4454 Latridiidae: *Corticarina palaeominuta* Reike, 2012 PT

8217 GPIH 4455 Latridiidae: *Corticarina palaeominuta* Reike, 2012 PT

4535 GPIH 4448 Latridiidae: *Enicmus groehni* Reike, 2012 HT

4744 GPIH 4447 Latridiidae: *Melanophthalma carstengroehni* Reike, 2012

8051 GPIH 4435 Latridiidae: *Melanophthalma opprimera* Reike, 2012 HT

993 GPIH 4415 Latridiidae: *Revelieria groehni* Sergi et al., 2013 HT

2402 GPIH 4434 Latridiidae: *Stephostethus palaeobicostatus* Reike, 2012 HT

995 GPIH 4526 Nitidulidae: *Baltoraea insigna* Kirejtshuk, 2009 HT

4243 GPIH 4525 Nitidulidae: *Baltoraea simillima* Kirejtshuk, 2009 HT

4441 GPIH 4426 Nitidulidae: *Lasiodites angustitibialis* Kirejtshuk, 2008 HT

355 GPIH 4425 Nitidulidae: *Microsoronia kerneggeri* Kirejtshuk, 2008 PT

1174 GPIH 4334 Ptiliidae: *Micridium groehni* Perkovsky, 2003 HT

2300 GPIH 4303 Ripiphoridae: *Paurorpidius groehni* Nagel, 2001 HT

1182 GPIH 4304 Ripiphoridae: *Paurorpidius groehni* Nagel, 2001 PT

1433 GPIH 4305 Ripiphoridae: *Paurorpidius groehni* Nagel, 2001 PT

740 GPIH 4322 Scirtidae: *Cyphon groehni* Klausnitzer, 2003 HT

2418 GPIH 4321 Scirtidae: *Cyphon keilbachi* Klausnitzer, 2003 HT

1328 GPIH 4323 Scirtidae: *Cyphon keilbachi* Klausnitzer, 2003 PT

2316 GPIH 4324 Scirtidae: *Elodes mysticopalpalis* Klausnitzer, 2012 HT

1337 GPIH 4347 Staphylinidae: *Bolitobius groehni* Schülke, 1999 HT

4789 GPIH 4563 Staphylinidae: *Eocenodeleaster groehni* Cai et al., 2015 HT

798 GPIH 4528 Staphylinidae: *Stenus abraham* Puthz, 2010 HT

4585 GPIH 4416 Staphylinidae: *Stenus archetypus* Puthz, 2010 HT

4797 GPIH 4529 Staphylinidae: *Stenus atavus* Puthz, 2010 HT

4485 GPIH 4530 Staphylinidae: *Stenus atavus* Puthz, 2010 PT

8153 GPIH 4531 Staphylinidae: *Stenus groehni* Puthz, 2010 HT

4736 GPIH 4572 Tenebrionidae: *Yantaroxenos colydioides* Nabozhenko, 2015 HT

Fächerflügler – Strepsiptera:

1500 GPIH 4495 Myrmecolacidae: *Caenocholax groehni* Henderickx & Kath, 2006 HT

1118 GPIH 4496 Myrmecolacidae: *Caenocholax southwoodi* Henderickx, 2007 HT

Hautflügler – Hymenoptera:

2623 GPIH 4484 Apiformes: *Glyptapis densopunctata* Engel, 2013 PT

3709 GPIH 4452 Apiformes: *Succinapis micheneri* Engel, 2013 PT

3006 GPIH 4498 Diprionidae: *Eodiprion groehni* Schedl, 2007 HT

1228 GPIH 4302 Dryinidae: *Palaeodryinus groehni* Olmi, 2001 HT
3335 GPIH 4508 Formicidae: *Amblyopone electrina* Dlussky, 2008 HT
3356 GPIH 4509 Formicidae: *Amblyopone groehni* Dlussky, 2008 HT
4385 GPIH 4511 Formicidae: *Cataglyphoids intermedius* Dlussky, 2008 HT
2651 GPIH 4504 Formicidae: *Dolichoderus brevipalpis* Dlussky & Radchenko, 2008 HT
117 GPIH 4505 Formicidae: *Eocenomyrma elegantula* Dlussky & Radchenko, 2008 HT
651a GPIH 4506 Formicidae: *Ponera lobulifera* Dlussky, 2008 HT
3306 GPIH 4507 Formicidae: *Proceratium eocenicum* Dlussky, 2008 PT
3357 GPIH 4510 Formicidae: *Tetraponera groehni* Dlussky, 2008 HT
6794 GPIH 4459 Ichneumonidae: *Paxylommites groehni* Tolkanitz & Perkovsky 2015 HT
3748 GPIH 4527 Stephanidae: *Electrostephanus neovenatus* Aguiar & Janzen, 1999 HT

Köcherfliegen – Trichoptera

3292 GPIH 4449 Leptoceridae: *Electroadicella bitterfeldi* Wichard, 2013 PT
1581 GPIH 4300 Leptoceridae: *Perissomyia sulcata* Ulmer, 1912 NT

Mücken – Diptera-Nematocera:

651b GPIH 4506 Cecidomyiidae: *Firenia manca* Fedotova & Perkovsky, 2009 HT
1730 GPIH 4512 Chaoboridae: *Gedanoborus resinatus* Seredszus & Wichard, 2009 HT
1786 GPIH 4514 Chaoboridae: *Palaeomochlonyx aestimabilis* Seredszus & Wichard, 2009 PT
2340 GPIH 4532 Chironomidae: *Zalutschia electra* Seredszus & Wichard, 2009 HT

Fliegen – Diptera-Brachycera:

1801 GPIH 4500 Diopsidae: *Protocamilla groehni* Grimaldi, 2007 HT

Von Langbeinfliegen (Dolichopodidae) sind aus der Sammlung Gröhn in den letzten Jahren 37 Typen beschrieben bzw. werden z.Z. beschrieben.

Flöhe – Siphonaptera:

2732 GPIH NN Hystrichopsyllidae: *Palaeopsylla groehni* Beaucournu, 2003 HT

Pflanzen

2091b GPIH 4327 Hepaticae: *Bazzania polyodus* Grolle, 2003 HT
2006a GPIH 4329 Hepaticae: *Frullania pycnoclada* Grolle, 2003 HT
2006-2 GPIH 4330 Hepaticae: *Frullania pycnoclada* Grolle, 2003 PT
2006-3 GPIH 4331 Hepaticae: *Frullania pycnoclada* Grolle, 2003 PT
2006-5 GPIH 4332 Hepaticae: *Frullania pycnoclada* Grolle, 2003 PT
5800 GPIH 4565 Hepaticae: *Notoscyphus balticus* Heinrichs et al. 2014 HT
2088b GPIH 4309 Hepaticae: *Plagiochila groehni* Heinrichs & Grolle, 2002 HT
2019 GPIH 4313 Musci: *Atrichum groehni* Frahm, 2003 HT
2046 GPIH 4316 Musci: *Atrichum groehni* Frahm, 2003 PT
2045 GPIH 4314 Musci: *Atrichum mamillosum* Frahm, 2003 HT
2041 GPIH 4315 Musci: *Atrichum subrhystophyllum* Frahm, 2003 HT
2091a GPIH 4327 Musci: *Campylopodiella himalayana* Frahm, 2002 HT
5829 GPIH 4411 Musci: *Ditrichites ignotus* Frahm, 2013 HT
2088 GPIH 4309 Musci: *Tachycystis flagellaris* Frahm, 2002 HT

II. Typenmaterial aus dem Burmesischen Bernstein:

11071 GPIH 4568 Berothidae: *Creagroparaberotha groehni* Makarkin, 2015 HT
11038-1 GPIH 4549 Opilioacarida: *Opilioacarus groehni* Dunlop & Bernardi, 2014 HT
11006 GPIH 4417 Psychodidae: *Bahama groehni* Wagner, 2015 HT
11038-2 GPIH 4564 Scorpiones: *Burmesescorpiops groehni* Lourenço, 2014 HT
11037-1 GPIH 4566 Scorpiones: *Chaerilonuthus gigantosternum* Lourenço, 2014 HT
11037-2 GPIH 4567 Scorpiones: *Chaerilobuthus serratus* Lourenço, 2014 HT

III. Typenmaterial aus dem Costa-Rica-Bernstein:

11601 GPIH 4486 Psocoptera: *Belaphopsocus groehni* Mockford, 2015 HT

UNTERSUCHUNGS-METHODEN

Lichtoptische Betrachtung, Fotografie und Zeichnung

Die einfachste Möglichkeit, einen Einschluss zu untersuchen, ist natürlich die normale Betrachtung durch das Mikroskop oder Binokular. Wenn ein Planschliff des Bernsteins über dem Einschluss vorliegt, kann man ihn fast verzerrungsfrei betrachten. Bei Vergrößerungen ab 40x stößt man meist an die Grenzen, weil der Bernstein eine scharfe Abbildung nicht mehr zulässt, auch wenn man dicht an das Objekt heran geschliffen hat. So sind auch Fotos ab diesem Vergrößerungsbereich lichtoptisch nicht mehr scharf zu schießen. Da hilft dann eine Zeichnung, die den Vorteil hat, dass man unwesentliche oder störende Dinge weglassen kann.

Kurzflüglerkäfer (Staphylinidae: *Bolitobius groehni*),
Zeichnung © Gabriele Diebel.

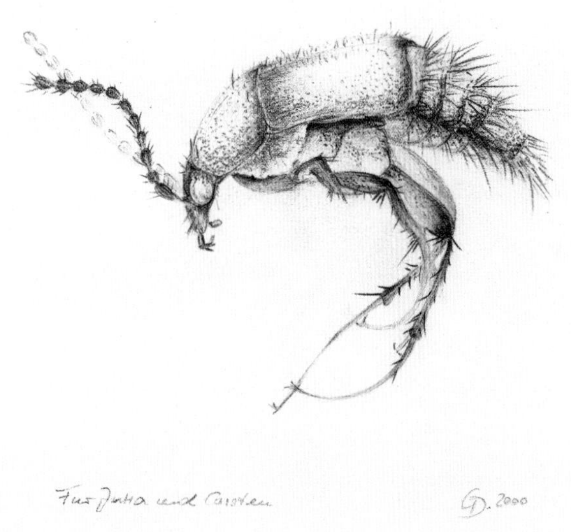

Aufnahmen mit einem Nano-CT-Scanner (X-ray Mikro-Computer-Tomografie)

Ich möchte anhand eines Beispiels eine neue Methode zur Untersuchung von Bernsteineinschlüssen vorstellen, die sich besonders für verlumte Inklusen eignet, d. h. für Einschlüsse, die einen weißen Belag haben, der die normale optische Sicht auf das Insekt unmöglich macht. Es handelt sich um die Untersuchung eines Pseudoskorpions, den ich Herrn Henderickx zur Verfügung stellte, ein Einschluss, der von unten total verlumt war. Dank der neuen Computer-Tomographie-Methode konnte Herr Henderickx die neue Art *Pseudogarypus pangaea* beschreiben. Dazu musste das dicke Bernsteinstück mit dem Pseudoskorpion stark geschliffen werden. Um das Risiko des Brechens zu verringern, wurde nach jedem Schliff mit Epoxidharz stabilisiert, dann weiter geschliffen, abschließend bis auf 0,1 mm (!) an den Einschluss heran. Die Aufnahmen wurden dann mit einem „3-dimensional X-ray microscope of UGCT" (University Gent Computer Tomography, Belgium) gemacht. Die ganze Ausrüstung ist in einen Granittisch eingelassen, um jegliche Erschütterung und Verschiebung des Objekts zu vermeiden und so Entfernungen im Nanometerbereich unterscheiden zu können.

Christian Kehlmaier schreibt zum Einsatz des CT: „Oftmals wird ein unverstellter Blick auf die Inkluse durch Syninklusen, Verlumung, „Sonnenflinte" bzw. „Blitzer" oder aufgrund einer unnatürlichen Haltung des eingeschlossenen Insekts erheblich beeinträchtigt bzw. gänzlich verhindert. Auch können sich wichtige diagnostische Merkmale an schwer einsehbaren Körperstellen befinden, so dass eine sichere Ansprache des Taxons (Art, Gattung etc.) nicht möglich ist. Um dieses Probleme abzumildern, haben Paläontologen vor einigen Jahren damit be-

Pseudoskorpion *Pseudogarypus pangaea*, CT + Foto © Hans Henderickx

8052 Jacobsoniidae, CT © Marie Hörnig

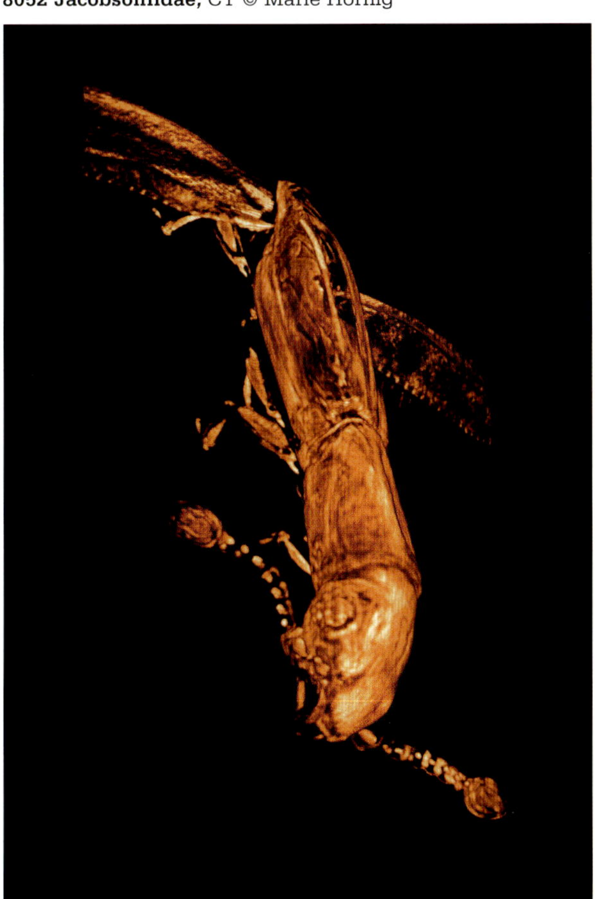

gonnen, Inklusen per Computertomographie zu untersuchen. Ursprünglich in der Medizin entwickelt, dient diese nicht-invasive Untersuchungsmethode der Visualisierung interner Strukturen. Hierbei wird ein Objekt (der Bernstein) mit einer Röntgenquelle von allen Seiten durchstrahlt. Die gemessenen Dichteunterschiede werden per Computer zu dreidimensionalen Bildern verarbeitet. Das Ergebnis ist eine virtuelle Inkluse, die nach Belieben gedreht und manipuliert werden kann. Durch das Ausblenden bestimmter Körperbereiche kann das Fossil sogar virtuell seziert werden, was Ansichten auf sonst verborgene Merkmalsstrukturen ermöglicht."

Im Fall des abgebildeten Käfers waren es insgesamt 1800 CT-Bilder, die mithilfe eines Computerprogramms in Schnittbilder umgerechnet werden. Aus diesen Schnittbildern kann man dann mit weiteren Programmen (hier mit Amira) Oberflächen rekonstruieren.

PolyJet-basierter 3D-Druck

Diese neue Technik erlaubt es, von den 3-D-Bildern Modelle aus Plastik herzustellen, hier gezeigt am Beispiel eines Fächerflüglerkopfes. Die Technik ist vergleichbar mit InkJet-basiertem Drucken von Dokumenten, doch statt Tintentropfen auf Papier zu bringen, bringen PolyJet-basierte 3D-Drucker Schichten aus flüssigem Photopolymer auf eine Bauplattform auf und härten diese mit UV-Licht sofort aus. Die feinen Schichten formen ein präzises 3D-Modell. Die Modelle können direkt nach der Entnahme aus dem 3D-Drucker bearbeitet und verwendet werden, ohne dass sie nachhärten müssen. Gemeinsam mit den ausgewählten Materialien trägt der 3D-Drucker auch ein gelartiges Stützmaterial auf, das Überhänge und komplexe Geometrien ermöglicht. Dieses lässt sich einfach mit der Hand oder mit Wasser entfernen.

Spektroskopie von Bernstein

genauer: ATR-FTIR-Analyse (ATR = attenuated total reflection = abgeschwächte Totalreflexion, FTIR = Fourier-Transform-Infrarotspektrometer)

Es ist die sicherste Methode, mit der man beweisen kann, dass es sich bei einem Bernstein um echten Baltischen Naturbernstein handelt. Hier ein Beispiel einer Spektroskopie, durchgeführt mit dem Bernstein Nr. 1500, der einen Fächerflügler enthält, der wissenschaftlich bearbeitet und beschrieben wurde: Strepsiptera – Myrmecolacidae, *Caenocholax groehni* Henderickx, 2006. Herr Henderickx wollte ganz sicher gehen, dass es sich um Baltischen Bernstein handelt und hat die kostspielige ATR-FTIR-Spektroskopie durchführen lassen. Als Vergleich besorgte er sich einen direkt aus der Blauen Erde von Jantarny geförderten Naturbernstein, den er parallel untersuchen ließ. Wie nicht anders zu erwarten, wiesen beide Bernsteine die typische „Baltische Schulter" auf.

Spektroskopie, © Hans Henderickx, aus: First record of the Strepsiptera genus *Caenocholax* in Baltic amber with the description of a new species

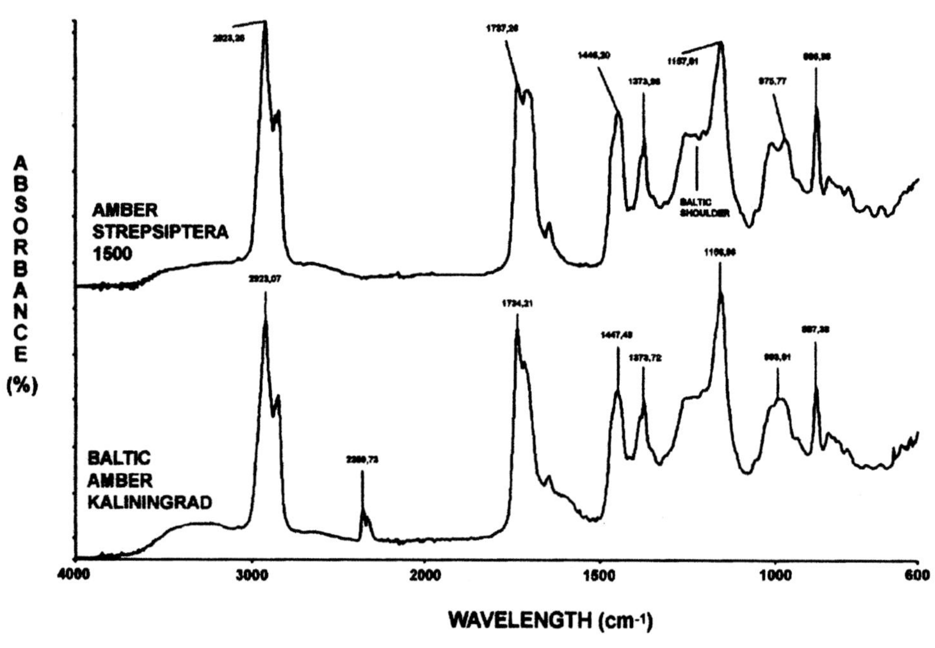

Acrylonitrile butadiene styrene (ABS) 3D model, *Eocenoxenos palintropos*, © Hans Henderickx & Jan Bosselaers, 2013

7888 *Feaella groehni*, Henderickx, 2014, HT, GPIH 4413, ABS 3D model, © Henderickx

BEARBEITUNG VON BERNSTEIN

Schleifen und Polieren per Hand

Für die Bernsteinbearbeitung benötigt man keine teuren Geräte. Bernstein ist ein relativ weiches Material, das sich mit handelsüblichem Schleifpapier mühelos schleifen lässt. Lästig und für die Atemwege sehr ungesund ist dabei der feine Bernsteinstaub. Deshalb sollte man Nass-Schleifpapiere verschiedener Körnungen benutzen, d. h. man schleift immer mit einigen Tropfen Wasser auf dem Schleifpapier.

Das handelsübliche Baumarkt-Schleifpapier hat leider den Nachteil, dass es sehr schnell abnutzt. So empfiehlt es sich, ein paar Cent mehr auszugeben und ein Spezial-Nass-Schleifpapier zu kaufen. Es gibt aber nur sehr wenige Firmen, die auch feinstes Schleifpapier herstellen, das man für den Endschliff benötigt. In Baumärkten ist die Grenze meist beim 1500er Korn erreicht – die Oberfläche des Bernsteins ist damit aber immer noch matt. Bei einer Körnung von 4000 erreichen wir optischen Glanz und je abgenutzter das 4000er-Spezial-Nass-Schleifpapier ist, desto feiner wird der Glanz! Ich beziehe solche Papiere bei der Struers-Radiometer GmbH und benutze ein 120er Korn zum Vorschliff, ein 1200er Korn zum Feinschliff (Zwischenkorngrößen sind nicht notwendig, da das 1200er Schleifpapier sehr effektiv „frisst") und ein 4000er Korn für den Endschliff.

Achtung: Schleift man Rohbernstein, dann auf jeden Fall vorher gründlich waschen, um Sandkörner abzuspülen, die den Schleiferfolg erheblich beeinträchtigen können. Auch zwischen den Schleifgängen den Bernstein und die benutzten Finger waschen, um Schleifkörner abzuspülen!

Polieren

Auf glattem Tuch mit Stahlpoliturmilch oder Zahnpasta. So vermeidet man die lästige Schleifpaste, die sich in alle Risse und Vertiefungen setzt und den Bernstein unansehnlich macht und auch vor dem eventuellen Konservieren mühsam wieder entfernt werden muss. Dieser Polierschritt erübrigt sich, wenn man das 4000er-Schleifpapier benutzt, also abgenutztes Schleifpapier nicht wegwerfen!

Schleifen mit Maschinen

Zwar bevorzuge ich das Per-Hand-Schleifen, doch wenn ich viel Bernsteinmasse abschleifen möchte, erleichtert eine Maschine die Arbeit. Solche Geräte müssen nicht teuer sein, es gibt sie für ca. 30 Euro in Baumärkten. Am besten sind Doppel-Schleifer geeignet: Auf die eine Seite klebt man das entsprechende Schleifpapier, auf die andere Seite montiert man eine Stoff-Polierscheibe (die mit etwas Poliermittel versetzt werden kann). Um die lästige Staubentwicklung im Zimmer zu vermeiden, habe ich einen Kasten um das Schleifgerät gebastelt, der vorne oben mit einer Glasscheibe belegt ist und vorne und seitlich Eingrifflöcher für die Hände besitzt. Im linken und rechten Bereich sind Abzugslöcher, an die Schläuche montiert sind, die bei mir aus dem Haus heraus führen und an einen Industrie-Feinstaubsauger angeschlossen sind (früher habe ich einfach einen alten Staubsauger benutzt).

Schleifpapiere verschiedener Körnungen

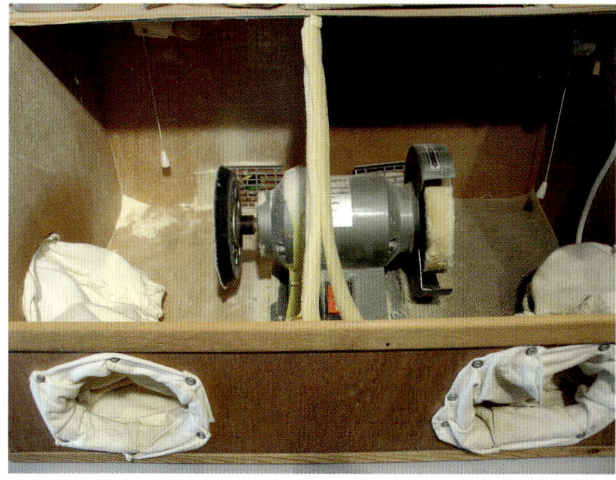

Doppelschleifmaschine

Schwertbohrer

Diamantsäge

Bohren und Sägen

Wer keine teure Diamantsäge oder elektrische Bandsäge (z. B. Proxxon) mit Wasserkühlung zur Verfügung hat, sägt am besten mit einer kleinen Bügelsäge mit Silbersägeblättern.

Achtung: Langsam sägen, sonst wird das Sägeblatt zu heiß und frisst sich fest (Bernstein schmilzt bei hohen Temperaturen). Mit etwas Geduld kann man so per Hand auch über 1 cm dicke Bernsteine sauber durchsägen (erfordert allerdings etwas Fingerkraft in der „Haltehand"). Es eignen sich auch Kachelsägen aus dem Supermarkt (mit Wasserkühlung) mit sehr dünnem Sägeblatt. Eine Alternative für das Sägen von kleinen Bernsteinen stellen die sehr dünnen, diamantbesetzten Sägeblätter dar, die man in Labortechnikläden für wenige Euro kaufen kann. Sie haben einen Durchmesser von nur 22 mm. Eingespannt in eine kleine Proxxon-Bohrmaschine können dünnste Bernsteinscheiben geschnitten werden.

Beim Bohren gilt das gleiche wie beim Sägen: Immer wieder das Bohren unterbrechen, sonst wird der Bernstein zu heiß und der Bohrer frisst sich fest. Vor allem gilt das für die normalen Spiralbohrer (Bohrer für Holz eignen sich durchaus, Eisenbohrer nutzen nicht so schnell ab). Der Spezialist bohrt allerdings mit sogenannten Schwertbohrern, das sind schwertförmig geschliffene Bohrer, die beim Drehen viel Luft mit in den Bohrkanal ziehen und dadurch gut kühlen. So kann man ohne Absetzen auch größere Bernsteine sauber durchbohren. Leider sind diese Spezialbohrer nicht im Handel erhältlich und müssen selbst gefertigt werden. Das hat man schon früher getan, als es noch keine Spiralbohrer gab. Die Slawen nannten diese Bohrer aus einer Eisenspitze „suerdilo", was so viel bedeutet wie „kleines Schwert". Ich habe in Jantarny/Kaliningrad gesehen, wie solche Bohrer hergestellt wurden:

Von einem alten Regenschirm sägte man aus den früher noch runden Stahlstreben ca. 5-cm-Stücke, klopfte sie mit einem Hammer vorne flach und feilte eine Spitze. Die Schwierigkeit bestand darin, die Schwertseiten optimal scharf und gleichmäßig zu schleifen.

Bernstein trommeln

Will man nicht nur wenige Rohbernsteine bearbeiten, sondern einige Kilo, dann empfiehlt sich das Trommeln. Es gibt handelsübliche Trommeln, die aber erstens sehr klein und zweitens unverhältnismäßig teuer sind. Die Profi-Trommeln sind für den Laien unerschwinglich. Anstatt einer Trommel kann man auch Rüttler (Vibratoren) verwenden, die allerdings geringere Schleiferfolge haben.

Für größere Mengen Bernstein: Eine Waschmaschinentrommel (Vorteil: Edelstahl und nicht rostend) an einen Waschmaschinenmotor oder Ventilator-Elektromotor (oder Ähnliches) anschließen, den man im besten Fall stufenlos regeln kann. Diese Trommel dreht sich dann in einer Wanne, in die man etwas Wasser füllt. Solche Trommeln habe ich in litauischen und russischen Werkstätten häufig gesehen, manchmal eine Reihe von bis zu 10 Maschinen.

Für kleinere Mengen Bernstein: Nicht ganz so kompakt und leichter zu bauen ist die Version mit einem Scheibenwischermotor, auf den man einen ovalen 25 kg-Plastikeimer (Farbeimer) setzt. Das Ganze wird schräg montiert, damit der Bernstein beim Drehen gut durcheinander gewirbelt wird. Dem Tüftler sind da keine Grenzen gesetzt – Hauptsache, das Ding dreht sich langsam und Bernstein mit Wasser kann eingefüllt werden. „Mut zur Lücke", aber Vorsicht mit der Elektrik!

Die Trommelschritte:
Genau wie beim Schleifen, bei dem man mit grobem Schleifpapier beginnt und dann immer feineres Korn benutzt, muss man auch beim Trommeln vorgehen. Anfangs mengt man grobe Schleifkörner unter den zu trommelnden Bernstein. Ich selbst nehme „scharfen" Sand, d. h. Sandkörner, die nicht abgerundet sind. Dann lässt man die Wasser-Sand-Bernstein-Mischung 1–2 Wochen trommeln (je nach Umdrehungszahl und „Schärfe" der verwendeten Schleifkörner). Zwischendurch sollte man hineinschauen und im Notfall das schaumige Wasser erneuern.

Die folgenden Feinschliff-Trommelschritte sind nur bei Verwendung von gekauften, d. h. handelsüblichen Körnern möglich. Zwischen jedem Trommelschritt muss gründlich gewaschen werden, damit keine groben Körner in den nächsten Schleifgang gelangen. Am einfachsten geht das mit einer gehörigen Portion Salz, das den Bernstein in der entstandenen Brühe aufschwimmen lässt – wobei die schwereren Körner fest am Boden liegen bleiben. Es empfiehlt sich, mehrere Trommeln zu verwenden, damit man in einer Trommel immer nur mit einer Körnung arbeiten kann.

Abschließend kommt der schwierigste Gang: Das Polieren in der Trommel mit Trommelholz und Politurpaste. Dabei wirklich hochglänzend polierte Bernsteine als Endprodukt zu erhalten, ist nicht ganz einfach.

Polier-Trommel

Trocken-Trommel, Innenwand mit Schleifpapier beklebt

Selbstgebastelte Trommel

Elektrik der selbstgebastelten Trommel

Trommelholz

AUFBAU EINER SAMMLUNG, AUFBEWAHRUNG

Das Sammeln von Einschlüssen (Inklusen)

Will man nicht nur wenige Einschlüsse (Inklusen) sammeln, sondern plant eine größere Anzahl, dann sollte man sich vorher einen Plan machen, wie die Sammlung aufbewahrt und vor allem auch wie die Sammlung archiviert/dokumentiert werden soll. Nichts ist ärgerlicher, als wenn man mit einem System beginnt, das sich später als unzureichend herausstellt, und die viele Arbeit umsonst war.

Digitale Daten können leichter verloren gehen als handschriftliche Aufzeichnungen. Diese Meinung mag veraltet klingen, doch ich gehe bei meiner Sammlung auf Nummer sicher. Als ersten Schritt vergebe ich eine Nummer für einen neuen Einschluss und schreibe wesentliche Fakten dazu handschriftlich auf. Dieser Ordner ist dann auch Grundlage für die digitale Erfassung, die selbstverständlich nicht fehlen darf: Das Ordnen und Suchen ist bei einigen tausend Einschlüssen dann sehr erleichtert.

Die erste wichtige Entscheidung betrifft die Aufbewahrung der Einschlüsse.

Plastikdeckeldöschen sind bei vielen Sammlern beliebt, doch für unterschiedlich große Bernsteine benötigt man dann unterschiedlich große Deckeldöschen. Das erschwert die Lagerung und die Döschen nehmen viel Platz in Anspruch.

Platzsparend, luftdicht verschließbar und günstig (unter 5 Cent pro Stück bei großer Bestellmenge) sind **Minigrip-Beutel.** In die Größe 60 x 80 mm (Innenmaß) passen nahezu alle Bernsteingrößen. Diese Minigrip-Beutel lassen sich sehr gut aufbewahren. Senkrecht gestellt und mit Nummer versehen gibt es eine optimale Archivierung. Ich habe größere Schubkästen (Mindesthöhe 10 cm) durch Einkleben von Querstreifen in 65 mm breite Fächer geteilt und bringe so viele hundert Beutel in einem Kasten unter. Die Aufbewahrung sollte im optimalen Falle in einem möglichst gleichbleibend kühlen, nicht zu trockenen Raum erfolgen. Wer eine wertvolle Sammlung besitzt, sollte auch an den Schutz denken. Nichts wäre für einen passionierten Sammler schlimmer als ein Brand, der jahrzehntelange Arbeit mit einem Mal zerstört. Ein brandsicherer Tresor tut da gute Dienste und ist gebraucht durchaus erschwinglich – aber nicht jeder hat Platz dafür...

Die zweite wichtige Entscheidung ist die Nummerierung und Sortierung.

Es empfiehlt sich eine fortlaufende Nummerierung der Einschlüsse und eine Zusatzinformation für die Gruppe, zu der der Einschluss gehört. So schreibe ich zum Beispiel sowohl auf die beiliegenden Zettelchen als auch den Minigrip-Beutel vor die Nummer ein „F“ für Formicidae (Ameisen) oder ein „P“ für Pflanzen oder ein „C“ für Coleoptera (Käfer) oder ein „CC“ für Coleoptera-Curculionidae. Das ermöglicht die Aufbewahrung aller Ameisen oder Pflanzen oder Käfer in getrennten Kästen.

Wichtig: Bei einem Syninklusen-Bernstein, d. h. einem Bernstein, in dem sich mehrere Einschlüsse befinden, muss man sich für eine Hauptinkluse entscheiden.

Sowohl im handschriftlichen Ordner als auch in der Computer-Auflistung und auf den Zettelchen im Minigrip-Beutel sind die wesentlichen Punkte vermerkt: Handschriftlich **alles,** d. h. Nummer, Hauptinkluse, Syninklusen, Größe, Konservierung, fotografiert, konserviert, Bestimmung einer Inkluse durch wen usw. Da sind keine Grenzen gesetzt. Anfangs habe ich noch vermerkt, von wem und wo ich den Bernstein gekauft hatte und was ich bezahlt hatte, Erhaltungszustand und vieles mehr. Bei einigen tausend Inklusen beschränkt man sich dann aber auf das Wesentliche. In der Computerauflistung kann man selbstverständlich auch alles aufführen, ich beschränke mich aber auf Nummer, Hauptinkluse und wichtige Syninklusen (sowohl deutscher Name als auch wissenschaftlicher Name) und von wem determiniert. Per Suchfunktion kann man dann blitzschnell z. B. alle Ameisen aufgelistet bekommen, eine enorme Erleichterung beim gewünschten Zugriff auf einen bestimmten Inklusen-Bernstein.

Auf den Zettelchen im Minigrip-Beutel steht das Wesentliche in Kurzform, d. h. Nummer, Hauptinkluse, Syninklusen und andere Informationen wie z. B. ein „t" rechts unten für „getaucht, d. h. konserviert" oder ein „f" für „fotografiert". Auf die Rückseite zeichne ich den Umriss des Bernsteins und klebe ein kleines Namensetikett auf. Außen rechts oben auf den Minigrip-Beuteln steht nur die Nummer und die Abkürzung für die Gruppe, zu der die Hauptinkluse gehört. Das ist wichtig für die Aufbewahrung und das schnelle Wiederfinden. Alternative zur fortlaufenden Nummerierung: Jede getrennt aufbewahrte Gruppe wird in sich fortlaufend nummeriert.

Manch Sammler möchte gerne von allen Tiergruppen oder Untergruppen einen Einschluss besitzen, andere wiederum spezialisieren sich von vorneherein und laufen nicht in Gefahr sich „zu verzetteln". Bei letzterer Entscheidung will es wohl überlegt sein, für welche Gruppe man sich entscheidet. Entscheidet man sich z. B. für Netzflügler, dann muss man sich darüber im Klaren sein, dass kaum ein guter Einschluss unter 100 Euro zu kaufen sein wird. Entscheidet man sich für Ameisen, kann man durchaus für wenige Euro einkaufen, auf jeden Fall unter hundert Euro, auch bei seltenen Untergruppen; dasselbe gilt für Wespen, Käfer, Blattläuse u. a.

Einschlüsse gibt es nicht nur im Baltischen Bernstein, sondern auch im Dominikanischen Bernstein, Burma-Bernstein usw. Sicher ist es interessant, Belegstücke auch von anderen Fundorten als dem Baltischen Bernstein zu sammeln, aber „richtig", d. h. systematisch und in großer Zahl zu sammeln, sollte man zunächst nur von einem Fundort – sonst „verzettelt" man sich schnell. Da die Erhaltung der Einschlüsse im Baltischen Bernstein besser ist als in jedem anderen Bernstein, bevorzuge ich diesen Fundort. Sollte man sich entschließen, auch Einschlüsse von anderen Fundorten zu sammeln, dann muss man sorgfältig auf Trennung der Sammlungen achten und am besten auch eigenständige Nummerierungen vornehmen.

Minigripbeutel für Sammlungsstücke

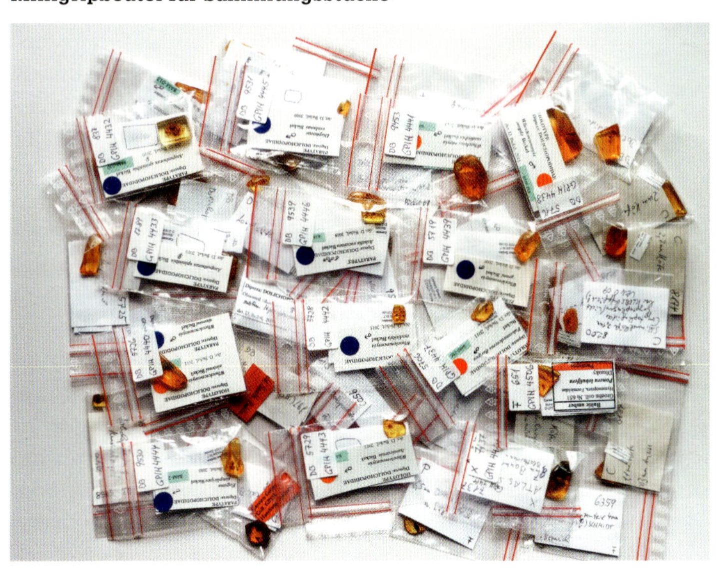

Sammlungskästen für Minigrip-Beutel

SCHUTZ DER EINSCHLÜSSE, KONSERVIERUNG

Bernstein verwittert bekanntlich nach einigen Jahren von der Oberfläche ausgehend nach innen. Luftabschluss und nicht zu trockene Lagerung verzögern den Verwitterungsprozess stark. Soll der Bernstein aber auch nachfolgenden Generationen erhalten bleiben – und das ist für Typenmaterial gewünscht – muss er konserviert werden.

Es bieten sich zwei Methoden an: Lackkonservierung und Kunstharzkonservierung. Eine genauere Beschreibung ist nachzulesen im Buch „ALLES ÜBER BERNSTEIN – ambertop/Carsten Gröhn“.

Bei der Lackkonservierung wird der Bernstein in einen widerstandsfähigen Polyurethanlack getaucht. Dabei muss auf staubfreies Arbeiten und gute vorherige Säuberung geachtet werden. Die einfachste und sicherste Methode: Faden, der an eine Stecknadel gebunden wird, mit einem Kleber am Bernstein befestigen. Polyurethanlack mit Verdünner in der gewünschten Verdünnung anrühren und den Bernstein am Faden hineinhängen. Nach einigen Sekunden herausheben und in einem staubfreien Kasten aufhängen. Der Kasten sollte innen oben eine Styroporplatte eingeklebt haben, in die man die Nadel einfach hineinstecken kann.

Achtung: Genau schauen, ob der Einschluss die Oberfläche berührt oder ein Riss bis zum Einschluss führt. In diesem Falle würde der Lack in den Einschluss ziehen und ihn schwarz werden lassen; Flügelstrukturen können ganz unsichtbar werden. Abhilfe: Die Oberfläche an der betreffenden Stelle mit Kleber verschließen (z. B. Zweikomponentenkleber) und einen Tag staubfrei trocknen lassen. Der Kleber wird zwar nach wenigen Minuten hart, löst sich aber noch einige Stunden lang in Polyurethanlack an. Letzteres Warten gilt auch, nachdem man den Faden an den Inklusen-Bernstein geklebt hat.

Es empfiehlt sich bei kleinen, zarten Bernsteinen nach der ersten Konservierung und Trockung ein weiteres Mal zu konservieren.

Bei Bedarf kann der konservierte Bernstein ohne Probleme weiter beschliffen und später noch einmal konserviert werden. Ich belasse ein kleines Stück des Fadens am Bernstein, damit man auf den ersten Blick sehen kann, dass der Bernstein konserviert wurde.

Bei der Kunstharzkonservierung verwendet man klares Kunstharz, das auch zur Einbettung von Präparaten und in der Hobbybastelei verwendet wird. Auch hier sollte der Bernstein vorher gut gesäubert werden. Da der Bernstein in der angerührten Kunstharzmasse aufschwimmt, muss er immer wieder mit einer Nadel ins Kunstharz getaucht werden, dabei steigen auch die entstehenden störenden Bläschen auf. Kurz vor der endgültigen Gelierung des Kunstharzes (vorher üben!) muss der Bernstein in die richtige Position gedreht werden. Später löst man den Kunstharzblock aus dem Anrührgefäß, wartet einige Stunden bis zur endgültigen Aushärtung und kann ihn dann schleifen und polieren. Vorteil: Bei einem runden Bernstein war vorher keine verzerrungsfreie Sicht möglich, im Kunstharzblock ist sie jetzt gegeben. Nachteil dieser Methode: Sie ist wesentlich aufwendiger als die Lackkonservierung.

Staubdichter Trockungskasten

Lackkonservierter Bernstein

Kunstharzblock mit
eingeschlossenem Bernstein

WEITERFÜHRENDE LITERATUR

Ich führe nur einige Standardwerke auf. Über den Bernstein im Allgemeinen wurden viele Bücher geschrieben, die aber keine wesentlichen neuen Erkenntnisse bringen. Ebenso gibt es eine Fülle von Bernsteinbüchern, die sich Spezialthemen widmen, wie z. B. dem Bernsteinzimmer, der Bernsteinkunst usw.

Im Arbeitskreis Bernstein der Universität Hamburg haben wir glücklicherweise als Beirat für das Spezialthema Literatur Herrn Dirk Teuber, der die wohl umfangreichsten Kenntnisse über Bernsteinliteratur und auch eine sehr umfangreiche Sammlung von Bernsteinliteratur besitzt. Er stellte folgende Bücher zusammen (teilweise gekürzt und teilweise ergänzt):

Die Klassiker

(nach Erscheinungsjahr geordnet)

Diese Bücher sind vergriffen, man kann sie aber zum größten Teil antiquarisch bekommen.

Berendt, G. C.: Die im Bernstein befindlichen organischen Reste der Vorwelt. Bd. I und II, 1845-1856.

Goeppert, H. R.: Die Flora des Bernsteins und ihre Beziehungen zur Flora der Tertiärformation und der Gegenwart, Bd. I, 1883.

Conwentz, Hugo: Monographie der Baltischen Bernsteinbäume, Naturforschende Gesellschaft zu Danzig, 1890, 18 Tafeln, neu aufgelegt durch den Arbeitskreis Bernstein der Universität Hamburg, 2008.

Klebs, R.: Über die Fauna des Bernsteins, Tageblatt Vers. Dtsch. Naturf. Ärzte, 1890.

Klebs, R.: Über Bernsteineinschlüsse im allgemeinen und die Coleopteren meiner Bernsteinsammlung, Schr. Phys. Ökon. Ges. Königsberg, 1910.

Bölsche, Wilhelm: Im Bernsteinwald, 1927.

Bachofen-Echt, Adolf: Leben und Sterben im Bernsteinwald. Palaeobiologica 1, 1928.

Andrée, Karl: Bernsteinforschungen; Bd. 1, Heft 1, 8 Tafeln, 1929.

Andrée, Karl: Bernsteinforschungen, Bd. 2, 1931.

Andrée, Karl: Bernsteinforschungen, Bd. 3, 1933.

Andrée, Karl: Bernsteinforschungen, Bd. 4, 1939.

Ander, K.: Die Insektenfauna des Baltischen Bernsteins nebst damit verknüpften zoogeographischen Problemen. Lunds Univ. Arsskrift 38, 1942.

Bachofen-Echt, Adolf: Der Bernstein und seine Einschlüsse, Wien 1949. Dieses Buch ist 1996 neu aufgelegt worden: J. Wunderlich Verlag, Straubenhardt.

Larsson, S.G.: Baltic Amber – a Palaeobiological Study, Entomonograph Vol. 1, Scandinavian Science Press, Klampenborg, 1978.

Neuere Literatur

Auch viele dieser neueren Bücher sind schon vergriffen und werden leider nicht neu aufgelegt. Manchmal ist es schwieriger, eines dieser Bücher antiquarisch zu bekommen als eines der Klassiker.

Frahm, J.-P.: Die Laubmoosflora des Baltischen und Bitterfelder Bernsteins. Mitteilungen Geol.-Paläontolog. Instit. Univ. Hamburg 82, 1999.

Ganzelewski, M. / Slotta, R.: Bernstein – Tränen der Götter, Ausstellungskatalog des Deutschen Bergbaumuseums, Bochum, 1996.
Dieses ist ein umfangreiches, wissenschaftlich höchsten Ansprüchen genügendes Buch über den Bernstein.

Grimaldi, D. A.: Amber – Window to the past, American Museum of Natural History, Harry N. Abrams Verlag, New York, 1996.

Gröhn, C.: Alles über Bernstein – ambertop/ Carsten Gröhn, Wachholtz-Verlag, Kiel, 2013.

Janzen, J. W.: Arthropods in Baltic Amber, Ampyx-Verlag Dr. Stark, Halle, 2002.
In Deutsch und Englisch parallel geschrieben, mit schönen Zeichnungen, Bestimmungsschlüssel und Bildern von Einschlüssen.

Keilbach, R.: Bibliographie und Liste der Arten tierischer Einschlüsse in fossilen Harzen sowie ihrer Aufbewahrungsorte, Deutsch. Entomolog. Z., 1982.

Kobbert, M. J.: Bernstein – Fenster in die Urzeit, Planet Poster Editions, 2005.

Kobbert, M. J.: Wunderwelt Bernstein – Faszinierende Fossilien in 3-D, WBG, Darmstadt, 2013. Mit CD-ROM und Stereobrille.

Poinar, G. Jr.: Fossils in amber, Current Science, Vol. 66, No. 6, Stanford Univ. Press, 1994.

Poinar, G.Jr.: Life in amber, Stanford University Press, 1992.

Schubert, K.: Neue Untersuchungen über Bau und Leben der Bernsteinkiefern, Nieders. Landesamt f. Bodenf., 21 Tafeln, 1961.

Spahr, U.: Ergänzungen und Berichtigungen zu Keilbachs Bibliographie und Liste der Bernsteinfossilien, Stuttgarter Beitr. z. Naturkunde, 1985–1993.

Weitschat, W., Wichard, W.: Atlas der Pflanzen und Tiere im Baltischen Bernstein, Dr. Pfeil Verlag, München, 1998.
Ein Standardwerk über die Einschlüsse im Bernstein. Dieser Atlas wurde 2002 in Englisch neu aufgelegt: Atlas of Plants and Animals in Baltic Amber.

Wichard, W., Weitschat, W.: Im Bernsteinwald, Verlag Gerstenberg, Hildesheim, 2004.
Hier verschmelzen Wissenschaft und Buchkunst zu einer schönen Einheit.

Wichard, W., Gröhn, C., Seredszus, F.: Wasserinsekten im Baltischen Bernstein, Aquatic Insects in Baltic Amber, Verlag Kessel, Remagen, 2009.
In Deutsch und Englisch parallel geschrieben, mit schönen Zeichnungen und Bildern von Einschlüssen, die höchsten Ansprüchen genügen.

Wunderlich, J.: Mesozoic spiders (Araneae) – Spinnen des Erdmittelalters, Beitr. Araneol. 9, J. Wunderlich Verlag, Hirschberg, 2015.
Weitere Bände über Spinnen (Bände 1–8, 1992–2012), mehrere tausend S.

SYSTEMATIK

BAKTERIEN UND EINZELLER

PROKARYOTEN UND PROTISTEN

Einzellige Lebewesen im Bernstein zu entdecken wird den wenigsten Sammlern von Einschlüssen vergönnt sein, denn sie sind meist zu klein, um sie mit einem normalen Binokular sehen zu können. Aber sie sind ganz sicher im Bernstein enthalten.

Wir unterscheiden drei Domänen: Prokaryoten, die keinen Zellkern besitzen, mit den beiden Domänen Archaeen und Bakterien (zu denen auch die Blaualgen – Cyanobakterien gehören) und die Domäne der Eukaryoten, die Zellen mit „echtem" Zellkern aufweisen.

Im Bernstein nachgewiesen sind als Prokaryoten die Bakterien und Blaualgen (Cyanobacteria) und als eukaryotische Einzeller die Kammerlinge (Foraminiferen) und Kieselalgen (Diatomeen).

Im Bernstein 6497 befinden sich neben Flechten (Lichenes) auch Blaualgen (Cyanobakterien).

Girard, Schmidt et al. (2008–9) haben aus französischem Bernstein Foraminiferen und Diatomeen beschrieben. Die Wissenschaftler vermuteten, dass die harzenden Bäume in Küstennähe gestanden haben und durch Spritzwasser oder Gischt die Einzeller ins Harz gelangt sind. Dafür spricht auch, dass als Syninklusen Schwamm-Nadeln, Seeigellarven-Stachel und ein mariner Krebs gefunden wurden. Einige Foraminiferen kommen auch im Süßwasser vor, wie auch viele Kieselalgen, die in tropischen Gegenden sogar auf den Blättern von Bäumen anzutreffen sind. So sind auch andere Szenarien denkbar, wie Einzeller ins Harz gelangen konnten. Da Foraminiferen typische Gehäuse aus Kalk (Calciumkarbonat) und Kieselalgen ihre Schalen aus Siliziumdioxid bauen (landläufig als Sand bezeichnet), können sie bei entsprechender Vergrößerung gut erkannt werden.

Die angegebenen Größen im Mikrometerbereich zeigen, dass solche Einschlüsse nicht mit den normalen Vergrößerungen eines Binokulars sichtbar gemacht werden können:

$1\,\mu m$ (Mikrometer) $= 0{,}000001\,m = 1/1000\,mm = 1 \cdot 10^{-6}\,m$.

Ebenfalls nur mit großer Vergrößerung zu entdecken sind die Pollen verschiedener Pflanzen. So können wir ab einer Vergrößerung von ca. 100 x die typischen Luftsackpollen der Kiefer sehen oder verschiedene nicht näher zu bestimmende Pollen von Blütenpflanzen. Selbst die winzigen Orchideenpollen sind im Baltischen Bernstein nachgewiesen (Grabenhorst, 2012).

Von links nach rechts, von oben nach unten:

Kieselalge (Diatomeen): Thalassiosirales, 45 µm, © Girard & Schmidt

Kieselalge (Diatomeen): *Hemiaulus* sp., 40 µm, © Girard & Schmidt

Einzeller mit Bakterienbewuchs, 300 x, © Heinrich Grabenhorst

Einzeller (?), 250 x, © Heinrich Grabenhorst

Bakterien im Bitterfelder Bernstein, 500 x, © Heinrich Grabenhorst

Blaualgen (Cyanobakterien), 6497, Ansammlung 500 µm, © Alexander Schmidt

Kiefernpollen, 30 µm, © Weitschat

Pollen von Blütenpflanzen, 600 x, © Heinrich Grabenhorst

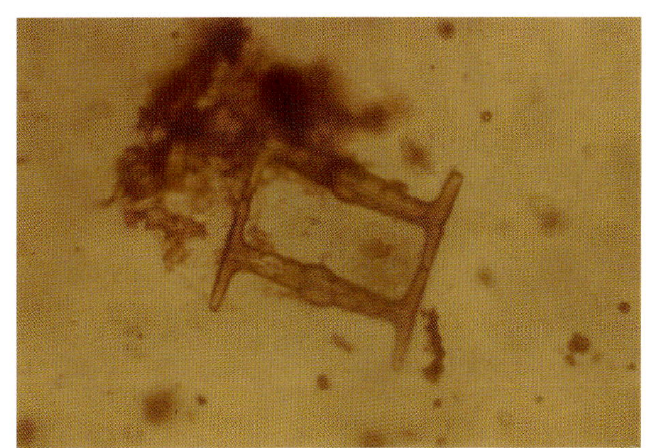
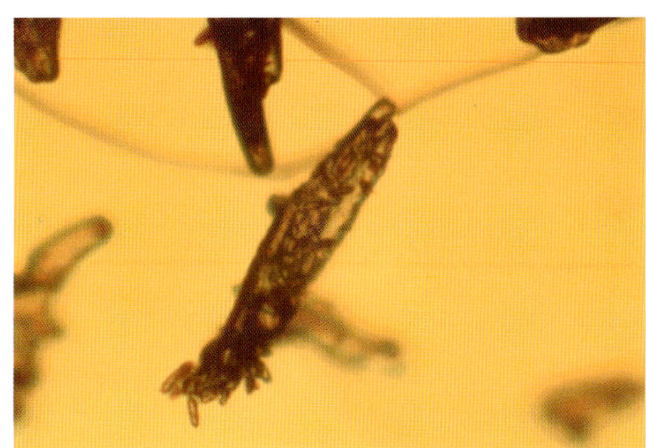
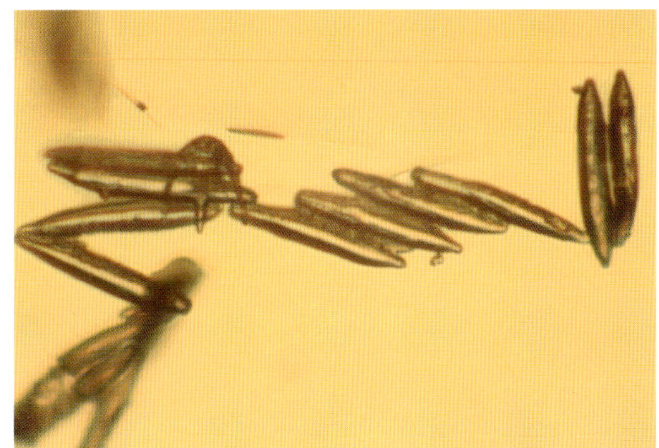
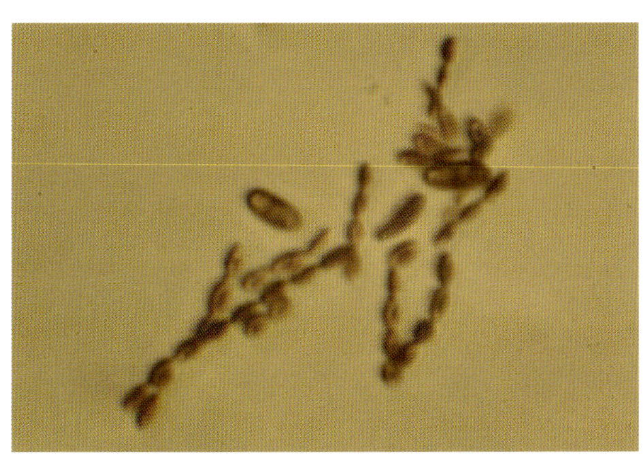
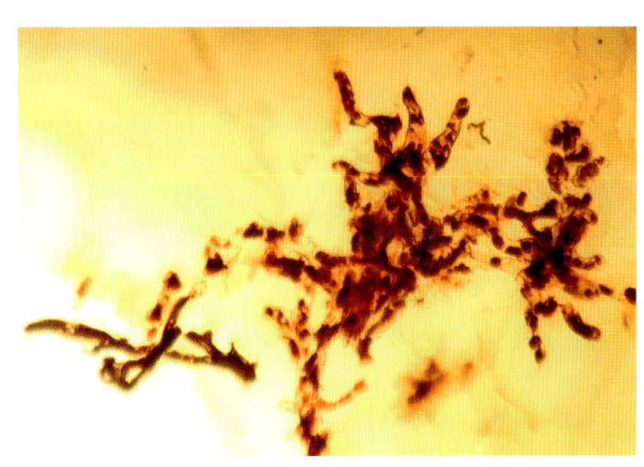

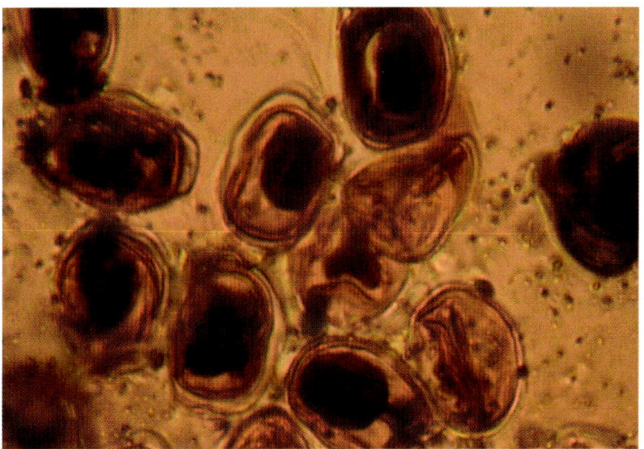

FADENWÜRMER

NEMATODA

Fadenwürmer, die Nematoden, sind ein sehr alter, artenreicher Tierstamm, der Schätzungen nach über die Hälfte aller tierischen Bodenorganismen ausmacht. Sie leben sowohl frei in stets feuchtem Medium (feuchter Boden und im Schlamm von Gewässern) als auch als Parasiten in Tieren und Pflanzen. Bekannt sind uns die Fadenwürmer als weiße „Älchen" im Komposthaufen oder als Madenwürmer im Darm des Menschen, vornehmlich bei Kleinkindern.

Die Fadenwürmer des Bernsteinwaldes konnten nur im Ausnahmefall ins Harz gelangen: Einerseits, wenn ein von solchen Parasiten befallenes Insekt ins Harz geriet, andererseits, wenn Harz auf feuchte Humuserde oder in mit Humus gefüllte Astgabeln tropfte.

Wir sehen eine Zuckmücke, aus der ein im Verhältnis zum Mückenkörper großer Fadenwurm austritt, eine andere Zuckmücke mit einem Nematoden, der die Mücke schon verlassen hat. Nach dem Aktualitätsprinzip können wir vermuten, dass die Larven der Fadenwürmer damals genau wie heute die Zuckmückenlarven im Wasser befallen haben, um in ihnen zu parasitieren. Mit dem erwachsenen Tier sind sie dann ins Harz gelangt.

Eine ganz andere, viel kleinere Art von Fadenwürmern befällt Käfer und tritt bei ihnen in einem Tier massenhaft auf. Wohl im Todeskampf haben viele der Nematoden den Körper des Bockkäfers verlassen.

1775 Nematode verlässt Zuckmücke, 1,9 mm, aus dem Hinterleib

8294 Viele Nematoden, 0,4 mm, an einem Bockkäfer, 7,5 mm

7090 Nematode, 4 mm

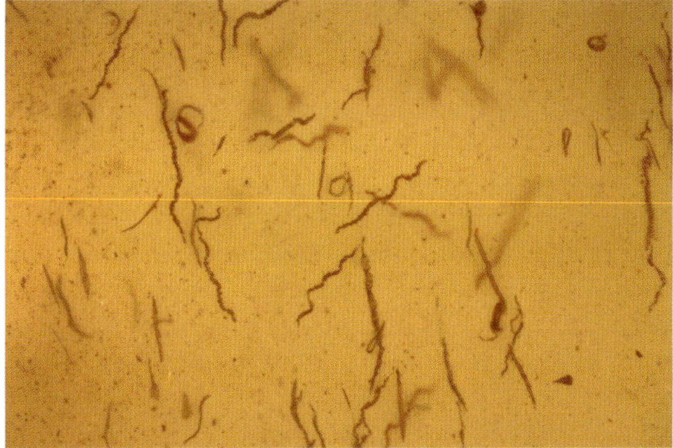

7126 Hunderte Nematoden, 0,5 mm

6966 Nematode, 0,85 mm, hat Zuckmücke verlassen

6966 Nematode, 0,85 mm

RINGELWÜRMER

ANNELIDA

Ringelwürmer werden auch Gliederwürmer genannt, weil sie im Gegensatz zu den Fadenwürmern eine Segmentierung aufweisen. Die Segmente sind auf bestimmte Aufgaben spezialisiert (heteronome Segmentierung). An den Segmenten befinden sich Stummelfüße oder Borsten.

Der Stamm der Ringelwürmer wird in zwei Klassen eingeteilt, die Vielborster (Polychaeta) und die Gürtelwürmer (Clitellata), die sich wiederum in die Wenigborster (Oligochaeta) und Egel (Hirudinea) aufteilen, letztere meist ohne Borsten.

Ringelwürmer sind im Bernstein nachgewiesen worden. Weitschat/Wichard zeigen im „Atlas der Pflanzen und Tiere im Baltischen Bernstein" ein Gürtelwurmbruchstück und ordnen es der Familie Enchytraeidae zu, die zu den Oligochaeta gehören.

Szenario: „Sie kommen an die Oberfläche, sobald Witterungseinflüsse die Lebensbedingungen im Boden verschlechtern. Diese Gelegenheit nutzen räuberische Fliegen, Dolichopodiden, die die kleinen Enchytraeiden mit ihrem Rüssel ergreifen, aus dem Boden ziehen ... Beim Ergreifen und Herausziehen aus einer möglichen Verankerung im Boden kann ein Wurm reißen." In dem betreffenden Bernstein befinden sich Wurm und Fliege „auf demselben Schlaubenniveau... Alle Indizien deuten darauf hin, dass das Wurmfragment als Beute in den Bernstein geraten ist."

Wenigborster (Oligochaeta) besiedeln den Boden mit seiner Laubstreu, kommen aber auch im Humus von Astlöchern und Astgabeln vor. Dort bestünde die Möglichkeit, das Harz auf Humus tropft und einen kleinen Gürtelwurm einschließt.

Über Enchytraeiden im Bernstein berichten später: Ulrich & Schmelz 2001 (Baltischer Bernstein), Poinar 2007, 2010 (Dominikanischer Bernstein) und Adl et al. 2010 (kreidezeitlicher Bernstein aus Frankreich).

Vielborster sind kaum im Bernstein zu erwarten, denn sie kommen heute nur marin vor, d.h. in den Meeren. Umso erstaunlicher der Erstfund eines Bernstein-Polychaeten aus dem Jahre 2011 (Nummer 7150). Dieser Vielborster hat sicher nicht im Meer gelebt, sondern stellt einen landlebenden Verwandten dar. Es bestehen zwar Zweifel an der Zuordnung, aber namhafte Wissenschaftler haben eine Zuordnung zur Familie Flabelligeridae der Polychaeta in Betracht gezogen (Pleijel, Osborn, 2013).

Teil eines Ringelwurms 1,7 mm und Langbeinfliege 3,2 mm, Foto aus Weitschat & Wichard, 1998

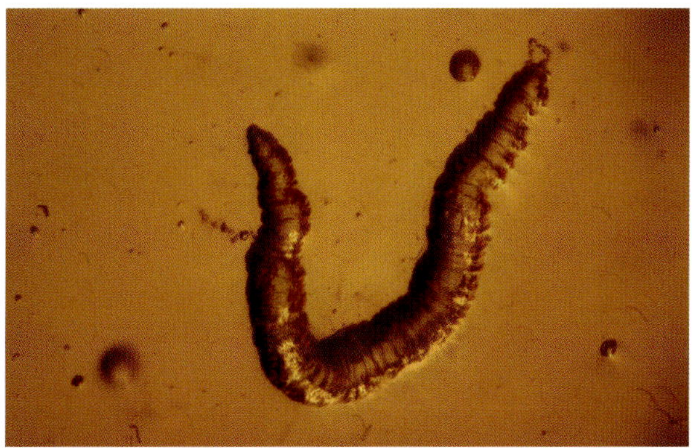

101 Ringelwurm (?) 1,8 mm, Coll. Ehlen

102 Ringelwurm (?) 1,8 mm, Coll. Ehlen

103 Ringelwurm (?) 3,1 mm, Coll. Ehlen

7150 Annelida Polychaeta 11,5 mm

SCHNECKEN

GASTROPODA

Die Schnecken haben als einzige Gruppe der Weichtiere das Land erobert und leben auch in trockensten Habitaten. Wir finden sie heute u. a. in Wäldern, wo sie an feuchten Baumstämmen die Algen abweiden. Sicher gab es sie häufig auch im Bernsteinwald, doch die Wahrscheinlichkeit ins Harz zu gelangen war eher gering. So gehören Schnecken-Einschlüsse durchaus zu den Raritäten: Das Verhältnis von Insekteneinschlüssen zu Schneckeneinschlüssen wird immerhin mit 1:26 000 angegeben (Szadziewski & Sontag, 2001).

Schnecken sind im Baltischen Bernstein als Schneckenhäuser aus verschiedenen Familien der Landlungenschnecken (Eupulmonata – Stylommatophora) bekannt (nach Stworzewicz & Pokryszko, 1993, die die Auflistung der Bernsteinschnecken nach Spahr aufheben):

Schließmundschnecken	Clausiliidae
Schnirkelschnecken	Helicidae
Puppenschnecken	Pupillidae
Glanzschnecken	Zonitidae
Windelschnecken	Vertiginidae
Fässchenschnecken	
= Tönnchenschnecken	Orculidae
Kegelchen	Euconulidae
Helicarionidae	
Strobilopsidae	
Mantelschnegel	Parmacellidae

Zur letzteren Familie gehört eine sehr seltene Schneckenform, die schon Klebs 1885 beschrieben hat: *Parmacella succini,* die der Schnecke 2969 aus der Sammlung Gröhn stark ähnelt.

Aus einer ganz anderen Gruppe, der Caenogastropoda, stammen die Walddeckelschnecken. Stworzewicz & Pokryszko (2006) beschreiben eine solche Schnecke aus dem Baltischen Bernstein, die auch Klebs schon mit der Gattung *Electra* aufführte (1886).

Die Schale aus Kalk ist im Bernstein meist sehr gut erhalten. Vor der Mündungsöffnung ist häufig eine starke Verlumung zu erkennen. Sie verdeckt dann die Sicht auf den Nabel, die für eine nähere Bestimmung wichtig wäre. Diesen seltenen Fall der freien Einsicht auf die Gehäuseöffnung haben wir am Beispiel der Windelschnecke *Propupa hoffeinsorum.* Diese Art aus dem Baltischen Bernstein wurde von Stworzewicz & Pokryszko 2006 beschrieben.

Die starke weiße Verlumung vor der Gehäuseöffnung ähnelt manchmal dem Weichkörper einer Schnecke (Einschluss 64), manchmal kann man auch einen Fühler erahnen. Die Feuchtigkeit des Weichkörpers war sicher der Grund für die Verlumung, aber sie zeigt uns heute mit an Sicherheit grenzender Wahrscheinlichkeit nicht den Weichkörper und schon gar nicht Fühler, die die Schnecke bei Gefahr sofort eingezogen hätte.

Selten ist der Schalendeckel (Operculum) erhalten, mit dem sich manche Landdeckelschnecken gegen Austrocknung schützen (Einschluss 2638).

Die größten Bernsteinschnecken stellt die Familie der Schließmundschnecken. Sie haben ein hohes, turmförmig gewundenes Gehäuse, das mit einem besonderen Gehäuseverschluss (Clausilium) verschlossen werden kann. Anders als bei den meisten Schneckenarten sind die Gehäusewindungen linksdrehend, d. h. sie verlaufen mit Blick auf die Spitze entgegen dem Uhrzeigersinn (Einschluss 2756).

Das Schneckenhaus 6971 könnte von einem Kegelchen (Euconulidae) stammen. Große Ähnlichkeit besitzt es aber auch mit einer Tellerschnecke (Planorbidae) wie z. B. der wasserlebenden Zierlichen Tellerschnecke (*Anisus vorticulus*). Dass diese Vertreter wasserlebend sind, spricht nicht unbedingt gegen solch eine Zuordnung, denn wir finden viele Beispiele von wasserlebenden Tieren, die im Bernstein eingeschlossen sind.

2785 Schneckenhaus 1,8 mm

6971 Schneckenhaus 1 mm, cf. Euconulidae

Schneckenhaus 1,4 mm, Coll. Wunderlich

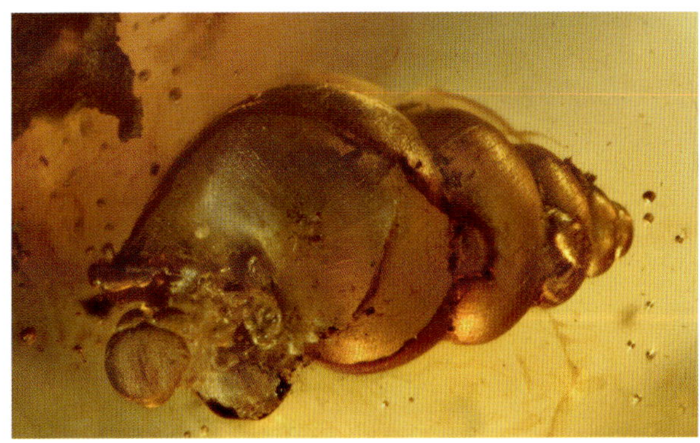

2891 Schneckenhaus 4,2 mm

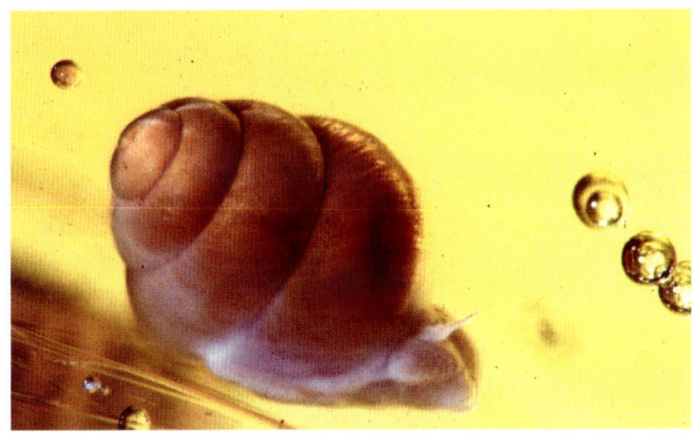

Schneckenhaus 4,5 mm, Foto © Weitschat

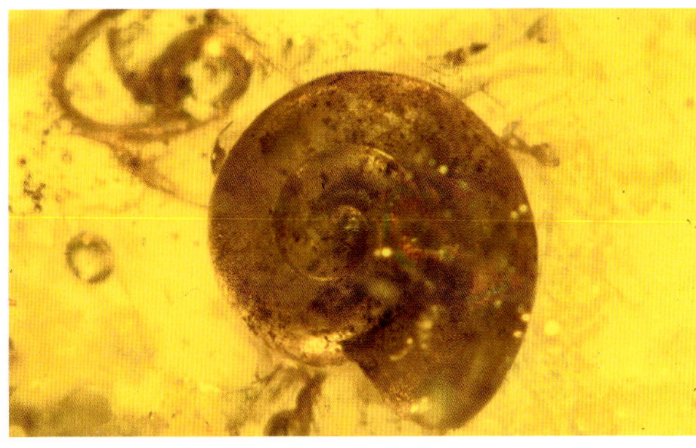

Schneckenhaus 3,2 mm, Foto © Weitschat

2969 Schneckenh. 5 mm, cf. *Parmacella succini* KLEBS 1886

2638 Schneckenhaus 5,3 mm, mit Deckel

links:
64 Schnecke 3 mm und Langbeinfliege

rechts:
2756 Schließ-mundschnecken-haus 10 mm (Claussillidae)

SPINNENTIERE

ARACHNIDA

Spinnentiere haben vier Beinpaare, außer den Jungmilben, die häufig nur 3 Beinpaare aufweisen. Der Körper ist in einen Vorderleib (Prosoma) und einen Hinterleib (Opisthosoma) gegliedert, der entweder deutlich abgesetzt ist (wie zum Beispiel bei den Webspinnen und Skorpionen) oder keine deutliche Trennung aufweist (wie bei den Weberknechten und Milben). Nie treten Facettenaugen auf, sondern mehrere Punktaugen. Vorne am Vorderleib finden wir weitere zu Werkzeugen umgebildete Beinpaare: Kiefertaster, Mundwerkzeuge, Scheren oder Giftklauen.

Spinnentiere sind eine sehr alte Gliederfüßerklasse, die sich schon vor 400 Millionen Jahren aus wasserlebenden Vorfahren (die Schwestergruppe der Spinnentiere sind die Pfeilschwanzkrebse – Limulidae) entwickelte. Einige Ordnungen haben eine vergleichsweise geringe Evolutionsgeschwindigkeit, andere wiederum eine hohe Evolutionsgeschwindigkeit wie zum Beispiel einige Spinnen.

Folgende Ordnungen gehören zu den Spinnentieren (nach Wunderlich, 2004) und sind im Baltischen Bernstein gefunden worden (mit einem „?“ versehen sind die Ordnungen, die bisher noch nicht im Baltischen Bernstein gefunden wurden, aber zu erwarten sind):

Acari	Milben
? Amblypygi	Geißelspinnen
Aranea	Spinnen
Opiliones	Weberknechte
? Palpigradi	Tasterläufer
Pseudoscorpiones	Pseudoskorpione
? Ricinulei	Kapuzenspinnen
? Thelyphonida (Uropygi)	Geißelskorpione
? Schizomida (Uropygi)	Zwerg-Geißelskorpione
Scorpiones	Skorpione
Solifugae	Walzenspinnen

Im Burma-Bernstein ist eine Kapuzenspinne beschrieben (Wunderlich, 2013 und 2015), im Dominikanischen Bernstein sind Geißelspinnen und Zwerg-Geißelskorpione beschrieben. Aus diesem Grunde und aufgrund der Lebensweise ist durchaus zu erwarten, dass Vertreter dieser Gruppen auch im Baltischen Bernstein gefunden werden.

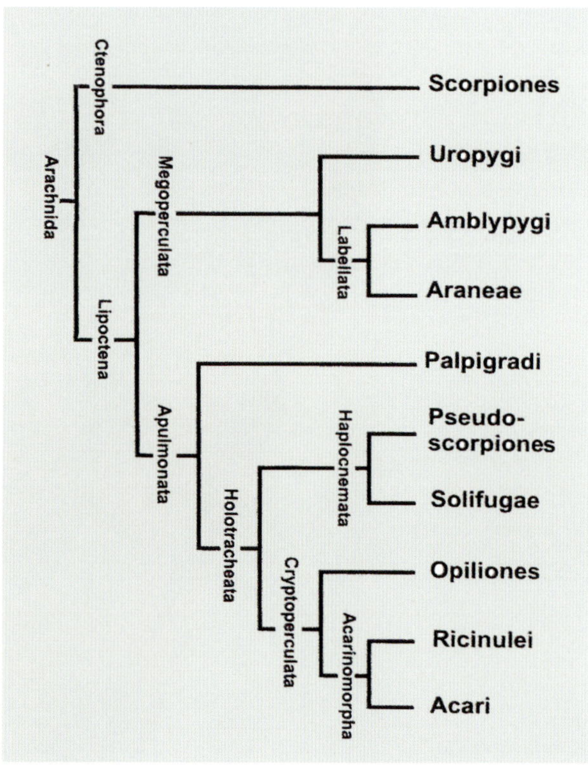

Stammbaum der Arachnida, nach Weygoldt & Paulus, 1979

5951 *Geogarypus*, synchroton © Henderickx 2012

SPINNEN

ARANEAE

Spinnen gehören mit zu den häufigsten Einschlüssen im Baltischen Bernstein. Ungefähr ein Viertel der Einschlüsse von Spinnentieren entfallen auf sie. Meist sind es jedoch Jungspinnen, die kaum oder nur schwer zu bestimmen sind. Auch die Bestimmung erwachsener Spinnen im Bernstein ist nicht leicht, da häufig wesentliche Bestimmungsmerkmale nicht zu erkennen sind. Außerdem lassen sich die Vertreter der meisten Spinnenfamilien nur aus der Kombination mehrerer Merkmale bestimmen, die bei verschiedenen Familien in sehr ähnlicher Weise entstanden sind (konvergente Entwicklung, nach Wunderlich, 2012). Die Vertreter einiger weniger Familien zeigen aber so charakteristische Merkmale, dass man sie schon anhand des Habitus sofort erkennt, wie z. B. die Springspinnen (Salticidae).

Lange Zeit wurden die Spinnen in der Wissenschaft stiefmütterlich behandelt, was Savory 1979 zu dem Spruch veranlasste „Noch vor kurzem waren Spinnen die am meisten vernachlässigten der interessantesten aller Tiere." Jörg Wunderlich hat seit den neunziger Jahren bis heute auf vielen tausend Seiten in den Beiträgen Araneologie fossile Spinnen beschrieben und dem interessierten Sammler ein weites Interessenfeld eröffnet. Band 8 ist ein zweisprachiges Handbuch (Deutsch/Englisch) für Spinnen mit Bestimmungsschlüsseln.

Die Auflistung der im Baltischen Bernstein gefundenen Spinnenfamilien beruht auf Dunlop, Penney & Jekel (2008–2013), ergänzt durch Wunderlich (aus verschiedenen Bänden der Beiträge Araneologie bis 2013). Die Systematik ist immer noch in ständiger Bewegung, deshalb wurde eine alphabetische Auflistung vorgenommen. Einige häufig im Baltischen Bernstein vorkommende Gattungen sind in Klammern aufgeführt.

Wir unterscheiden bei den Spinnen zwei Unterordnungen: Vogelspinnenartige (Mygalomorphae, früher Orthognatha genannt), bei denen die Mundwerkzeuge parallel zueinander bewegt werden, und Echte Webspinnen (Araneomorphae, früher Labidognatha genannt), bei denen die Mundwerkzeuge zangenartig gegeneinander bewegt werden; hierzu gehören über 99 % der Bernsteinspinnen.

6013 Salticidae

Im Baltischen Bernstein nachgewiesene Spinnenfamilien:

Vogelspinnenartige (Mygalomorphae)

Atypidae	Tapezierspinnen
Ctenizidae	Eigentliche Falltürspinnen
Dipluridae	Röhren-Vogelspinnen = Doppelschwanzspinnen

Echte Webspinnen (Araneomorphae)

Agelenidae	Trichterspinnen
Amaurobiidae	Finsterspinnen
Anapidae *(Balticonopsis)*	Zwergkugelspinnen
Anyphaenidae	Zartspinnen
Araneidae *(Araneus, Graea)*	Radnetzspinnen
Archaeidae	Urspinnen = Kieferspinnen
Baltsuccinidae	
Borboropactidae	
Clubionidae	Sackspinnen
Comaromidae *(Balticoroma)*	Sandbeerenspinnen
Corinnidae *(Ablator, Cryptoplanus)*	Ameisen-Sackspinnen
Cyatholipidae	Becherspinnen
Deinopidae	Käscherspinnen
Desidae	Gezeitenspinnen
Dictynidae *(Eocryphoeca, Mastigusa)*	Kräuselspinnen
Dysderidae *(Harpactea)*	Sechsaugenspinnen
Ephalmatoridae	
Gnaphosidae = Drassodidae *(Micaria)*	Plattbauchspinnen
Hahniidae	Bodenspinnen
Hersiliidae	Kreiselspinnen
Insecutoridae	
Leptonetidae	Schlankbeinspinnen
Linyphiidae *(Custodela)*	Baldachinspinnen
Liocranidae	Feldspinnen
Mimetidae	Spinnenfresserspinnen
Mysmenidae *(Mysmena)*	
Nephilidae	Seidenspinnen
Nesticidae *(Eopopino)*	Höhlenspinnen
Oecobiidae *(Mizalia)*	Scheibennetzspinnen
Oonopidae *(Orchestina)*	Zwerg-Sechsaugenspinnen
Oxyopidae	Scharfaugenspinnen
Pholcidae	Zitterspinnen
Pimoidae	Ur-Baldachinspinnen
Pisauridae	Raubspinnen = Jagdspinnen
Plectreuridae	Achtaugen-Fischernetzspinnen
Praetheridiidae	
Protheridiidae	
Pumiliopimoidae	
Salticidae *(Eolinus, Gorgopsina)*	Springspinnen
Scytodidae	Speispinnen
Segestriidae	Fischernetzspinnen
Sparassidae (=Heteropodidae)	Jagdspinnen, Riesen-Krabbenspinnen
Spatiatoridae	Dickkopfspinnen
Synaphridae	Einzahn-Zwergradnetzspinnen
Synotaxidae *(Acrometa, Anandrus, Eosynotaxus)*	Kugel-Höhlenspinnen
Telemidae	Höhlen-Sechsaugenspinnen
Tetrablemmidae	
Tetragnathidae *(Eometa)*	Streckerspinnen = Dickkieferspinnen
Theridiidae *(Clya, Eomysmena, Episinus, Lasaeola)*	Kugelspinnen
Theridiosomatidae	Zwerg-Radnetzspinnen
Thomisidae *(Syphax)*	Krabbenspinnen
Trechaleidae	Fischerspinnen
Trochanteriidae *(Sosybius)*	Schenkelring-Spinnen
Uloboridae *(Eomiagrammopes)*	Kräusel-Radnetzspinnen
Zodariidae	Ameisenjäger
Zoridae *(Eohalinobius)*	Feldspinnen = Wanderspinnen
Zoropsidae *(Eomatachia)*	Kammspinnen
Zygiellidae (früher zu Araneidae gestellt)	Sektorspinnen

Entgegen des „Cataloges“ nicht im Bernstein nachgewiesen:

Philodromidae	Laufspinnen

Röhren-Vogelspinnen = Doppelschwanzspinnen (Dipluridae)

Dipluridae haben extrem verlängerte Spinnwarzen. Sie bauen Fangtrichter, die in einer mit Gespinst ausgekleideten Wohnkammer enden. Die Eigentlichen Falltürspinnen (Ctenizidae) graben eine Wohnröhre, die sie mit einem Deckel aus Spinnseide verschließen, der mit Erde oder Pflanzenresten getarnt wird. Beide Familien verlassen ihre Behausungen meist nur so weit, dass das hinterste Beinpaar noch in der Röhre bzw. im Trichter verbleibt. Das könnte erklären, warum diese Vogelspinnenartigen so selten im Bernstein gefunden werden.

2109 Dipluridae 3,6 mm

5946 Dipluridae Clostes 4,8 mm

3984 Ctenizidae Häutungshülle, Prosoma 3,5 mm

3971 Ctenizidae Jungtier, zweites Stadium, 2,3 mm

Webspinnen (Araneae)

Wie alle Spinnentiere haben die Webspinnen (Araneae) vier Beinpaare. Kopf und Brust sind zu einem Abschnitt verschmolzen (Prosoma). Der Hinterleib (Opisthosoma) ist ungegliedert, gestielt und meist deutlich größer als der Vorderleib. Mit spitzen Kieferklauen (Cheliceren), an deren Spitzen die Ausführgänge von Giftdrüsen münden, ergreifen sie ihre Beute (Einschluss 6111). Die erwachsenen Männchen bilden arttypisch filigran gestaltete Kiefertaster aus (Pedipalpen, Einschlüsse 370, 6123), die im Jugendstadium noch einfache Verdickungen darstellen. Die Weibchen haben keine stark verdickten Kiefertaster, deshalb sehen sie wie ein verkürztes Bein aus (Einschluss 2160). Jungspinnen sind in den meisten Fällen nicht bis zur Familie bestimmbar (Einschluss 561).

Einige Spinnen zeigen Autotomie, d. h. Beinverlust durch Selbstverstümmelung. Sie können in Gefahrensituationen oder bei Häutungsproblemen Teile ihrer Beine an vorbestimmten Stellen abwerfen, der Wundverschluss erfolgt dann recht schnell und das Verbluten wird verhindert (nach Wunderlich, 2012). Die Spinne 5969 aus der Familie Trochanteriidae zeigt ein Beinregenerat, das linke Vorderbein ist kleiner und scheint neu gebildet worden zu sein. Das dritte rechte Bein ist abgeworfen und liegt neben dem Körper, ein Flüssigkeitsbläschen ist aus dem Beinstumpf ausgetreten. Das zweite und dritte Beinpaar links ist wohl schon vorher verlustig geworden. Vielleicht handelt es sich hier um die Folgen von Autotomie.

Einschluss 3947 zeigt eine Spinnenaktion; man erkennt vier Beinpaare, aber zwei Spinnenleiber einer Springspinne (Salticidae). Es stellt den seltenen Fall einer im Bernstein eingeschlossenen Häutung dar. Die Häutung ist nicht abgeschlossen, nur das neue Prosoma schaut aus der Häutungshülle heraus, die Kiefertaster (Pedipalpen) sind noch nicht gehäutet. Nummer 598 zeigt mehr als die zu erwartenden acht Beine – wir sehen eine junge Jagdspinne bei der Häutung (Sparassidae).

Einschluss 3916 zeigt zwei Ameisenjäger-Männchen (Zodariidae: *Anniculus)*, die Bauch an Bauch im Bernstein eingeschlossen sind. Es ist eine typische Rivalen-Kampfhaltung.

Im Folgenden sind die Spinnenfamilien vorgestellt, die auch für den Laien relativ einfach erkennbar sind. Für alle anderen Familien sei auf die umfangreichen Werke von Wunderlich verwiesen (siehe oben).

Zwergsechsaugenspinnen (Oonopidae) mit der Gattung *Orchestina* stellen die meisten eingeschlossenen Spinnen. Diese nur 1–2 mm kleinen Spinnen sind an den verdickten Schenkeln der Hinterbeine zu erkennen.

Urspinnen (Archaeidae) sind an den langen, zähnchen-besetzten Kiefern zu erkennen.

Schenkelring-Spinnen (Trochanteriidae) mit der Gattung *Sosybius* haben einen abgeflachten Körper und die Beine stehen seitlich ab (Einschluss 5953). Verwunderlich ist, dass Jungspinnen dieser Familie relativ häufig zu finden sind, adulte Tiere aber selten.

6123 Kiefertaster (Pedipalpe) einer Spinne

Bestimmte Spinnenarten haben sich auf spezielle Beute spezialisiert. Einige Beispiele sind die Ameisen fressenden Spinnen aus den Familien der Linyphyiidae, Gnaphosidae, Oecobiidae, Trochanteriidae und Pisauridae (einige Gattungen letzterer Familie, z. B. *Trionycha,* wurden lange Zeit zu den Agelenidae gerechnet). Einschluss 5953 zeigt eine Trochanteriidae und unter ihren Beinen eine Ameise. Da diese Spinnenfamilie viele Ameisen fressende Vertreter stellt, könnte die Ameise als Beute gesehen werden.

Bei den **Kugelspinnen (Theridiidae)** mit der Gattung *Lasaeola* haben die Männchen einen hohen Vorderkörper. Der deutsche Name Kugelspinne ist irreführend, denn Vertreter dieser Familie können auch ovale oder sogar wurmförmige Körper haben.

Springspinnen (Salticidae) haben unverkennbar große, scheinwerferartig nach vorne gerichtete Augen. Dadurch können Sie sehr gut räumlich sehen und ihre Beute im Sprung angreifen. Die restlichen sechs Augen, vier Seitenaugen und zwei hintere Mittelaugen, können nur Schatten wahrnehmen und das Herannahen eines Feindes oder einer Beute melden. Die großen Frontaugen können Bewegungen, exakte Formen und sogar Farben wahrnehmen.

Spinnen können Farbmustererhaltung zeigen. Die weibliche Springspinne zeigt auf dem Hinterleib eine typische Längsstreifung (Einschluss 5927).

Bei den **Kräuselspinnen (Dictynidae)** der Gattung *Mastigusa* haben die Männchen unverwechselbare filigran gestaltete Pedipalpen.

Bei den **wolfsspinnenähnlichen Kammspinnen (Zoropsidae)** mit der Gattung *Eomatachia* haben die Männchen an der Tibia der Pedipalpen lange, teils hervorstehende Auswüchse.

Die **Becherspinnen (Cyatholipidae)** des Baltischen Bernsteins haben auffällig gestaltete Vorderbeine, die verlängert fühlerartig nach vorne gerichtet sind (Einschluss 3904).

Die Spinnenart *Mysmena groehni* aus der Familie der **Mysmenidae** hat einen besonderen Stellenwert. Sie ist sowohl aus dem Baltischen als auch dem Bitterfelder Bernstein beschrieben (Wunderlich, 2004). Spinnen haben eine hohe Evolutionsgeschwindigkeit. Eine Art kann nicht über 20 Millionen Jahre überdauert haben, schon gar nicht, wenn sich das Klima vom Subtropischen wie zur Zeit des Bernsteinwaldes im Eozän zum Kühleren im Miozän verändert hat. Somit ist allein durch diese Spinnenart bewiesen, dass der Bitterfelder und Baltische Bernstein ein identisches Alter haben müssen.

Andere Spinnen haben sich auf ihresgleichen als Beute spezialisiert, wie z. B. die Spinnen fressenden **Mimetidae.** Einschluss 5988 zeigt eine Linyphyiidae, eine eingesponnene Ameise und eine Mimetidae. Vielleicht hat die Linyphyiidae die Ameise erbeutet und eingesponnen, dann aber von der Beute abgelassen, weil die Spinnen fressende Spinne sich näherte.

6111 Häutungshülle einer Spinne mit Kiefer

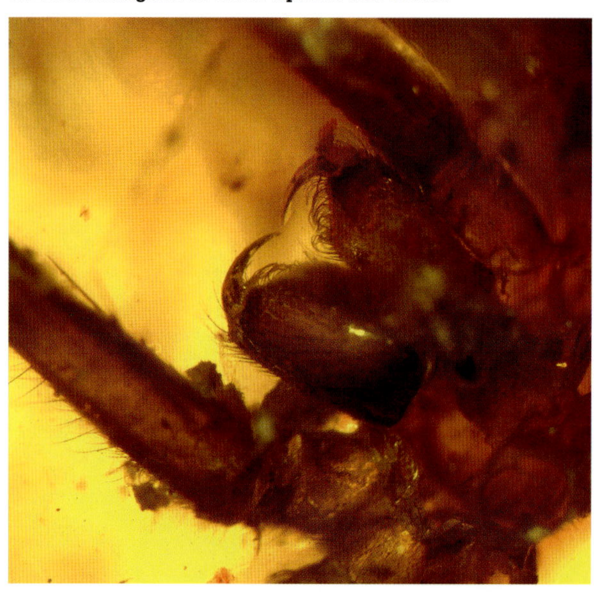

3916 Rivalenkampf zweier Spinnenmännchen, Zodariidae *Annicul*us 5,7 mm

3947 Springspinnen-Häutung, 6 mm

2160 Kopf einer weiblichen Springspinne, 1 mm

5969 Trochanteriidae *Sosybius* mit Beinregenerat, 3,3 mm

598 Jungspinne bei der Häutung, Sparassidae

561 Jungspinne 1,3 mm

5963 Ameise an Trochanteriidae 3,8 mm

48 Oonopidae *Orchestina* 1,1 mm

3999 Arch. *Myrmecarchaea petiolus* 2,5 mm, GPIH 4337

5974 Archaeidae 3,7 mm

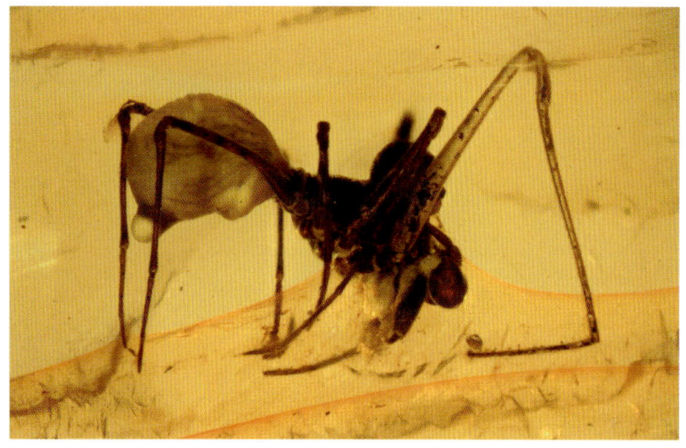

3955 Kieferspinne *Archaea paradoxa*, Männchen 4,5 mm

5956 Pisauridae 2,8 mm

2149 Theridiidae *Lasaeola*, Männchen 1,9 mm

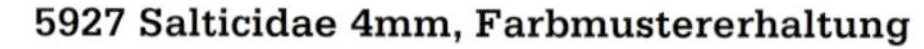

5927 Salticidae 4mm, Farbmustererhaltung

Salticidae, Foto © Weitschat

370 Dictynidae *Mastigusa,* Männchen 2,5 mm

370 Dictynidae *Mastigusa* 2,5 mm, Kiefertaster

3958 Zoropsidae *Eomatachia,* Männchen 4 mm

3904 Cyatholipidae, Männchen 1,8 mm

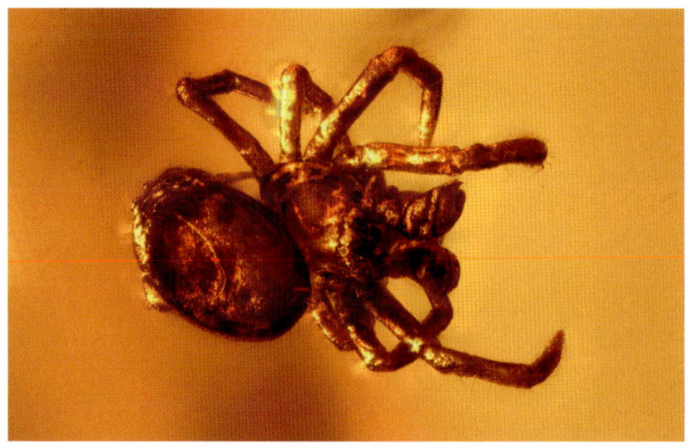

575 *Mysmena groehni*, Männchen 0,65 mm, GPIH 4406

6012 Linyphiidae *Custodela*, Männchen 2,6 mm

6012 Linyphiidae *Custodela*, Kiefertaster

6010 Zodariidae *Anniculus balticus* 5,7 mm

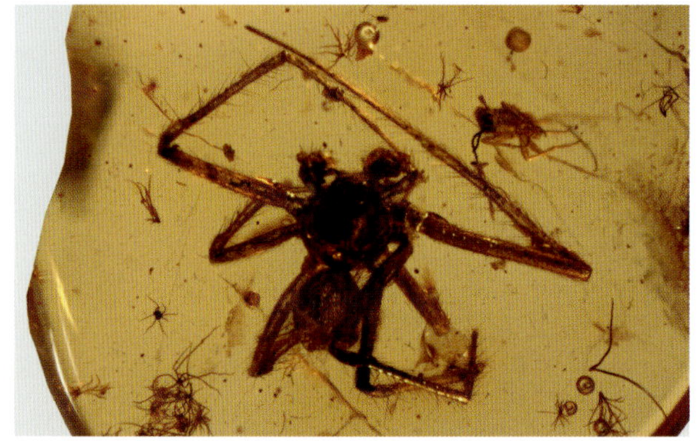

2116 Synotaxidae *Acrometa* cf. *cristata* 1,8 mm

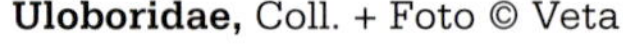

Uloboridae, Coll. + Foto © Veta

2136 Oecobiidae Urocteinae Männchen 2,4 mm

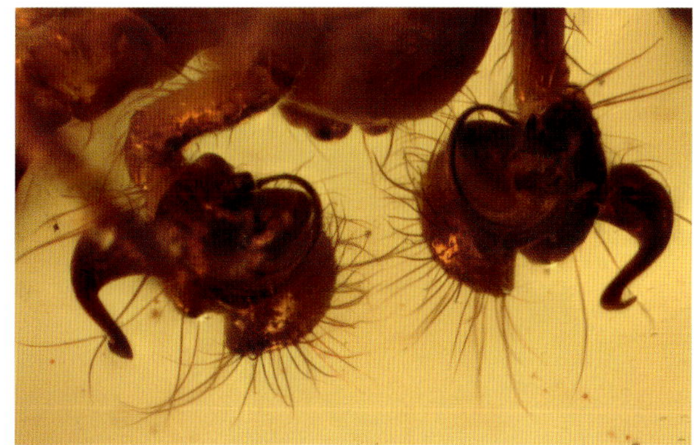

3906 Nesticidae, Pedipalpenbreite 1,3 mm

5985 Nesticidae 2,6 mm

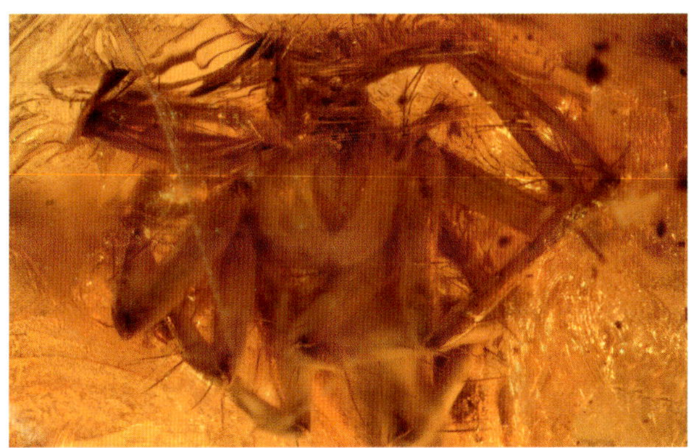

2139 Sparassidae = Heteropodidae Jungtier 5 mm

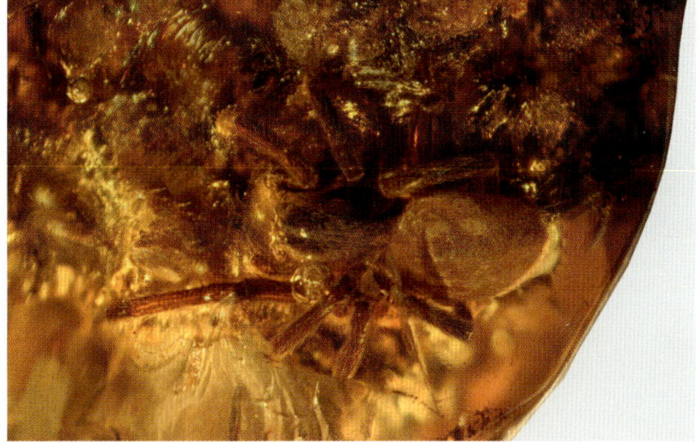

2133 Dictynidae 3,6 mm

2126 Gnaphosidae, Männchen 6 mm

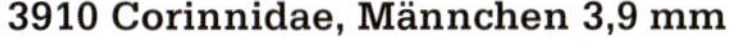

3910 Corinnidae, Männchen 3,9 mm

5997 Pisauridae, Männchen 5,5 mm

3914 Dysderidae *Harpactea communis*, 3,1 mm, GPIH 4340

2124 Thomisidae *Syphax* cf. *megacephalus* Jungtier 2,1 mm

3923 Spatiatoridae *Spatiator praeceps* 3,4 mm, GPIH 4301

5919 Segestriidae 6,5 mm

5954 Theridiidae *Eomysmena*, Männchen 3,8 mm

5958 Theridiidae *Ulesanis longicymbium*, Männchen 2 mm

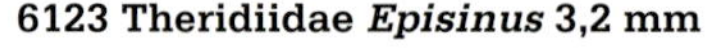

6123 Theridiidae *Episinus* 3,2 mm

2118 Comar. *Balticoroma serafinorum*, M, W 1 mm, GPIH 4346

2119 Comaromidae *Balticoroma ernstorum* 0,9 mm

3925 Comaromidae *Balticoroma serafinorum*, Männchen 1 mm

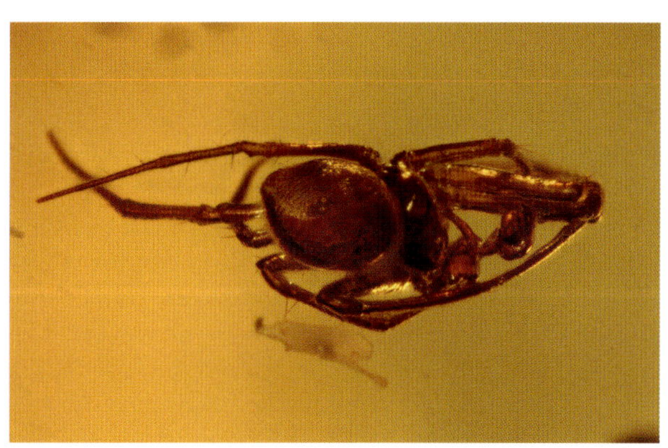

926 Araneidae, Männchen 2,2 mm

5925 Hahniidae 1,5 mm, 30 Spinnen

5925 Hahniidae 1,5 mm

5906 Hersiliidae 7,2 mm

5975 Liocranidae *Apostenus spinimanus* 4,2 mm

Gespinste

Für die meisten Spinnen typisch sind die beweglichen Spinnwarzen am Opisthosoma, abgewandelte Extremitäten des ehemaligen 10. und 11. Körpersegmentes. Auf ihnen münden die vielen kleinen Ausfuhrgänge der Spinndrüsen. Ein Borstenkamm am Metatarsus des vierten Beinpaares, das Calamistrum, kämmt die Fangwolle aus den Spinnröhrchen heraus (Einschluss 5914).

Spinnfäden werden von der Spinne zu den unterschiedlichsten Zwecken eingesetzt und sind dementsprechend auch verschieden im Durchmesser und in der Zusammensetzung ausgebildet. Einige Spinnen haben bis zu sechs verschiedene Spinndrüsen, von denen jede eine ganz spezifische Fadenqualität liefert.

Einige Spinnen bauen Netze (Einschluss 6008), die im Bernstein bei Auflicht manchmal schwer, im Dunkelfeld aber gut zu erkennen sind. Die bei Einschluss 2158 im Netz befindliche Kugelspinne weist auf den Netzbauer hin. Aber nur die Hälfte der Spinnen betreibt ihren Beuteerwerb mit Netzen, die anderen sind vorwiegend Jäger. Dementsprechend sind die Sinnesorgane angepasst. Die netzbauenden Spinnen haben einen hochentwickelten Tastsinn, für die Jäger ist die optische Orientierung wichtig, deshalb haben sie hochentwickelte Augen.

Spinnfäden werden als einzelne Signalfäden oder Haltefäden benutzt, um eine Wohnhöhle auszukleiden, zum Einspinnen der Beute (z. B. Einschlüsse 657, 5957, 6745), um Gespinste zur Eiablage zu bauen usw. Einschluss 6115 zeigt ein noch unfertiges Gespinst, oben offen und noch nicht mit Eiern gefüllt. Einschluss 5924 zeigt ein fertiges Gespinst im Querschnitt. Dazu wurde der Bernstein ringsherum angesägt und aufgebrochen, um hineinschauen zu können. Wie zu erwarten sind die Eier Hohlräume.

Die Spinnfäden können adhäsiv sein, d. h. mit Leim besetzt sein. Der Klebstoff der Fangfäden quillt mit Wasser auf und kann Klebtröpfchen bilden, die ebenfalls im Bernstein erhalten sind (Einschluss 5940). Es könnte aber auch sein, dass sehr dünnflüssiges Harz an den Spinnfäden entlang geflossen ist, gehärtet ist und ein größerer Harzfluss alles eingeschlossen hat; dafür spricht Abbildung 5922, die nach unten hängende Tropfen am Spinnfaden zeigt (Wassertropfen können es nicht gewesen sein, denn Harz ist hydrophob).

5914 Spinne 2 mm mit Kammfuss

5914 Kammfuss 0,5 mm

Spinnfäden aus Spinnwarzen abgegeben, Foto © Weitschat

5929 Kokon mit Eiern in einer Zweiggabel 3,5 mm

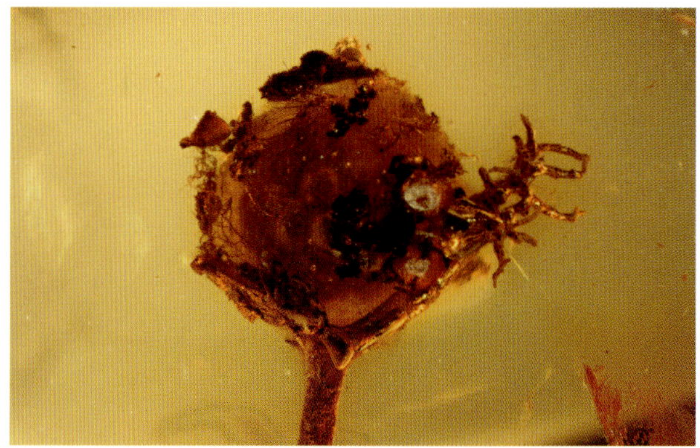

2158 Theridiidae Weibchen 1,8 mm in ihrem Spinnennetz

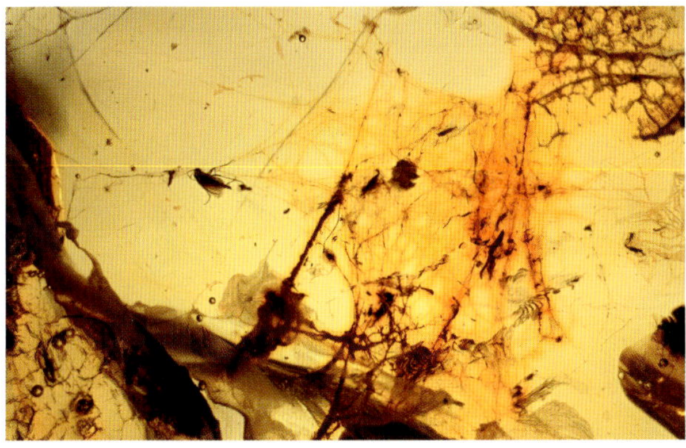

6008 Spinnennetz, Ausschnitt 25 mm

Spinnennetz, Foto © Weitschat

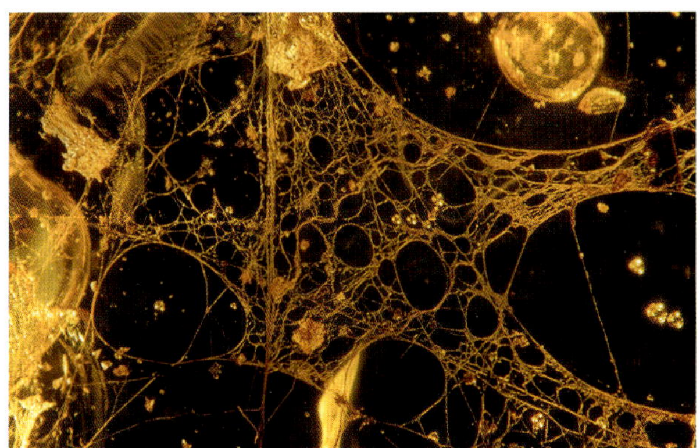

5924 Offener Kokon mit Eiern 10 mm

6115 Unfertiger, leerer Kokon 4 mm

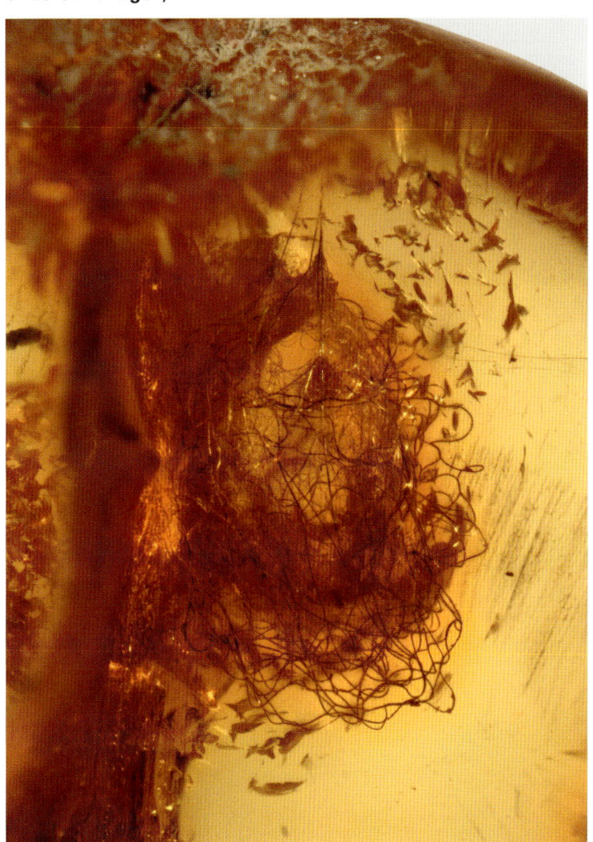

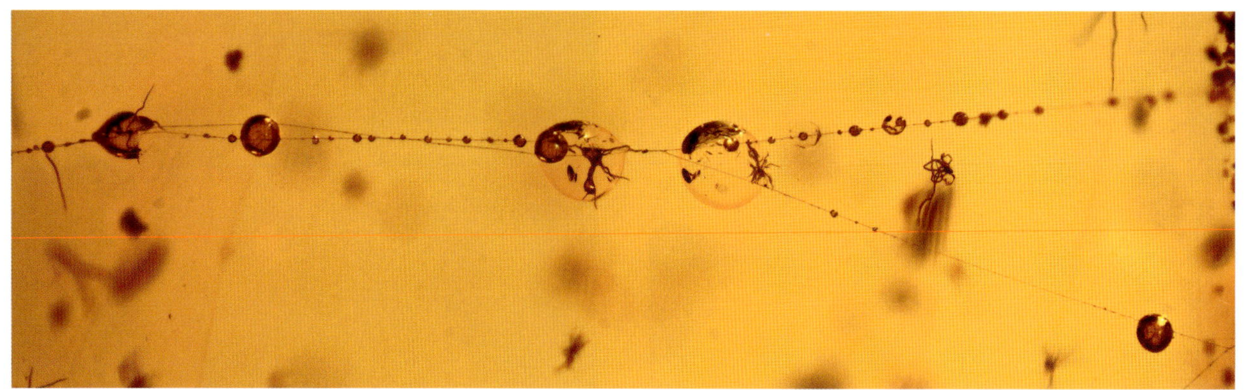

5940 Spinnfaden mit Klebtröpfchen oder Harztröpchen (?) 0,6 mm

5994 Spinnfaden mit Käfer und Stalaktit

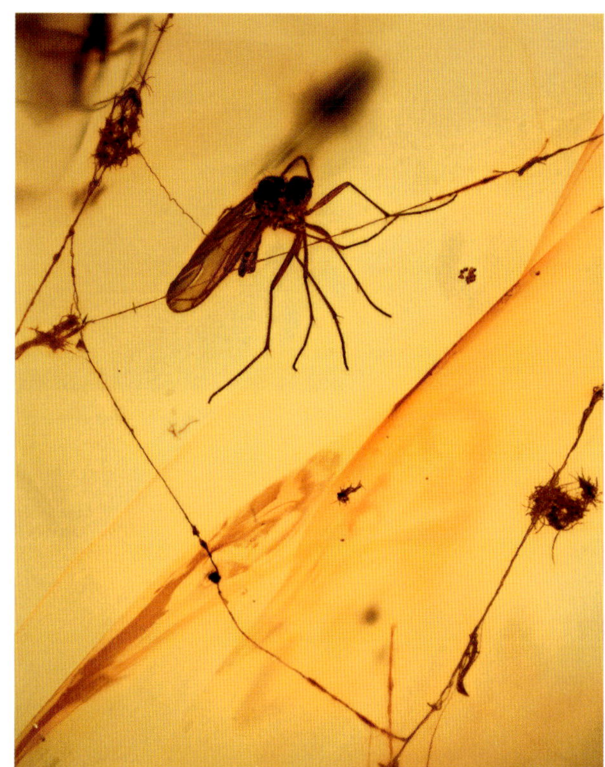

6005 Spinnfaden mit Trauermücke

6009 Gespinst (?) 3 mm

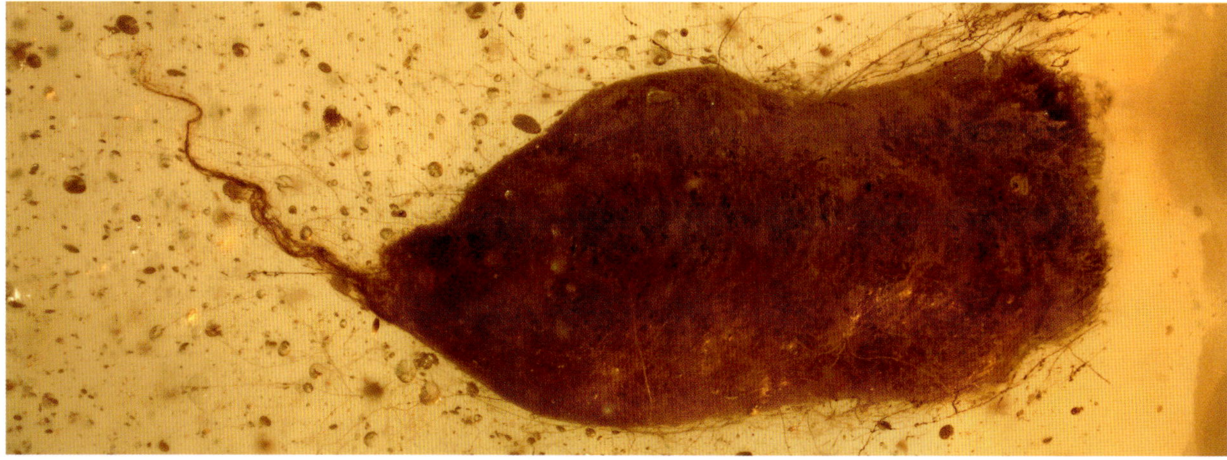

657 Eingesponnener Rüsselkäfer 9,5 mm

8094 Eingesponnener Rüsselkäfer 3 mm

6720 Eingesponnene Ameise 2,4 mm

5957 Eingesponnener Pseudoskorpion 1,5 mm

6745 Eingesponnene geflügelte Ameise 3,5 mm

MILBEN

ACARI

Die Milben stellen die artenreichste Gruppe der Spinnentiere dar. Kaum eine Gruppe außer den Insekten erreicht eine so große Diversität. Zu ihnen gehören mit ca. 0,1 mm Größe eines erwachsenen Tieres die kleinsten Gliederfüßer. Im Gegensatz zu den Spinnen, die sich ausschließlich räuberisch ernähren, zeigen Milben ein breites Ernährungsspektrum und haben sehr viele Lebensräume besiedelt, wobei die meisten im Boden leben.

Der Körperbau der Milben wirkt gedrungen, mit einem kleinen Vorderkörper und einem großen Hinterleib. Die Kieferklauen (Cheliceren) und Kiefertaster (Pedipalpen) sind meist sehr klein, nur bei räuberischen Arten können sie zu langen Nadeln umgebildet sein, um Beute auszusaugen. Die meisten Milben sind augenlos und orientieren sich durch Tasten. Dazu dienen einerseits Tasthaare auf den Gliedmaßen und dem Körper, andererseits das vorderste Beinpaar. Die Larven der Milben haben meist nur drei Beinpaare (Einschluss 6242), doch gibt es auch erwachsene Tiere, die scheinbar nur 6 Beine haben; so haben z. B. die Vertreter der Tenuipalpidae häufig das 4. Beinpaar reduziert.

Systematisch gliedern sich die Milben in die Parasitiformes und die Acariformes. Zu den Parasitiformes gehören u. a. die Zecken (Ixodida). Zu den Acariformes, die 99 % der Milben des Baltischen Bernsteins stellen, gehören z. B. die häufigen Familien Anystidae, Bdellidae, Erythraeidae, Caeculidae, Trombidiidae, Hydrachnidiae, Neoliodidae, Glaesacaridae. Außerhalb des Bodens lebende Milben haben als Verdunstungsschutz sklerotisierte Körperhüllen, so die Zecken und die Hornmilben. Im Bernstein wurden selbst wasserlebende Milben gefunden, so aus der Gruppe der Süßwassermilben (Hydrachnidiae).

Einzelfunde sind bekannt aus den Familien Archaeorchestidae, Ascidae, Astegistidae, Caleremaeidae, Camerobiidae, Camisiidae, Carabodidae, Cepheidae, Ceratozetidae, Chamobatidae, Cheyletidae, Collohmanniidae, Cymbaeremaeidae, Damaeidae, Eremaeidae, Galumnidae, Glaesacaridae, Gymnodamaeidae, Hermanniidae, Hermanniellidae, Histiostomatidae, Labidostommatidae, Liacaridae, Licneremaeidae, Micreremidae, Microgynioidea, Neoliodidae, Nothridae, Oppiidae, Oribotritiidae, Otocepheidae, Parasitidae, Peloppiidae, Penthalodidae, Phenopelopidae, Phthiracaridae, Rhagidiidae, Sarcoptidae, Sejidae, Smarididae, Suctobelbidae, Tectocepheidae, Teneriffiidae, Tetranychidae, Thrypochthoniidae, Unduloribatidae, Urodinychidae, Zetomotrichidae u. a. (nach Platnick, 2000–2013).

Zecken sind extrem selten im Bernstein, es ist nur ein erwachsenes Exemplar bekannt, dass von Weidner (1964) als *Ixodes succineus* beschrieben wurde, und einige wenige Jungzecken (Einschluss 5977). Weidner bemerkt, dass die eozäne Zecke der heute in Europa lebenden Zecke *Ixodes ricinus,* dem Gemeinen Hausbock, recht ähnlich sieht, die Zecken also schon vor über 40 Millionen Jahren fast den heutigen Stand der Evolution erreicht hatten. Zecken gibt es schon seit über 300 Millionen Jahren, lange, bevor es Säuger gab. Sie parasitierten an Wechselwarmen, so wie auch heute noch die Jungzecken an Reptilien parasitieren, bevor sie sich einen warmblütigen Endwirt suchen.

Wir unterscheiden zwei Familien: Schildzecken (Ixodidae) und Lederzecken (Argasidae). Die Schildzecken tragen auf dem vorderen Körperabschnitt den typischen Schild. Sie saugen lange Blut und vergrößern dabei den Hinterleib stark.

Lederzecken können ihren Körper nicht so stark dehnen und müssen öfter an ihren Wirten saugen, deshalb findet man sie fast ausschließlich in Nestern und Bauten ihrer Wirte.

***Ixodes succineus*, Weidner 1964,** Foto © Weitschat, Coll. Museum Universität Bremen

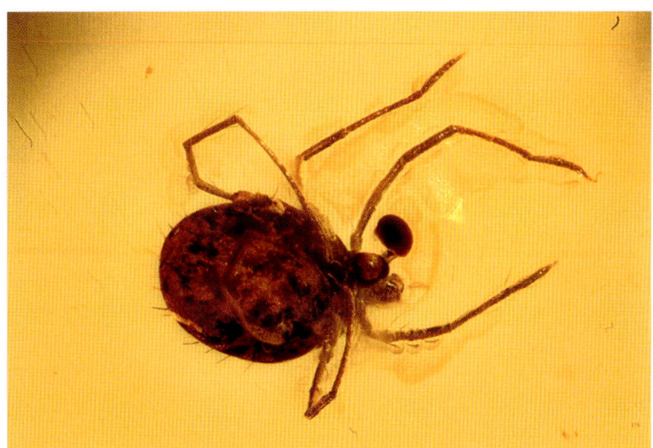

6242 Jungmilbe 0,55 mm Parasitengona Erythraeoidea

5977 Zeckennymphe *(Ixodes)* 0,6 mm

Parasitische und phoretische Milben

Parasitische Milben befallen die unterschiedlichsten Tiere: Weberknechte, Spinnen, Ameisen, Köcherfliegen, Käfer, Mücken, Fliegen u. a. Manchmal ist es schwer zu entscheiden, ob Parasitismus vorliegt oder eine Phoresie, d. h. eine Transportbeziehung. Sitzt die Milbe mit den Mundwerkzeugen an einem Gelenk fest, wird es sich um Parasitismus handeln (Einschlüsse 3908 und 3909). Die phoretische Hornmilbe auf einem Zuckmückenmännchen (Einschluss 5531) und die parasitische Milbe auf einem Weberknecht (Einschluss 5911) zeigen, dass Milben das Gewicht des Wirtes erreichen können. Es grenzt an ein Wunder, dass die Zuckmücke mit dieser schweren Last ins Harz fliegen konnte.

Die Milben, Einschluss 751, gehören zur Gruppe Prostigmata – Parasitengona und dort in die Familie Microthrombidiidae, parasitieren zu dritt auf einer Langbeinfliege. Die unterschiedliche Größe der Milben weist darauf hin, dass sie unterschiedlich lange auf dem Wirt gesessen haben.

Der Einschluss 3902 ist äußerst interessant, weil er verschiedene parasitische Milbenlarven auf einem Zuckmückenweibchen zeigt. Auf dem Thorax sitzt eine Larve aus der Gruppe Prostigmata – Erythraeoidea, seitlich und unten parasitieren drei Wassermilbenlarven aus der Gruppe Prostigmata – Hydrachnidia, wahrscheinlich Hygrobatoidea (Unionicolidae oder Hygrobatidae). Diese zeichnen sich u. a. dadurch aus, dass die Larven ihren dann noch im Puppenstadium befindlichen Wirt im aquatischen Milieu suchen, dort bis zum Schlupf des Wirtsimagos warten und erst nach Überwechseln auf das neue Wirtsstadium mit dem Parasitismus beginnen. Die drei Wassermilbenlarven haben sich also schon an die Zuckmücke begeben, als diese noch im Puppenstadium war, die Erythraeidae dagegen hat die Mücke erst nach dem Schlupf zum Imago befallen. Darüber hinaus kann man das ungefähre Alter der Zuckmücke zur Zeit des Todes im Harz abschätzen; vom Grad der angeschwollenen Wassermilbenlarven ca. 4–5 Tage nach Erreichen des Imaginalstadiums.

Der Einschluss 2177 zeigt zwei Schildkrötenmilben (Gamasida – Uropodina) auf einem Borkenkäfer (Scolytidae). Es handelt sich hier nicht um Parasitismus, sondern die Deutonymphe hat sich phoretisch mit Hilfe eines Analschlauches an der Cuticula des Käfers festgesetzt und hätte ihn nach Erreichen eines geeigneten Ortes verlassen. Der Name „Schildkrötenmilbe“ resultiert aus der starken, flachovalen Körperpanzerung, unter die auch die Beine eingezogen werden können.

3908 Ameise mit Milbe 0,4 mm, Parasitengona

3909 Milbe am Bein einer Langbeinfliege, Parasitengona Thrombidioidea Microthrombidiidae 0,6 mm.

5531 Zuckmücke mit Milbe 1 mm,
Oribatida Brachypylina Peloppiidae

5911 Weberknecht mit Milbe 0,8 mm Parasitengona

751 Langbeinfliege 1,7 mm mit verschieden
großen Parasitengona

3902 Zuckmücke 1,25 mm with Milben,
Erythraeoidea Hydrachnida

2177 Borkenkäfer 2,1 mm mit Milben 0,5 mm, Gamasida Uropodina

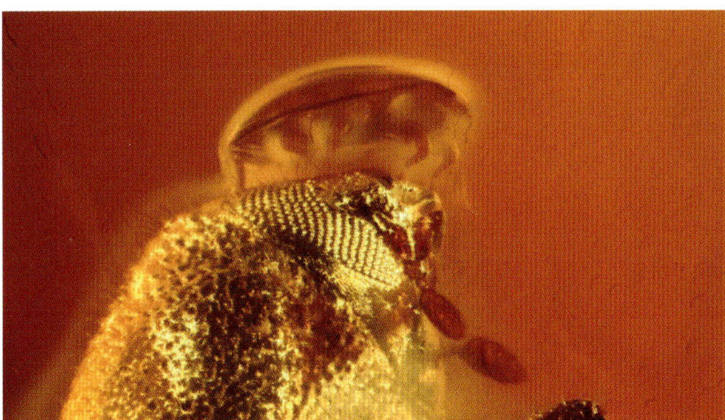

7086 Tanzfliege, Trombidiidae cf. *Allothrombium* 0,7 mm

2823 Blattfloh 1,1 mm, Milbe 0,7 mm

6247 Pilzmücke, Milbe 0,7 mm, Prostigmata Stigmaeidae

1010 Pilzmücke 3,4 mm, Milbe 0,45 mm, Erythraeidae

8261 Bockkäfer 6 mm, Milbe 0,2 mm, Uropodina

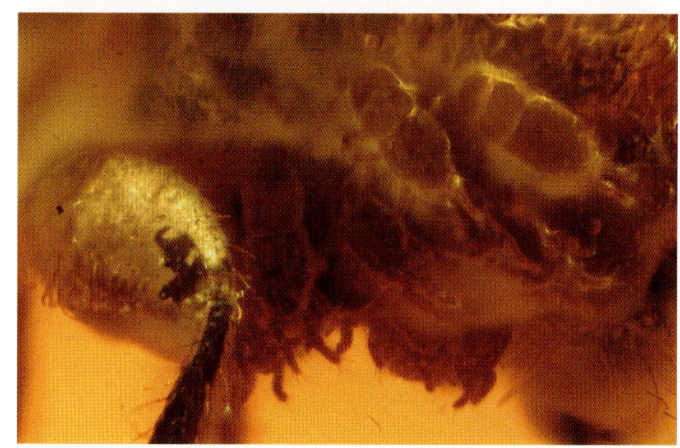

898 Buntkäfer, Milben 0,2 mm, Uropodina

5667 Tanzfliege 2,6 mm, Milbe 0,45 mm, Johnstonianidae

6239 Langbeinfliege 2,3 mm, Milbe 0,7 mm Erythraeoidea

Verschiedene Milben in systematischer Reihenfolge

Die meisten Milben sind nur im Bild dargestellt. Es überstiege den Umfang des Buches, zu jeder Gruppe eine Beschreibung zu geben.

Die Milbe, Einschluss 2188, gehört zur Gruppe Prostigmata in die Familie Anystidae. Es sind schnell laufende, an kleine Spinnen erinnernde Milben, die räuberisch leben und kleine Arthropoden überwältigen. Verwandtschaftlich stehen sie den Parasitengona nahe.

Der Einschluss 5841 zeigt die sehr häufige Milbe des Baltischen Bernsteins aus der ausgestorbenen Familie Glaesacaridae (Oribatida – Astigmata), die große Ähnlichkeit mit *Glaesacarus rhombeus* (Koch & Behrendt, 1854) zeigt. Bei diesen ursprünglichen Milben besaßen die Männchen noch keine Organe zum Festhalten des Weibchens für die Begattung, weshalb die Weibchen wohl die Initiative übernahmen (nach Sidorchuk & Klimov, 2011). Der Einschluss 181 zeigt den seltenen Fall einer im Bernstein eingeschlossenen Milben-Copula. Wir finden diese meist unter 1 mm kleinen Milben häufig zusammen mit zerfressenen Einschlüssen, was sicher auf die Lebensweise hinweist.

Der Einschluss 3903 zeigt eine Milbe aus der Familie Zetorchestidae, die ein erhebliches Sprungvermögen besitzt. Das letzte Beinpaar dieser Milben ist als Sprungbein mit dickem Schenkelring (Trochanter) und Schenkel (Femur) entwickelt. Auch die anderen Beine sind am Absprung beteiligt, die Hauptkraft liefert aber das stark verlängerte vierte Beinpaar. Trotz aufgebauter Muskelspannung verhindern Gelenkzähnchen zunächst die Streckung der Beine. Erst wenn der Trochanter-Fortsatz über die Gelenkzähnchen schnappt, kommt es zur Streckung aller Beine, wobei es zusätzlich zu einer Drehung des vierten Beinpaares kommt. Die Folge ist eine Hochschleuderung mit starker Rotation, die Landung kann deshalb nur unkontrolliert sein. Setzen wir das Körpergewicht ins Verhältnis zur Schubkraft, so erkennen wir, dass diese Milben zu den leistungsfähigsten Springern unter den Arthropoden zählen. Sie lassen mit einem Verhältnis von ca. 1 : 500 sogar die Flöhe und Schnellkäfer hinter sich (nach Krisper, 1990).

Vertreter der Collohmannidae stellen die größten Milben unter den Hornmilben (Oribatida). Sie unterscheiden sich stark von allen anderen Milben. Es ist äußerst interessant, dass diese Milben heute mit nur wenigen Arten an wenigen Orten in den Bergen Eurasiens und Nordamerikas endemisch vorkommen. Die wenigen Exemplare im Baltischen Bernstein scheinen auch fast alle verschiedene Arten zu sein. Einige Arten zeigen große Unterschiede zwischen Männchen und Weibchen (Sexualdimorphismus) und heute lebende Arten zeigen sogar eine Art Brautwerbung, sehr ungewöhnlich für Milben (nach Norton und Sidorchuk, 2014).

LU12 Milbe 1,3 mm, Podothrombiidae, Coll. Ludwig

2108 Milbe 0,8 mm, Gamasina

Bi3-13 Milbe 1,6 mm, Trombellidae, coll. Ludwig

6245 Milbe 1,4 mm, Bdellidae

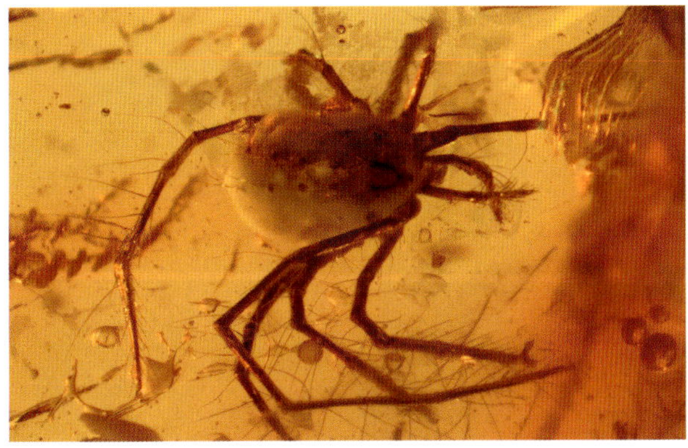

2187 Milbe 1,6 mm, Anystidae (?), ev. Cunaxidae (?)

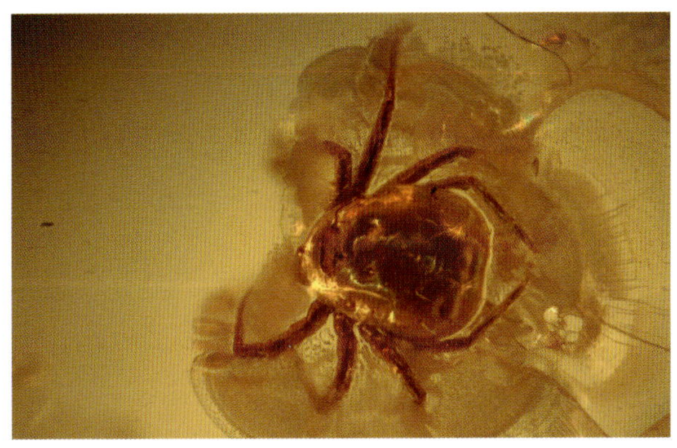

2188 Milbe 0,7 mm, Prostigmata Anystidae.

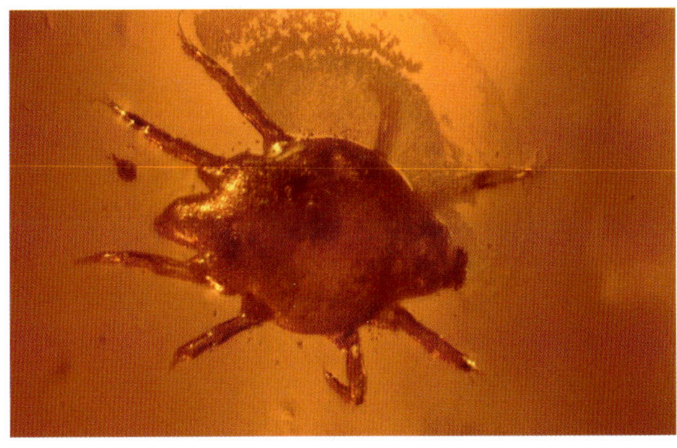

5841 Mite 0,5 mm, Glaesacaridae *Glaesacarus rhombeus*

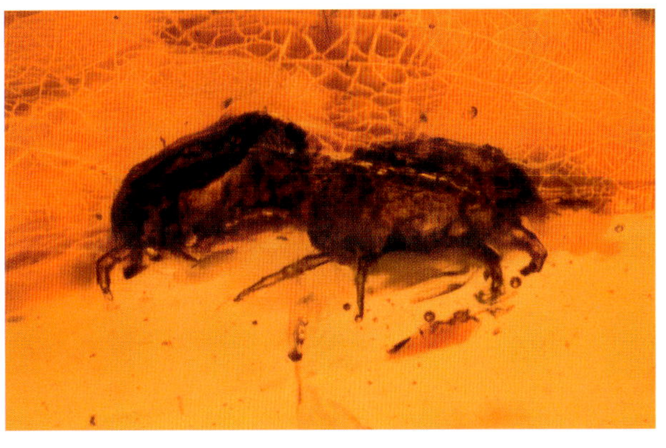

181 Milben-Copula, Glaesacaridae *Glaesacarus rhombeus*

3903 Mite 0,4 mm, Zetorchestidae

225 Milbe 1 mm, Anystides Anystina, Coll. Kobbert

263 Erythraeoidea Smarididae 1,7 mm, Coll. Kernegger

256 Erythraeoidea Smarididae 0,95 mm, Coll. Kernegger

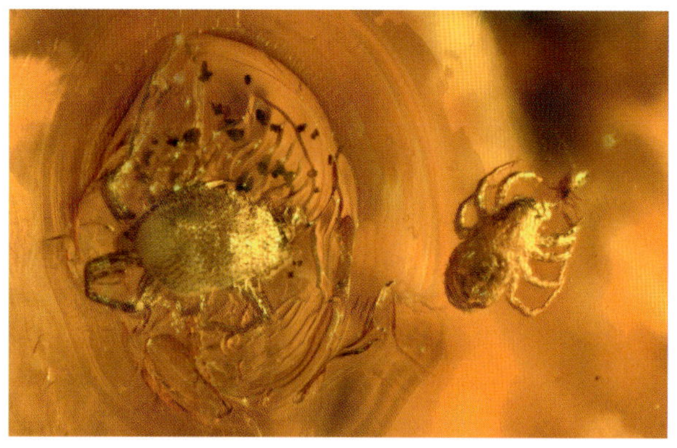

1535 0,9 mm Parasitengona, 0,85 mm Teneriffiidae

6014 Milbe 1,2 mm, Anystoidea

444 Anystoidea Pseudocheylidae 0,5 mm, Coll. Hoffeins

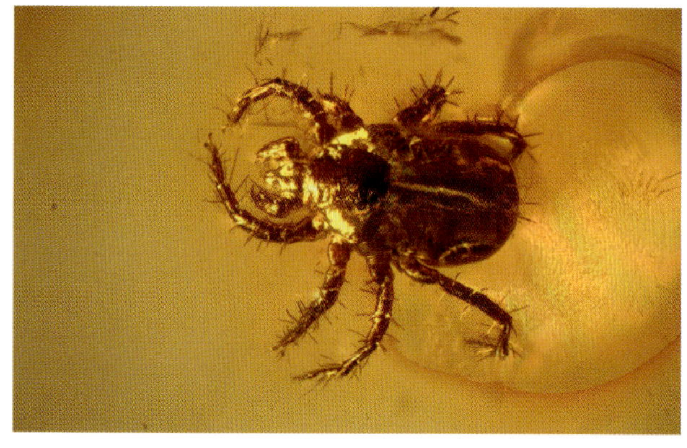

588-3 Anystoidea Teneriffiidae 0,75 mm, Coll. Hoffeins

3903 Milbe 1,1 mm, Erythracarinae

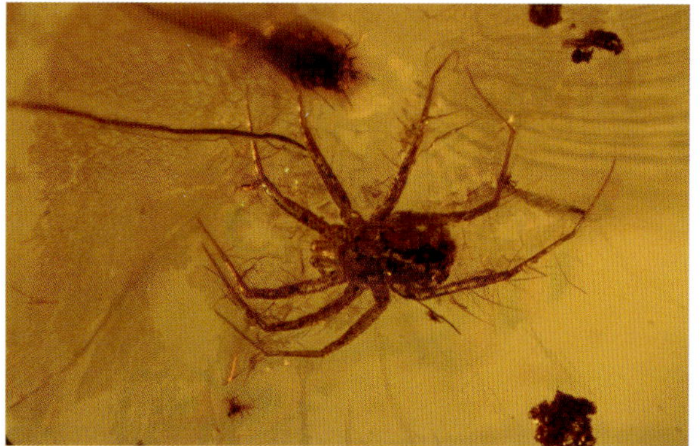

1071 Milbe 0,3 mm, Eupodoidea, Coll. Ehlen

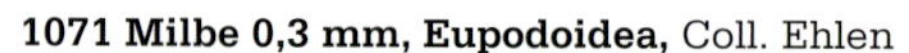

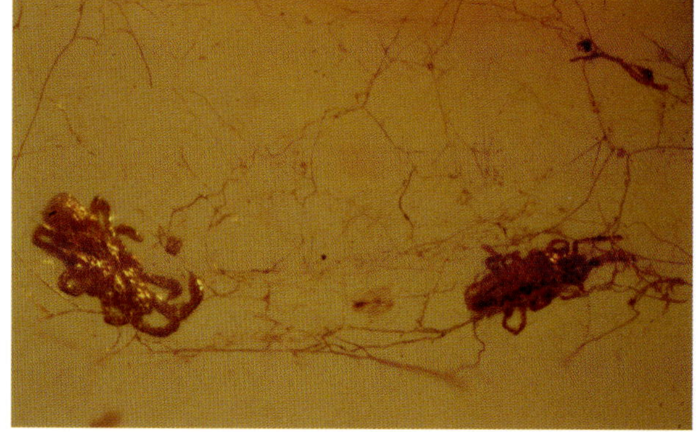

6219 Milbe 1 mm, Caeculidae

Milbe 1,4 mm, Trombidiidae, Coll. + Foto © Veta

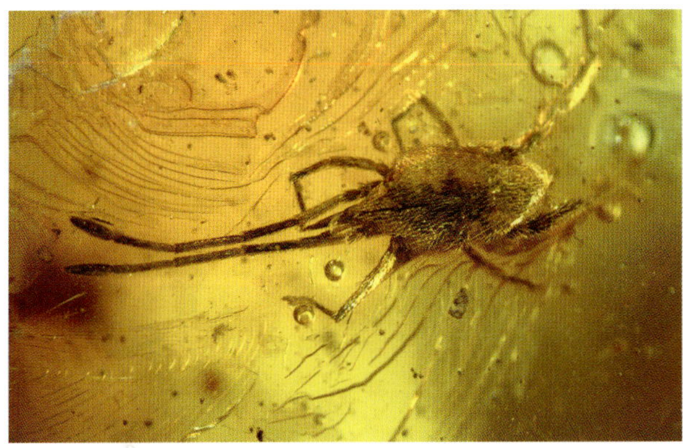

6220 Milbe 1,7 mm, Erythraeoidea

1331 Trombidioidea Trombidiidae 1,1 mm, Coll. Weiterschan

6244 Trombidiae Trombiculoidea Johnstonianidae 0,7 mm

2675 Stelzmücke mit 3 Milben 1,05 mm, Calyptostomatidae

145 Milbe 0,35 mm, Raphignathoidea, Coll. Ehlen

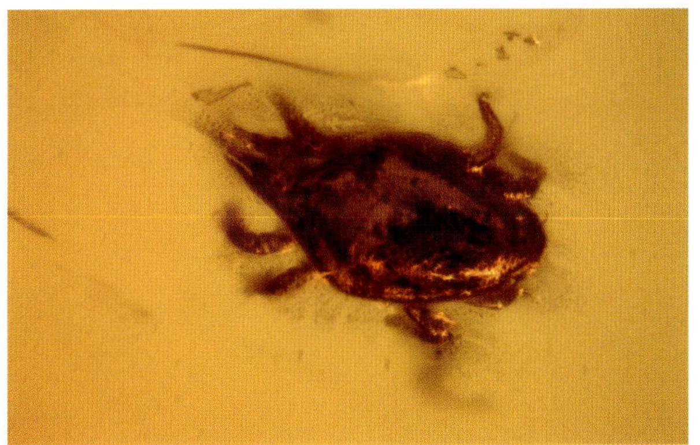

Tetranychoidea Tenuipalpidae 1,05 mm, Coll. Ludwig

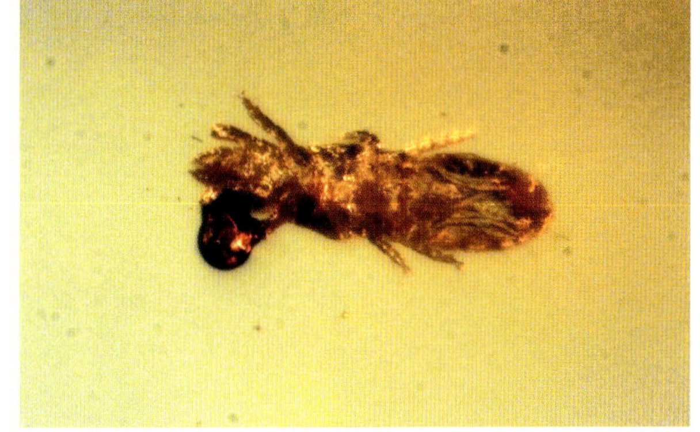

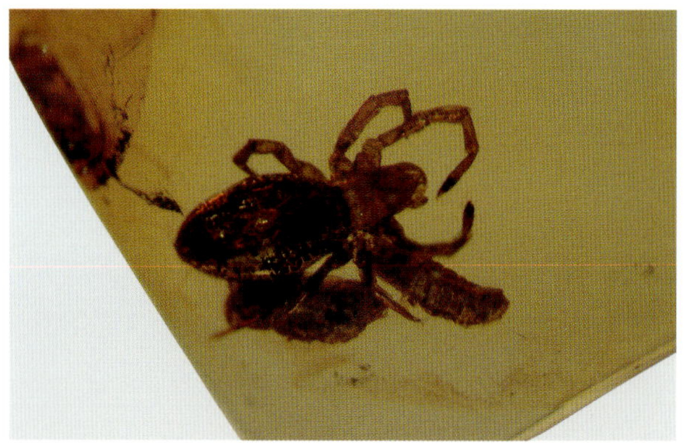

5959 Milbe 1 mm, Oribatida *Collohmannia*

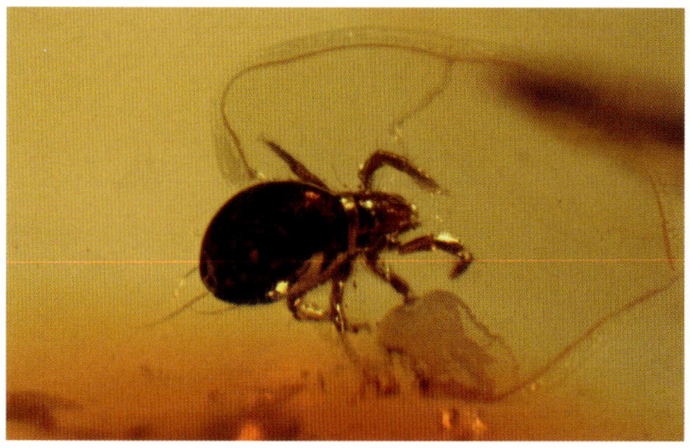

276 Oribatida *Collohmannia* 1,1 mm, Coll. Kernegger

657 Neoliodidae *Neoliodes ensigerus* 0,85 mm, Coll. Kobbert

6235 Milbe 0,6 mm, Oribatida Hermanniidae *Hermannia*

5394 Milbe 0,9 mm, Neoliodidae

1360 Crotonioidea Nothridae 0,65 mm, Coll. Weiterschan

495 Euphthiracaroidea 0,6 mm, Coll. Eichmann

6234 Milbe 0,65 mm, Euphthiracaroidea

6240 Milbe 0,8 mm, Neoliodidae *Platyliodes ensigerus*

7007 Milbe 0,6 mm Brachypylina Archaeorchestidae cf. *Strieremaeus illibatus* SELLNICK 1918

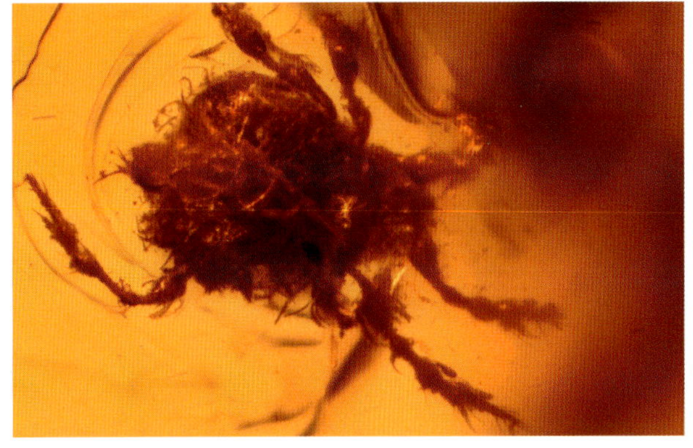

549 Damaeidae 0,5 mm

1282 Damaeidae cf. *Epidamaeus* 0,4 mm, Coll. Weiterschan

454 Dameidae cf. *Damaeus* 0,9 mm, Coll. Kobbert

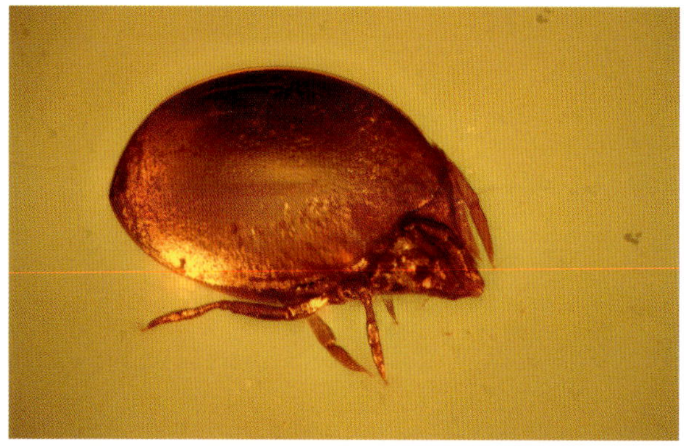

6204 Milbe 1,2 mm, Gustavioidea

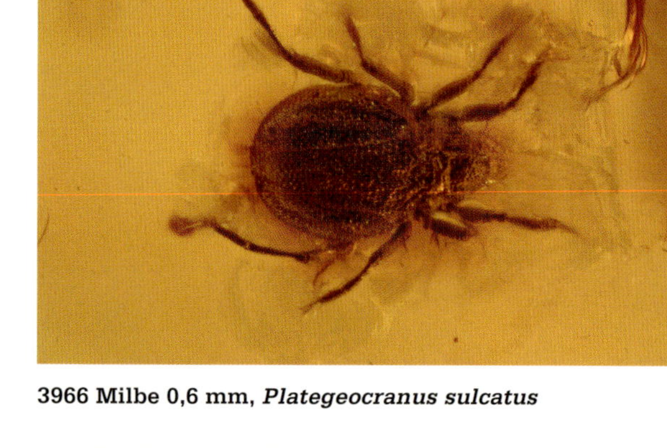

3966 Milbe 0,6 mm, *Plategeocranus sulcatus*

06a Milbe 0,6 mm, Otocepheidae, Coll. Paulsen

1357 Milbe 0,55 mm, Carabodidae, Coll. Weiterschan

6226 Milbe 0,2 mm, Brachypylina cf. Oppioidea

06 Milbe 0,6 mm, Phenopelopidae *Eupelops*, Coll. Paulsen

6223 Milbe 0,5 mm, *Scutoribates perornatus*

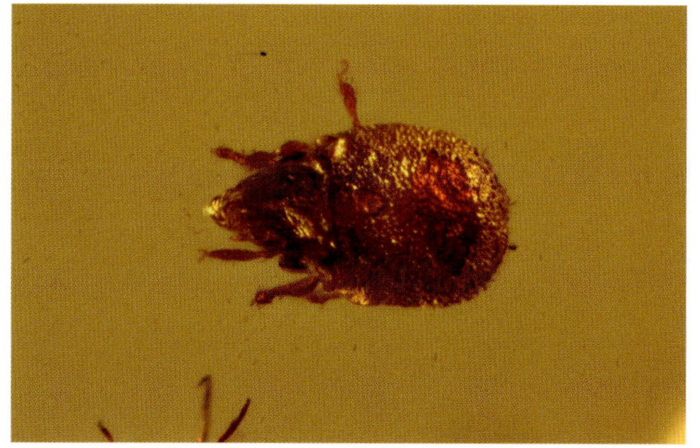

909 Milbe 0,25 mm, Ceratozetidae, Coll. Ehlen

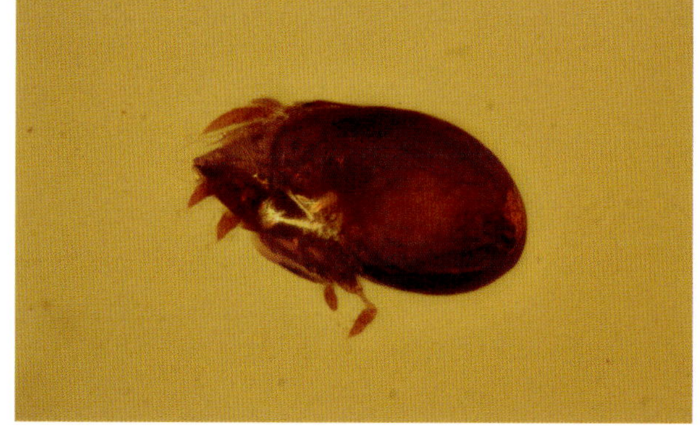

6710-1 Milbe 0,4 mm, Scheloribatidae

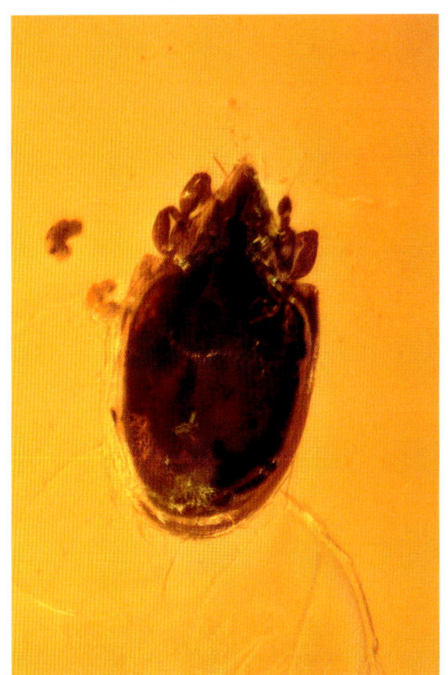

6710-2 Milbe 0,55 mm, Galumnoidea

6710-3 Milbe 0,7 mm, Labidostomatidae

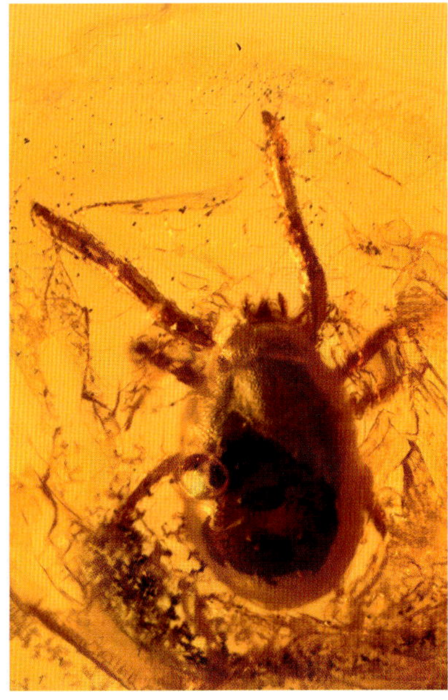

WEBERKNECHTS-MILBEN

OPILIOACARIDA

Nach neuerer Systematik sind diese weberknechtmilben-ähnlichen Tiere in eine eigene Ordnung gestellt worden. Der Körper ist länglich-oval und Vorder- und Hinterkörper leicht voneinander abgesetzt, im Gegensatz zu den Weberknechten, bei denen beide Körperteile eng verwachsen sind. Das erste Beinpaar wird nicht zum Laufen benutzt, sondern dient als Sinnesorgan und ist verlängert.

Opilioacariden leben heute in überwiegend trockenen Gegenden, sind nachtaktiv am Boden und tagsüber häufig unter Steinen zu finden. Auch wohl aus diesem Grunde sind sie sehr selten im Bernstein zu finden. Der Erstfund wurde 2004 von Jörg Wunderlich gemacht, der Holotyp heißt *Paracarus pristus* und lagert im Senckenbergmuseum Frankfurt. Das Tier ist nur 1,8 mm groß und nicht vollständig erhalten (siehe Zeichnung).

Eine Weberknechtsmilbe ist 2014 auch im Burmesischen Bernstein entdeckt worden. Die sehr gute Erhaltung dieses ca. 100 Millionen Jahre alten Spinnentieres ermöglichte eine Artbeschreibung (*Opilioacarus groehni,* Dunlop & Bernardi, 2014). Obwohl in diesem Buch nur Funde aus dem Baltischen Bernstein dargestellt sein sollten, zeige ich den Burma-Bernstein-Fund, damit in Zukunft vielleicht weitere Opilioacarida im Baltischen Bernstein in den Sammlungen entdeckt werden können. Dieser Erstfund einer Weberknechtsmilbe im Burmesischen Bernstein zeigt, dass diese Ordnung schon im Gondwanaland existierte.

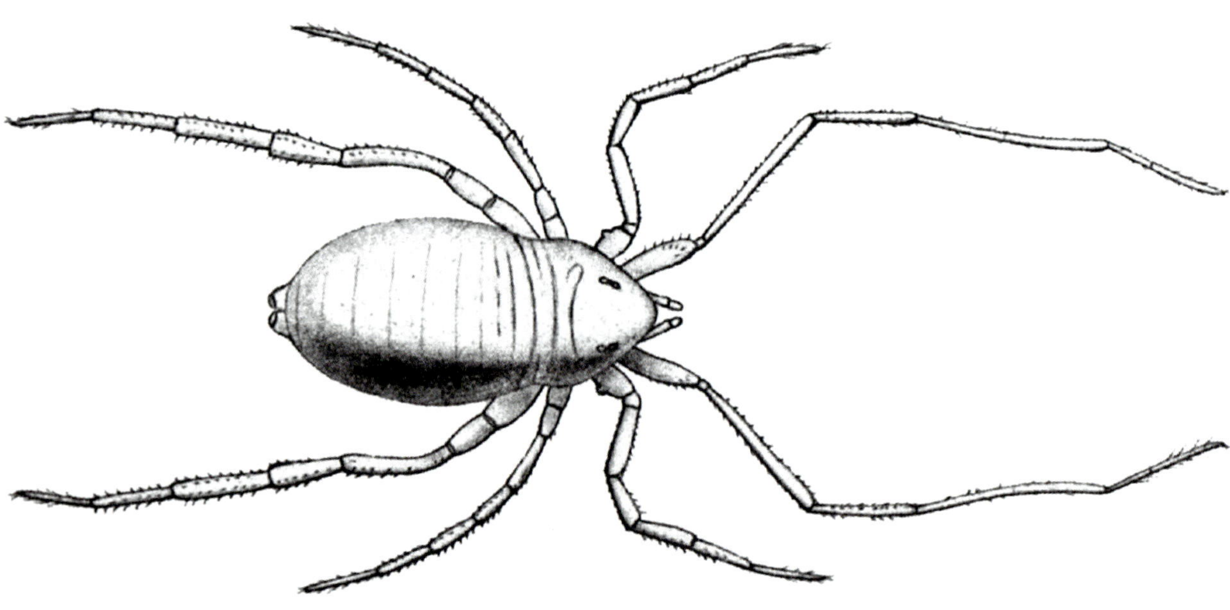

1038-1 1,4 mm *Opilioacarus groehni* © Dunlop & Bernardi, 2014, HT, GPIH 4549.
The final publication is available at link.springer.com.

linke Seite:
Opilioacarus segmentatus,
verändert, aus Wikipedia.

rechts:
Paracarus priscus, verändert nach
© Dunlop/Wunderlich/Poinar, 2004.

WEBERKNECHTE

OPILIONES

Weberknechte, auch Kanker, Schneider oder Schuster genannt, können als kurzbeinige Formen milbenartig aussehen oder die bekannten schlanken langen Beine tragen. Vorder- und Hinterkörper sind stark verwachsen, wobei der Hinterleib gegliedert ist. Er trägt keine Spinndrüsen und keine Giftdrüsen. Auf dem Körper liegen oben fast in der Mitte die kleinen Augen auf einem Hügel, der verschiedenste Formen haben kann, manchmal kronen-zackenförmig. In Wäldern finden wir Weberknechte auf der Laubstreu und an Bäumen, weshalb sie auch nicht selten ins Harz gelangen und heute nicht selten im Bernstein zu finden sind.

Die im Baltischen Bernstein gefundenen Weberknechte gehören zu den Familien Caddidae, Cladonychidae, Gaggrellidae, Nemastomatiae, Phalangiidae, Sabaconidae, Sclerosomatidae, Sironidae (verändert nach Weitschat & Wichard, 1998, ergänzt), wobei die häufigsten Einschlüsse die Schneider (Phalangiidae) und Fadenkanker (Nemastomatidae) sind. Die Fadenkanker haben häufig etwas kürzere Beine und die Fußglieder (Tarsen) sind kürzer als der Unterschenkel (Tibia). Bei den Schneidern sind die Fußglieder im Vergleich zum Unterschenkel länger und sie besitzen lange kräftige Kiefertaster, die laufbeinartig wirken. Die zarten langen Beine brechen leicht und so finden wir nicht selten einzelne Beine von Weberknechten im Bernstein (Einschluss 2717).

Einige Weberknechte zeigen ein ungewöhnliches Aussehen. Vertreter aus der Familie Phalangiidae (*Stephanobunus mitovi,* Dunlop & Mammitzsch, 2010) können einen kronenartigen Augenhöcker tragen (Einschluss 5995) oder die Kiefertaster (Pedipalpen) sind zu einem stark dornenbesetzten Fangapparat umgebildet. Letzteres zeigt uns der Einschluss 2873, ein Weberknecht aus der Familie Cladonychiidae, Gattung *Proholoscotolemon.* Ein solcher Weberknecht wurde schon 1854 von Koch & Behrendt als *Gonyleptes nemastomoides* beschrieben und 2005 von Ubick & Dunlop neu zugeordnet. Andere Weberknechte wiederum haben Riesenaugen, wie der schon von Koch & Behrendt (1854) beschriebene *Caddo dentipalpus,* von Dunlop & Mitov (2009) neu beschrieben.

rechts: **D5225 Nemastomatidae**
***Histricostoma tuberculatum* 1,8 mm**

2717 Opiliones: viele Beine

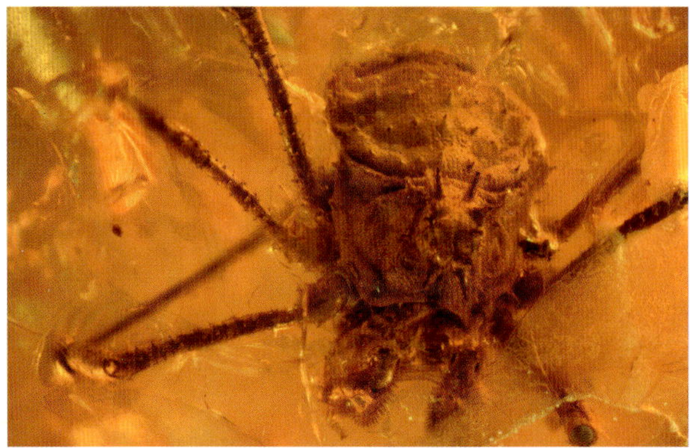

5995 Phalangiidae *Stephanobunus mitovi* 2 mm

5995 Kopf: Phalangiidae *Stephanobunus mitovi* 2 mm

1711 Caddidae *Caddo* cf. *dentipalpus* 1,4 mm

5903 Nemastomatidae cf. *Mitostoma* 1,6 mm

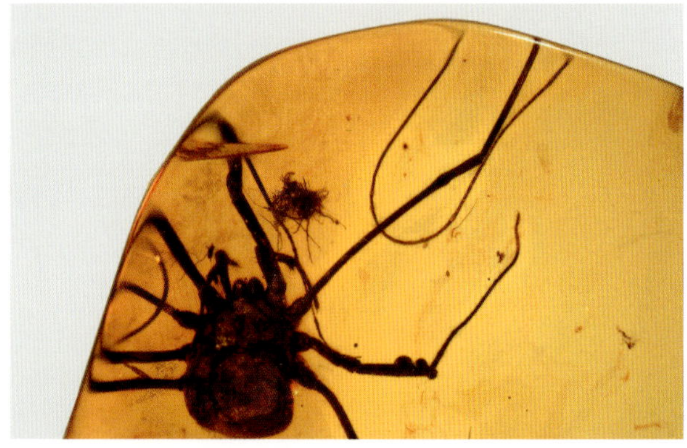

5934 Sclerosomatidae Gagrellinae Eupnoi 2,1 mm

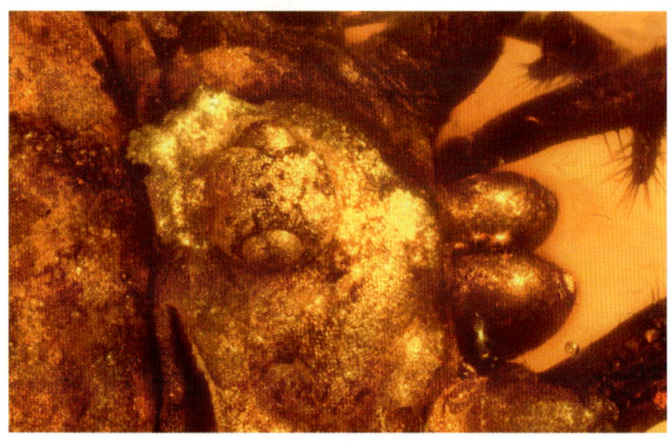

5934 Kopf: Sclerosomatidae Gagrellinae Eupnoi 2,1 mm

2970 Caddidae *Caddo* cf. *dentipalpus* 1,2 mm

2970 Kopf: Caddidae *Caddo* cf. *dentipalpus* 1,2 mm

2873 Cladonychiidae Laniatores cf. ***Proholoscotolemon nemastoides*** 2,6 mm

3930 Phalangiidae *Lacinius* 3,1 mm

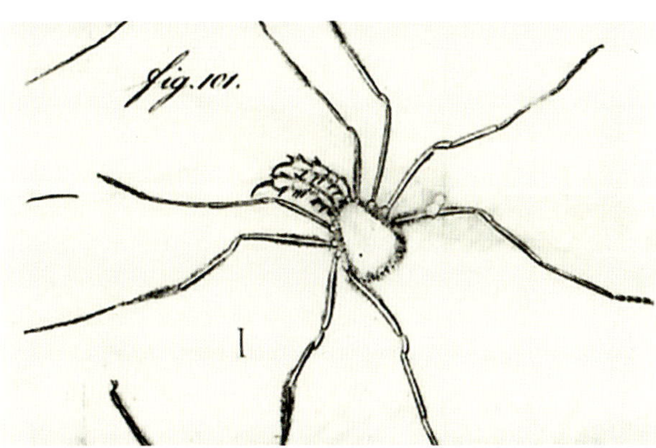

Cladonychiidae Laniatores ***Proholoscotolemon nemastoides***, nach Koch & Behrendt, 1854

7149 Nemastomatidae *Mitostoma gruberi* 1,5 mm

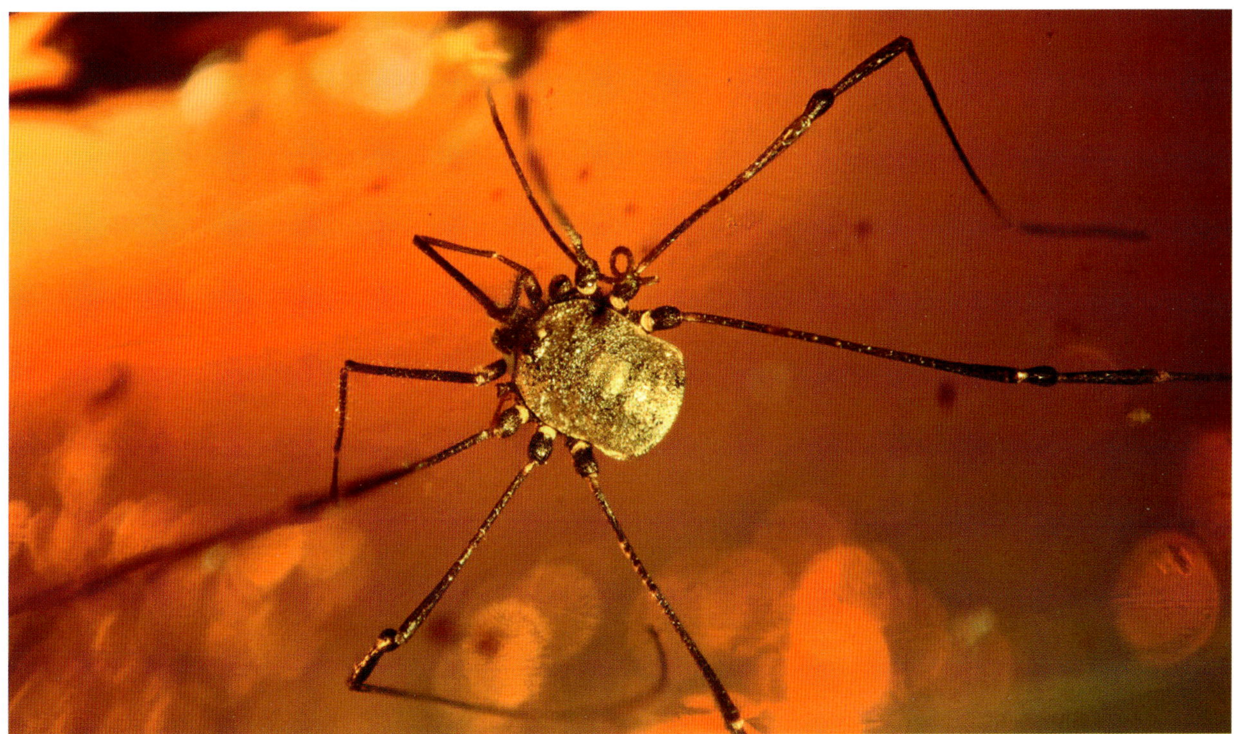

PSEUDOSKORPIONE

PSEUDOSCORPIONES

Der Körper ist meist abgeflacht und dadurch gut an ihren Lebensraum angepasst, der Baumrinde, den Moospolstern und der Laubstreu. Kleine Arten sind weniger als 1 mm groß, die meisten 2–4 mm.

Pseudoskorpione sind in ihrem Habitus unverwechselbar, tragen Scheren an den Kiefertastern, haben aber keinen Giftstachel. Dafür enthalten die Scheren häufig Giftdrüsen; das Gift lähmt kleine Beute wie Springschwänze, Milben usw. Auch die Kieferklauen bilden kleine Scheren, wie wir sie auch bei Walzenspinnen finden. Dort befinden sich häufig Spinndrüsen, die dazu dienen, Brutkammern für die Eier zu spinnen. Manche Pseudoskorpione tragen ihre Eier und die daraus schlüpfenden Nymphen auf der Bauchseite in einem Brutsack (Einschluss 2944) und ernähren sie dort durch ein Sekret.

Die Bestimmung der kleinen Tiere bereitet dem Laien Schwierigkeiten. Anhand des Körperbaus kann man einige Familien recht gut unterscheiden.

Im Bernstein sind folgende Familien nachgewiesen: Atemnidae, Cheiridiidae, Cheliferidae, Chernetidae, Chthoniidae, Feaellidae, Garypinidae, Geogapyridae, Neobisiidae, Pseudogarypidae, Tridenchthoniidae, Withiidae (Vertreter dieser Familie stellen die größten Bernstein-Pseudoskorpione) u. a. Vertreter der Familie Faellidae sind erst 2013 im Baltischen Bernstein entdeckt worden (Einschluss 7888), die gefundene Art ist als *Faella groehni* beschrieben (Henderickx & Boone, 2014), siehe auch Kapitel „Untersuchungsmethoden“.

Pseudoskorpione nutzen Transportbeziehungen (Phoresie), um ihren Lebensraum zu wechseln. Sie klammern sich mit den Kiefertaster-Scheren an die Beine eines Transportwirtes, der zu den unterschiedlichsten Gruppen gehören kann: Weberknechte, Wespen, größere Mücken und Fliegen. Der Einschluss 2689 zeigt einen Pseudoskorpion am Bein einer Schnake (Tipuloidea), Einschluss 2733 einen Pseudoskorpion an einer Langbeinfliege, der sich zusätzlich mit einem Beinpaar am Bein der Fliege festklammert.

Cheliferidae 2,3 mm, Coll. + Foto © Veta

7888 ***Faella groehni*** **2,1 mm, Carabidae, HT, GPIH 4413**

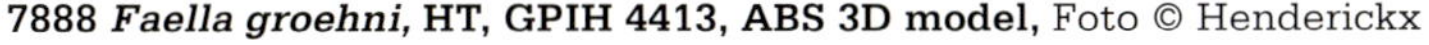

7888 ***Faella groehni*****, HT, GPIH 4413, ABS 3D model,** Foto © Henderickx

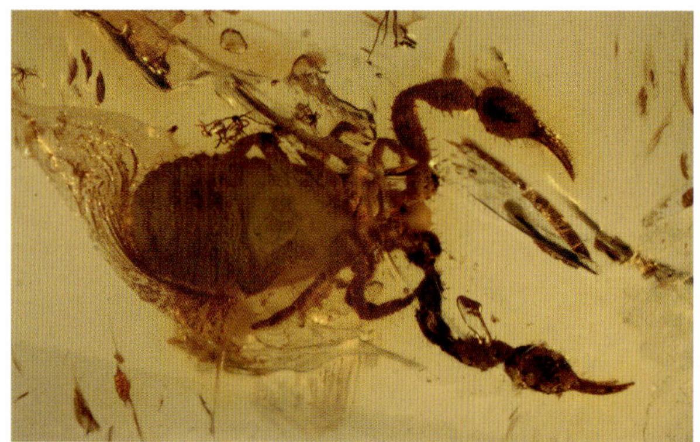

2944 Chernetidae mit Eiern oder Protonymphen

2944 Chernetidae: Eier oder Protonymphen

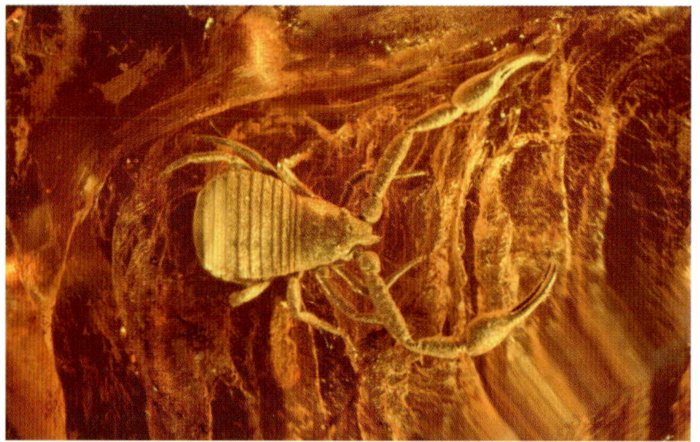

3946 Geogarypidae *Geogarypus* cf. *gorskii* 2,2 mm

3965 Chthonidae 1,9 mm *Chthonius mengei* Beier, 1937

1626 Tridenchthoniidae 1,2 mm *Chelignathus kochii* Menge, 1887

3936 Withiidae 3,2 mm *Belerowithius sieboldtii* Menge, 1855

5955 Neobisiidae 2,2 mm

291 Atemnidae 1,05 mm

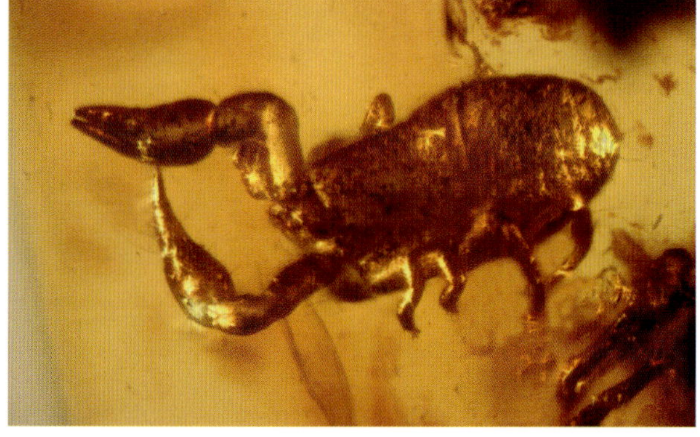

2689 Phoresie: Limoniidae, Pseudoscorpiones 2,1 mm

2689 Phoresie: Limoniidae, Pseudoscorpiones 2,1 mm

2874 Cheliferidae 1,8 mm, Dactylocheliferini *Electro-chelifer groehni*, Dashdamirov, 2006, HT, GPIH 4488

Phoresie: Cerambycidae Nothorrhinae 8,6 mm, Pseudoscorpiones 2 mm, Coll. Velten

2733 Phoresie: Dolichopodidae, Chernetidae 1,2 mm

SKORPIONE

SCORPIONES

Skorpione sind eine Ordnung der Spinnentiere und weisen wie die Pseudoskorpione als charakteristisches Merkmal die großen Kiefertaster mit einer starken Schere auf. Die letzten 5 Segmente des Hinterleibes sind schmaler und enden mit einem Endstachel, der eine Giftblase trägt. Am zweiten Hinterleibsegment befindet sich unten das sogenannte Kammorgan, das paarig ausgebildet ist und der Vibrationswahrnehmung dient. Zahlreiche Borsten dienen der Aufnahme von Bewegungsreizen, da die Augen nur schwach ausgebildet sind und bei den nachtaktiven Tieren nur zur Groborientierung dienen.

Skorpione finden wir sowohl in trockenen Gegenden als auch in den Tropen. Meist halten sich Skorpione in einem Unterschlupf auf und lauern ihrer Beute auf. Es gibt aber auch aktive Jäger, die bis auf Bäume klettern.

Skorpione sind im Baltischen Bernstein bisher gut ein Dutzend gefunden worden, bis 1994 waren nur 3 Exemplare bekannt, die leider verschollen sind (*Scorpio schweiggeri* Holl, 1829 und 2x *Tityus eogenus* Menge, 1869). In den folgenden Jahren bis heute folgten über 10 Neufunde, die größtenteils von Lourenço und Weitschat beschrieben wurden:

1996 *Palaeolychas balticus,* 2000 *Palaeotityobuthus longiaculeus,* 2000 *Palaeokentrobuthus knodeli,* 2000 *Palaeoprotobuthus pusillis,* 2001 *Palaeoananteris ribnitiodamgartensis,* 2004 *Palaeoananteris wunderlichi,* 2005 *Palaeospinobuthus cenozoicus*, 2005 *Palaeoisometrus elegans,* 2009 *Palaeoananteris ukrainensis* und *Palaeolychas weitschati* Lourenço, 2012. Ein weiterer ca. 20 mm großer Skorpion befindet sich in der Sammlung Gröhn und steht zur Beschreibung an.

Die Seltenheit dieser Einschlüsse ist zum einen mit der Lebensweise zu erklären, zum anderen sind es kräftige Tiere, die sich aus dem Harz befreien konnten.

***Palaeolychas balticus* Lourenço & Weitschat, 1996,** Foto © Weitschat

5993 Buthidae *Palaeolychas* sp. 15 mm

5993 Buthidae *Palaeolychas* sp., Giftstachel

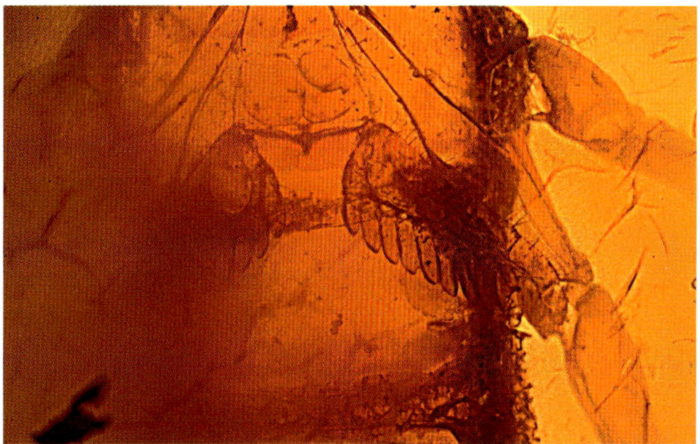

5993 Buthidae *Palaeolychas* sp., Kammorgan

Palaeolychas weitschati Lourenço, 2012 15 mm,
Foto © Weitschat

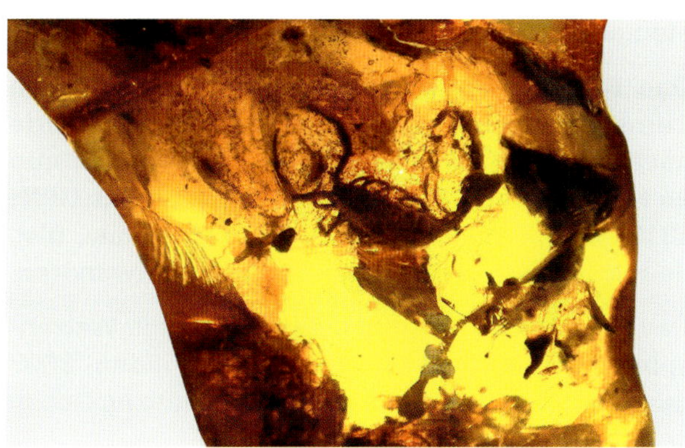

Palaeolychas weitschati Lourenço, 2012,
Zeichnung © Lourenço

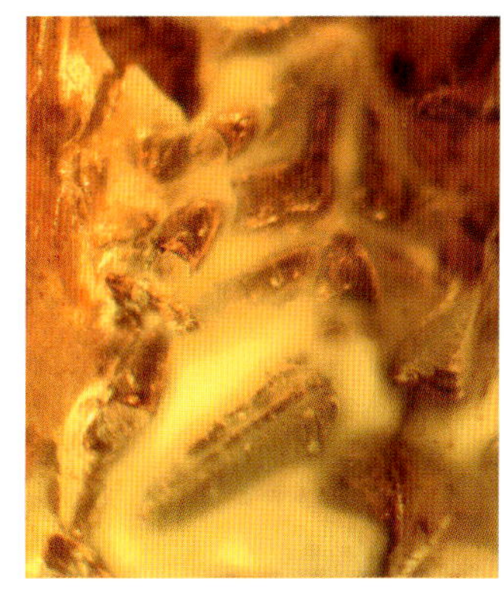

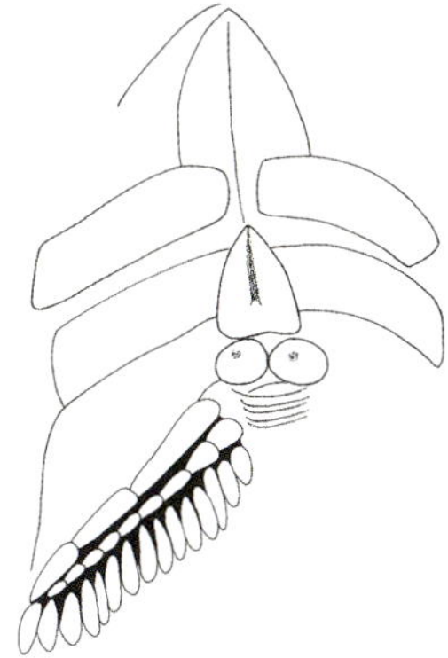

WALZENSPINNEN

SOLIFUGAE

Walzenspinnen leben heute hauptsächlich in trockenen Gegenden (ariden Habitaten), also offenen Buschlandschaften, Steppen und Wüsten subtropischer bis tropischer Regionen, selten in Wäldern. Sie sind starke, schnell laufende Räuber. Auffallend sind die extrem langen borstigen Haare, die zum Tasten dienen. Beim Beispiel der 4,6 mm großen Jung-Walzenspinne sind die Borsten über 3 mm lang. Die Kieferklauen (Cheliceren) sind unverwechselbar dick und scherenförmig und erinnern an die der Pseudoskorpione, nur deutlich größer ausgebildet. Die Kiefertaster (Pedipalpen) sind beinähnlich ausgebildet und tragen dünne Klauen. Direkt über den Kieferklauen sitzt ein Paar großer Einzelaugen, die Seitenaugen sind reduziert. Ihr Gesichtssinn ist deshalb sehr schlecht. Walzenspinnen sind hauptsächlich nacht- oder dämmerungsaktiv und verbringen den Tag in selbstgegrabenen Wohnröhren. Das vorderste Beinpaar dient dem Tasten und wird erhoben getragen. Die ganze Körperform ist mit seinem langen, gegliederten Hinterleib unverwechselbar.

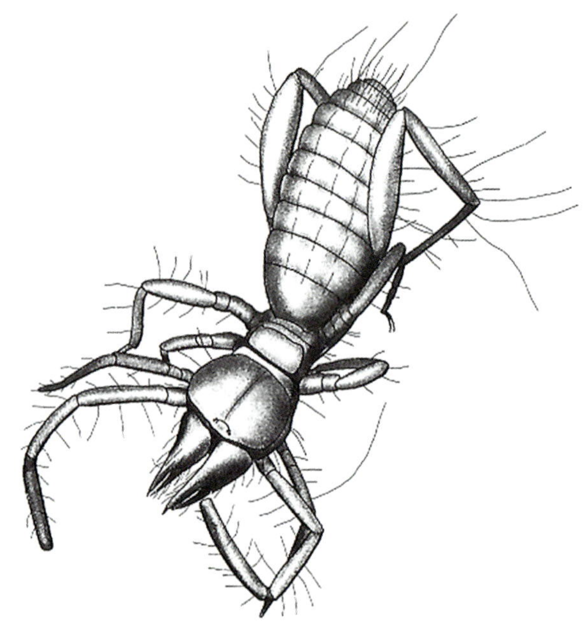

3913 Solifugae *Palaeoblossia groehni* Wunderlich & Poinar, 2004, HT, GPIH 4312, Zeichnung © Janzen

Fossile Walzenspinnen sind äußerst selten; ein Nachweis stammt aus dem Dominikanischen Bernstein (Poinar, 1992), einer sogar aus dem Oberen Karbon (Müller, 1991), was zeigt, dass es sich um eine sehr alte Spinnentierordnung handelt (über 300 Millionen Jahre alt).

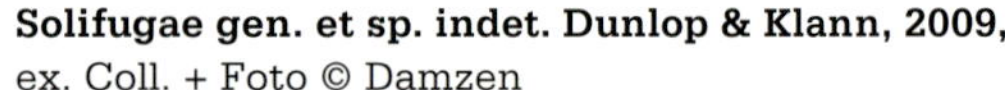

Solifugae gen. et sp. indet. Dunlop & Klann, 2009, ex. Coll. + Foto © Damzen

Bis zum Jahr 2003 gab es keinen Nachweis im Baltischen Bernstein. Neue Arten, neue Gattungen, selbst neue Familien, die vorher aus dem Bernstein nicht bekannt waren, werden ab und zu entdeckt; aber eine neue Ordnung im Bernstein zu finden, ist fast einmalig.

Den Erstfund einer Walzenspinne im Baltischen Bernstein machte Gröhn im Jahr 2003, sie wurde nach ihm *Palaeoblossia groehni* benannt und ist nun im Museum des GPI Hamburg gelagert (3913, GPIH 4312). Das Exemplar misst nur knapp 5 mm, also deutlich kleiner als die heute lebenden Verwandten.

Das zweite, 11,5 mm große Exemplar einer Walzenspinne wurde 2008 von Damzen gefunden, 2009 beschrieben (Dunlop/Klann) und ist heute im Danziger Bernsteinmuseum deponiert.

BISHER NICHT IM BALTISCHEN BERNSTEIN GEFUNDENE SPINNENTIERE

ARACHNIDA

Geißelspinnen (Amblypygi)

Geißelspinnen haben einen flachen Körper und verstecken sich tagsüber meist unter Steinen, Borke usw. Nachts gehen sie auf dem Boden und an Baumstämmen auf Jagd. Sie haben lange Fühlerbeine, deshalb nur drei Laufbeinpaare. Ein sehr kurzer Körperstiel (Petiolus) trennt Vorderkörper und Hinterleib, die sichtbar gegliedert sind. Die Kiefertaster sind als Fangapparate mit starken Dornen ausgebildet. Geißelspinnen haben keine Spinnwarzen.

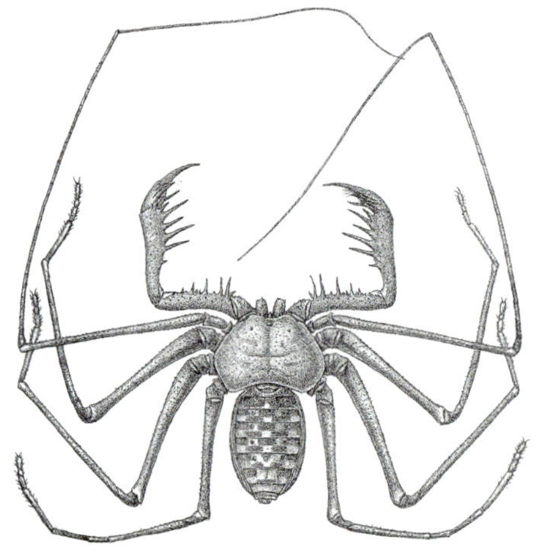

Geißelspinne *Phrynus tessellatus* POCOCK, 1894

Kapuzenspinnen (Ricinulei)

Kapuzenspinnen besitzen eine starke Chitinpanzerung; auf dem Rücken des Vorderkörpers befindet sich ein beweglicher Anhang (Namensgebung), der über die Mundwerkzeuge gelegt werden kann. Der Hinterleib ist kurz, mit nur vier sichtbaren Segmenten. Das zweite Beinpaar ist als Taster verlängert. Die Kieferklauen (Cheliceren) bilden eine Schere, ebenso wie der darauf folgende Kiefertaster. Die Tiere sind augenlos. Diese grundsätzlich unter 1 cm kleinen Spinnentiere haben ein unverkennbares Erscheinungsbild.

Da Kapuzenspinnen in den Tropen auf der Laubstreu leben (Hauptnahrung sind Springschwänze) und im Burma-Bernstein gefunden wurden, können wir hoffen, dass irgendwann auch eine Kapuzenspinne im Baltischen Bernstein entdeckt wird.

Kapuzenspinne, Zeichnung aus Wunderlich, Beitr. Araneol. 3 A, 2004

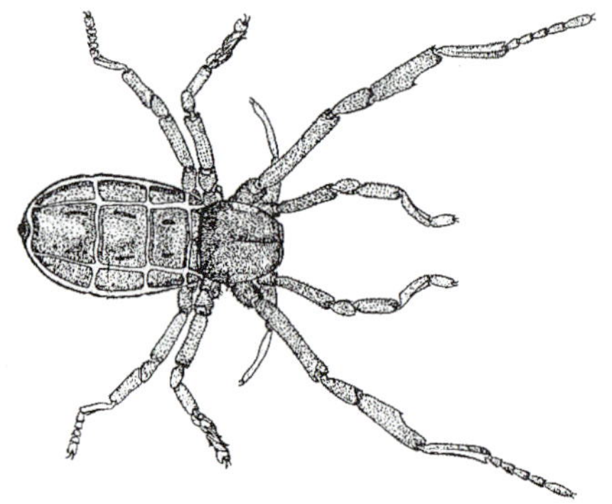

11095 Geißelspinne 8,5 mm, Burmesischer Bernstein

11094 Kapuzenspinnen 1,9 mm, Burmesischer Bernstein

11094 Kapuzenspinnen 2 mm, Burmesischer Bernstein

Kapuzenspinne 4,3 mm, dorsal, Burm. B., Coll. Müller

Kapuzenspinne 4,3 mm, ventral, Burm. B., Coll. Müller

Geißelskorpione (Uropygi)

Die Geißelskorpione gliedern sich zwei Gruppen: **Eigentliche Geißelskorpione (Thelyphonida)** und **Zwerg-Geißelskorpione (Schizomida).**

Die **Schizomida** haben Pedipalpen ohne „Schere“, aber mit einer Klaue. Das Flagellum ist mit 3–4 Segmenten kürzer als der Durchmesser des Hinterkörpers und bei den Männchen knopfartig verdickt. Sie sind drei bis 5 mm kleine (rezent bis 18 mm), augenlose Tiere. Das dünne erste Beinpaar dient zum Tasten und wirkt antennenartig. Lebensraum: Feuchte Laub- und Bodenschichten in den Tropen und Subtropen, wo sie vornehmlich Springschwänze jagen. Im Dominikanischen und Burmesischen Bernstein gefunden, ist auch ein Vorkommen im Baltischen Bernstein wahrscheinlich.

Die **Thelyphonida** haben an den Enden der Pedipalpen eine „Schere“. Das Flagellum besteht aus zahlreichen Segmenten und ist länger als der Durchmesser des Hinterkörpers. Es sind bis 75 mm große, kräftige Tiere, die bisher mit zwei Exemplaren im Burmesischen Bernstein nachgewiesen wurden.

***Stenochrus portoricensis* 4mm,**
Bot.-Garten-Jena,12-02-02 © Grabolle

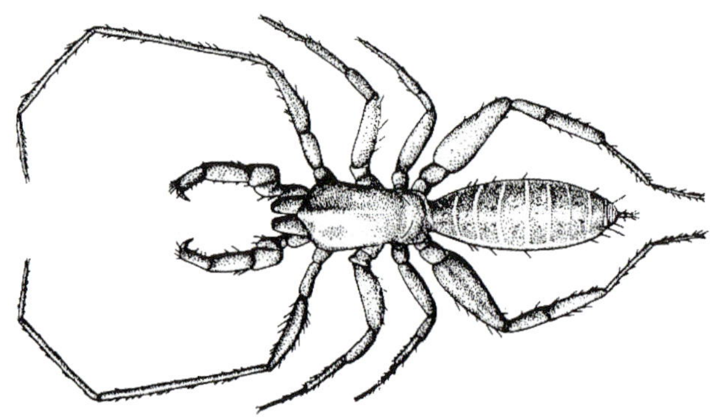

Zwerg-Geißelskorpion, Zeichnung Wunderlich, aus: Beitr. Araneol. 3 A, 2004

Tasterläufer oder Palpenläufer (Palpigradi)

Vertreter dieser artenarmen ursprünglichen Spinnentiergruppe sind wohl nicht im Baltischen Bernstein zu erwarten, da sie fast ausschließlich unter der Erde in Höhlen, Erdspalten und unter Steinen leben. Doch Ähnliches erwartete man auch von anderen Tiergruppen, die trotzdem im Baltischen Bernstein gefunden wurden.

Palpenläufer tragen einen langen Schwanzanhang (Flagellum), die Vorderbeine sind zu Tastern umgebildet. Dagegen werden die Kiefertaster (Pedipalpen) als Laufbeine benutzt. Es sind kleine, farblose Tiere ohne Augen.

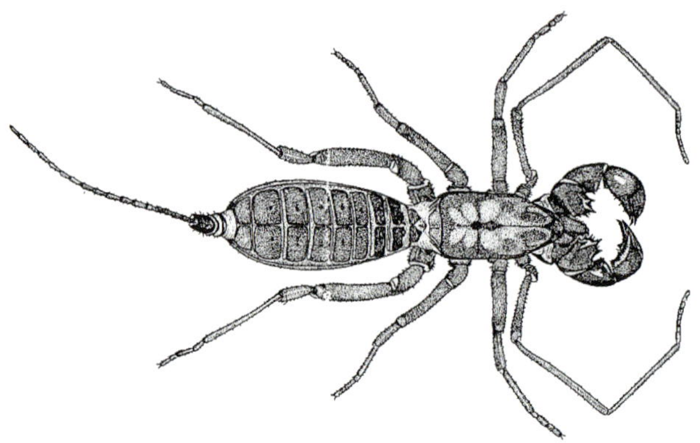

Geißelskorpion, Zeichnung Wunderlich, aus: Beitr. Araneol. 3 A, 2004

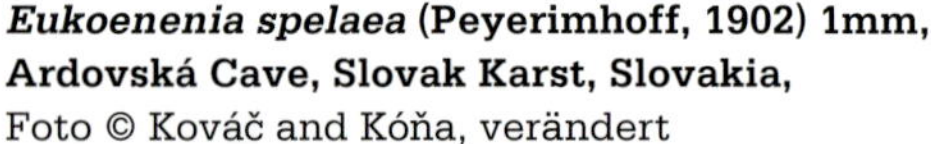

***Eukoenenia spelaea* (Peyerimhoff, 1902) 1mm, Ardovská Cave, Slovak Karst, Slovakia,**
Foto © Kováč and Kóňa, verändert

Palpigradi, Zeichnung aus Wunderlich, aus: Beitr. Araneol. 3 A, 2004

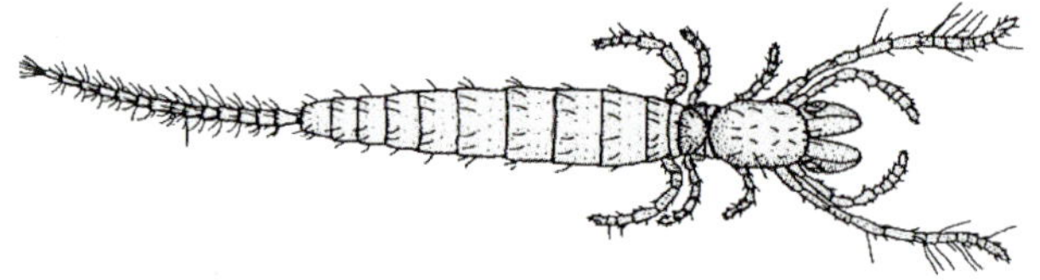

Geißelskorpion (Thelyphonida) 5,8 mm, Burmesischer Bernstein, Coll. Müller

Zwerg-Geißelskorpion (Schizomida) 2,4 mm, Burmesischer Bernstein, Coll. Müller

KREBSE

CRUSTACEA

Als Unterstamm der Gliederfüßer bewohnen die Krebse zu über 99 % der Arten das Wasser. Ursprünglich aus dem Meer stammend haben einige Gruppen sich an das Süßwasser angepasst und mit den Asseln sogar den Sprung an Land geschafft.

Im Bernstein nachgewiesene Krebstiere gehören in die Gruppen:

Asseln – Isopoda,
Flohkrebse – Amphipoda,
Muschelkrebse – Ostracoda.

Ein ganz besonderer Syninklusenbernstein enthält Vertreter aus allen drei Krebsgruppen, neben einer Vielzahl weiterer Einschlüsse (Weitschat et al. 2002).

Asseln – Isopoda

Krebse ordnet man gewöhnlich dem Wasserleben zu. Eine Gruppe hat es aber geschafft, dauerhaft an Land zu leben, die Landasseln (Isopoda – Oniscidea). Landasseln finden sich regelmäßig, aber nicht häufig im Baltischen Bernstein. Das liegt daran, dass Asseln sich vor Austrocknung schützen müssen und deshalb nachtaktive Tiere sind, die sich tagsüber unter der Rinde, im Laub o. ä. verstecken. Sehr häufig sind eingeschlossene Asseln stark weiß verlumt, vor allem von der Unterseite.

Asseln kommen aus nur zwei der verschiedenen Unterordnungen der Isopoda im Bernstein vor: Flabellifera und Oniscidea. Der einzige Vertreter der Flabellifera im Baltischen Bernstein, eine Wasserassel, gehört zur Familie Cirolanidae. Die Systematik der Flabellifera ist im Umbruch, die alte Systematik wurde 2003 verworfen und die Gruppe in fünf neue Unterordnungen aufgeteilt. Die Cirolanidae gehören nun zur Unterordnung Cymothoida (Brandt & Poore, 2003).

Wir können bei den Asseln eine fortschreitende Anpassung vom Wasserleben bis zum Leben in trockenen Habitaten nachvollziehen:

Cirolanidae – Ligiidae – Trichoniscidae – Trachelipidae – Oniscidae – Porcellionidae – Armadillidiidae.

Wasserasseln aus der Familie Cirolanidae verlassen das Wasser nie. Vertreter aus der Familie der Klippenasseln (Ligiidae), auch Sumpfasseln genannt, benötigen noch relativ viel Feuchtigkeit und leben heute in Meeresküstennähe oder der Uferzone der Binnengewässer. Etwas mehr Trockenheit können Vertreter der Familien Trichoniscidae und Trachelipidae vertragen. In der Laubstreu schattiger Wälder leben Vertreter der Oniscidae und Porcellionidae. In trockenen und sogar der Sonne ausgesetzten Habitaten leben die Armadillidiidae. Diese sieben genannten Familien finden wir im Baltischen Bernstein. Wie ein Vertreter der Wasserasseln in das Harz gelangen konnte, bleibt ein Rätsel, aber er wurde mit einem schlecht erhaltenen Exemplar im Baltischen Bernstein konserviert (Weitschat et al. 2002). Wahrscheinlich trocknete das Gewässer aus und die tote, getrocknete Assel ist ins Harz geweht worden.

Die Erhaltung der Asseln im Bernstein ist von der Oberseite wegen des harten Panzers meist sehr gut, die Unterseite ist häufig verlumt, da dort Feuchtigkeit ausgetreten bzw. vorhanden gewesen ist.

Flohkrebse – Amphipoda

Flohkrebse (Amphipoda) sind auf Wasser angewiesen und leben in flachen Gewässern, in der feuchten Uferzone und in feuchtem Moos. Das begründet, warum wir sie sehr selten im Bernstein finden. Aus der Unterordnung Gammaridea und dort aus den Familien der Brunnenkrebse (Niphargidae), der Flohkrebse i. e. S. (Crangonyctidae) und der Corophiidae sind einige wenige Einschlüsse bekannt.

Heute leben Brunnenkrebse in Höhlengewässern und Brunnen. Deshalb verwundert es, dass überhaupt Einschlüsse aus dieser Gruppe im Bernstein gefunden wurden. *Niphargus groehni* Coleman & Myers, 2000 stellte den Erstfund dar. Umso erstaunlicher, dass Gröhn kurze Zeit später einen weiteren

Wasserassel Flabellifera Cirolanidae, Coll. Herrling 218, Foto © Wichard

2665 Ligiidae 6 mm

2635 Trichoniscidae 2 mm

Oniscidae, Coll. + Foto © Veta

Oniscidae, Unterseite verlumt, Coll. + Foto © Veta

Niphargus im Bernstein in einer ungewöhnlichen Grabgemeinschaft fand. Die Taphozönose enthält außerdem zwei Asseln, einen Hundertfüßer, Pilzmücken und verschiedene Milben, also Lebewesen, die nicht mit aquatischem Leben in Verbindung zu bringen sind. Der Erhaltungszustand des Flohkrebses lässt vermuten, dass er tot ins Harz geraten ist, also wahrscheinlich mit dem Wind eingeweht wurde.

Aus der Gattung *Niphargus* kennen wir heute wenige Arten, die in flachen Süßwasserseen und Sümpfen westlich und nördlich des Schwarzen Meeres leben. Es wird vermutet, dass Niphargiden im erdgeschichtlichen Randmeer zwischen den sich auffaltenden Alpen und dem eurasischen Festland lebten und sich über das gesamte Neogen bis heute gehalten haben, also sogenannte Reliktpopulationen bilden. Das wäre eine der wenigen Beispiele, dass eine Tiergruppe des Bernsteinwaldes tatsächlich in geografischer Nähe bis heute überlebt hat. *Niphargus groehni* gibt Anlass zu dieser Vermutung.

Crangonyctiden sind mit wenigen Exemplaren von *Palaeogammarus* und noch weniger Exemplaren von *Synurella* aus dem Bernstein bekannt. Der Erstnachweis von *Palaeogammarus* stammt aus dem Jahre 1864 (Zaddach), ist jedoch verschollen, genauso wie der Zweitfund *Palaeogammarus balticus* Lucks, 1927. Erst 1974 wurde der nächste Flohkrebs gefunden, der heute im Zoologischen Museum in Kopenhagen lagert: *Palaeogammarus danicus* Just, 1974. Bis 2002 hieß es: „Die vierte und vorläufig letzte Art *P. polonicus* Jazdzweski & Kulicka, 2002 befindet sich im Museum of the Earth ... in Warschau" (Wichard et al. 2009). Mittlerweile sind einige weitere Bernsteine mit Palaeogammariden gefunden worden, die Erhaltung ließ aber bisher keine Neubeschreibung einer Art zu. Ein außergewöhnlich gut erhaltenes Exemplar (Einschluss 2701) zeigt einen *Palaeogammarus balticus* nahe stehendes Tier, das zusammen mit einer Köcherfliege, Pilzmücke und Trauermücken eingebettet wurde. Da das Tier keine Vertrocknungs- oder Verwesungsspuren aufweist, muss es kurz nach seinem Tod oder sogar lebend ins Harz geraten sein. Vielleicht trocknete eine Wasserstelle aus, die in der Nähe eines harzenden Baumes stand.

Die zweite Gattung der Familie Crangonyctidae ist *Synurella,* die ähnlich der Gattung *Niphargus* im südosteuropäischen Raum verbreitet ist, dort aber nicht oder nur selten in Oberflächengewässern zu finden ist, sondern im Grundwasserbereich und Interstitial. Wie auch für *Niphargus* vermutet, könnte eine direkte Verbindung aus der Zeit des oben genannten Randmeeres des Neogens bestehen. „Mit dem Nachweis der Gattung im Eozänen Baltischen Bernstein ist das Alter ihrer Entstehung weiter zurückgesetzt, mindestens bis ins Palaeogen" (Wichard et al. 2009). Coleman (2004) beschreibt diesen seltenen, ungewöhnlichen *Synurella*-Fund.

Der Corophiidae-Einschluss in o. g. Syninklusenbernstein ist der bisher einzige Nachweis im Baltischen Bernstein.

Muschelkrebse – Ostracoda

Die unscheinbaren, deutlich unter 1mm kleinen Muschelkrebse sind nur mit wenigen Exemplaren im Bernstein gefunden worden. Man kann sie ohne ein gutes Mikroskop kaum erkennen und deshalb leicht mit einer Luftblase verwechseln und übersehen. Sie haben ihren Namen bekommen, weil sie als Schutz muschelschalenartige, mineralisierte Chitinschalen ausgebildet haben, aus denen sie ihre Gliedmaßen hervorstrecken. Nur, wenn diese Gliedmaßen oder die Schalenklappen bei großer Vergrößerung zu erkennen sind, kann man sicher sein, dass es sich um einen Ostracoden im Bernstein handelt.

Ostracoda 1,1 mm, ex. Coll Velten, Foto © Janzen

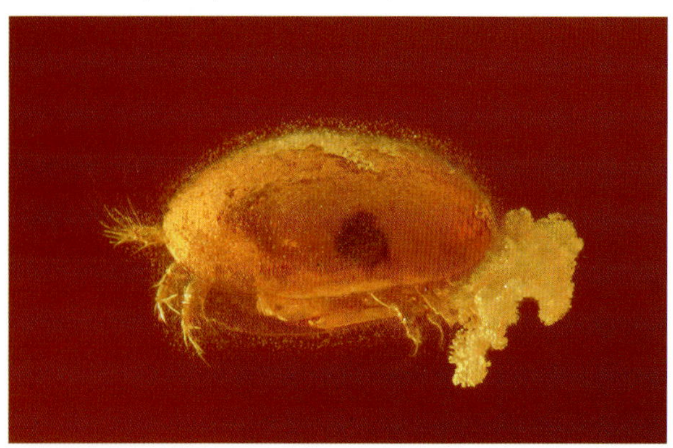

2839 Ostracoda 0,9 mm

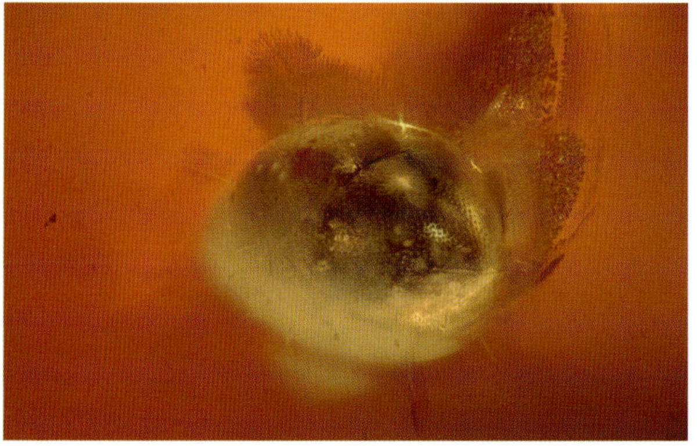

Corophiidae 3 mm, Foto © Wichard

2701 Crangonyctidae *Palaeogammarus* 4 mm

2773 Crangonyctidae *Synurella* 3,6 mm

2650 Niphargidae 9 mm, *Niphargus groehni* Coleman, 2002

TAUSENDFÜSSER

MYRIAPODA

Der Name Tausendfüßer ist verwirrend. Kein Vertreter erreicht diese Anzahl von Beinen, die größte Beinzahl wurde bisher mit 750 bei der rezenten Art *Illacme plenipes* gezählt (Marek & Bond, 2006). Die primitiven Gruppen besitzen aber nur relativ wenige Beinpaare. Die Anzahl der endgültigen Beinpaare wird entweder schon mit dem Schlupf erreicht, wir nennen das Epimorphose, oder sie wird erst im Laufe des Lebens nach vielen Häutungen erreicht, das nennen wir Anamorphose.

Die Tausendfüßer teilen sich in vier Gruppen auf, die alle im Bernstein nachgewiesen sind:

- Wenigfüßer (Pauropoda)
- Zwergfüßer (Symphyla)
- Hundertfüßer (Chilopoda)
- Doppelfüßer (Diplopoda)

Wenigfüßer und Zwergfüßer

Sehr selten im Bernstein zu finden sind die Wenigfüßer und Zwergfüßer, da sie augenlose, bodenlebende Tiere sind und kaum mit Harz in Berührung kommen konnten.

Es gibt nur einen Nachweis eines Wenigfüßers, ein sehr schlecht erhaltenes Exemplar, das als *Eopauropus balticus* beschrieben wurde (Scheller & Wunderlich, 2001). Deshalb wird an dieser Stelle nur eine Zeichnung verwendet. Diese höchstens 2 mm großen Tiere haben nur wenige Segmente, insgesamt bis zu zehn, von denen aber von oben nicht alle zu sehen sind. Die Rückenplatten (Tergite) des 2. bis 6. Segmentes tragen je eine lange gut sichtbare Borste, die als Sinnesorgan dient (Trichobothrium). Die Antennen haben an ihren Enden mehrere typische Nebengeißeln.

Die Zwergfüßer besitzen 12 Segmente mit jeweils einem Beinpaar. Manchmal sind die Rückenplatten geteilt, so dass von oben über 20 Abschnitte zu erkennen sind. Die Tiere erlangen dadurch im Porensystem des Bodens eine größere Beweglichkeit. Am Hinterende befinden sich deutlich erkennbare Spinngriffel.

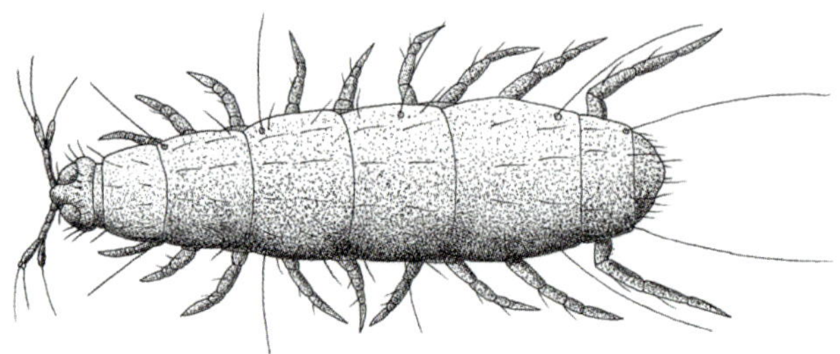

Pauropus huxleyi, aus Wikipedia © Ralf Janssen

7139 Symphyla 3,1 mm

Symphyla, Coll. + Foto © Juozas Veilandas

7299 Symphyla 2x 5,2 mm, im Spinnennetz

Hundertfüßer

Die Hundertfüßer gliedern sich in vier Ordnungen, die sich durch die Anzahl der Beinpaare bzw. durch die Länge der Beine unterscheiden. Das vorderste Beinpaar besitzt Giftdrüsen und ist zu einer Giftklaue umgebildet. Deshalb finden wir bei den Hundertfüßern immer eine ungerade Anzahl von Beinpaaren.

- Spinnenläufer (Scutigeromorpha mit der Familie Scutigeridae)
- Steinläufer (Lithobiomorpha mit der Familie Lithobiidae und Henicopidae)
- Riesenläufer (Scolopendromorpha mit den Familien Plutoniumidae, Scolopendridae und Cryptopidae)
- Erdläufer (Geophilomorpha mit der Familie Geophilidae).

Einschluss 623 zeigt einen typischen Vertreter aus der Familie Cryptopidae. Die Tergite sind deutlich in ein kürzeres vorderes Prätergit und ein längeres hinteres Posttergit geteilt. Die starke Beborstung der Beine weist auf einen Vertreter der Gattung *Cryptops* hin. Diese Gattung ist heute kosmopolitisch verbreitet.

Einschluss 7035 zeigt einen Plutoniumidae. Heute reliktartig in Teilen Südeuropas, Nordamerikas und Südchinas verbreitet, waren diese Scolopendromorpha früher wohl weltweit verbreitet. Plutoniumidae kann man gut erkennen: Das letzte beintragende Segment ist viel länger als das Tergit 20 und das letzte Beinpaar ist kräftig zangenartig, mit langem Vorschenkel und Schenkel (Präfemur and Femur). Ein Rezentvergleich zeigt, dass es sich um einen Vertreter der Gattung *Theatops* handeln könnte (Edgecombe, 2014).

Spinnenläufer haben als erwachsene Tiere 15 Beinpaare, wobei die Rückenplatten der Segmente teilweise verschmolzen und dadurch nur 7 Abschnitte zu erkennen sind. Die sehr langen Beine können die Körperlänge des Tieres überschreiten. Wir finden sie manchmal abgestoßen neben dem Körper im Bernstein, ein Zeichen von Autotomie: Bei Gefahr können sie Beinteile oder ganze Beine abwerfen.

Steinläufer besitzen ebenfalls 15 Beinpaare, die Beine sind aber kurz. Abwechselnd finden wir immer ein kürzeres und ein längeres Rückenschild. Steinläufer zeigen Anamorphose, d.h. Jungtiere haben zunächst weniger Beinpaare, beim Schlupf sieben. Das letzte Beinpaar ist auffallend und wird zur Verteidigung benutzt. Der Körper ist abgeplattet, eine Anpassung an die Lebensweise unter Steinen und Laub.

Riesenläufer haben 21 bis 23 Beinpaare und sind ansonsten auf den ersten Blick ähnlich gebaut wie die Steinläufer.

Erdläufer besitzen bis zu 191 Beinpaare, die Vertreter im Bernstein nie mehr als 57. Der Körper ist lang, dünn und abgeflacht.

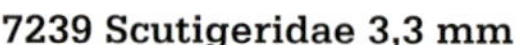

7239 Scutigeridae 3,3 mm

2626 Chilopoda Henicopidae 12 mm

623 Scolopendromorpha Cryptopidae *Cryptops* 8 mm

2704 Scolopendridae 25 mm

7035 Scolopendridae 12 mm

130 Lithobiidae 6,5 mm

7093 Lithobiidae 13 mm

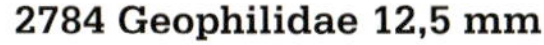

2784 Geophilidae 12,5 mm

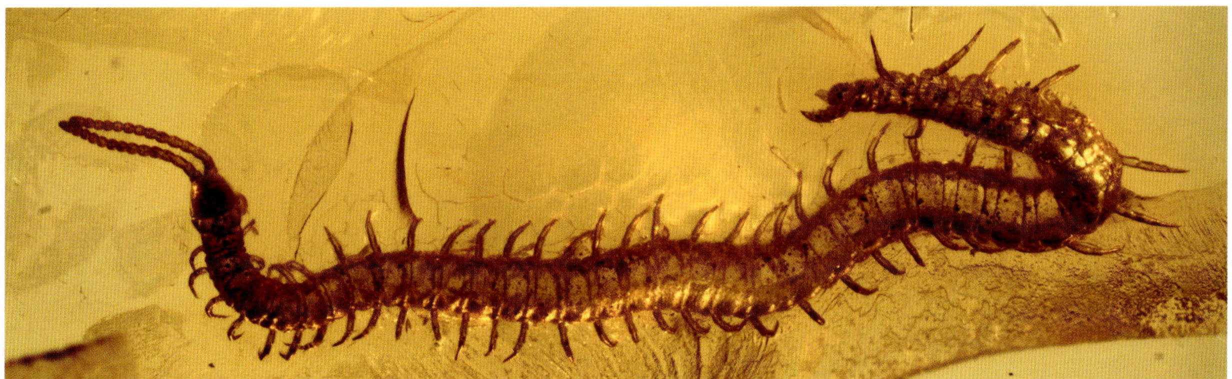

Doppelfüßer

Mit Ausnahme des zweiten bis vierten Gliedes, die nur ein Beinpaar tragen, weist jedes Körperglied zwei Paar Beine auf, was auch namensgebend für diese Gruppe ist. Der Grund liegt in der Verschmelzung von jeweils zwei Segmenten zu einem Doppelsegment. Der Kopf ist stark gewölbt, mit kurzen Antennen, die nach unten gerichtet zum Abtasten des Bodens dienen. An den Kopfseiten befinden sich Einzelaugen. Die Vertreter der Doppelfüßer haben trotz ihrer Verwandtschaft ein sehr unterschiedliches Aussehen. Im Bernstein finden wir die Gruppen:

- Pinselfüßer (Polyxenidae und Synxenidae)
- Saftkugler (Glomeridae)
- Saugfüßer (Polyzoniidae)
- Samenfüßer (Craspedosomatidae und Chordeumatidae)
- Schnurfüßer (Julidae)
- Bandfüßer (Polydesmidae)

Pinselfüßer werden nur bis zu 5mm lang, mit maximal 17 Beinpaaren. Der Name rührt von der Behaarung her: Seitlich gibt es pro Segment büschelartig zusammen stehende, borstige Haare, bei den Polyxenidae weiterhin meist eine zweite kleinere Büschelreihe etwas weiter auf dem Rücken und an den Segmentgrenzen kurze borstige Haare. Der Kopf liegt nach unten gerichtet und ist von oben häufig nicht zu erkennen. Bei den Synxenidae mit der häufigen Gattung *Phryssonotus* sind die Haare deutlich länger. Menge beschrieb diesen kleinen interessanten Doppelfüßer schon 1854 als *Phryssonotus hystrix* (Synonym: *Lophonotus hystrix).* Schubart (1966) benannte ihn in *Schindalmonotus hystrix* um, kurz danach in *Synxenus hystrix.*

Saftkugler sind äußerst selten im Bernstein zu finden. Seit Menge (1854) mit der Artbeschreibung von *Glomeris denticulata* (dieser Typus ist leider verschollen) gibt es bis heute nur einen weiteren Fund.

Gezeigt werden der Bernstein mit dem Saftkugler, eine Zeichnung der Ventralseite und ein Foto eines rezenten Saftkuglers. Saftkugler ähneln auf den ersten Blick den Asseln und können sich einrollen. Erwachsene Tiere haben 12 Rumpfsegmente, gut an den entsprechenden Rückenschilden abzuzählen, wobei das erste Segment sehr klein und das zweite größer als die anderen ist.

Saugfüßer unterscheiden sich von allen anderen Tausendfüßern durch einen kegelförmigen Kopfschild, der zusammen mit den Mundwerkzeugen eine Saugröhre bildet, was auch zur Namensgebung führte. Der platte, etwas gedrungene Körper wird selten größer als 10 mm. Die kurzen Beine sind von oben nicht zu erkennen. Der Körper ähnelt auf den ersten Blick einer langgestreckten Assel, weshalb die Tiere auch Saugasseln genannt werden.

Samenfüßer und Bandfüßer haben typische Seitenflügel an den Rückenschilden. Die Samenfüßer haben einen flacheren Körper mit kürzeren Fühlern als die im Querschnitt eher rundlichen Bandfüßer mit deutlich sichtbaren Fühlern. Von den Chordeumatidae findet man am häufigsten die Familie Mastigophorophyllidae im Bernstein.

Unverwechselbar sind die Schnurfüßer mit ihrem zylindrischen Körper und den weit unter dem langgestreckten Körper stehenden Doppelfüßen. Sie weisen von allen Doppelfüßern als ausgewachsene Tiere die größte Zahl an Beinen auf. Auch hier finden wir Anamorphose, d. h. die Jungtiere haben zunächst wenige Beinpaare, die sich von Häutung zu Häutung vermehren. Die meisten Schnurfüßer haben eine glatte Oberfläche und einige borstige Haare.

7134 Polyxenidae 3,5 mm, dorsal

7134 Polyxenidae 3,5 mm, ventral

6977 Polyxenidae 4 mm

7036 Synxenidae 3 mm

7245 Synxenidae *Phrysonotus* 4 mm

Glomeridae *Glomeris* cf. *marginata* © Creative Commons Attribution-Share Alike 2.5 Generic license

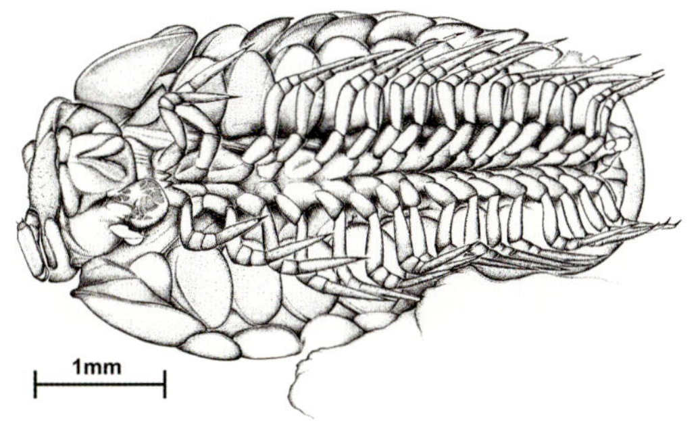

Glomeridae, Zeichnung © Wichard 2009

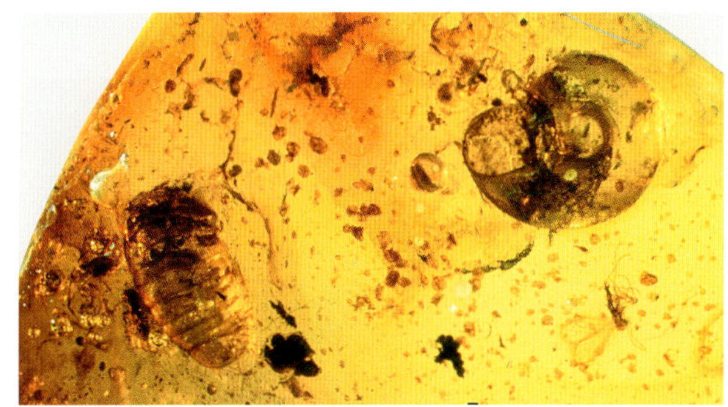

Glomeridae, Foto © Wichard 2009

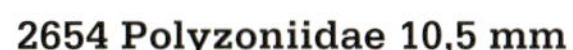

2654 Polyzoniidae 10,5 mm

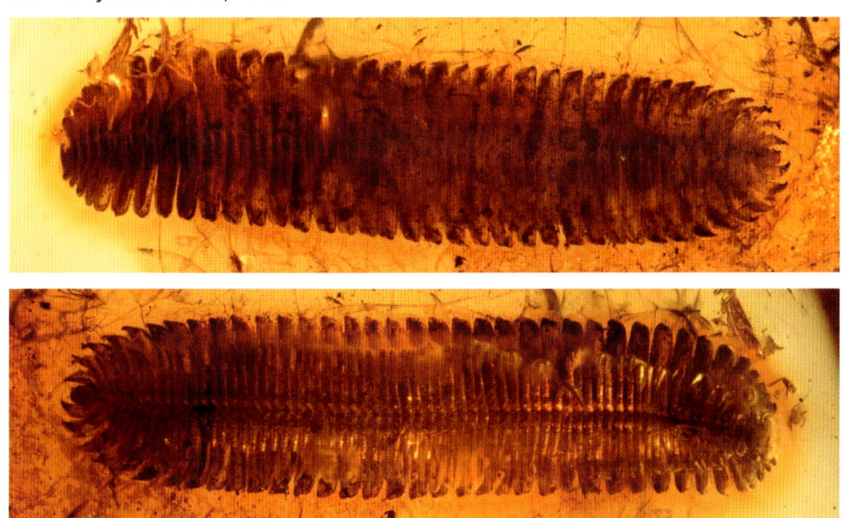

Polyzoniidae, Coll. + Foto © Veta

2958 Diplopoda 7 mm

6210 Craspedosomatidae 11 mm

2604 Chordeumatidae Mastigophorophyllidae 2,1 mm

2905 Diplopoda Craspedosomatidae 20 mm

2959 Diplopoda Julidae juv. 2,8 mm

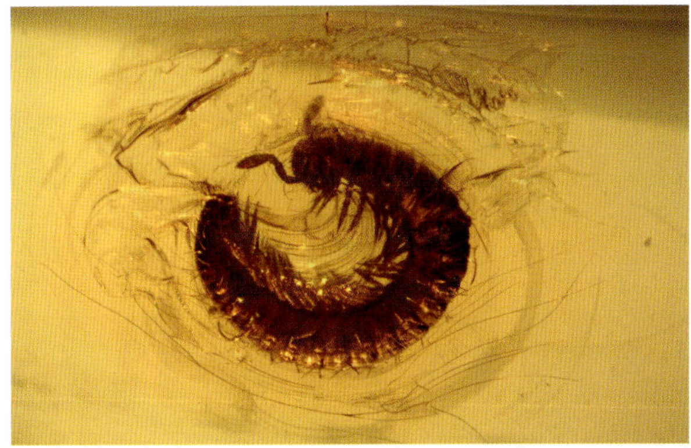

7267 Diplopoda Julidae 4 mm

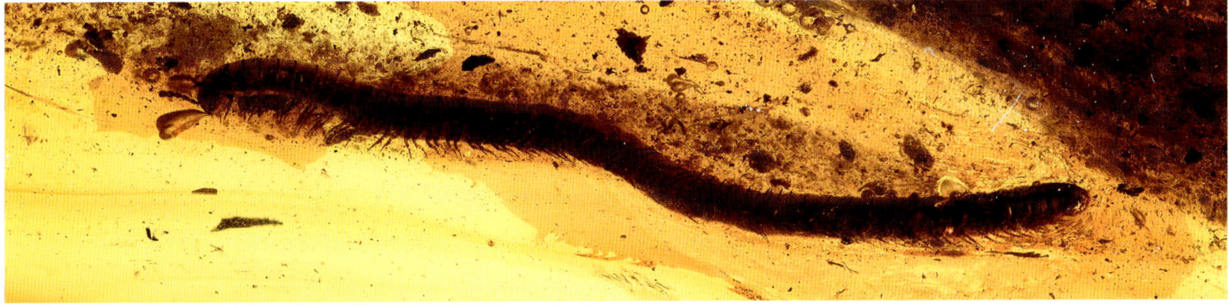

286 Diplopoda Juliformia 28 mm

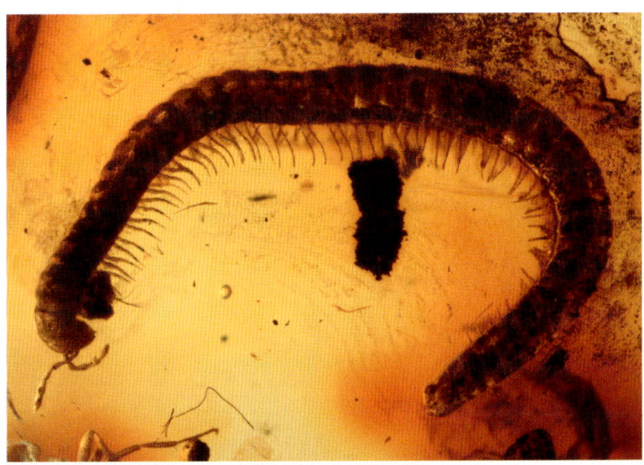

7033 Julidae 32 mm

2799 Polydesmidae 3,5 mm

7117 Polydesmidae 7,5 mm

7237 Polydesmidae 6,7 mm

BISHER NICHT IM BALTISCHEN BERNSTEIN GEFUNDEN:
BÄRTIERCHEN
TARDIGRADA

Bärtierchen leben weltweit in unterschiedlichsten Milieus, u. a. in Mooskissen, wo sie eine Besiedlungsdichte von bis zu 200 Individuen pro Quadratzentimeter erreichen (aus Wikipedia). Sie bevorzugen feuchten Lebensraum, können Trockenzeiten aber durch eine sogenannte Kryptobiose überdauern, ein Dauerstadium, bei dem die Körpertätigkeiten extrem herunter gefahren werden. Aufgrund ihrer Lebensweise, Häufigkeit und weil sie schon im Kreidebernstein gefunden wurden (Cooper, 1964 und Bertolani, 2000), ist ein Vorkommen im Baltischen Bernstein wahrscheinlich. Ein Erstfund ist sicher zu erwarten.

Bärtierchen sind meist unter 1 mm klein, haben von oben gesehen vier sichtbare Körpersegmente mit je einem Beinpaar und den Kopfabschnitt. Die Stummelbeine stellen eine gelenklose Ausstülpung des Körpers dar, wie wir sie in ähnlicher Art bei den nächsten Verwandten, den Stummelfüßern (Onychophora) kennen.

Bärtierchen sind schon aus über 500 Millionen Jahre altem Gestein bekannt, also aus dem Kambrium, als sich das Landleben noch in der Anfangsphase befand. Moose und Bärtierchen mögen also mit zu einer der ersten Lebewesen gehört haben, die das Land eroberten. Wie auch die Moose können die Bärtierchen sehr wechselhafte Lebensbedingungen überleben. Die Bärtierchen stehen in ihrer Entwicklung sicher vor den Gliederfüßern und werden deshalb zu den Protoarthropoda gerechnet.

Da ein Beleg aus dem Baltischen Bernstein bisher fehlt, ist hier der Kreidebernsteinfund *Beorn leggi* als Zeichnung dargestellt und ein Bild eines rezenten Bärtierchens.

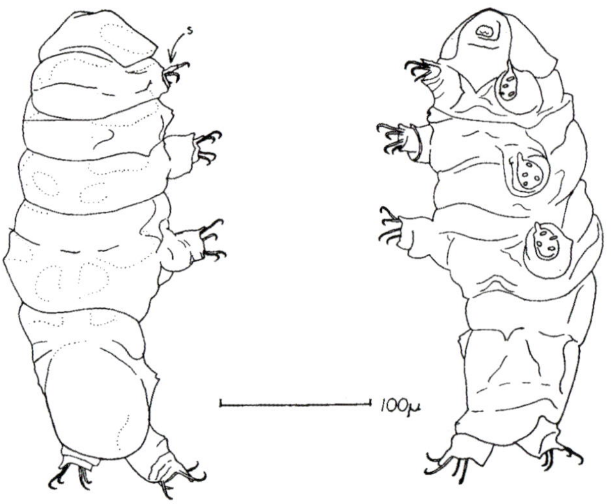

Beorn leggi, verändert nach Kenneth W. Cooper, in: Psyche, Vol. 71, no.2, 1964

Tardigrada 0,4 mm, Photomicrograph © L. Michalczyk & L. Kaczmarek, courtesy of www.tardigrada.net. All rights reserved

BISHER NICHT IM BALTISCHEN BERNSTEIN GEFUNDEN:

BEINTASTLER

PROTURA

Beintastler sind kleine Bodenbewohner, die selten über 1–2 mm groß werden, meist deutlich kleiner sind. Diese augenlosen, meist unpigmentierten Tierchen sind bisher nicht im Bernstein gefunden worden. Sie verlassen nie den Boden, leben aber auch nie tief im Boden. Sie bevorzugen die obere Humusschicht und kommen auch in verrottendem Holz vor. Da Harz regelmäßig auf den Boden tropft und wir viele Bernsteine kennen, die neben einem klaren Bereich auch einen Humus- und Holzreste-Bereich zeigen, ist es durchaus möglich, dass in Zukunft auch ein Beintastler im Bernstein gefunden wird.

Beintastler sind leicht von allen anderen Tiergruppen zu unterscheiden, da sie einen sehr kleinen Kopf ohne Augen und ohne Fühler besitzen. Die drei Beinpaare sitzen weit vorne am langgestreckten Körper, wobei die Beine des vorderen Beinpaares als Tastorgan benutzt werden und eine andere Stellung als die der zwei hinteren Laufbeinpaare haben. Die Beine weisen die typische Gliederung der Gliederfüßer auf, doch bestehen die Füße (Tarsen) nur aus einem Glied. Der Körper besteht aus 12 Abschnitten (Segmenten) und besitzt damit einen Abschnitt mehr als alle anderen Sechsfüßer (Hexapoda). Da die letzten 5 Abschnitte aber eingezogen werden können, sind nicht immer alle Abschnitte sichtbar. An der Bauchseite können an den ersten drei Hinterleibssegmenten kleine beinartige Auswüchse (Styli) auftreten (siehe Zeichnung – Pfeil).

***Acerentomon affine*, female 1,3 mm,**
© Erhard Christian

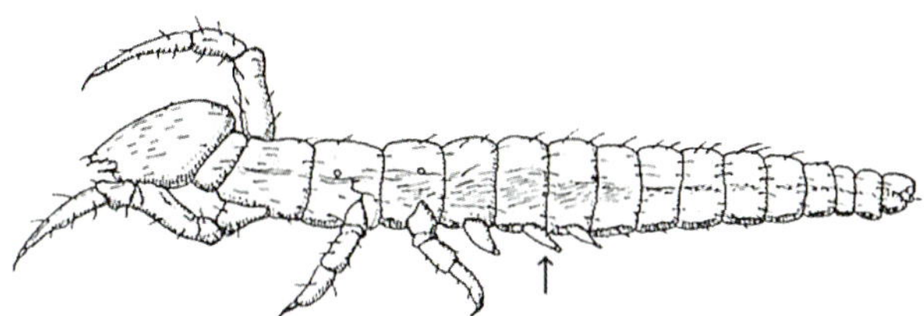

Protura *Eosentomon* sp. 1,5 mm SEDLAG 1953,
verändert nach Jacobs & Renner 1988

SPRINGSCHWÄNZE

COLLEMBOLA

Zusammen mit den Beintastlern und Doppelschwänzen werden die Springschwänze zu den Sackkieflern (Entognatha) zusammengefasst. Wie der Name aussagt, können die Mundwerkzeuge versteckt in eine Mundtasche eingezogen werden.

Springschwänze besiedeln die unterschiedlichsten Lebensräume, leben im und auf dem Boden, auf Baumrinde, ja sogar auf der Wasseroberfläche. Es sind kleine flügellose Insekten, die ausgewachsen zwischen 0,1 mm und 5 mm groß werden, einige Arten sogar über 10 mm.

Je nach Lebensraum haben sie sehr unterschiedliche Gestalt. Im Boden lebende Springschwänze haben reduzierte Augen und keine oder nur sehr kleine Sprunggabeln, der Körper kann wurmförmig aussehen. Oberirdisch lebende Springschwänze fallen durch eine große Sprunggabel am vierten Hinterleibssegment auf, die durch einen Haken (Retinaculum) am dritten Hinterleibssegment auf Spannung gehalten wird. Bei einer Störung katapultiert sich der Springschwanz ungerichtet davon.

Alle Springschwänze besitzen einen mehr oder weniger sichtbaren Ventraltubus am ersten Hinterleibssegment. Er hat eine unpaarige Basis, auf der ein Segment sitzt, das eine paarige Blase oder zwei weit ausstülpbare Schläuche enthält. Der Ventraltubus (VT) dient dem Wasser- und Ionenhaushalt (Eisenbeis & Wichard, 1977). Insbesondere bei Trockenheit pressen die Collembolen die ausstülpbaren Blasen und Schläuche heraus. Die Oberfläche dieser Organe besteht aus Transportepithelien, die Wasser aus der Restfeuchte vom Boden oder von Blattoberflächen aufnehmen. Dabei besteht zugleich eine adhäsionsartige Haftung der Tiere auf dem jeweiligen feuchten Untergrund (Eisenbeis & Wichard, 1985). Der Ventraltubus dient auch zur Lagestabilisierung und Aufrichtung des Körpers nach der Landung von einem ungerichteten Sprung.

Die Systematik der Springschwänze ist in ständigem Umbruch. Ursprünglich unterschied man die deutlich segmentierten, langgestreckten Arthropleona von den eher kugeligen Symphypleona (Kugelspringer) mit verschmolzenen Hinterleibssegmenten. Heute unterteilt man die Arthropleona in zwei Großgruppen, so dass wir insgesamt drei Großgruppen unterscheiden (nach Haaramo, 2008):

- Poduromorpha: Kurze Beine an einem gedrungenen Körper, meist ohne Sprunggabel
- Entomobryomorpha: Langer, schlanker Körper, mit deutlich ausgebildeter Sprunggabel
- Symphypleona: Kugeliger Körper (Kugelspringschwanz)

Collembola, verändert nach Stresemann, 1964:
Vt Ventraltubus, Re Retinaculum, D Sprunggabel

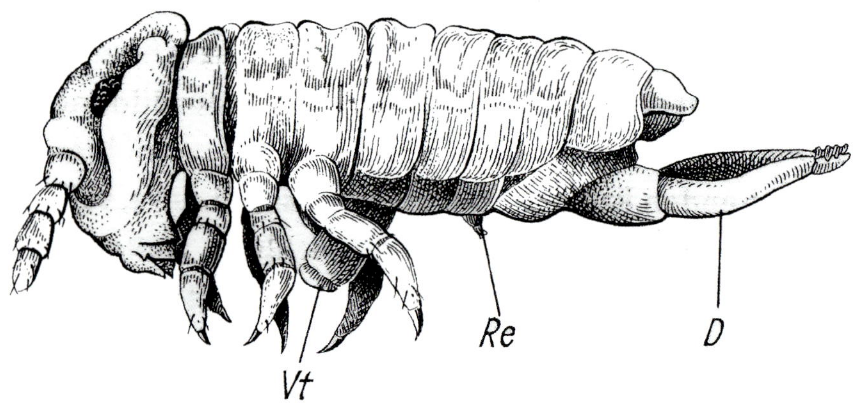

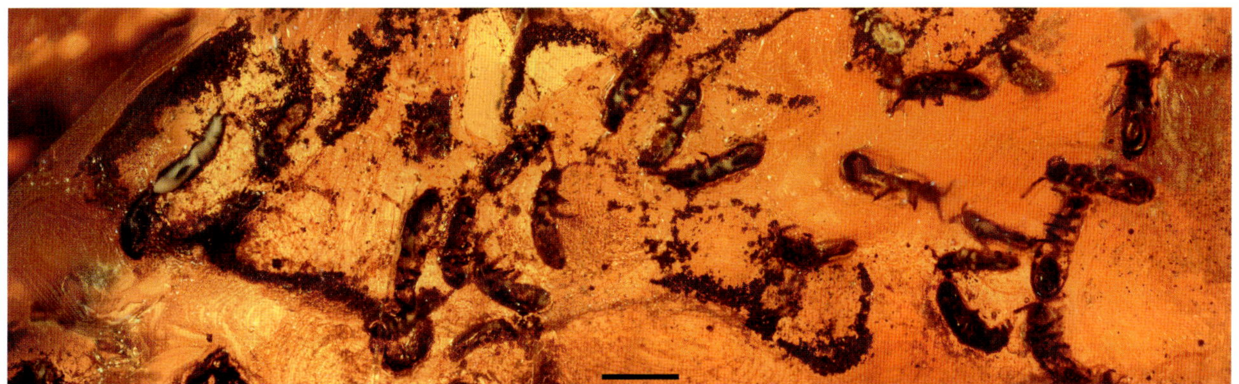

2830 Poduromorpha 1,2 – 1,5 mm

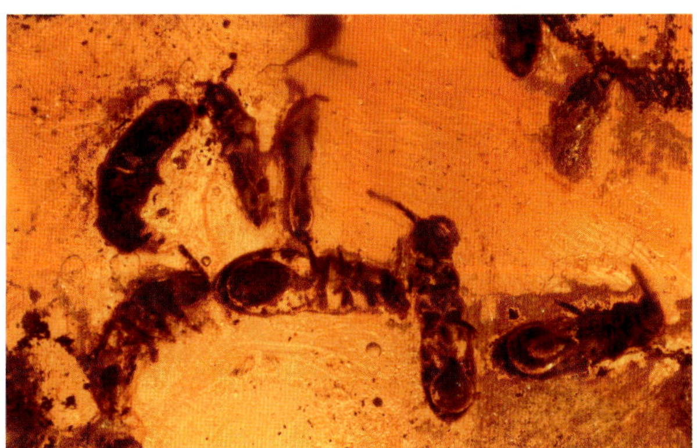

2830 Poduromorpha 1,2 – 1,5 mm (Ausschnitt)

2921 Poduromorpha 0,6 mm

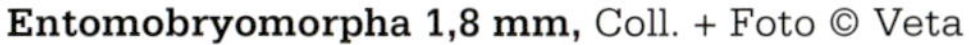

Entomobryomorpha 1,8 mm, Coll. + Foto © Veta

Entomobryomorpha Tomoceridae *Tomocerus* cf. *taeniatus*, © Haedicke, Haug&Haug, Palaeodiversity 6

7218 Entomobryomorpha 1 mm

7265 Entomobryomorpha 2,1 mm

2921 Symphypleona 1,6 mm und Poduromorpha 0,6 mm

7211 Symphypleona 0,85 mm

7264 Symphypleona Sminthuriidae 1,3 mm

7055 Symphypleona 1,2 mm, mit Ventralschlauch

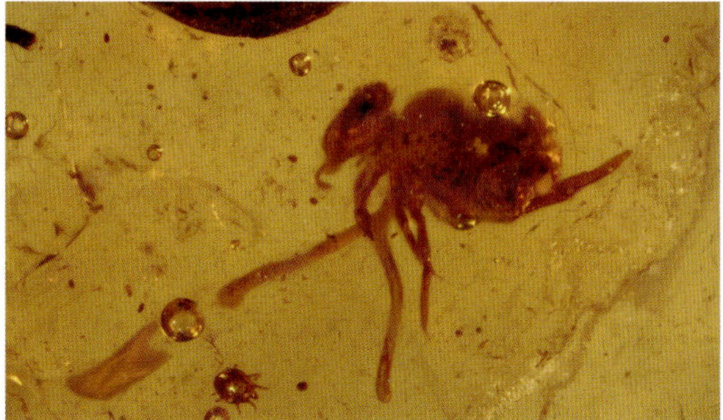

769 Symphypleona 1,6 mm

7272 Symphypleona 1,2 mm, mit Ventralschlauch

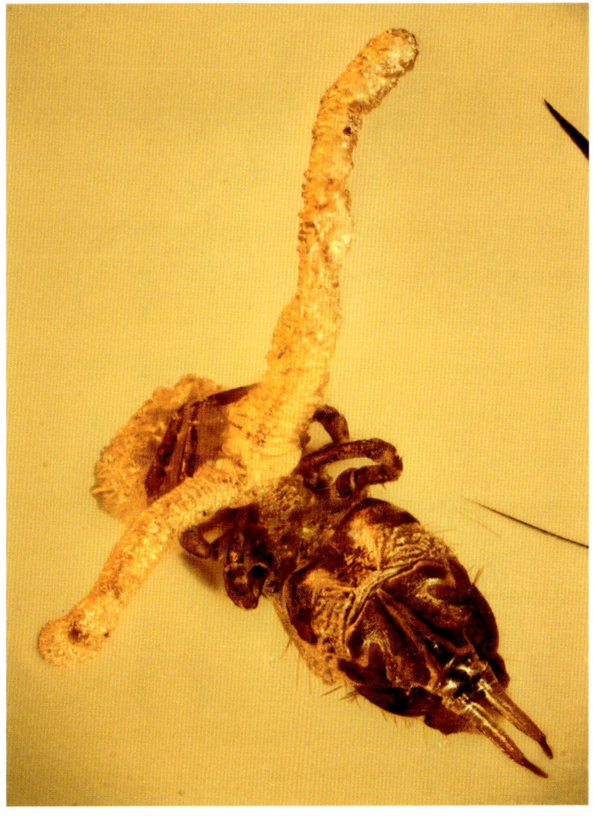

DOPPELSCHWÄNZE

DIPLURA

Diese kleine ursprüngliche Gliederfüßergruppe hat als nächste Verwandte die Springschwänze (Collembola) und Beintastler (Protura). Ihre Vertreter leben heute hauptsächlich in den Subtropen und Tropen im Laub, unter der Rinde und im Moos. Sie werden höchstens 5 mm groß, haben eine mehr oder weniger gleichmäßige Gliederung, wobei die Brustglieder mit den drei Beinpaaren etwas größer ausfallen. Die durch Anpassung an die Lebensweise augenlosen Tiere tragen ihre Mundwerkzeuge in einer Kopftasche, weshalb man sie zu den Entognatha rechnet. Die systematische Stellung ist nicht gesichert, sie könnten auch eine ursprüngliche Schwestergruppe der Insekten sein (Klausnitzer, 1997). Der Hinterleib baut sich aus 10 Abschnitten auf, mit Resten von Füßchen auf der Unterseite, den sogenannten Styli. Zwei mehr oder weniger lange Schwanzanhänge und zwei lange Antennen helfen den Tieren bei der Orientierung. Bei der Gruppe der Japygidae sind die Schwanzanhänge zu Zangen umgebildet.

Da Doppelschwänze Feuchtigkeit liebend und lichtscheu sind, sind sie im Bernsteinwald nur selten in Kontakt mit dem Harz der Bäume gelangt und im Bernstein auch selten zu finden.

Der Fund eines Campodeidae im Bitterfelder Bernstein gehört deshalb zu den absoluten Seltenheiten (Einschluss 390).

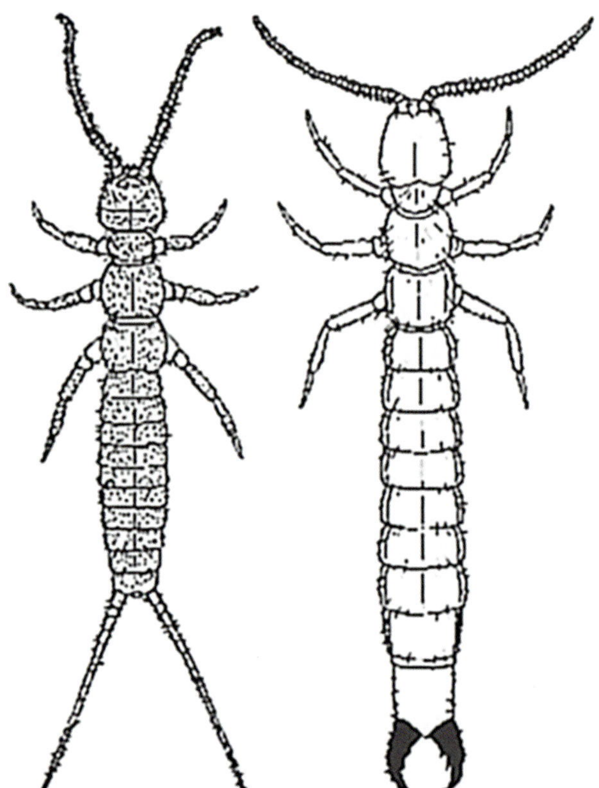

***Campodea* 3 mm und *Japyx* 4 mm,**
verändert nach Eisenbeis & Wichard, 1985

7157 Diplura 1,4 mm

7209 Diplura 2 mm

390 Diplura Campodeidae 2,4 mm

Japygidae mit zangenartigen Cerci, ex. Coll. Kutscher

7250 Diplura 6 mm, Julidae, Collembola

Diplura 1,6 mm, Coll. Ludwig

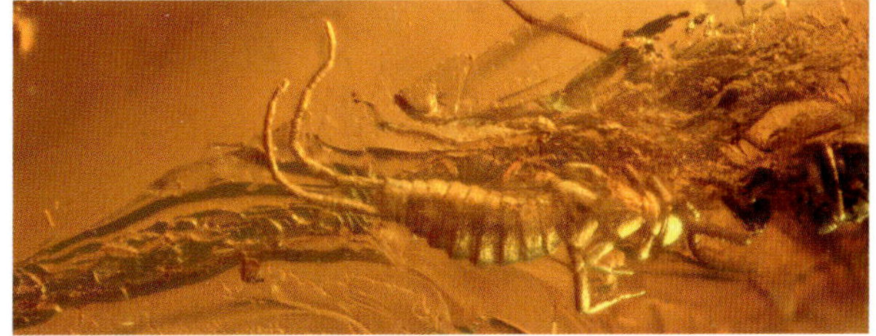

Diplura 2,2 mm, Coll. Ludwig

FELSENSPRINGER

MACHILIDAE

Die Felsenspringer werden heute als primitivste Gruppe der Freikiefler (Ectognatha) mit einem einteiligen Mandibelgelenk (Archaeognatha: archaeo = ursprünglich, gnatha = Kiefer) den folgenden Ordnungen gegenübergestellt, die zweigelenkige Mandibeln haben; dazu gehören auch die Silberfischchen.

Die beiden Urinsektengruppen Felsenspringer und Silberfischchen, auch Fischchen genannt, sehen sich zwar auf den ersten Blick ähnlich, sind aber leicht zu unterscheiden. Wegen ihrer äußerlichen Ähnlichkeit wurden sie zu der Gruppe der Borstenschwänze (Thysanura) zusammengefasst.

Felsenspringer haben sehr große Komplexaugen, die so groß sein können, dass sie über dem Kopf zusammenstoßen. Silberfischchen dagegen haben sehr kleine, seitlich stehende Augen. Beide Tiere tragen viele kleine Schuppen auf dem Körper, die bei den Silberfischchen aber erst im Erwachsenenstadium gebildet werden.

Bei den Felsenspringern sind die drei Schwanzanhänge (zwei Cerci und das zentrale Terminalfilum) unterschiedlich lang, die seitlichen Cerci sind wesentlich kürzer als das Terminalfilum. Die Labialtaster sind auffällig lang und sehen wie ein zusätzliches, nach vorne gestrecktes Beinpaar aus. Die drei Schwanzanhänge der Silberfischchen sind meist ungefähr gleichlang; die Labialtaster sind unscheinbar kurz.

Einschluss 7188 zeigt den seltenen Fall eines im Bernstein eingeschlossenen Häutungsvorganges. Neben dem frisch geschlüpften Felsenspringer liegt die leere Häutungshülle.

Viele heute lebende Felsenspringer haben ein starkes Farbmuster; bei manchen eingeschlossenen Felsenspringern erkennt man solch eine Farbmustererhaltung, aber nicht die Originalfarben (Einschluss 2780).

Die Felsenspringer sind mit vielen Arten aus dem Baltischen Bernstein beschrieben. Die häufigste Gattung mit 23 Arten ist *Machilis.* Alle Arten der von Menge und Koch & Behrendt geschaffenen Gattung *Petrobius* sind später in *Machilis*-Arten umbenannt worden. Aus weiteren drei Gattungen ist jeweils nur eine Art beschrieben:

Machilodes diastatica Olfers, 1907, *Forbicina acuminata* Koch & Behrendt, 1845, *Lepismodion machilops* Olfers, 1907.

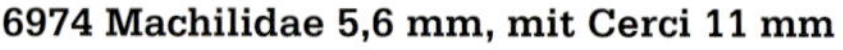

6974 Machilidae 5,6 mm, mit Cerci 11 mm

7273 Machilidae 4 mm

7273 Machilidae

859 Machilidae 4,2 mm

2780 Machilidae 6 mm mit Farbmustererhaltung

7188 Machilidae bei der Häutung 15 mm

SILBERFISCHCHEN

LEPISMATIDAE

Silberfischchen sind bodenlebende, meist nachtaktive Tiere. Deshalb werden sie seltener im Bernstein gefunden als die tagaktiven Felsenspringer, die auch Ausflüge auf die Baumrinde unternehmen.

Die Silberfischchen des Baltischen Bernsteins teilen sich in drei Familien auf:

- Lepismatidae
- Lepidotrichidae
- Nicoletiidae

Fast alle beschriebenen Arten gehören zur Familie der Lepismatidae:

Lamphropholis argentata Menge, 1854 = *Lepisma argentata* Koch & Behrendt, 1854, *Lamphropholis dubia* Menge, 1854 = *Lepisma dubia* Koch & Behrendt, 1845, *Lepidion pisciculus* Menge, 1854 = *Lepisma pisciculus* Giebel, 1856, *Lepidothrix pilifera* Menge 1854 = *Lepisma pilifera* Giebel, 1856, *Lepisma argentata* Koch & Behrendt, 1845, *Lepisma jubatum* Olfers, 1907, *Lepisma mengei* Giebel, 1856.

Ganz selten findet man die zweite Familie, die Lepidotrichidae, die man an den Stirnaugen (Ocellen) erkennt, die den Lepismatidae fehlen: *Lepidothrix pilifera* Menge, 1854, *Klebsia horrens* Olfers, 1907, *Micropa stylifera* Olfers, 1907.

Die dritte Familie Nicoletiidae ist erst kürzlich entdeckt worden (Staniczek & Bechly, in Vorbereitung). Sie wird durch die neue Gattung und Art *Electronicoletia groehni* vertreten. Die Baltischen Nicoletiidae unterscheiden sich von allen modernen Arten (augenlos und blind) durch den Besitz von Augen und stellt somit die ursprünglichste Art dieser Familie dar.

7099 Lepismatidae 6,5 mm

7092 Lepismatidae 5,2 mm

2836 Lepidotrichidae *Lepidothrix pilifera* Menge, 1854, 7 mm

2712 Lepismatidae 7,8 mm, mit Ovipositor

7236 Lepismatidae 5 mm

1623 Lepismatidae 2,5 mm, Nicoletiidae *Electronicoletia groehni* Staniczek und Bechly, 2014, HT, GPIH 4502

LIBELLEN

ODONATA

Libellen gehören zu den absoluten Raritäten im Baltischen Bernstein. Mit ihren großen Augen und dem typischen Flügelgeäder sind sie unverwechselbar. Aufgrund ihrer Größe können sie nur in sehr großen Bernsteinen vollständig erhalten sein. Ragt ein Teil der Libelle aus dem Bernstein heraus, dann setzt bekanntlich der Verwitterungsprozess ein und der Einschluss wäre kaum als Libelle erkennbar. Außerdem sind Libellen kräftige Tiere, die sich aus dem flüssigen Harz befreien können und höchstens Teile des Körpers im Harz hinterlassen. Adulte Großlibellen (Anisoptera) sind bisher nicht im Baltischen Bernstein nachgewiesen; alle Libellenfunde gehören zur den Kleinlibellen (Zygoptera), auch Wasserjungfern genannt.

Die Entwicklung der Larven findet im Wasser statt. Die Larven haben eine Unterlippe (Labium), die zu einer sogenannten Fangmaske umgebildet und unverkennbar ist (Einschluss 7513). Die schlupfbereiten Larven verlassen das Wasser und kriechen auf Pflanzen in Wassernähe. So können sie auch ins Harz gelangen und sind im Bernstein nachgewiesen. Bei der Häutung zum Erwachsenenstadium reißt der Rücken auf und das Tier schlüpft mit dem Kopf voran. Im Bernstein sind bisher zwei Schlupfvorgänge dokumentiert: Eine gut erhaltene Exuvie mit daneben liegenden Resten des erwachsenen Männchens (Einschluss 6902) und eine Exuvie mit davor liegender Libelle, die noch nicht entfaltete Flügel zeigt (ex coll. Ludwig, nun in Stuttgart SMNS BB-2386, siehe Bechly & Wichard, 2008).

Die unverkennbaren Flügel besitzen ein vollständiges Längsadersystem mit vielen Queradern, dadurch entsteht eine engmaschige Netzstruktur. Die Längsadern liegen unterschiedlich hoch, wodurch die Flügelmembran keine plane Fläche darstellt, sondern eine „Knitterstruktur". Bei den Großlibellen unterscheiden sich Vorder- und Hinterflügel sowohl in der Form als auch in der Größe: Die Hinterflügel sind am Ansatz immer breiter als die Vorderflügel. Die Kleinlibellen besitzen nahezu gleich aussehende Vorder- und Hinterflügel, wobei sie am Ansatz schmaler sind als außen. Einige Arten tragen typische Farbmale (Pterostigmen) an den Vorderkanten der Vorderflügelspitzen, die auch bei Bernsteineinschlüssen zu erkennen sind (Einschluss 1659). Das Vorhandensein und die Ausbildung des Pterostigma ist wichtiges Bestimmungsmerkmal.

Libellen haben sich seit über 300 Millionen Jahren wenig verändert; sie lebten schon in den Karbonwäldern.

Folgende Familien der Kleinlibellen (Zygoptera) sind im Baltischen Bernstein mit wenigen Arten nachgewiesen:

- Megapodagrionidae: *Electropodagrion szwedoi* Azar & Nel, 2006
- Thaumatoneuridae (es läuft die Diskussion, diese Familie in die Megapodagrionidae zu integrieren): *Electrophenacolestes serafini* Nel & Arillo, 2006
- Agrionidae: *Caenagrion antiquum* (Kirby, 1890) = *Agria antique* (Hagen, 1854) = *Agrion antiquum* Hagen, 1848
- Aeschnidae: *Aeschna resinata* (Kirby, 1890)
- Epallagidae: *Litheuphaea ludwigi* Bechly, 1998

Weitere nachgewiesene Familien der Kleinlibellen sind die Federlibellen (Platycnemidae), die Teichjungfern = Binsenjungfern (Lestidae), die Prachtlibellen (Calopterygidae), die Schlanklibellen (Coenagrionidae, Einschluss 1659), Hypolestidae (Einschluss 6902), Synlestidae und Platysticidae.

Ein Nachweis einer Großlibelle liegt mit einer Larve im Baltischen Bernstein vor (Bechly & Wichard, 2008).

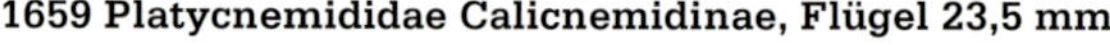

1659 Platycnemididae Calicnemidinae, Flügel 23,5 mm

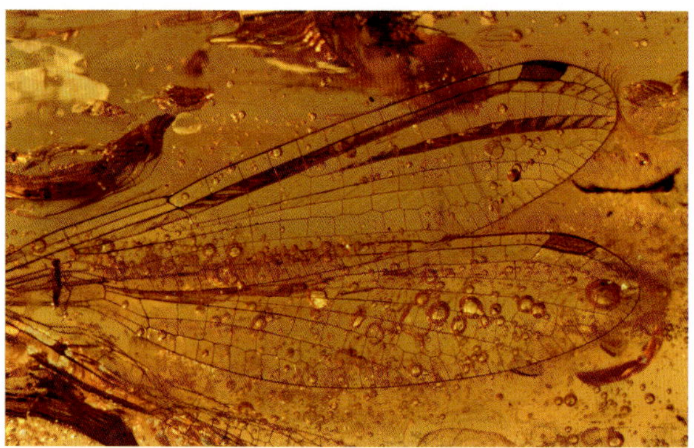

oben: **1659 Platycnemididae Calicnemidinae,** *unten:* **7059 Odonata mit Fangmaske 3,1 mm**

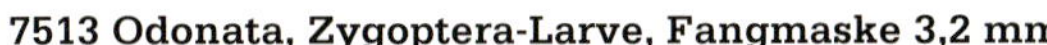

7513 Odonata, Zygoptera-Larve, Fangmaske 3,2 mm

Odonata, Zygoptera-Larve, Illustration © Wichard et al. 2009

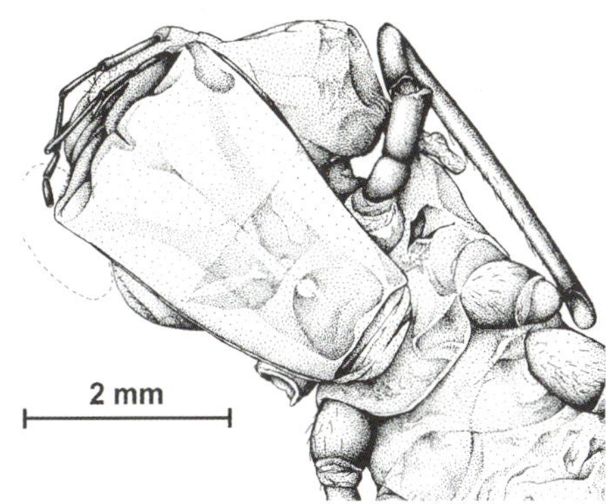

6902 Odonata Häutungshülle 19,5 mm. *Foto rechte Seite:* **Mit Abdomen der geschlüpften Libelle**

1660 Coenagrionoidea, Männchen, Hinterleib 17 mm

7113 Libellenrest, Flügellänge 20,5 mm

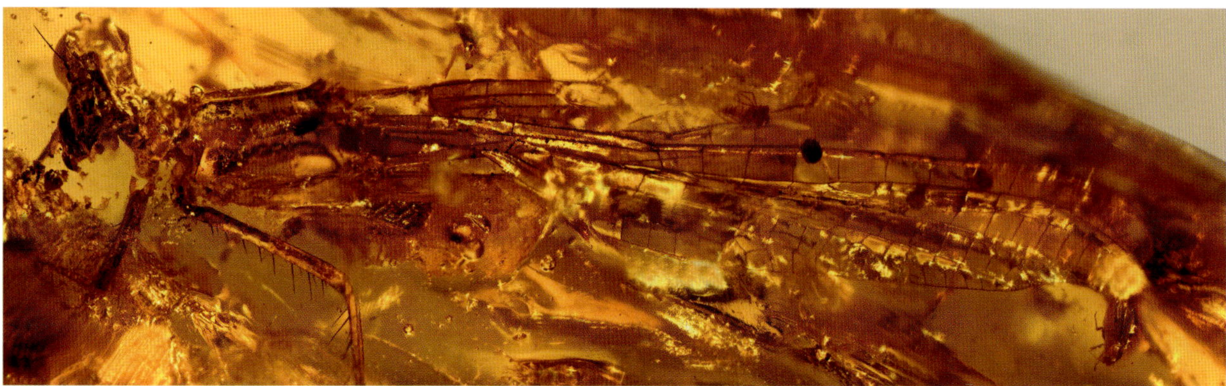

EINTAGSFLIEGEN

EPHEMEROPTERA

Zusammen mit den Libellen und Steinfliegen gehören die Eintagsfliegen zu den ursprünglichen geflügelten Insekten mit 2 Paar Flügeln. Die Larven aller drei Gruppen entwickeln sich im Wasser; das kann bis zu einigen Jahren dauern. Nach der letzten Larvenhäutung verlässt das nun schon fast erwachsene, aber noch unfruchtbare Tier (Subimago) das Wasser und es kommt kurz darauf zur letzten Häutung, aus der das flugfähige geschlechtsreife Tier (Imago) hervorgeht. Der Name weist darauf hin, dass die erwachsenen Tiere nur Stunden oder wenige Tage leben. In dieser kurzen Zeit kommt es zum Schwärmen, zur Paarung und schließlich zur Eiablage. Da Eintagsfliegen nach dem letzten Schlupf zum erwachsenen Tier keine Nahrung mehr aufnehmen, weisen sie zurückgebildete Mundwerkzeuge auf.

Die Vorderflügel sind stets deutlich größer als die Hinterflügel und unterscheiden sich auch in der Form und Flügeläderung. Die Vorderflügel sind etwas dreieckig, mit dichter Äderung aus vielen Längs- und Queradern; am Hinterrand befinden sich Zwischenraumadern. Am Ende des langen schlanken Hinterleibs finden wir drei lange Anhänge.

Bei den Männchen sind die Vorderbeine länger und werden nach vorne gestreckt getragen; sie dienen zum Tasten und zum Ergreifen des Weibchens bei der Paarung. Die Männchen haben außerdem meist sehr große Augen.

Eintagsfliegen gehören zu den selteneren Einschlüssen im Baltischen Bernstein, kommen aber regelmäßig vor. Die beschriebenen Arten stammen aus 14 Familien (von denen heute noch 13 existieren):

- Acanthametropodidae: *Analetris secundus* Godunko & Klonowska-Olejnik, 2006
- Babidae: *Baba lapidea* Kluge, Godunko & Krzeminski, 2006
- Siphlonuridae: *Baltameletus oligocaenicus* Demoulin, 1968, *Balticophlebia hennigi* Demoulin, 1968, *Siphlonurus dubiosus* Demoulin, 1968
- Leptophlebiidae: *Blasturophlebia hirsuta* Demoulin, 1968, *Oligophlebia calliarcys* Demoulin, 1965,*Oligophlebia longiceps* Demoulin, 1965, *Paraleptophlebia prisca* Demoulin, 1968 *Xenophlebia aenigmatica* Demoulin, 1968
- Baetiscidae: *Balticobaetisca velteni* Staniczek & Bechly, 2002
- Ametropodidae: *Brevitibia intricans* Demoulin, 1968, *Metretopus henningseni* Demoulin, 1965, *Metretopus trinervis* Demoulin, 1968, *Siphloplecton jaegeri* Demoulin, 1968, *Siphloplecton macrops* Demoulin, 1968
- Heptageniidae: *Burshtynogena fereci* Godunko & Sontag, 2004, *Cinygma baltica* Demoulin, 1968, *Ecdyonurus = Nestormeus groehnorum* Godunko, 2007, *Ecdyonurus = Nestormeus leopoliensis* Godunko, 2004, *Electrogenia dewalschei* Demoulin, 1956, *Heptagenia atypical*, *Heptagenia bachofeni, Heptagenia gleissi*, *Heptagenia ligata*, *Heptagenia senex* und *Rhithrogena sepulta* Demoulin, 1968, *Succinogenia larssoni* Demoulin, 1965
- Ephemeridae: *Denina dubiloca* McCafferty, 1987
- Ameletidae: *Electroletus soldani* Godunko & Neumann, 2006
- Ephemerellidae: *Ephemerella = Timpanoga viscata* Demoulin, 1968

Aus folgenden weiteren Eintagsfliegen-Familien gibt es Nachweise: Baetidae, Isonychiidae, Metretopidae, Palingeniidae.

2720 Heptageniidae 7,5 mm

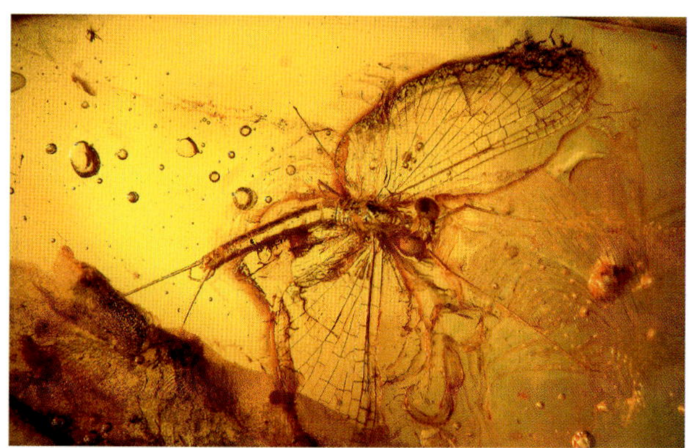

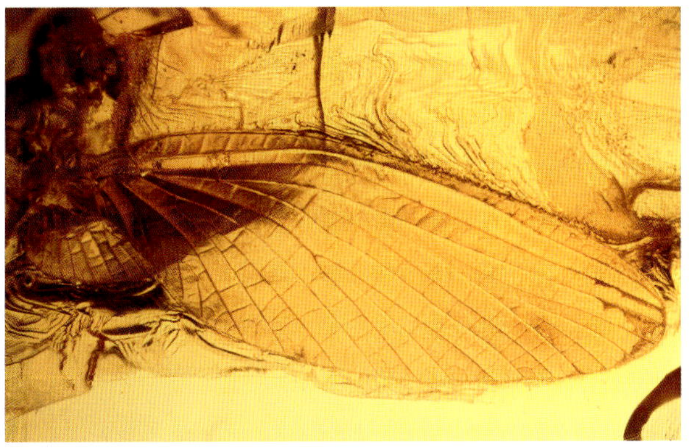

2875 Metretopodidae cf. *Siphloplecton* Männchen, Fl. 7,5 mm

2851 Amelitidae cf. *Ameletus* Männchen 9 mm

6903 Siphlonureoidea 4,5 mm, Flügelspanne 9,7 mm

2664 Leptophlebiidae 5 mm, Flügelspanne 10 mm

2926 Ephemeroptera Männchen

Entwicklungsstadien

Die im Baltischen Bernstein gefundenen Larven gehören alle zur Familie Heptageniidae. Die Form der Larven weist auf die aquatische Lebensweise in fließenden Gewässern hin: Abgeflachter Körper mit seitlich angewinkelten Beinen, runder und flacher Kopf. Da die Larven das Wasser nicht verlassen, können wir ihre Existenz im Bernstein nur dadurch erklären, dass Fließgewässer trocken gefallen sind und dann die Larven durch einen Harzfluss konserviert wurden. Es gibt heute in Südostasien Vertreter der Eintagsfliegenfamilie Heptageniidae, deren Larven für kurze Zeit ihr Gewässer verlassen (Wichard et al. 2009). Vielleicht gab es im Bernsteinwald auch solche Vertreter.

Die Larven und Häutungsvorgänge im Bernstein gehören verständlicherweise zu den Raritäten. Es muss schon ein sehr großer Zufall sein, wenn ein Schlupfvorgang, der nur wenige Minuten dauert, von herabtropfendem Harz eingeschlossen wird und dann auch noch im Bernstein erhalten geblieben und gefunden worden ist.

Wir finden im Bernstein alle Entwicklungsstadien:

- Larven (Einschlüsse 7103, 7625)
- Häutungshüllen (Exuvien) der Larven
- geflügelte Subimago (Einschluss 1687 mit noch nicht voll entfalteten Flügeln)
- Häutungshüllen (Exuvien) der Subimago (Einschluss 7669)
- geflügelte Imago, Männchen (Einschluss 2664, 2926)
- geflügelte Imago, Weibchen mit Eiern (Einschluss 2866)

2866 Leptophlebiidae *Leptophlebia* 5,3 mm, mit Eiern

7103 Ephemereoptera Larve 2,8 mm

7625 Heptageniidae Larve 5,2 mm

7669 Ephemeroptera Häutungshülle 10 mm

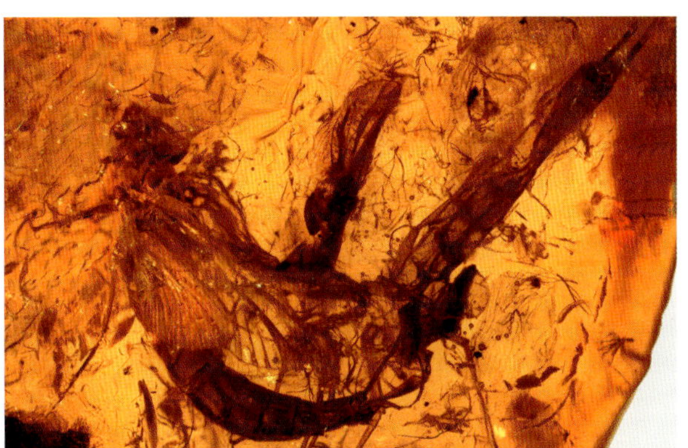

7160 Schlupfvorgang, erwachsenes Tier 7,5 mm

1687 Heptageniidae Subimago Männchen 4,5 mm, frisch geschlüpft

STEINFLIEGEN

PLECOPTERA

Steinfliegen, auch Uferbolde genannt, stehen mit Libellen und Eintagsfliegen an der entwicklungsgeschichtlichen Basis der geflügelten Insekten. Die larvale Entwicklung findet im Wasser statt und kann ein bis drei Jahre dauern. Die Steinfliegen-Larven bevorzugen oft kühle und sauerstoffreiche Fließgewässer und sind oft mit abgeflachten Körperformen den Strömungsverhältnissen gut angepasst. Das letzte Larvenstadium trägt starre Flügelscheiden, in denen sich die Flügel der adulten Tiere entwickeln. Die reife Nymphe geht zur letzten Häutung an Land. Steinfliegen sind schlechte Flieger und halten sich gern in Gewässernähe auf. Während der Ruhephasen sind die Flügel flach übereinander gelegt.

Steinfliegen kommen regelmäßig, aber nicht häufig im Baltischen Bernstein vor. Sehr selten werden neben den adulten Tieren auch Steinfliegenlarven, Exuvien (das sind Häutungsreste) und Schlupfvorgänge vorgefunden (Einschlüsse 2759 und 7077). Da Steinfliegenlarven heute stets in kühlen Gewässern leben, ist es wahrscheinlich, dass trotz des subtropischen Klimas im eozänen „Bernsteinwald" in Bergwäldern kühle Bäche vorkamen, in denen sich die Larven entwickeln konnten (vgl. Wichard et al. 2009).

Adulte Steinfliegen kann man mit folgenden Merkmalen gut erkennen:

- Kopf mit großen Komplexaugen und drei Ocellen (Punktaugen)
- Beine mit dreigliedrigen Tarsen (Fußglieder) und zwei Endklauen, dazwischen ein Haftpolster (Empodium)
- die Hinterbeine sind meist länger (Sprungbeine) als die beiden vorderen Beinpaare
- ausgeprägte Flügeläderung mit starken Längsadern und mit – je nach Familie – unterschiedlich ausgeprägten Queradern (netzartiges Muster, „Doppelleiter")
- paarige Anhänge (ein- bis viergliedrige Cerci) am Hinterleib, bei kleinen Vertretern sehr kurz, bei den größeren Vertretern auch länger

Eine aktuelle Übersicht und Revision der nachgewiesenen Steinfliegen-Arten im Baltischen Bernstein geben Caruso & Wichard (2010). Im Baltischen Bernstein sind nur Arten der Arctoperlaria vertreten, während die Antarctoperlaria aus der südlichen Hemisphäre fehlen.

Unterordnung Arctoperlaria

Familie Taeniopterygidae
Taeniopteryx elongata Hagen, 1856
Taeniopteryx ciliata Pictet, 1856

Familie Leuctridae
Leuctra gracilis Pictet, 1856
Leuctra linearis Hagen, 1856
Leuctra electrofusca Caruso & Wichard, 2010
Leuctra minuscula Hagen, 1856
Megaleuctra neavei Ricker, 1936
Zealeuctra cornuta Caruso & Wichard, 2010
Palaeopsole weiterschani Caruso & Wichard, 2011

Familie Nemouridae
Lednia zilli Caruso & Wichard, 2010
Nemoura ocularis Pictet, 1856
Nemoura electroaffinis Caruso & Wichard, 2010
Nemoura lata Hagen, 1856
Nemoura puncticollis Hagen, 1856
Podmosta attenuata Caruso & Wichard, 2010

Familie Perlidae
Perla prisca Pictet, 1856

Familie Perlodidae
Isoperla succinica (Hagen, 1856)
Perlodes resinata (Hagen, 1856)

Die Familie Taeniopterygidae ist mit zwei Arten recht selten im Baltischen Bernstein vertreten. Die Nemouridae und Leuctridae sind artenreich und haben auch die höchste Individuendichte. Weniger häufig, aber durch Ihre Größe auffallend sind die Perlidae und Perlodidae, die gelegentlich auch als Larven vorkommen.

Nemouridae 4,7 mm, Coll. Wunderlich

6945 Nemouridae 5 mm: *Lednia zilli* Caruso & Wichard, 2010, Holotypus GPIH 4483

20 Leuctridae, mit Flügeln 6,2 mm

7577 Nemouridae Larve 4,8 mm

2932 Leuctridae 3,9 mm, mit Eiern

2932 Leuctridae, Eier

7051 Leuctridae 5,4 mm

Perloidea: Perlidae, Perlodidae

7132 Perloidea 4,8 mm

7148 Perlidae 12 mm

2868 Perlidae Larve 12 mm, mit Kiemen

2527 Perlodidae Larve 4,2 mm

812 Perlodidae *Isoperla* Häutungshülle 12 mm

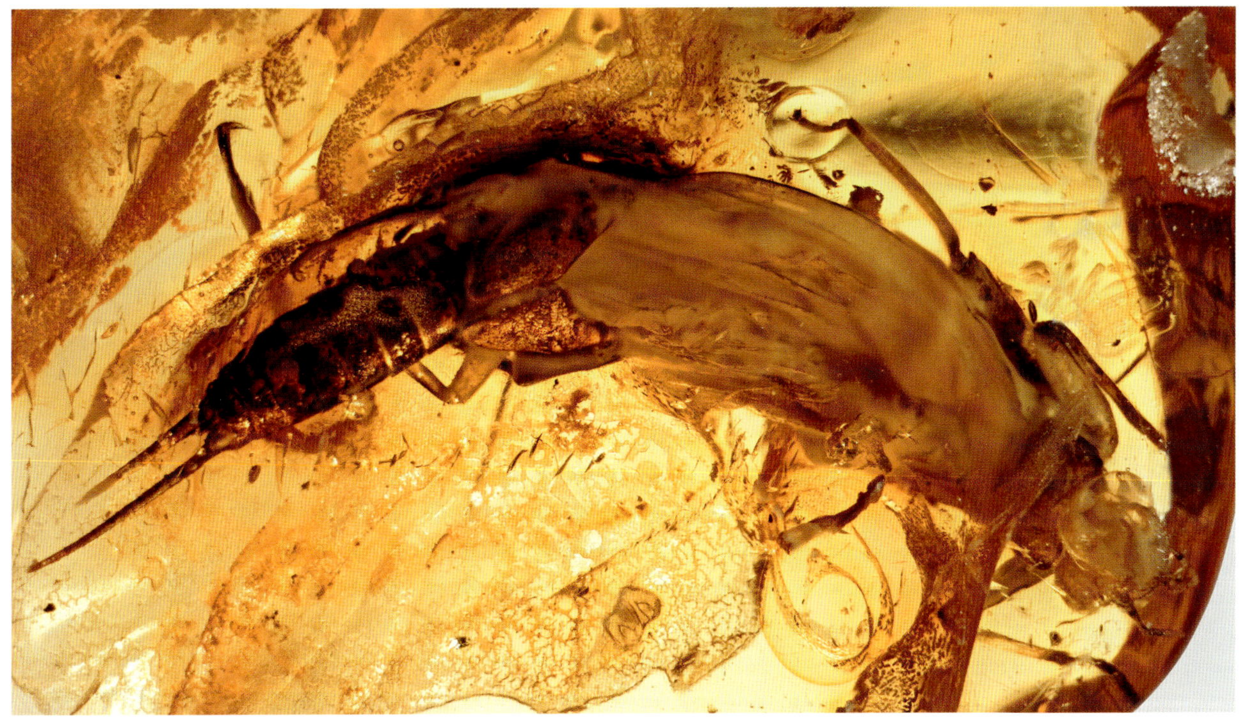

2759 Perlidae Schlupfvorgang

7077 Perlidae Schlupfvorgang

7077 Perlidae Schlupf, Illustration © Wichard et al. 2009

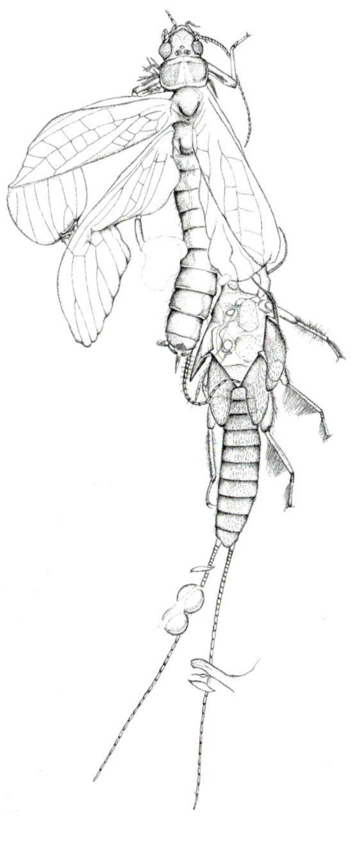

TARSENSPINNER

EMBIOPTERA

Tarsenspinner werden auch Fersenspinner genannt. Das deutet darauf hin, dass Spinndrüsen des verdickten ersten Fußgliedes der Vorderbeine Spinnfäden bilden können, die aus hohlen Borsten ausgestoßen werden.

Die Tarsenspinner sind die engsten Verwandten der Steinfliegen und zeigen im Habitus eine gewisse Ähnlichkeit.

Wir finden bei den Tarsenspinnern einen ausgeprägten Sexualdimorphismus: Weibchen sind immer flügellos, Männchen können geflügelt sein und haben ihre Mundwerkzeuge zu Klammerorganen für die Begattung umgebildet.

Da Tarsenspinner versteckt in Gespinsten am Boden leben, oft unter Steinen oder Holz, nachtaktiv sind und selten fliegen, finden sie selten den Weg ins Harz und stellen Raritäten im Baltischen Bernstein dar, vor allem geflügelte Männchen sind äußerst selten.

Bisher wurden nur wenige Arten aus dem Baltischen Bernstein beschrieben, z. B.:

Electroembia antiqua (Pictet, 1854) = *Embia antiqua* = *Haploembia antiqua* = *Oligotoma antiqua*. Da die Männchen dieser Art flügellos sind, gibt es mindestens eine weitere Art, deren Männchen geflügelt sind (Einschluss 7102).

1676 Embioptera 5 mm

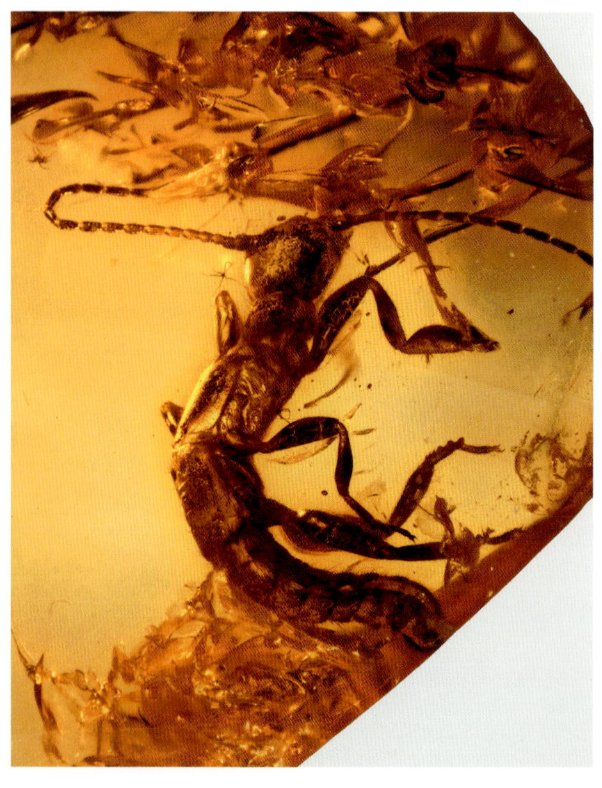

7102 Embioptera 8,5 mm

2860 Embioptera 7,6 mm

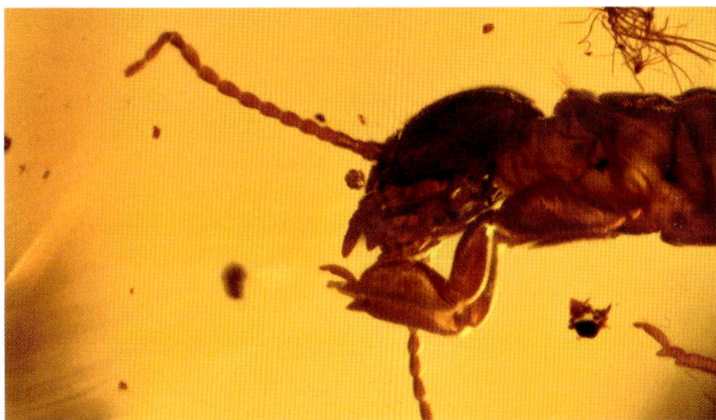

2860 Embioptera, Kopf

Electroembia antiqua,
Illustration: Pictet, 1854

OHRWÜRMER

DERMAPTERA

Der umgangssprachliche Name Ohrenkneifer weist auf die zu kräftigen Zangen umgebildeten Hinterleibsanhänge (Cerci) hin, die zur Jagd, zur Verteidigung, bei der Begattung, aber auch beim Nahrungserwerb und als Hilfe bei der Entfaltung der Hinterflügel benutzt werden, ganz sicher aber nicht, um dem Menschen in die Ohren zu kneifen. Die Männchen haben stark gebogene, die Weibchen etwas geradere Zangen. Die Ohrwurmlarven haben die Hinterleibsanhänge noch nicht kräftig zangenförmig ausgebildet, sie sind zart, gegliedert, fadenförmig und kaum gebogen. Die ungegliederten stark sklerotisierten Zangen entstehen erst bei der letzten Häutung zum Erwachsenenstadium. Häutungshüllen haben oft eine gewisse Ähnlichkeit mit Steinfliegenlarven.

Nicht alle Ohrwürmer können fliegen, einige haben die Flügel vollständig zurückgebildet. Bei den flugfähigen Arten haben die großen, zarten Hinterflügel in Ruhestellung eine dreifache Querfaltung, dazu eine Fächerfaltung. So liegen sie unter den kurzen, derben Deckflügeln geschützt, die wie kurze Schuppen fast ohne Äderung aussehen und keine Funktion für den Flug haben.

2904 Forficulidae Jungtier 4,6 mm

Ohrwürmer sind bodenlebende, nachtaktive Tiere, die sich tagsüber mit ihrem flachen, biegsamen Körper unter Holz, Steinen usw. verstecken. Da sie obendrein selten fliegen, finden wir sie auch selten im Bernstein. Die dünnen Fühler sind reichlich mit Tasthärchen besetzt und ungefähr halb so lang wie der Körper. Der flache Halsschild ist mehr oder weniger quadratisch mit abgerundeten Ecken. Die Vorderbrust ist frei beweglich, die beiden hinteren Brustglieder sind miteinander verwachsen und beide schmaler als die Vorderbrust. Die Rückenschilde des Hinterleibs überragen seitlich etwas die Bauchschilde, dadurch entsteht eine Zickzacklinie.

Von den vielen Ohrwürmer-Familien finden wir im Baltischen Bernstein sechs, mit folgenden Arten:

- Forficulidae: *Forficula baltica, F. klebsi, F. praecursor, F. pristina* Burr, 1911.
- Ocellidae: *Ocellia articulicornis* Olfers, 1907.

Weitere, nicht artbeschriebene Funde stammen aus den Familien Karschiellidae, Labiduridae, Pygidicranidae und Spongiphoridae (früher Labiidae).

Die familienmäßige Bestimmung gestaltet sich schwierig. Die Autoren ziehen es vor, gleich zur Unterfamilie oder Gattung zu gehen, da es nur wenige charakteristische Merkmale gibt, die für alle Mitglieder einer Familie zutreffen.

Sichere Familienmerkmale sind:

- Eigentliche Ohrwürmer (Forficulidae): Herzförmiges, zweites Fußglied.
- Sandohrwürmer (Labiduridae): Fühler mit mehr als 15 Gliedern.
- Zwergohrwürmer (Spongiphoridae): Geringe Anzahl an Antennengliedern, großes Pygidium, Zipfel an den Deckflügeln (Tegmina), zweites Fußglied zylindrisch.
- Pygidicranidae: Abgeflachter Körper, dichtborstig behaart, breiter Kopf, Kanten oder Kiele auf den Schenkeln (Femur).

7302 Dermaptera 12,5 mm

7072 Forficulidae 18 mm

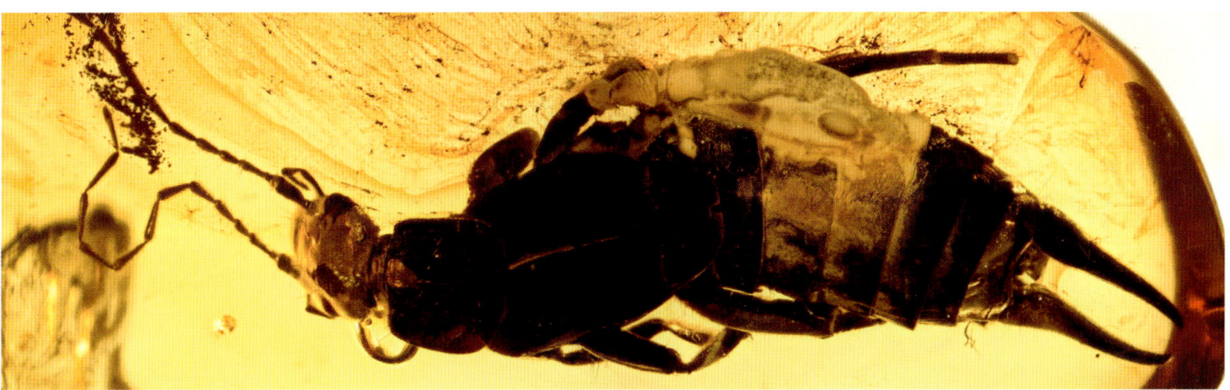

2763 Spongiophoridae 10,5 mm

2827 Spongiophoridae 9,5 mm

2761 Karschiellidae 4,6 mm

7259 Spongiophoridae 7 mm

2734 Pygidicranidae 2,6 mm

2124b Dermaptera, Coll. + Foto © Damzen

7190 Spongiophoridae 6 mm

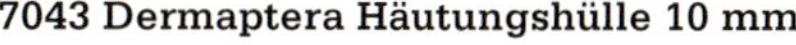

7043 Dermaptera Häutungshülle 10 mm

BISHER NICHT IM BALTISCHEN BERNSTEIN GEFUNDEN:

GRILLENSCHABEN

NOTOPTERA (GRYLLOBLATTODEA)

Grillenschaben sind seit dem Perm nachgewiesen, mehrere Nachweise gibt es auch aus dem Trias und Jura (Ansorge & Brauckmann, 2008). Die Ordnung wurde 1914 von Walker neu entdeckt und beschrieben. Systematisch werden die Grillenschaben als Schwestergruppe der Ohrwürmer gesehen (Zompro, 2005) oder als enge Verwandte der Gladiatoren (Arillo & Engel, 2006).

Heute leben diese Tiere im Moos und unter Holz in eher kühleren Gegenden in Ostasien, Japan und Nordamerika, fossile Vertreter haben sicher auch in wärmeren Gegenden gelebt. Aus dem Bernstein gibt es bisher keinen Nachweis. Trotzdem soll die Ordnung hier kurz vorgestellt werden, da ein zukünftiger Bernsteinfund möglich erscheint.

Die Körperform ähnelt der Doppelschwanzgattung Campodea mit einem ohrwurmähnlichen Kopf. Die seitlich gelegenen Komplexaugen sind schwach entwickelt, die Fühler halb so lang wie der Körper. Die drei beweglichen Brustglieder sind flach mit viereckigen Rückenplatten, wobei die Vorderbrustplatte die größte ist. Drei schlanke Laufbeinpaare tragen fünfgliedrige Füße mit zwei Krallen. Der Hinterleib besteht aus zehn unterschiedlich großen Segmenten mit achtgliedrigen zarten Hinterleibsanhängen. Dazwischen kann bei den Weibchen eine Legescheide sichtbar sein.

Grylloblattodea, verändert nach URANIA-Tierreich, 1969

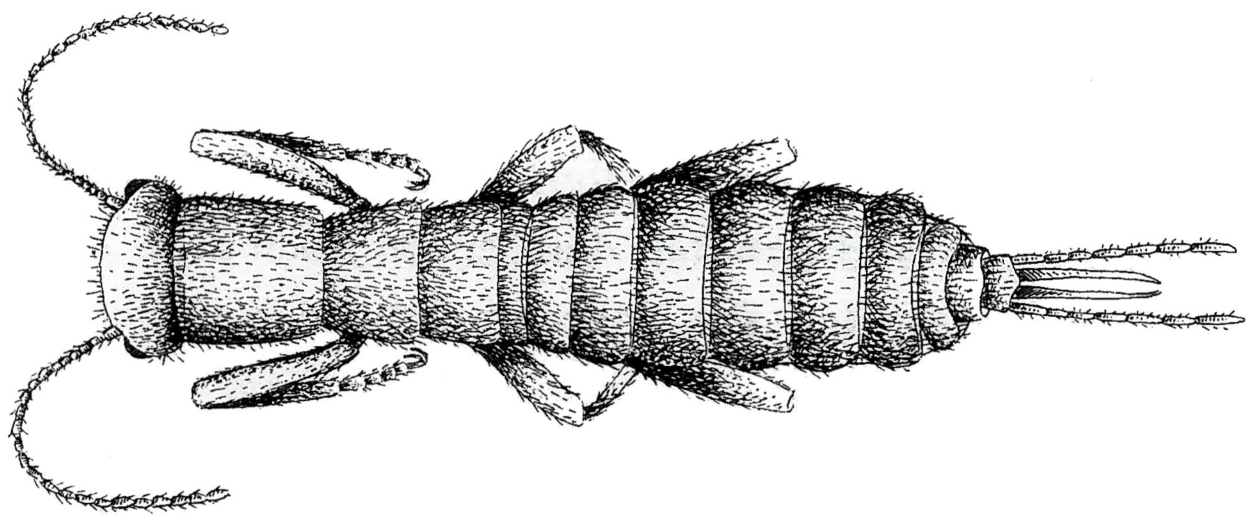

BISHER NICHT IM BALTISCHEN BERNSTEIN GEFUNDEN:

BODENLÄUSE

ZORAPTERA

Die Bodenläuse ähneln den Staubläusen, sind aber nicht mit ihnen verwandt. Sie stellen eine sehr kleine Ordnung innerhalb der Insekten dar. Sie sind auf die Tropen und Subtropen beschränkt, auf Lebensräume, die auch im Bernsteinwald gegeben waren. Deshalb ist es durchaus möglich, dass solch ein Tierchen irgendwann im Bernstein entdeckt wird. Vielleicht schlummern diese Tierchen schon unentdeckt in Sammlungen, denn sie sind erstens sehr klein und werden übersehen und zweitens könnten geflügelte Exemplare mit Staubläusen (Psocoptera) und ungeflügelte Exemplare mit Springschwänzen (Collembola) verwechselt werden.

Die Körpergröße erreicht maximal 3 mm. Es gibt ungeflügelte, nur unterirdisch lebende und deshalb augenlose Tiere und geflügelte Tiere mit sehr stark reduzierter Flügeläderung.

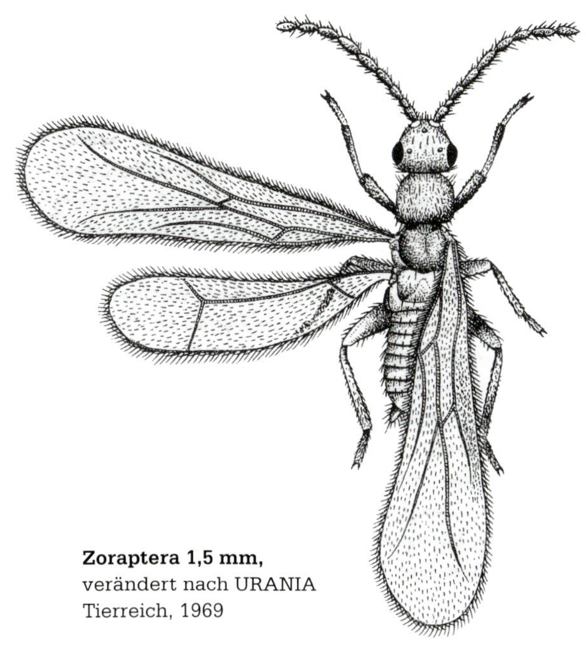

Zoraptera 1,5 mm, verändert nach URANIA Tierreich, 1969

Zorotypus hubbardi, Foto © David R. Maddison, 2004, Creative Commons Attribution License, version 3.0.

TERMITEN

ISOPTERA

Im subtropischen Bernsteinwald sind die Termiten ganz sicher häufige Tiere gewesen. Im Bernstein dagegen findet man sie nicht so häufig, aber auch nicht selten. Der Grund ist verständlich: Die meiste Zeit ihres Lebens verbringen Termiten versteckt in einem Baum, der oft schon tot ist. Dort können sie kaum vom Harz eingefangen werden. Nur die geschlechtsreifen Weibchen und Männchen sind geflügelt und schwärmen aus. Nach dem kurzen Schwärmflug werfen sie sofort ihre Flügel an Sollbruchstellen ab, weshalb man nicht selten ungeflügelte Termiten mit der typischen großen Basis-Flügelschuppe findet und daneben abgeworfene Flügel.

Termitenarbeiter als zweite und individuenreichste Kaste sind selten, Termitensoldaten mit ihren kräftigen Kiefern als dritte Kaste äußerst selten im Bernstein zu finden. Beide Vertreter haben nur kleine, zurückentwickelte Augen. Die geflügelten Geschlechtstiere haben gut entwickelte, meist nierenförmige Komplexaugen und ein Paar Punktaugen (Ocellen). Weibchen und Männchen sind kaum zu unterscheiden; nur die Hinterleibsspitze des Weibchens wirkt etwas kürzer, weil das achte und neunte Hinterleibsglied ins vergrößerte siebte eingezogen ist.

Wie der Name besagt (iso = gleich, ptera = Flügel), sind Vorder- und Hinterflügel gleich aussehend. Sie setzen an einer nicht stark entwickelten Flügelbrust an, die aus dem verwachsenen zweiten und dritten Brustabschnitt besteht. Die Vorderbrust ist frei beweglich. Der Hinterleib ist meist deutlich breiter als die Brust. Die Anzahl der Fußglieder beträgt 3 bis 4, nur bei Mastotermes finden wir 5 Fußglieder. Die Anzahl der Fühlerglieder variiert artspezifisch und ist ein wichtiges Bestimmungsmerkmal.

2854 Isoptera 5 mm, Flügelspanne 16mm

628 *Reticulitermes antiquus* Germar, 1813, 3,5 mm

7305 Kalotermitidae *Electrotermis* 4,7 mm

7234 *Termopsis bremii* Heer, 1849, gesamt 11 mm

2810 Isoptera 10 mm

7242 Rhinotermitidae 3 mm

2902 Isoptera 4 mm, Flügelspanne 7,5 mm

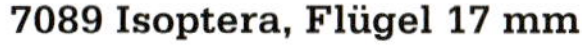

7089 Isoptera, Flügel 17 mm

Die neue Systematik fasst die Termiten zusammen mit den Fangschrecken und Schaben zur Überordnung Dictyoptera zusammen. Sie sind am engsten mit den Schaben verwandt. Es wird diskutiert, ob auch die Raubschrecken (Mantophasmatodea), Grillenschaben (Grylloblattodea) und Stabschrecken (Phasmida) mit in diese Überordnung gestellt werden sollten (nach Cameron et al. 2006).

Im Baltischen Bernstein finden wir Termiten aus vier Familien, mit folgenden Arten, z. B.:

Kalotermitidae: *Calotermes* (= *Electrotermes) affinis* (Hagen, 1854), *Calotermes berendti* (Pictet & Hagen, 1856), *C. diaphanus* (Handlirsch, 1908), *Electrotermes girardi* (Giebel, 1856).

Termitidae: *Eutermes antiquus* (Schechtendal. 1888), *E. debilis, E. punctatus* und *E. pusillus* Handlirsch, 1908, *Maresa fossilis* Handlirsch, 1908, *Maresa plebeja* Giebel, 1856.

Rhinotermitidae: *Reticulitermes antiquus* Germar, 1813, *Heterotermes eocenicus* Engel, 2008.

Mastotermitidae: *Garmitermes succineus* Engel, Grimaldi & Krishna, 2007, *Idanotermes desioculus* Engel, 2008.

Termopsidae: *Archotermopsis tornquisti* Rosen, 1913, *Termes* (= *Termopsis) bremii* (Heer, 1849), *Termopsis ukapirmasi* Engel, Grimaldi & Krishna, 2007, *Termes (= Electrotermes) affinis* (Hagen, 1856).

Termiten finden wir in vier Formen vor:

- Geflügelte Geschlechtstiere
- Ungeflügelte Geschlechtstiere
- abgeworfene Flügel
- Arbeiter
- Soldaten

Beim Einschluss 99 bezweifele ich die Zuordnung zum Baltischen Bernstein und halte Dominikanischen Bernstein für möglich.

Die häufigste Termitenart im Baltischen Bernstein ist *Reticulitermes antiquus* aus der Familie Rhinotermitidae. Die heute lebenden Arten dieser Gattung leben vorwiegend in totem Kiefernholz (nach Weidner, 1955) und bilden individuenreiche Schwärme. Auch die Termopsidae sind reine Nadelholz-Termiten. Für die Kalotermitidae fehlt ein Rezentvergleich, da die im Bernstein vorkommende Unterfamilie ausgestorben ist (nach Weitschat & Wichard, 1998).

Bei guter Erhaltung lassen sich die Termiten-Einschlüsse mit dem Bestimmungsschlüssel von Weidner (1955) oder Engel (2007) gut bestimmen.

7020 Isoptera 50 x

2805 Isoptera 4,7 mm mit abgeworfenem Flügel

872 Isoptera, abgeworfene Flügel 8 mm

6956 Isoptera 8,5 mm mit Flügelstümpfen

7019 Isoptera Arbeiter 5,5 mm

99 Isoptera Arbeiter und Soldat mit Kieferzangen 2,8 mm

SCHABEN

BLATTODEA

Die neuere Systematik stellt die sehr alte Insektenordnung Blattodea (auch Blattina genannt) zusammen mit den Fangschrecken und Termiten in die Überordnung Dictyoptera (Anisyutkin, 2012). Schaben hatten schon im Karbon nahezu den heutigen Entwicklungsstand erreicht.

Schaben kommen regelmäßig im Baltischen Bernstein vor, aber nicht häufig. Wir finden Jungschaben, Männchen und Weibchen in dieser angegebenen Häufigkeitsreihenfolge. Einige Tiere erreichen mehrere Zentimeter Größe und gehören damit zu den großen Bernsteininsekten.

Der Körper ist abgeflacht und mehr oder weniger oval. Der Kopf ist frei beweglich und sitzt geschützt unter dem Halsschild gezogen, so dass die Augen von oben nicht immer zu erkennen sind. Die Fühler sind lang und fadenförmig und können über körperlang sein. Die Beine haben eine sehr typische, unverkennbare Bedornung.

Die Vorderbrust hat oben einen großen, schildartigen Halsschild. Die Mittelbrust trägt lederartige, deutlich geäderte Deckflügel, die bis auf die wenigen Momente des nächtlichen Fliegens flach übergreifend den Hinterleib überdecken. Darunter befinden sich an der Hinterbrust die großen, fächerartig zusammengefalteten Hinterflügel, die einen vergrößerten Analfächer besitzen (siehe Foto der Schabe mit ausgebreiteten Flügeln). Jungtiere und manche Weibchen sind flügellos.

Von unten fallen die stark entwickelten, abgeflachten Hüften auf, die alle nach hinten gerichtet sind und sich in der Mitte nähern. Das hinterste Beinpaar ist das längste, seine Schiene ist sehr stark bedornt. Die Füße sind fünfgliedrig und mit Haftlappen und zwei Krallen ausgestattet.

Der Hinterleib besteht aus 10 Abschnitten, wobei das zehnte Rückenschild als sogenannte Supraanalplatte das Hinterende überdeckt, darunter ragen die beiden kurzen Afterfühler hervor.

Wir finden im Baltischen Bernstein acht Familien mit ca. 40 beschriebenen Arten, die der ungefähren Häufigkeit nach geordnet sind:

Ectobiidae (inklusive Blattellinae, Nyctiborinae) mit über 25 beschriebenen Arten aus 9 Gattungen, z. B.: *Blatella baltica, B. furcifera, B. klebsi, B. pristina* (Shelford, 1910), *Ceratinoptera = Blatta didyma* und *Ischnoptera = Blatta gedanensis* (Germar & Behrendt, 1856), *Pseudophyllodromia succinica* und *Symploce = Blatella antiqua* (Shelford, 1910), *Temnopteryx klebsi* (Shelford, 1910), *Ectobius balticus* (Germar & Behrendt, 1856, *Ectobius inclusus* und *Nyctibora succinica* (Shelford, 1910).

Blattidae: *Blatta baltica* (Germar & Berendt, 1856), *Blatta berendti* (Giebel, 1856), *Blattina = Blatta succinea* (Germar, 1813), *Blatta didyma* und *B. gedanensis* (Germar & Berendt, 1856), *Blatta elliptica* und *B. ruficeps* (Giebel, 1862), *Polyzosteria parvula* und *P. tricuspidata* (Germar & Berendt, 1856).

Euthyrrhaphidae: *Hololampra succini* (Piton, 1940).

Perisphaeriidae: Nachweis einer Larve (nach Weitschat & Wichard, 1998).

Blaberidae, Corydiidae: Schon 1998 im Atlas der Pflanzen und Tiere im Baltischen Bernstein (Weitschat/Wichard) abgebildet, konnte der Erstfund einer Blaberidae aber erst 2012 erkannt, zugeordnet und als *Stegoblatta irmgardgroehni* (Anisyutkin & Gröhn) beschrieben werden (Einschluss 7137). Zeitgleich konnte es mit dem Einschluss 7142 zur Erstbeschreibung eines Männchens aus der Familie Corydiidae kommen: *Paraeuthyrrapha groehni* (Anisyutkin, 2012).

Selten sind auch Vertreter der **Polyphagidae,** die heute größtenteils in sandigen Gegenden leben und auch als Sandschaben bezeichnet werden. Der Einschluss 7143 zeigt einen Vertreter aus der Unterfamilie Euthyrrhaphinae, ähnlich der Gattung *Holocompsa,* die auch heute noch vorkommt. Aus dem Baltischen Bernstein ist *Polyphaga fossilis* (Shelford, 1910) beschrieben. Ihre Vertreter zeigen oft farbige Flecken.

7142 GPIH 4415 *Paraeuthyrrapha groehni* Anisyutkin, 2012

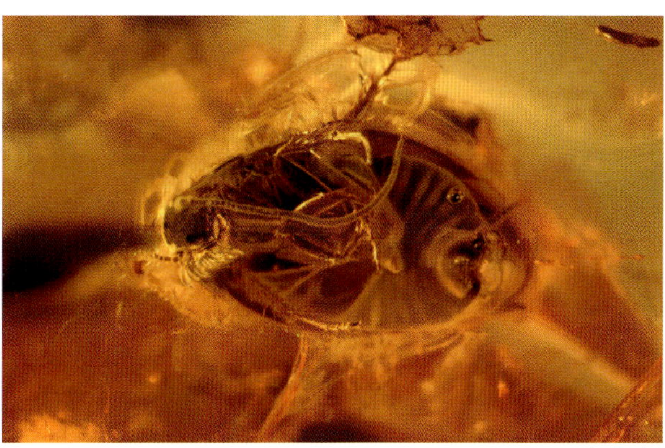

7162 Polyphagidae 6 mm

7143 Polyphagidae Euthyrrhaphinae cf. *Holocompsa* 5,5 mm

7247 Blattodea 6,8 mm

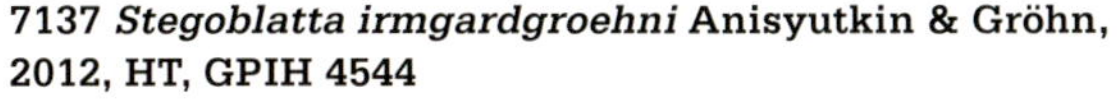

7137 *Stegoblatta irmgardgroehni* Anisyutkin & Gröhn, 2012, HT, GPIH 4544

Blattodea 11,2 mm, Coll. Damzen

Blattodea, Entwicklungsstadien

Die Entwicklung ist unvollkommen, d. h. die Jungtiere bekommen mit jeder Häutung mehr Ähnlichkeit mit den Erwachsenen (Hemimetabolie). Die Eier werden meist in Eipaketen (Ootheken) abgelegt, die seitlich eine Naht erkennen lassen. Dort platzt das Eipaket auf und entlässt die Jungtiere. Die Eipakete sind in Form und Anzahl der enthaltenen Eier artspezifisch, können also zur näheren Bestimmung dienen. Solche Ootheken sind selten im Bernstein.

Aktionsstücke, die zeigen, wie eine weibliche Schabe eine Oothek entlässt oder Jungschaben, die gerade aus der Oothek geschlüpft sind, stellen Raritäten dar (Einschlüsse 7144, 7609, 7152, 6988).

2 Blattodea 12 mm

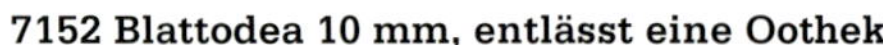

7152 Blattodea 10 mm, entlässt eine Oothek

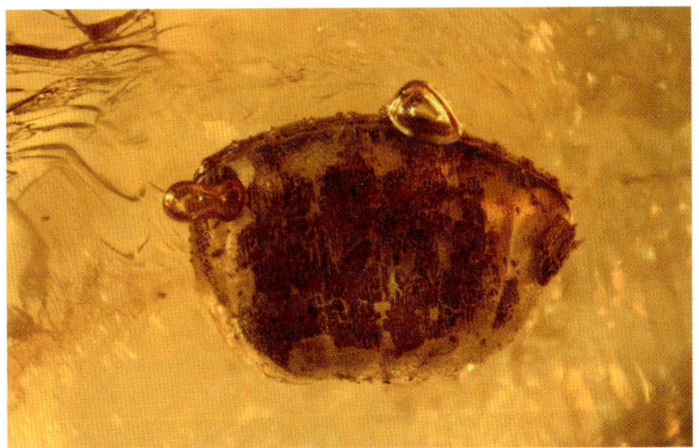

7144 Blattodea Oothek 2,8 mm

7609 Blattodea Oothek 3,7 mm

6988 Blattodea, Oothek 3,5 mm und viele Jungschaben

2831 Blattodea juv. 4 mm, verpilzt

2943 Blattodea Häutungshülle 9 mm

7016 Blattodea 4,6 mm

7017 Blattodea 4,2 mm

7018 Blattodea 7,2 mm

FANGSCHRECKEN

MANTODEA

Die dritte Gruppe der Dictyoptera neben den Termiten und Schaben heißt Fangschrecken oder Gottesanbeterinnen. Die enge Verwandtschaft dieser drei Gruppen verwundert, sehen die Fangschrecken doch auf den ersten Blick mit ihrem hochspezialisierten Fangapparat und der stark verlängerten Vorderbrust grundlegend anders aus. In vielen anderen Körpermerkmalen stimmen sie aber überein und legen wie die meisten Schaben und die ursprünglichsten heute lebenden Termiten ihre Eier in Ootheken ab.

Fangschrecken sind auch als Larvenstadium meist anhand dreier typischer Merkmale unverkennbar:

1. Bei einigen Arten werden die Vorderbeine nicht nur als Schreitbeine benutzt. Sie haben eine arttypische Anordnung von Dornen an Femur und Tibia und eine typische Endklaue an der Tibia (Ausnahme: Chaetessa), vgl. Einschluss 1622. Die beiden Beinteile können taschenmesserartig gegeneinander eingeklappt werden. In Ruhe werden die Vorderbeine bei diesen Arten abgehoben am Körper getragen, das hat ihnen den Namen Gottesanbeterinnen eingetragen. Die Ausbildung der Dornen ist ein wichtiges Bestimmungsmerkmal, vgl. Zeichnung. Bei den Mantoididae, Chaetessidae und Metallyticidae sind die Vorderbeine noch im ursprünglichen Laufbeingebrauch.

2. Die Vorderbrust ist oft stark verlängert, wie wir es nur noch bei Fanghaften (Mantispidae) und Kamelhalsfliegen (Raphidioptera) kennen, und beweglich an der Mittelbrust eingelenkt. Dagegen sind Mittel- und Hinterbrust viel kürzer und unbeweglich miteinander verbunden.

3. Der Kopf ist meist dreieckig mit großen seitlich stehenden Augen und meist frei beweglich in alle Richtungen drehbar. Das ermöglicht ein sehr gutes binokulares räumliches Sehen. Viele der ursprünglichen Arten haben aber einen eher rundlichen Kopf und er ist nur eingeschränkt beweglich. Die Beweglichkeit stieg wahrscheinlich während der Evolution der Gruppe mit der Verlängerung des Prothorax.

Geflügelte Exemplare sind nur sehr wenige im Baltischen Bernstein gefunden worden. In Ruhestellung werden die derberen Deckflügel über das zarte zweite Flügelpaar gelegt. Meistens haben die Männchen längere Flügel als die Weibchen, es gibt aber auch Arten mit verkürzten Flügeln oder beide Geschlechter sind flügellos. Männchen sind generell kleiner und zarter gebaut als die Weibchen, die einen auffallend dicken Hinterleib tragen, wenn sie Eier produzieren. Männchen und Weibchen lassen sich auch an den Unterplatten (Sternite) der Hinterleibssegmente unterscheiden. Da das erste Sternit kaum sichtbar ist, erkennen wir bei Männchen acht Sternite, bei Weibchen 6 Sternite, das letzte jeweils die Subgenitalplatte, über der bei den Weibchen der Legeapparat liegt.

Fangschrecken sind wärmeliebende Tiere vornehmlich der Subtropen und Tropen. Finden wir sie im Bernstein, zeigt es, dass das Klima recht warm, subtropisch oder tropisch, gewesen sein muss – wie im Eozän. Im Miozän dagegen war es deutlich kühler, zu kalt für Fangschrecken.

Von den 15 Familien (nach Ehrmann 1999, 2002) finden wir im Baltischen Bernstein die Mantidae, Mantoididae, Chaeteessidae und Liturgusidae. Nur sehr wenige Arten wurden bisher beschrieben. Die ersten von Giebel (1862) beschriebenen Arten sind Kopalarten und keine Bernsteinarten. Die erwachsene, geflügelte Art *Mantoida matthiasglinki* Zompro, 2005 ist ganz sicher keine Mantoididae, da die Fangbeinstruktur vollkommen von den rezenten Mantoididae abweicht. Auch die im „Atlas der Tiere und Pflanzen im Baltischen Bernstein“ abgebildete „Chaeteessidae“ (GPIH Scheele 1549) gehört sicher nicht in diese Familie, da eine Tibialklaue vorhanden ist (nach Wieland, 2014).

Da wir bei den meisten Einschlüssen nur junge Nymphen des 1. oder 2. Stadiums vorliegen haben, ist es extrem schwierig, sie Familien zuzuordnen. Eine umfangreiche wissenschaftliche Untersuchung der Nymphen und erwachsenen Tiere des Baltischen Bernsteins steht noch aus.

Mantodea und Milbe (Glaesacaridae), Coll. Damzen

1622 Mantodea 3,6 mm

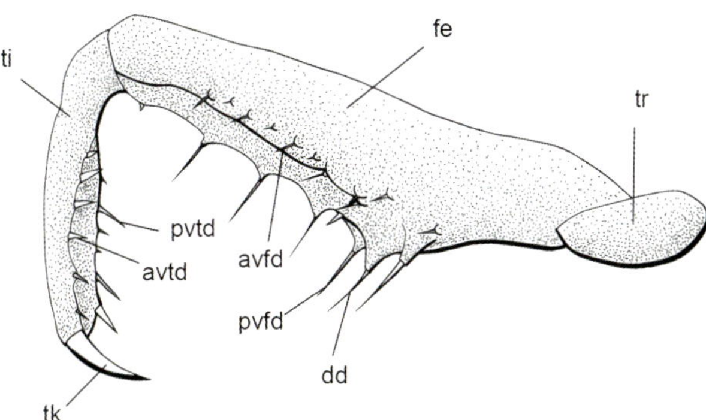

GPIH 185, Coll. Scheele, Vorderbein Illustration © Bratek

Mantodea, Foto © Weitschat

Abkürzungen, Zeichnung Bratek:
avfd = anteroventraler Femurdorn
avtd = anteroventraler Tibialdorn
dd = Discoidaldorn
fe = Femur
pvfd = posteroventraler Femoraldorn
pvtd = posteroventraler Tibialdorn
ti = Tibia
tr = Trochanter
tk = Tibialkralle

2776 Mantoididae 5 mm

2601 Mantidae 5,5 mm

7054 Mantodea 5,6 mm, dorsal

7054 Mantodea 5,6 mm, ventral

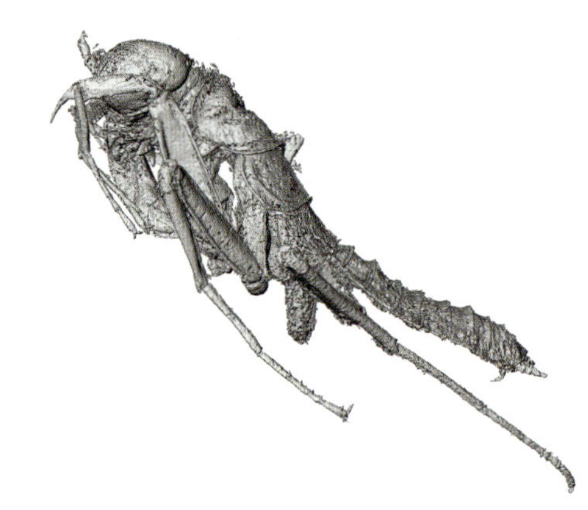

7054 Micro-CT Rekonstruktion, © Wieland

6940 Mantidae 3 mm

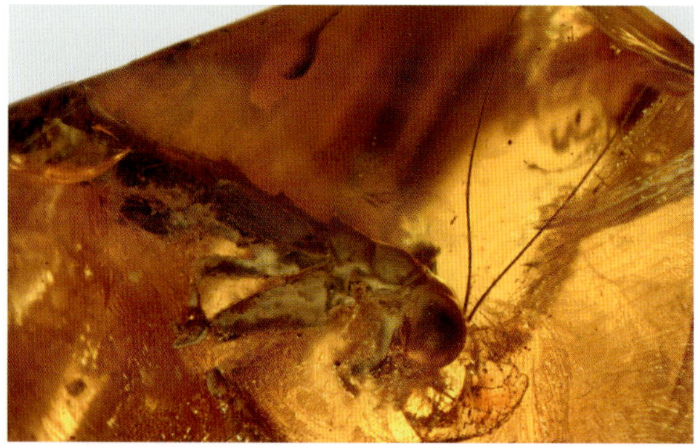

7207 Mantodea 8 mm, erwachsen, geflügelt

6939 Mantidae 4,6 mm

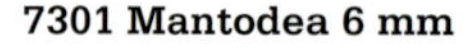

7301 Mantodea 6 mm

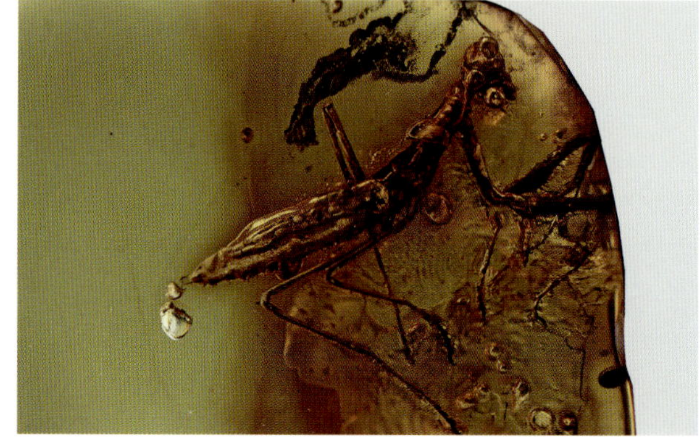

Mantidae, Foto © Weitschat

Mantodea, Coll. Krage

STABSCHRECKEN

PHASMATODEA, INKL. TIMEMATODEA

Die Stabschrecken werden auch Stabheuschrecken oder Gespenstschrecken genannt (früher: Phasmida).

Die Systematik der Neuflügler (Neoptera) einschließlich der Stabschrecken ist bis heute ungeklärt. Einerseits wird die Zusammenführung der Tarsenspinner (Embioptera) und Stabschrecken zu einer Obergruppe diskutiert, andererseits die Zuordnung der Stabschrecken zu den Springschrecken in die Obergruppe Orthopterida und eine weitere Überlegung stellt sogar die Steinfliegen und Tarsenspinner in die Obergruppe Phasmatomorpha. Unstrittig scheint die Ausgliederung der Timematodea als eigene Ordnung zu sein, die hier aber noch zusammen mit den Phasmatodea abgehandelt wird (nach Zompro, 2004, 2008).

Wie der Name besagt, ist die Körperform der Stabschrecken langgestreckt, mit langen, dünnen Beinen. Sie soll der Tarnung durch Anpassung an die Umgebung (Mimese) dienen. Es gibt auch noch den etwas gedrungenen Typ mit proportionierten Beinen und den abgeplatteten Typ mit seitlicher, lamellenartiger Verbreiterung, der blattähnlich aussieht. Letztere sind noch nicht im Bernstein gefunden worden. Alle Vertreter bevorzugen subtropische bis tropische Gegenden, von trocken bis feucht. Deshalb finden wir sie auch regelmäßig, aber nicht häufig im Baltischen Bernstein. Die relative Seltenheit beruht sicher auch auf der stationären Lebensweise.

Es hat sich gezeigt, dass die Flügel im System der Phasmatodea vielfach reduziert wurden und einige Male sogar reevolviert sind (also die Gene zur Flügelproduktion wieder aktiviert und Flügel gebildet wurden).

Männchen und Weibchen zeigen große Unterschiede (Geschlechtsdimorphismus), die Männchen sind immer kleiner und schlanker gebaut. Die Pflanzensamen ähnelnden Eier sind artspezifisch gebaut, zeigen in der Mitte eine typische verschieden geformte Platte (Mikropylarplatte) und oben einen Deckel (Operculum). Ein Nachweis im Baltischen Bernstein steht noch aus, ist aber wahrscheinlich.

Der kleine rundliche Kopf hat relativ kleine Komplexaugen, die nicht sehr leistungsfähig sind, eine Anpassung an die rein pflanzliche Ernährungsweise. Er ist frei beweglich, so dass das Tier bei starrer Körperhaltung die Mundwerkzeuge am Blattrand entlangführen kann. Die Fühler variieren von sehr kurz bis sehr lang.

Erwachsene (adulte) und subadulte Tiere sind sehr selten im Bernstein: Archipseudophasmatidae mit der Art *Archipseudophasma phoenix* Zompro, 2000 – erstes erwachsenes geflügeltes Exemplar dieser Art (Einschluss 1661 GPIH 4343), *Electrobaculum gracile* Sharov, 1968 aus der Familie Pseudophasmatidae (Einschluss 1504, mit Stummelflügeln). Einschluss 2755 zeigt ein subadultes Tier mit Flügelstummeln. Erst nach der letzten Häutung haben die Tiere vollständig ausgebildete Flügel.

Selbst Beinfragmente können eine nähere Bestimmung ermöglichen (Einschluss 2715): Zwei Beine von *Pseudoperla gracilipes* Pictet, 1844, aus der im Bernstein sehr seltenen Familie Heteronemiidae. Oliver Zompro (1999) schreibt dazu:

„Das Stück mit den beiden Beinfragmenten ist höchst interessant, da es sich zweifellos um die Mittelbeine oder Hinterbeine von einem Vertreter der Stabheuschrecken handelt, eine neue Gattung und Art, die sich insbesondere durch die Form und relative Länge des ersten Tarsengliedes unterscheidet. Die seitlichen Verbreiterungen von Femur und Tibia deuten darauf hin, dass es sich um eine blattmimikrierende Stabheuschrecke gehandelt haben dürfte. Die Größe der Beinfragmente lässt vermuten, dass sie zu einem adulten Exemplar gehörten. Das Stück ist daher von besonderem wissenschaftlichem Interesse, auch wenn eine Artneubeschreibung nach diesen Beinfragmenten leider kaum möglich sein wird."

1677 Phasmatodea 5,7 mm

1661 19,5 mm, *Archipseudophasma phoenix* Zompro, 2000, HT, GPIH 4343

1504 Phasmatodea 11 mm, *Electrobaculum gracile* Sharov, 1968

2758 Archipseudophasmatidae *Pseudoperla* 13,5 mm

867 Phasmatodea Häutungshülle 2,6 mm

2753 Phasmatodea 5,5 mm

2752 Phasmatodea 8,5 mm

6979 Phasmatodea 12,5 mm

2755 Phasmatodea mit Flügelansätzen 21,5 mm

2755 Phasmatodea mit Flügelansätzen

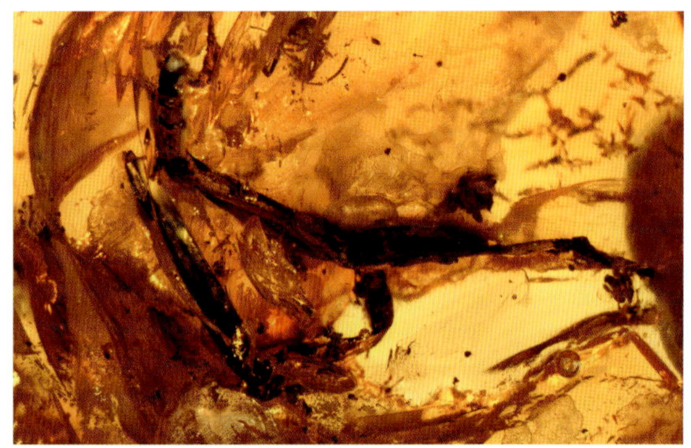

2715 Heteronemiidae, Bein 11,2 mm

***Pseudoperla gracilipes* 5,5 mm,** Kat. Weidner 312, Scheele 18

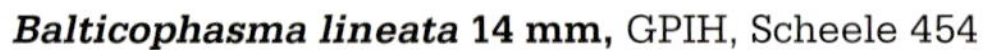

***Balticophasma lineata* 14 mm,** GPIH, Scheele 454

456 Phasmatodea 5,2 mm

Timematodea

Gedrungenere Tiere mit kürzeren Beinen, die drei Fußglieder aufweisen.
Beispiel: *Electrotimema carstengroehni* Zompro, 2004. Diese Ordnung wird an die Basis der Phasmatomorpha gestellt.

2632 Timematodea 5,1 mm, *Electrotimema carstengroehni* Zompro, 2005, HT, GPIH 4412

RAUBSCHRECKEN (GLADIATOREN)

MANTOPHASMATODEA

Es verwundert sehr, dass diese auf den ersten Blick wie Stabschrecken aussehenden Tiere bis 2002 nicht als das erkannt wurden, was sie eigentlich sind. Seit 1914 wurde keine neue Insektenordnung mehr aufgestellt, bis Oliver Zompro Anfang des neuen Jahrtausends die Sensation lieferte: Die neue Ordnung der Gladiatoren (Zompro, 2002). Mehrere Exemplare schlummerten unerkannt in den Sammlungen der Museen und Privatsammler und niemandem fiel auf, dass diese Tiere so gar nicht aussehen wie Stabschrecken (aber als solche eingestuft wurden).

Der Körper ist zwar stabschreckenähnlich, aber viel kräftiger und gedrungener gebaut. Die Beine sind kräftig, vor allem die Vorderbeine sehr kräftig und manchmal mit Fangdornen besetzt. Die Augen sind groß und die Kopfform eher dreieckig wie bei den Gottesanbeterinnen als rund wie bei den Stabschrecken. Der hintere Teil der Rückenplatten (Tergite) überlappen die nachfolgenden. Die erste Rückenplatte ist die größte. Die Schienen (Tibien) der Beine tragen zwei Sporne, die Hüften (Coxa) sind verlängert. Die Hinterbeine sind am längsten. Der Haftlappen (Arolium), ein lappenförmiger Anhang des letzten Fußgliedes zwischen den Klauen, ist stark ausgeprägt und dient auch zur Wahrnehmung von Schwingungen. Diese Tiere erscheinen wie eine „Kreuzung" aus Stabschrecke und Gottesanbeterin und deshalb gab Oliver Zompro der neu geschaffenen Ordnung auch diesen Namen Mantophasmatodea (eine Mischung aus Mantodea und Phasmatodea).

Die genaue systematische Stellung scheint immer noch unklar, auf jeden Fall wird diese neue Ordnung in die Übergruppe Orthopteromorpha gestellt, zusammen mit den Langfühlerschrecken, Kurzfühlerschrecken, Gespenstschrecken, Grillenschaben, Ohrwürmern, Fangschrecken und Schaben. Einige Wissenschaftler setzen sie zusammen mit den Grillenschaben in die Obergruppe Notoptera (Arillo & Engel, 2006).

Die erste beschriebene Art war *Raptophasma kerneggeri* Zompro, 2001. Es folgten weitere, zum Beispiel: *Ensiferophasma velociraptor* Zompro, 2005: Vertreter der Familie Ensiferophasmatidae ähneln den Stabheuschrecken auf den ersten Blick sehr. Typische Erkennungsmerkmale sind:

Die relativ kleinen Augen stehen seitlich weit hinten am Kopf, die Fühler sind sehr viel länger als der Körper. Die Hinterbeine sind als Sprungbeine ausgebildet, alle Tarsen sind gleich breit und die Haftlappen schmal, nicht über die Klauen hinausragend.

Mantophasmatodea 5 mm, Coll. + Foto © Veta

2723 Gladiator 4 mm, Fühler 8,5 mm, *Raptophasma groehni* Zompro, 2008, HT, GPIH 4503

2934 Mantophasmatodea 10,5 mm

Mantophasmatodea, Coll. + Foto © Veta

2990 Mantophasmatodea 6,2 mm

Mantophasmatodea, Coll. + Foto © Veta

Ensiferophasma velociraptor **Zompro, 2005, HT, GPIH 4272, 2,33 mm**

HEUSCHRECKEN

ORTHOPTERA

Die Heuschrecken teilen sich in zwei leicht zu unterscheidende Gruppen, die Langfühlerschrecken (Ensifera) und die Kurzfühlerschrecken (Caelifera), deren Zusammengehörigkeit lange angezweifelt wurde. Eine neuere Systematik stellt sie zusammen und fügt auch die Raubschrecken (Mantophasmatodea) in die Obergruppe Orthopteriformia (Jost & Shaw, 2006). Zu den im Baltischen Bernstein gefundenen Langfühlerschrecken zählen die Laubheuschrecken (Tettigonioidea), die Grillenartigen (Gryllacridoidea) und die Grillen (Grylloidea), die alle die typischen sehr langen Fühler besitzen. Zu den Bernstein-Kurzfühlerschrecken zählen einerseits die Feldheuschrecken (Acridoidea) mit den kurzen, weniggliedrigen, meist etwas abgeplatteten Fühlern, umgangssprachlich kennen wir sie als Grashüpfer, andererseits die Dornschrecken (Tetrigoidea).

Der deutsche Name weist auf die zu Sprungbeinen entwickelten Hinterbeine hin, der lateinische Name auf die geraden Flügel. Ein weiteres typisches Merkmal der Heuschrecken ist die seitlich sattelartig herabgezogene Vorderbrust.

Die Vorderflügel sind schmal und gerade, die Hinterflügel sind durch einen großen Analfächer vergrößert und haben die mehrfache Fläche der Vorderflügel. Sehr selten finden wir die großen geflügelten Tiere im Bernstein, meist sind die kleinen Larvenstadien eingeschlossen.

Fast alle Heuschrecken können Laute erzeugen, die bei den Langfühlerschrecken durch Aneinanderreiben der Vorderflügel entstehen, bei den Kurzfühlerschrecken durch das Reiben der Vorderflügel an den Hinterschenkeln. Diese Schrillorgane sind bei Bernsteineinschlüssen schwer zu erkennen. Bei den Laubheuschrecken befinden sich an den Knien der Vorderbeine längliche Öffnungen mit Trommelfellen, über die die Schallwellen zu den Hörsinneszellen gelangen. Der Nachweis im Bernstein steht bisher aus.

Die Entwicklung der Larven ist kleinschrittig (Paurometabolie); mit jeder Häutung werden die Larven dem erwachsenen Tier ähnlicher und die Flügelscheiden und Sprungbeine größer.

Laubheuschreckenweibchen haben einen langen Legebohrer, mit dem sie die Eier meist im Boden versenken. Ihre Larven gehören zu den häufigsten Heuschrecken-Einschlüssen im Baltischen Bernstein.

Die Blütengrillen (Oecanthidae, Einschlüsse 2643 und 2995), die sehr selten im Bernstein gefunden werden, gehören zu den Echten Grillen (Grylloidea).

Die Dornschrecken (Tetrigoidea) haben ihre größte Verbreitung in den Tropen. Wir finden sie aber auch in den Subtropen und gemäßigten Zonen. Erwachsene Exemplare sind äußerst selten im Bernstein zu finden (Einschluss 1000). Ins Harz geraten, konnten sich diese sehr kräftigen Tiere meist befreien.

6973 Gryllidae 4,5 mm

1000 Tetrigidae, mit Flügeln 17,5 mm

2697 Caelifera 7,2 mm, mit Kotballen

2867 Caelifera 11,6 mm

2643 Oecanthidae 11,3 mm

2995 Oecanthidae 6,8 mm

2808 Tettigoniidae 5,7 mm

7135 Tettigoniidae 4,8 mm

D4408 Tettigoniidae 3,2 mm

7086 Tettigoniidae 6,2 mm

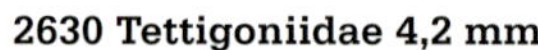

2630 Tettigoniidae 4,2 mm

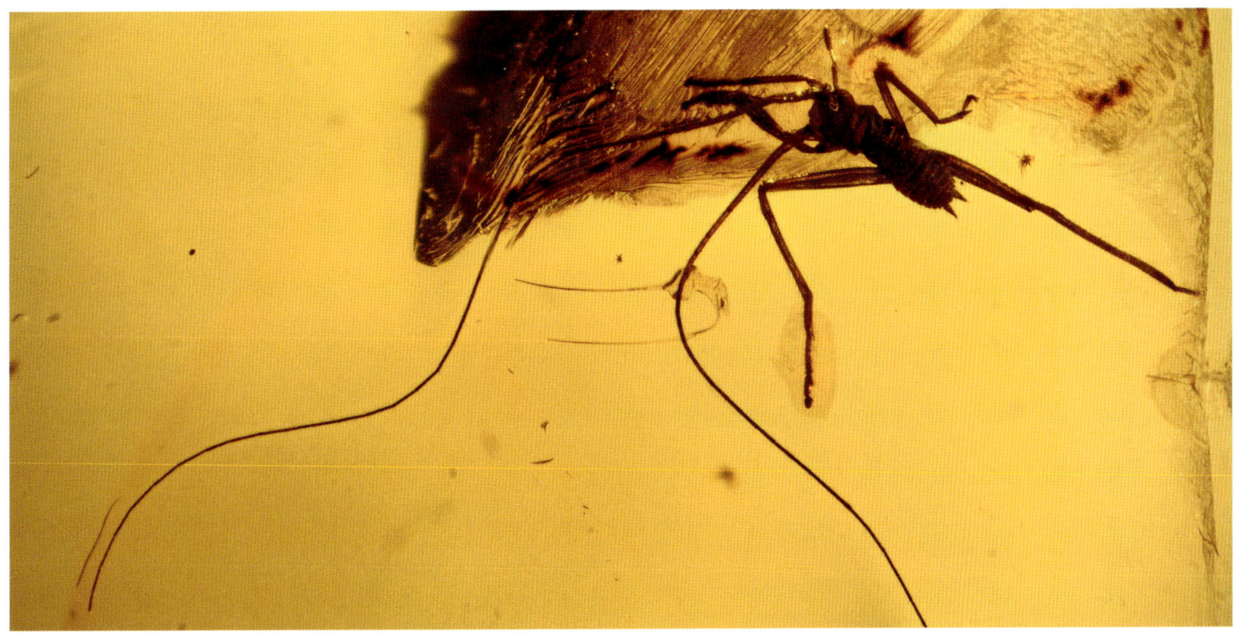

V3 Tettigoniidae, Fühler 9 mm, Coll. Nielsen

2625 Tettigoniidae 13,5 mm, mit Legeröhre

2948 Tettigoniidae 17 mm

RINDENLÄUSE

PSOCOPTERA

Unsere Kenntnisse über die Rindenläuse im Baltischen Bernstein beruhen hauptsächlich auf den Arbeiten von Enderlein (1911) und den Ergänzungen von Roesler (1943, 1944). Die Systematik wurde zwischenzeitlich mehrfach revidiert und neue Familien geschaffen. Lienhard (2004) führt die heute gängige Systematik auf (s. u.). Mockford (1993–2006) als führender Forscher über rezente Rindenläuse beschäftigt sich seit kurzem auch mit den fossilen Tieren.

Die Häufigkeitsverteilung der Rindenläuse im Bernstein entspricht ganz sicher nicht der tatsächlichen Verteilung im Bernsteinwald – und das gilt auch für viele andere Gruppen. Als flugträge Tiere sind die Arten von Rindenläusen am häufigsten eingeschlossen, die auch auf den harzproduzierenden Bäumen gelebt haben.

Rindenläuse werden auch Staubläuse, Flechtlinge oder Bücherläuse genannt, weil einige rezente flügellose Arten bei uns in staubigem, muffigem Milieu zwischen altem Papier und im Staub leben. Die Hauptverbreitung liegt aber in den Tropen und Subtropen auf der Rinde von Bäumen und Sträuchern, wo sie sich von Pilzen, Algen und Flechten ernähren (daher auch der häufig benutzte Name Flechtlinge).

Die meisten Arten besitzen vier Flügel, die dachartig über dem Hinterleib zusammengelegt getragen werden. Vorder- und Hinterflügel haben eine ähnliche Äderung; der Vorderflügel ist kräftiger entwickelt, entsprechend der auch kräftiger entwickelten Mittelbrust. Die Hinterflügel liegen im Flug mit dem Vorderrand unter den Vorderflügeln und werden durch einen Chitinvorsprung zu einer funktionellen Einheit verhakt. Fossile Rindenläuse aus dem Jura hatten noch getrennte Vorder- und Hinterflügel. Die ältesten Fossilfunde stammen aus dem Perm.

Männchen und Weibchen sehen ähnlich aus, die Männchen sind aber schlanker und kleiner und haben voll entwickelte Flügel, während bei den Weibchen Flügelreduzierungen auftreten können.

Einige Arten sind flügellos (z. B. bei den Psocinae). Bei diesen finden wir manchmal auf dem dadurch getarnten Körper Schmutzpartikel, die durch Drüsenhaare festgeklebt sind. Die Archipsocidae weisen ein reduziertes Flügelgeäder auf.

Der Körperbau ist unverwechselbar. Zwischen Brust und Hinterleib befindet sich eine deutliche Einschnürung. Nur Kopf und Teile der Brust sind stärker sklerotisiert, der Hinterleib ist dünnhäutig, zart und sack- bis tonnenförmig. Der Kopfschild ist typisch: Der hintere Teil ist stark entwickelt, seitlich liegen große, runde Komplexaugen. Die zwischen den Augen stehenden Fühler sind zart und fadenförmig lang, manchmal deutlich länger als der Körper. Die Oberkiefer sind sehr kräftig, die Unterkiefer tragen vier fühlerähnliche Taster. Aus den Speicheldrüsen können viele Arten ein Spinnsekret abgeben, mit dem sie Rindenritzen überspannen.

2961 Empheriidae *Empheria* 1,7 mm

2878 Lepidopsocidae, mit Flügeln 3,1 mm

10 Empheriidae *Empheria* 1,4 mm

7243 Lepidopsocidae Larve 1,2 mm

185 Electrentomidae *Electrentomum* 3,2 mm

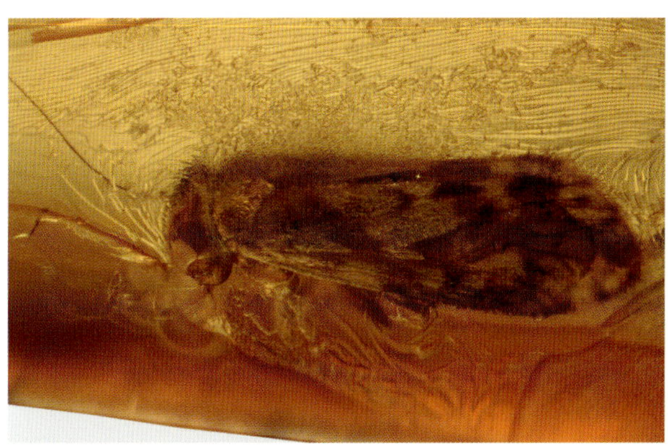

412 Amphientomidae *Amphientomum*, mit Flügeln 3,8 mm

7271 Amphientomidae cf. *Lithoseopsis*, mit Flügeln 3,7 mm

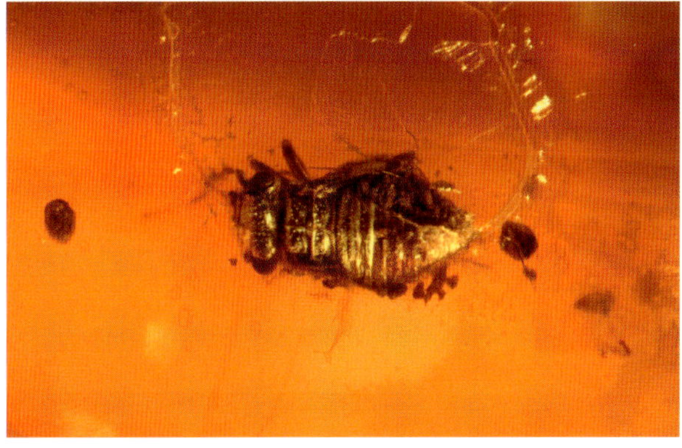

394 Liposcelididae Larve 1,4 mm

6972 Liposcelididae *Embidopsocus* 1,9 mm

7083 Liposcelididae *Liposcelis* 1 mm

Im Baltischen Bernstein sind folgende Familien nachgewiesen. Bei drei Familien steht ein Fragezeichen, die Bestimmung der Familien Lachesillidae und Mesopsocidae ist nicht eindeutig, die Bestimmung einer Philopsocidae konnte nicht bestätigt werden (Systematik nach Lienhard, 2004):

Unterordnung Trogiomorpha

(lange Fühler mit mindestens 20 Gliedern)

Teilordnung Atropetae

- Empheriidae
- Lepidopsocidae
- Trogiidae

Unterordnung Troctomorpha

(Fühler mit 15–17 Gliedern)

Teilordnung Amphientometae

- Electrentomidae
- Amphientomidae

Teilordnung Nanopsocetae

- Liposcelididae = Troctidae
- Sphaeropsocidae

Unterordnung Psocomorpha

(Fühler mit 13 Gliedern)

Teilordnung Epipsocetae

- Epipsocidae

Teilordnung Caeciliusetae

- Caeciliusidae

Teilordnung Homilopsocidea

- Lachesillidae?
- Mesopsocidae?
- Philotarsidae?
- Trichopsocidae
- Archipsocidae
- Elipsocidae

Teilordnung Psocetae

- Psocidae
- Psilopsocidae

Sphaeropsocidae 0,9 mm, *Sphaeropsocus künowi* Enderlein, 1911, Coll. Ludwig

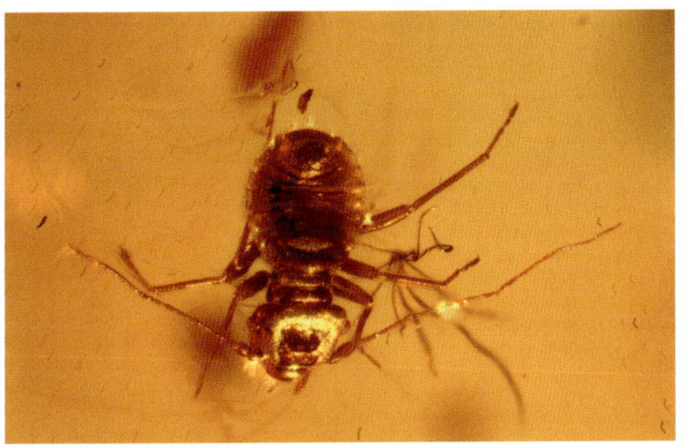

536 Sphaeropsocidae *Sphaeropsocus* 0,55 mm

7064 *Sphaeropsocus* 1 mm neben Trauermücke

532 Epipsocidae *Epipsocus* 3,4 mm

7228 Epipsocidae 4 mm

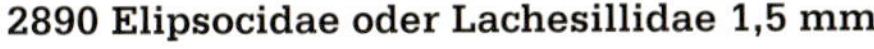

2890 Elipsocidae oder Lachesillidae 1,5 mm

3522 Mesopsocidae 3,3 mm

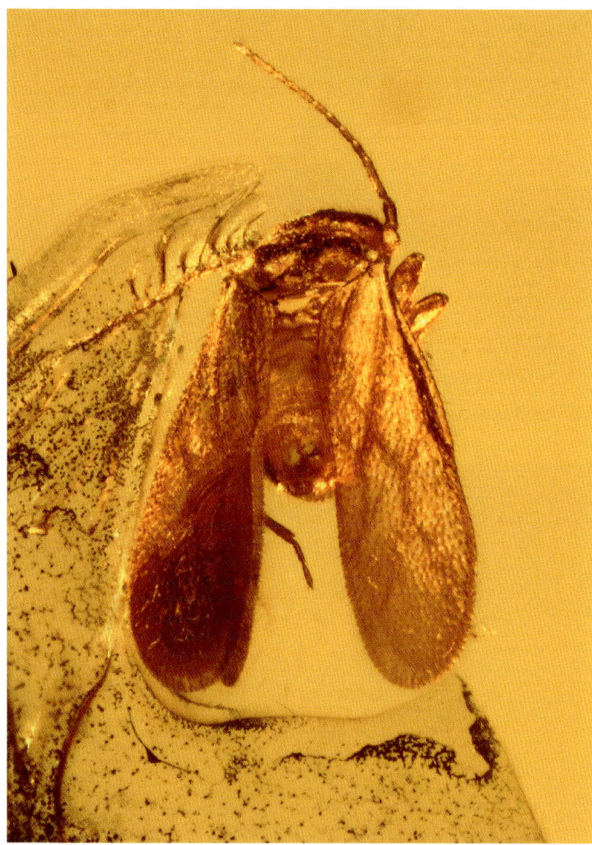

831 Archispocidae *Archipsocus* 0,9 mm

498 Archispocidae *Archipsocus* 1,1 mm

2797 Archipsocidae *Archipsocus* 1,6 mm

7269 Archipsocidae 1,4 mm, *Archipsocus puber* Hagen 1882

344 Psocidae 2 mm

457 Psocidae 2 mm

7106 Psocidae 2,1 mm, mit „Wasserwaage"

2877 Psocidae 2 mm, cf. *Copostigma affinis* Enderlein, 1911

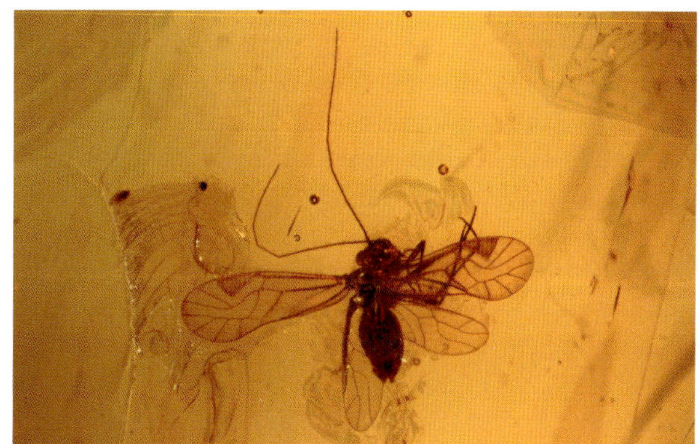

7140 Psocidae 2,1 mm, cf. *Copostigma affinis* Enderlein, 1911

2661 Psocidae 2,1 mm, cf. *Copostigma affinis* Enderlein, 1911

FRANSENFLÜGLER

THRIPSE

THYSANOPTERA

Sie wurden zunächst als Blasenfüße (Physopoda) bezeichnet, da sie am Ende der Fußglieder große unpaare Haftorgane (Arolia) tragen, welche im Lichtmikroskop blasenartig erscheinen. Die im Volksmund gebräuchlichen Namen Gewittertierchen oder Gewitterfliegen sind dadurch zu erklären, dass einige Arten bei schwülwarmer Luft massenhaft schwärmen, sich auf der Haut niederlassen und in Augen und Ohren kriechen. Der Name Fransenflügler rührt vom Bau der Flügel her. Sie haben eine sehr schmale, bandförmige Flügelfläche, die durch lange Fransen vergrößert wird. Die Flügeläderung ist stark reduziert. In Ruhestellung werden die Flügel flach auf den Körper gelegt getragen und sind nicht immer leicht zu erkennen. Einige Arten haben reduzierte Flügel, die nur noch als schuppenförmige Reste zu erkennen sind, einige Arten sind flügellos.

Es gibt weitere nur diesen Tieren eigene Merkmale, so dass man sie in eine eigene Ordnung gestellt hat.

Thysanoptera, Illustration verändert nach Jacbos-Renner

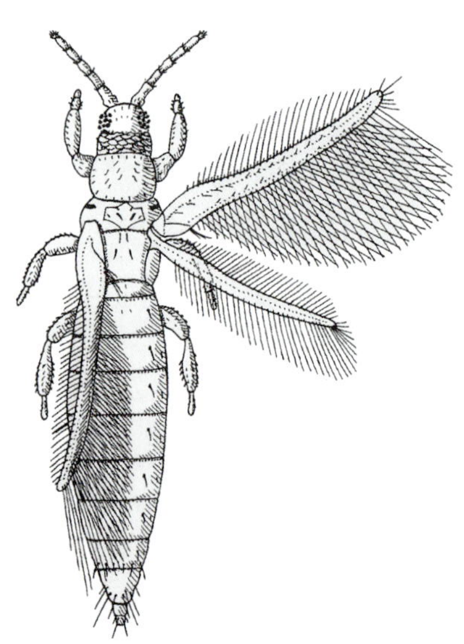

Der kleine Kopf trägt relativ kurze Fühler mit wenigen (bis zu 9) Gliedern, die ungleich lang sind. Mittel- und Hinterbrust sind verwachsen, daran schließt sich der spindelförmige Hinterleib an. An der Ausbildung des Hinterleibes kann man die beiden Unterordnungen Terebrantia und Tubulifera unterscheiden. Das zehnte Segment bildet bei den Tubulifera eine lange Röhre (Tubus) mit dem After an der Spitze aus, bei den Terebrantia sieht es kegelförmig aus. Die Weibchen der Terebrantia haben einen säbelartig gebogenen Legebohrer, bei den Tubulifera mündet die Geschlechtsöffnung ohne solchen Bohrer. Die Männchen der Tubulifera haben einfach gestaltete Begattungsapparate, bei den Terebrantia sind sie kompliziert ausgebildet.

Die Umwandlung der Larven in das Erwachsenenstadium (Metamorphose) nimmt eine Zwischenstellung zwischen unvollkommener (Hemimetabolie) und vollkommener Verwandlung (Holometabolie) ein. Dabei sind je nach Unterordnung 2 Larvenstadien und 2–3 puppenähnliche Stadien ausgebildet.

Viele Thripse wurden schon 1929 von R. S. Bagnall beschrieben. Die beiden Unterordnungen enthalten zehn Familien, die im Baltischen Bernstein vorkommen (nach Ulitzka, 2014):

Terebrantia

- Merothripidae
- Aeolothripidae
- Melanthropidae
- Hemithripidae
- Liassothripidae
- Stenurothripidae
- Heterothripidae
- Thripidae
- Proboscithripidae

Tubulifera

- Phlaeothripidae

5599 Merothripidae 0,85 mm

5599 Merothripidae 0,85 mm, Ausschnitt

7222 Melanthropidae-Komplex

781 Stenurothripidae 0,5 mm

2751 Phlaeothripidae 1,6 mm

Thripidae *Taeniothrips* Weibchen, Coll. + Foto © Veta

2912 Thripidae cf. *Anaphothrips* 1,3 mm

1560 2,1 mm *Phlaeothrips* cf. *schlechtendali* Bagnall, 1929

2753 Phlaeothripidae Männchen 2,2 mm, Coll. Ludwig

6564 Phlaeothripidae 1,1mm, *Polygonothrips apterosetosus*

Phlaeothripidae, Coll. + Foto © Veta

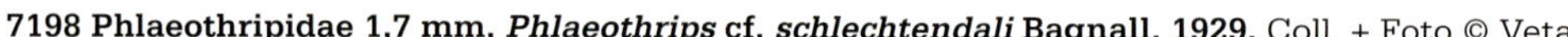

7198 Phlaeothripidae 1,7 mm, *Phlaeothrips* cf. *schlechtendali* Bagnall, 1929, Coll. + Foto © Veta

Aeolothripidae *Eocranothrips leptocerus*, Foto © Ulitzka

3770 *Mymarothrips groehni* Ulitzka, HT, GPIH 4544, Foto © Ulitzka

WANZEN

HETEROPTERA

Zusammen mit den Zikaden, Blattläusen, Schildläusen, Blattflöhen und Mottenschildläusen werden die Wanzen in die Überordnung der Schnabelkerfen (Hemiptera) zusammengefasst.

Heute leben weltweit über 40.000 bekannte Wanzenarten, die die unterschiedlichsten Lebensräume besiedeln. Sie kommen sowohl in äußerst trockenen Habitaten vor, als auch in warm- und kaltgemäßigten Zonen, im Feuchten, sogar auf dem Wasser und im Wasser.

Trotz der unterschiedlichen, an die Lebensweise angepassten Formen sind Wanzen leicht zu erkennen. Auf der Rückenseite der Mittelbrust (dem dorsalen Mesothorax) finden wir das typische Schildchen (Scutellum), das unterschiedlichste Größe haben kann (im Foto dunkler hervorgehoben).

Der Saugrüssel als stechend-saugendes Mundwerkzeug setzt direkt vorne am Kopf an (nicht unter dem Kopf oder der Kehle wie bei den Blattläusen und Zikaden), siehe Abbildung. Manchmal ist er in eine Längsrinne gelegt.

Wie der Name Heteroptera (hetero = verschieden, ptera = Flügel) es andeutet, haben die meisten Wanzen Halbdeckenflügel (Hemielytren). Der vordere Teil der Deckflügel (Elytren) ist der härtere Teil (sklerotisiertes Corium), der die Hälfte oder bis Zweidrittel ausmachen kann, der hintere Teil ist dünn und häutig (Membrane), siehe Abbildung. Unter diesen Deckflügeln liegen die häutigen Hinterflügel.

Der Hinterleib besteht aus 11 Segmenten. Alle Wanzen haben eine unvollständige (hemimetabole) Entwicklung, d. h. die aufeinander folgenden Larvenstadien ähneln immer mehr dem erwachsenen Tier.

Die höhere Systematik der Heteroptera ist laufend im Umbruch und daher instabil. Nicht für alle Gruppen sind deutsche Namen geläufig. Es sind 7 monophyletische (einstämmige, von einer Urform abstammende) Teilordnungen in allen wichtigen Arbeiten anerkannt (nach Heiss, 2013):

Enicocephalomorpha	
Enicocephalidae	Mückenwanzen
Dipsocoromorpha	
Schizopteridae	Bodenspringwanzen
Hypsipterygidae	Falsche Gitterwanzen
Gerromorpha	
Veliidae	Bachläufer
Gerridae	Wasserläufer
Hydrometridae	Teichläufer
Nepomorpha	
Nepidae	Skorpionswanzen
Notonectidae	Rückenschwimmer
Corixidae	Ruderwanzen
Leptopodomorpha	
Saldidae	Uferwanzen
Cimicomorpha	
Anthocoridae	Blumenwanzen
Miridae	Weichwanzen
Reduviidae	Raubwanzen
Tingidae	Gitterwanzen
Nabidae	Sichelwanzen
Microphysidae	Flechtenwanzen
Plokiophilidae	Spinnennetzwanzen
Thaumastocoridae	Palmenwanzen
Pentatomomorpha	
Lygaeidae	Bodenwanzen
Berytidae	Stelzenwanzen
Pentatomidae	Baumwanzen
Cydnidae	Erdwanzen (nicht im BB bekannt)
Aradidae	Rindenwanzen
Piesmatidae	Meldenwanzen

5384 Microphysidae, Saugrüssel

5358 Microphysidae,
mit Schildchen (Scutellum)

5385 Reduviidae Harpactorinae, Hemielytren mit Corium und Membrane

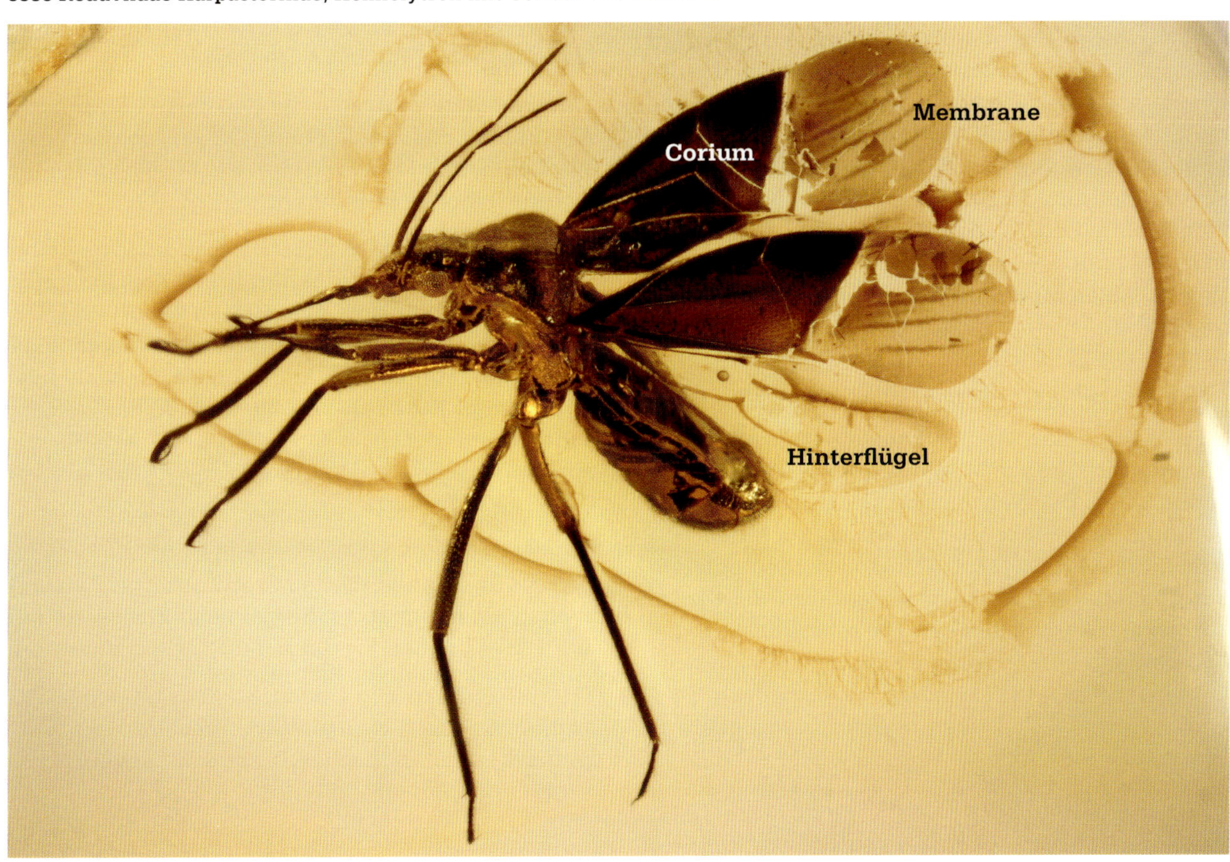

Enicocephalomorpha

Enicocephalidae – Mückenwanzen

Diese kleine Wanzengruppe ist heute mit wenigen Arten weltweit verbreitet. Der englische Name „unique-headed bug“ sagt aus, dass die Kopfform dieser Wanzen „einzigartig“ ist, denn keine andere Wanzengruppe hat einen so stark verlängerten Kopf. Auf den ersten Blick haben diese Wanzen etwas „mückenartiges“, weshalb sie im Englischen auch „gnat bug“ heißen. Die Größe der heute lebenden Formen ist normalerweise um die 4 mm, die der fossilen Formen deutlich kleiner (Abbildung 5367). Diese Wanzen haben im Gegensatz zu den meisten anderen Wanzen einheitlich membranöse Flügel.

Dipsocoromorpha

Es ist eine kleine Teilordnung der Wanzen, die heute hauptsächlich in den Tropen leben. Zu ihnen gehören die kleinsten Wanzen mit weniger als 0,5 mm Körpergröße. Sie sind weichhäutig und die ursprünglich gebauten Vorderflügel sind wenig sklerotisiert. Das erste und zweite Fühlerglied ist sehr dick, während das dritte und vierte Glied fadenförmig und häufig gefiedert ist.

Schizopteridae – Bodenspringwanzen

Sie ist die größte Familie der Dipsocoromorpha und hat heute ihre Hauptverbreitung in neotropischen Regionen, Australien und im indopazifischen Raum, wie so viele der Tiere des Baltischen Bernsteins hier ihre heute lebenden Verwandten haben. Der Kopf ist stark abgeknickt mit großen Augen. Die Hinterbeine sind für das Springen umgebildet, deshalb heißen diese Wanzen im Englischen „jumping soil bugs“ oder „jumping ground bugs“. Alle Arten sind sehr klein und erreichen meist keinen Millimeter Größe.

Hypsipterygidae – Falsche Gitterwanzen

Diese sehr kleine Wanzenfamilie hat ihre heutige Hauptverbreitung in Mischwäldern von Afrika und Südostasien. Die Wanzen sind klein (höchstens 2–3 mm) und bodenlebend. Das Aussehen ähnelt ein wenig den Gitterwanzen (Tingidae). Die Regionen der Kopfkapsel sind scharf abgegrenzt, die Fühler kurz und dick mit 4 Gliedern. Die sehr dünnen Beine und das sehr gerade Labium sind einmalig für diese Gruppe (nach Stys, 1995). Der beschriebene Erstnachweis ist *Hypsipteryx hoffeinsorum* Bechly & Wittmann, 2000.

Nepomorpha

Die **Wasserwanzen (Nepomorpha)** sind echte wasserlebende Wanzen, die nur zur Überwinterung oder zum Ortswechsel an Land gehen. Zu ihnen gehören die im Baltischen Bernstein nachgewiesenen Familien der Skorpionswanzen (Nepidae), Rückenschwimmer (Notonectidae) und Ruderwanzen (Corixidae). Verständlicherweise gehören solche Einschlüsse zu den Raritäten.

Nepidae – Skorpionswanzen

Die Skorpionswanzen verdanken ihren Namen dem vom Abdomen ausgehenden langen Atemrohr, das sie zum Luftholen aus dem Wasser strecken. Es entwickelt sich von Larvenstadium zu Larvenstadium zu seiner vollen Länge. Die Hinterbeine tragen nur wenig oder gar nicht behaarte Schwimmbeine, da ihre Lebensweise hauptsächlich kriechend am Boden der Gewässer stattfindet. Die Vorderbeine sind zu kräftigen, klappmesserartigen Fangbeine umgebildet. Der Kopf der Wanzen ist im Verhältnis zum Körper klein. Die Fühler sind dreigliedrig mit einer sonst nirgends bei anderen Wanzen auftretenden Besonderheit: Am zweiten Fühlerglied befindet sich ein zahnartiger Fortsatz. Da diese Wanzen auch im Bernsteinwald ausschließlich im Wasser gelebt haben dürften, verwundert das Vorkommen im Baltischen Bernstein.

Notonectidae – Rückenschwimmer

Wie der Name sagt, schwimmen diese Wanzen mit der Bauchseite nach oben. Da sie schmerzhaft stechen können, werden sie volkstümlich auch als „Wasserbienen“ bezeichnet.

Die Körperoberseite ist typisch bootsförmig gewölbt, die Bauchseite abgeflacht. Der breite Kopf hat kurze Fühler und einen kurzen, kräftigen Saugrüssel. Die ungewöhnlich großen Doppelaugen haben eine dem Licht zugewandte Augenhälfte, die viele leistungsfähige Facetten enthält und für das genaue Sehen zuständig ist, während die andere Hälfte nur ein grobes Bild der Umgebung mit einem großen Gesichtsfeld liefert.

Zwar leben die Rückenschwimmer größtenteils im Wasser, sie können aber auch an Land kriechen und suchen als relativ gute Flieger neue Wasserstellen auf. Dabei können Sie dann auch ins Harz geraten.

Ein weitere aktuelle Übersicht über Gerromorpha und Nepomorpha wird in Wichard et al. 2009: „Wasserinsekten im Baltischen Bernstein“ gegeben.

5386 Enicocephalidae 2 mm

5386 Enicocephalidae

5367 Enicocephalidae 1,2 mm

419 Dipsocoromorpha Schizopteridae 1 mm, Coll. Ludwig

Schizopteridae 0,95 mm,
Coll. Grabenhorst

990 Hypsipterygidae 2.05 mm, *Hypsipteryx hoffeinsorum*,
Coll. Hoffeins

Corixidae – Ruderwanzen

Ihren Namen verdanken die Ruderwanzen ihren kräftigen Hinterbeinen, mit denen sie Dank der abgeplatteten Schenkel, Schienen und Füße, die obendrein noch mit starken Schwimmhaaren versehen sind, gut schwimmen können. Sie können auch gut fliegen und dadurch ins Harz gelangen.

Eine Besonderheit bei einigen Ruderwanzen stellt die Lauterzeugung der Männchen durch Stridulationsorgane dar, die ihnen auch den volkstümlichen Namen „Wasserzikaden" eingebracht haben. Die auch vom Menschen hörbaren Töne werden durch das Reiben des am Vorderschenkel befindlichen Schrillfeldes an den Seitenkanten des Kopfes erzeugt.

Der Bernstein 7210 zeigt eine interessante heterogene Taphozönose mit 7 Ruderwanzen und vielen dem Landleben zuzuordnenden Einschlüssen (Borke, Kiefernadel, verzweigter Ast mit Milbe, Dolichopodidae, Limoniidae, Opiliones, Collembola, Scelionidae).

Gerromorpha (Wasserläuferartige)

Die Gerromorpha (Wasserläuferartige) umfassen drei Familien: Veliidae (Bachläufer oder Stoßwasserläufer), Gerridae (Wasserläufer), Hydrometidae (Teichläufer). Es sind semiaquatische Wanzen, die sich auf dem Wasser oder in Ufernähe aufhalten.

Hydrometidae (Teichläufer)

Die Hydrometidae leben im Übergangsbereich zwischen Wasser und Land, können aber auch gut auf dem Wasser laufen. Alle Beine sind auffällig lang und dünn. Die Hüften der Hinterbeine sind beweglich, die Füße dreigliedrig. Der Kopf ist gerade, die Augen liegen etwa bei der Hälfte der Länge. Die Fühler sind länger als der Kopf und unbeborstet. Beschriebene Arten sind z. B.: *Limnacis succini* Germar & Berendt, 1856, *Limnacis hoffeinsi* und *Metrocephala anderseni* Popov, 1996.

Veliidae (Bach- oder Stoßwasserläufer)

Sie bevorzugen kleinere Bäche, also fließendes Wasser. Veliidae haben kürzere Vorderbeine und mittellange, etwas dickere Mittel- und Hinterbeine als die Teichläufer. Beschriebene Arten sind z. B.: *Baltovelia weitschati* Andersen, 2000 und *Electrovelia baltica* Andersen, 1998.

Gerridae (Wasserläufer)

Sie sind perfekt an das Leben auf der Wasseroberfläche angepasst und dort schnelle Räuber. Bei den Gerridae sind die Vorderbeine meist kürzer und die Mittel- und Hinterbeine deutlich länger und schlanker. Der schlanke, langgestreckte Körper ist ganz mit feinen Härchen bedeckt, die wasserabweisend sind. Auch die Füße sind mit diesen feinen Härchen bedeckt und ermöglichen das sichere Laufen auf der Wasseroberfläche. Das hintere Laufpaar dient dabei der Steuerung, das mittlere Beinpaar der Bewegung, während die kürzeren Vorderbeine nur zum Beutefangen verwendet werden. Mit den Mittelbeinen können sie auch beträchtliche Sprünge machen. Beschriebene Arten sind z. B.: *Electrogerris kotashevichi* und *Succineogerris larssoni* Andersen, 2000.

Leptopodomorpha

Saldidae – Uferwanzen oder Springwanzen

Die beiden deutschen Namen zeigen uns, dass diese Wanzen gut springen können und am Ufer oder in feuchter Umgebung in Wassernähe räuberisch leben. Bei der Flucht kombinieren sie Sprung und Flug über kurze Strecken. Der Körperumriss ist oval. Die Augen sind groß, erhaben und meist nierenförmig. Schon Germar & Berendt beschrieben 1856 aus dem Baltischen Bernstein die Art *Salda exigua*.

7210 Massenfang mit sieben Corixidae

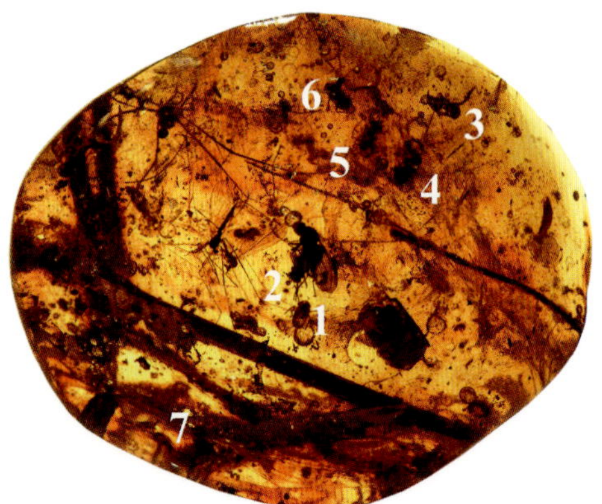

7210 Brachycera und zwei Corixidae 2,6 und 2,4 mm

2256 Corixidae 4,4 mm

5236 Hydrometidae 8 mm, *Hydrometa groehni* Andersen, 2003, HT, GPIH 4344

1522 Veliidae 4,7 mm, *Electrovelia baltica*

2235 Veliidae 4,8 mm, *Balticovelia weitschati,* GPIH 4350

5374 Veliidae 6,2 mm

5373 Gerridae 4,2 mm

1680 Gerridae 3,6 mm, *Electrogerris kotashevichi,* GPIH 4348

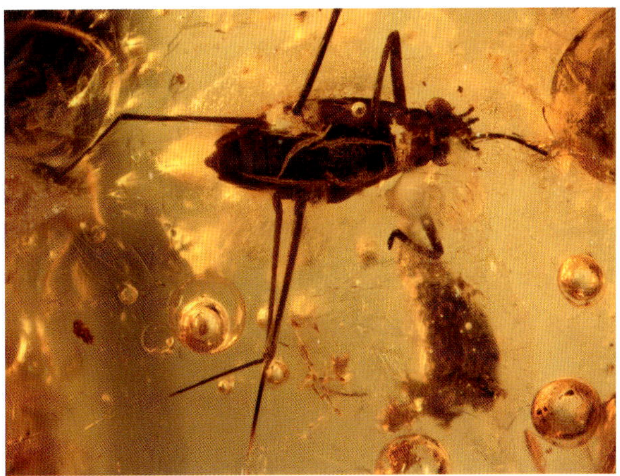

Cimicomorpha

Sie stellen die größte Verwandtschaftsgruppe der Wanzen dar. Alle Arten haben eine terrestrische, äußerst vielfältige Lebensweise und dadurch auch unterschiedlichste Gestalt. Das Fehlen der Gruben-Sinneshaare (Trichobothrien) ist ein spezifisches Merkmal, das sie von den anderen Großgruppen der Wanzen unterscheidet.

Anthocoridae – Blumenwanzen

Blumenwanzen sind kleine bis 5 mm lange Wanzen, die wenig sklerotisiert sind. Sie ähneln den Weichwanzen, sind aber leicht von ihnen zu unterscheiden, weil sie Punktaugen (Ocelli) besitzen (siehe Abbildung 2269 mit Pfeil). Blumenwanzen leben räuberisch auf Blättern und Blüten.

Beschriebene Arten sind z. B.: *Lyctoferus groehni, L. insertus, L. longicapitus, L. pronotalis* und *L. similis* Popov, 2003, *Persephonocoris kulickae* Popov & Herczek, 2001.

Miridae – Weichwanzen oder Blindwanzen

Die Weichwanzen sind die artenreichste Familie der Wanzen, heute sind über 10.000 Arten bekannt. Auch im Baltischen Bernstein gehören sie zu den häufigsten Wanzen.

Der Name Weichwanze deutet darauf hin, dass der Körper nur schwach sklerotisiert ist, der Name Blindwanze rührt vom Fehlen der Punktaugen (Ocelli) her.

Aus dem Baltischen Bernstein sind über 50 Arten beschrieben, z. B.: *Ambercylapus nigrus* Carvalho & Popov, 1984, *Amberofulvius dentatus* Herczek, 1991, *Balticofulvius kulickae* Herczek, Popov & Popov, 1997, *Deraeocors balticus* Herczek & Gorczyca, 1991, *Electrocoris pubescens* Usinger 1942, *Electromyiomma weitschati* Popov & Herczek 1993, *Epigonopsallops groehni* Herczek & Popov, 2009, *Hallodapomimus electrinus* (Germar & Behrendt, 1856) und *H. succinus* Herczek, 2010, *Jordanofulvius klebsi* Popov & Herczek, 2003, *Leptomimus jonasdamzeni* Herczek, Popov & Brozek, 2010, *Mixocapsus eocenicus* Herczek, 1991, *Phytocoris balticus* Germar & Berendt, 1856, *Samlandia rossi* Herczek, Popov & Kania, 2005, *Stenopterna sambiensis* Herczek & Popov, 2009.

Reduviidae – Raubwanzen

Diese räuberische Wanzen sind weltweit verbreitet und erreichen ihre größte Artenvielfalt in subtropischen bis tropischen Regionen. Auch im Bernsteinwald waren sie mit einer Fülle verschiedener Formen und Größen vertreten.

Der Kopf ist frei beweglich und hinten mehr oder weniger eingeschnürt, mit stets geknieten Fühlern und großen Augen. Der dreigliedrige, kräftige, gebogene Stechrüssel (Rostrum) liegt dem Körper nicht an.

Es gibt bemerkenswert große und kräftige Raubwanzen im Baltischen Bernstein, andererseits zarte, langbeinige Vertreter. Häufig tragen die Vorderbeine Dornen, mit denen die Beute gepackt werden kann.

Beschriebene Arten sind z. B.: *Collarhamphus mixtus* Putshkov & Popov, 1995, *Danzigia christelae* Popov, 2003, *Koenigsbergia herczeki* Popov, 2003, *Platymeris insignis* Germar & Berendt, 1856, *Proptilocerus dolosus* Wasmann, 1933, *Redubinotus liedtke* Popov & Putshkov, 1998, *Redubitus centrocnemarius* Putshkov & Popov, 1993.

49 Anthocoridae 3,9 mm, Lyctocorinae, GPIH 4345

2269 Anthocoridae 3,7 mm, *Lyctoferus insertus*, GPIH 4320

2264 Anthocoridae 4 mm, *Lyctoferus similis,* GPIH 4319

2264 Anthocoridae 4 mm, *Lyctoferus similis,* GPIH 4319

5358 Anthocoridae, Cardisthetini 1,6 mm, *Microphysoides*

5383 Miridae Isometopinae 2,9 mm

Reduviidae *Proptilocerus dolosus* Wasmann, 1932, Foto © Heiss

5369 Miridae 3,8 mm

2291 Miridae 1,5 mm, *Metoisops intergerivus*, GPIH 4461

5395 Reduviidae 4,1 mm, *Proptilocerus dolosus*

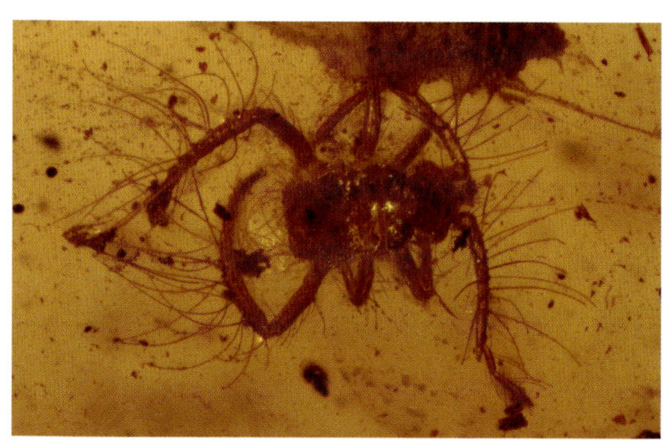

5239 Reduviidae, Larve 1,2 mm, *Proptilocerus dolosus*

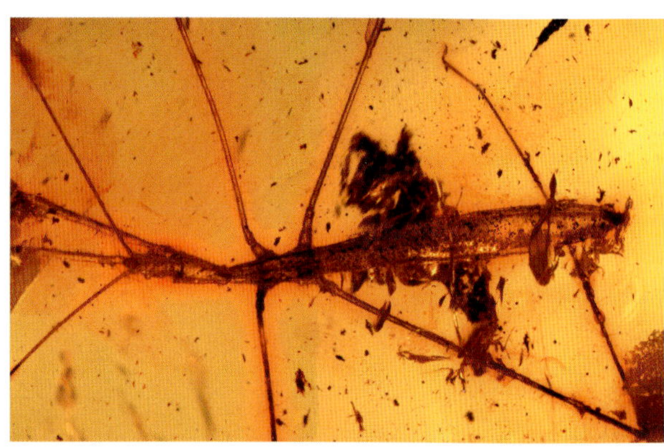

5371 Reduviidae Emesinae Metapterini 8,3 mm

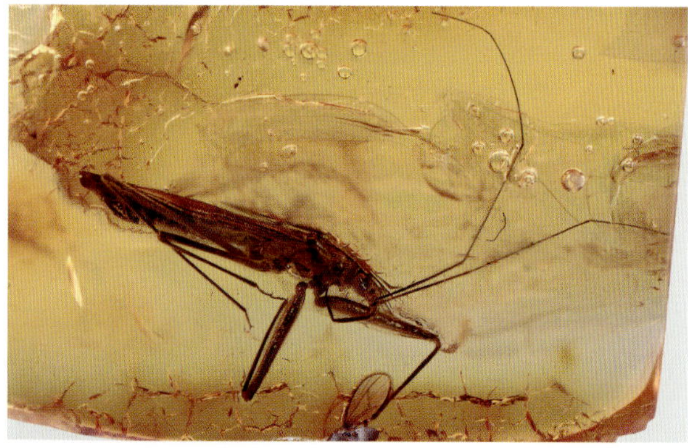

Reduviidae Emesinae, Coll. + Foto © Veta

5381 Reduviidae

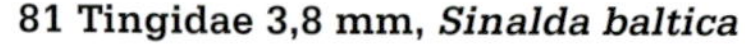

81 Tingidae 3,8 mm, *Sinalda baltica*

Tingidae – Gitterwanzen oder Netzwanzen

Die Körperoberseite zeigt Vorderflügel mit einer netzartigen bzw. gitterartigen Struktur, deren Ausbildung ein wichtiges Bestimmungsmerkmal ist. Der Seitenrand des Halsschildes ist manchmal verbreitert, nach hinten ist der gekielte Halsschild spitz verlängert und verdeckt zum Teil das Schildchen.

Beschriebene Arten sind z. B.: *Archepopovia yurii* Golub, 2001, *Eotingis quinquecarinata* (Germar & Behrendt, 1856) *Intercader uniseratus, I. velteni, I. weitschati* Golub & Popov, 2005, 2002, 1998, *Paleocader avitus* Drake, 1950, *Paleocader strictus, Sinalda froeschneri, Tingicader cervus* Golub & Popov, 1998, *Sinalda baltica* Drake, 1950.

Nabidae – Sichelwanzen

Der sichelförmig gebogene, viergliedrige Stechrüssel gab diesen räuberischen Wanzen ihren Namen. Vor dem Halsschild (Pronotum) findet sich meist ein abgesetzter Halsring. Die Fühler sind lang und dünn. Die Vorderbeine können sehr unterschiedlich ausgebildet sein: Von dünn-lang bis dick und bedornt. Die Augen sind meist kugelig erhaben.

Es gibt zwei Untergruppen: Die kräftiger gebauten Prostemmatinae und die schlankeren Nabinae mit den beschriebenen Arten *Nabis lucida* Germar & Berendt, 1856 und *Nabis prototypa* Menge, 1856.

2238 Tingidae 3,1 mm, *Archepopovia jurii*, GPIH 4306

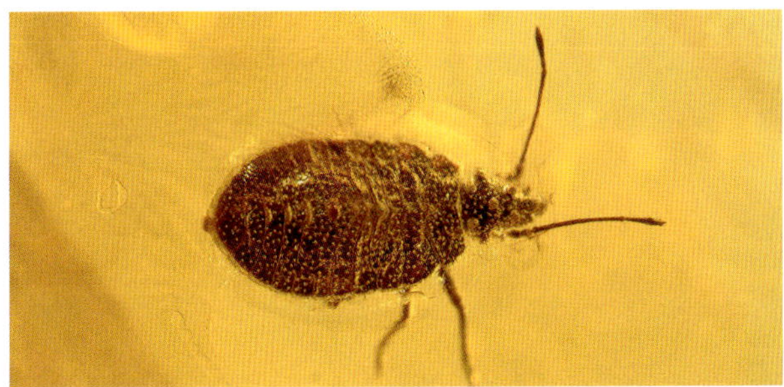

5346 Tingidae Larve 1,6 mm, *Sinalda*

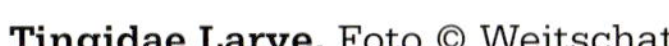

Tingidae Larve, Foto © Weitschat

5362 Tingidae 3,9 mm

5370 Nabidae 6 mm, *Metatropiphorus succini*

Microphysidae – Flechtenwanzen

Eine sehr kleine Wanzenfamilie mit sehr kleinen Vertretern, die mit wenigen Dutzend Arten heute in der Paläarktis vorkommen. Sie leben zwischen Flechten, Moosen, an alten Bäumen. Die heutige Verbreitung ist für Insekten des Baltischen Bernsteins ungewöhnlich.

Die Flechtenwanzen zeigen einen Sexualdimorphismus: Die Männchen sind langflügelig mit voll entwickelten Hemielytren und Ocelli und haben Ähnlichkeit mit den Blumenwanzen (Anthocoridae), die Weibchen haben kurze Hemielytren ohne Membran, verkümmerte Ocelli und einen verbreiterten Hinterleib, der sie ähnlich wie runde Käfer aussehen lässt. Da die Männchen sehr flugaktiv sind, sind sie auch wohl häufiger ins Harz gelangt als die Weibchen.

Alle Füße sind zweigliedrig, der Saugrüssel (Rostrum) dreigliedrig. Der Kopf ist in etwa dreieckig.

Nach neuester Revision werden fast alle beschriebenen Arten zur Gattung *Loricula* gerechnet, z. B.: *Loricula = Eocenophysa damzeni, L. ablusa, L. ceranowiczae, L. finitima, L. heissi, L. = Myrmedobia pericarti, L. = Myrmericula samlandi* Popov, 2004–6. Eine weitere beschriebene Art ist *Tyttophysa sylwiae* Popov & Herczek, 2009.

Plokiophilidae – Spinnennetzwanzen

Vertreter dieser Familie wurden erst 2006 im Baltischen Bernstein entdeckt, die Erstbeschreibung von *Pavlostysia wunderlichi* folgte (Popov, 2008). Diese selten mehr als 1 mm kleinen Wanzen leben als Mitesser (Kommensalen) in Netzen von Spinnen und Tarsenspinnern (Embioptera). Sie haben eine gewisse Ähnlichkeit mit Blumenwanzen (Anthocoridae). Der Kopf ist stark verlängert, 1,5 x so lang wie breit. Die Augen sind stark abgeflacht.

Thaumastocoridae – Palmenwanzen

Der Erstnachweis dieser seltenen tropischen Wanzen im Baltischen Bernstein erfolgte zweifach im Jahre 2000 durch die beiden Spezies *Xylastodoris gerdae* und *Hypsipteryx hoffeinsorum*. Heute sind die Palmenwanzen nur aus der Paläotropis bekannt. Diese kleine monophyletische Gruppe ähneln etwas den Tingidae (Gitterwanzen) und könnte eine Schwestergruppe sein. Es sind zwei Unterfamilien bekannt, zu der auch die beiden Erstbeschreibungen gehören: Xylastodorinae und Thaumastocorinae (nach Bechly & Wittmann, 2000). Die 2000 beschriebene Art *Xylastodoris gerdae* wurde später in eine eigene Gattung *Proxylastodoris* gestellt (Popov, 2002). Aus dieser vermeintlich ausgestorbenen Gattung wurde 2010 eine rezente Art *Proxylastodoris kuscheli* in Neu-Kaledonien entdeckt (Doesburg, Cassis & Monteith, 2010).

5384 Microphysidae, Stechrüssel

Plokiophilidae 0,9 mm, *Pavlostysia wunderlichi*,
© Shcherbakov, Acta Entomol. Musei Nat. Pragae, 48

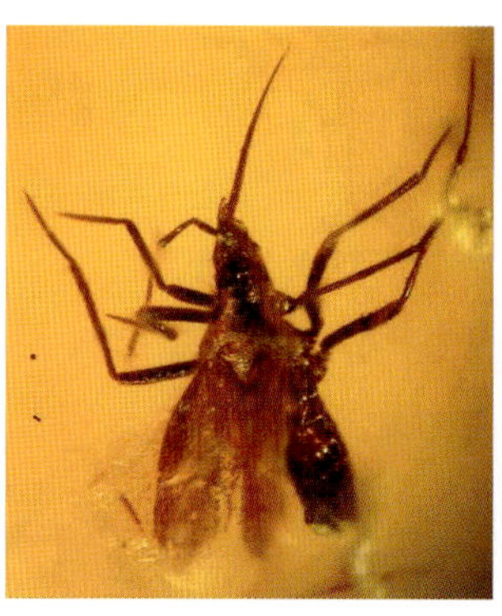

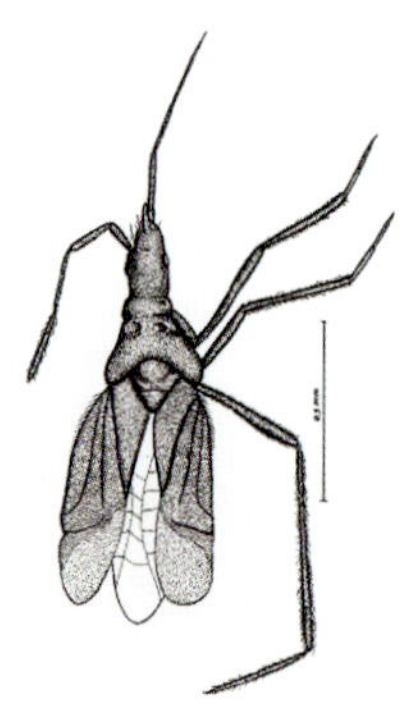

5384 Microphysidae 2,6 mm

5207 Thaumastocoridae 3,1 mm, *Proxylastodoris gerdae*

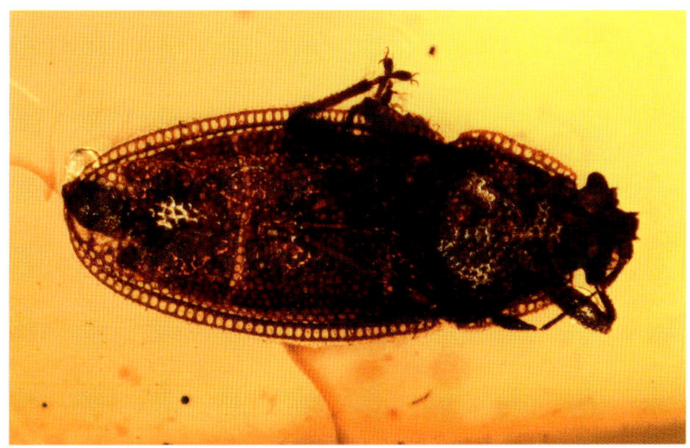

5394 Thaumastocoridae 2,2 mm

Thaumastocoridae, Coll. + Foto © Heiss

2227 Lygaeidae 4 mm

5219 Pentatomidae Larve 2,1 mm

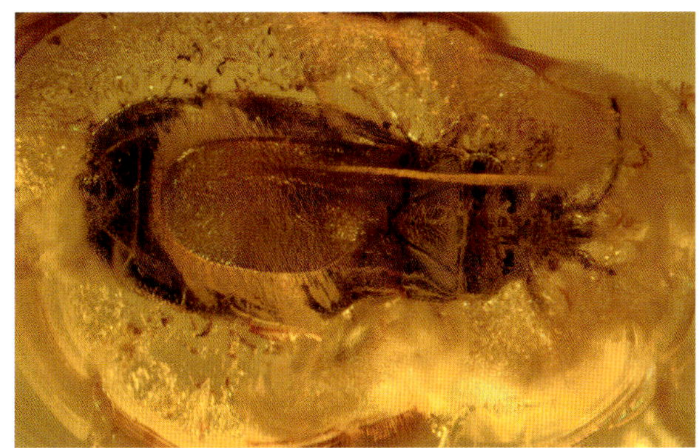

2259 Aradidae 4 mm, *Aneurus groehni*, GPIH 4308

Aradidae *Calisius weitschati*, Foto © Weitschat

Aradidae, Coll. Heiss

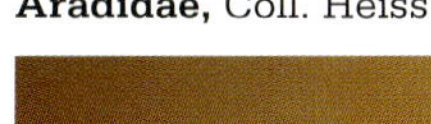

5363 Piesmatidae 2,9 mm, *Heissiana serafini*

Pentatomomorpha

Pentatomomorpha (Baumwanzen im weitesten Sinne): Die Fühler der Tiere sind meist fünfgliedrig (penta = griechisch fünf), selten weniger gliedrig, wobei die letzten zwei Glieder meist länglich-oval oder spindelförmig aussehen. Der membranöse Teil der Vorderflügel zeigt, wenn überhaupt ausgebildet, mindestens fünf Adern, die Unterbrechung der Costalader ist nie ausgebildet. Die Vorderfüße aller Beine haben immer gleich entwickelte Klauen mit einer kissenartigen Auspolsterung (Pulvillen).

Lygaeidae – Bodenwanzen oder Langwanzen

Die Bodenwanzen haben einen unterschiedlichen Körperbau von schlank bis breit, meist länglich-oval. Auch die Flügel können lang oder kurz sein. Die Flügelmembran enthält höchstens vier bis fünf einfache Adern, die nie Zellen bilden. Es sind gute Läufer mit dreigliedrigen Füßen. Zwischen den viergliedrigen Fühlern und Facettenaugen befinden sich Punktaugen (Ocelli). Manchmal ist eine Farbmustererhaltung zu erkennen (einige rezente Arten haben eine rot-schwarze Zeichnung). Heute sind Tausende von Arten beschrieben, im Baltischen Bernstein sind es sehr wenige, wie z. B.: *Pachymerus coloratus* und *P. senius* Germar & Berendt, 1856.

Berytidae – Stelzenwanzen

Wie der Name aussagt, haben die Stelzenwanzen lange, dünne Beine an einem schmalen, stabförmigen Körper. Sie ähneln ein wenig Mücken. Schenkel sowie erstes und letztes Fühlerglied sind manchmal verdickt. Die Fühler sind lang, dünn und gekniet.

Pentatomidae – Baumwanzen oder Schildwanzen

Der plumpe Körper sieht von oben schildförmig aus und ist derb sklerotisiert, mit einem unverwechselbaren Schildchen (Scutellum), das den ganzen Hinterleib bedecken kann. Es sind gute Flieger. Der Kopf und das große Halsschild fügen sich ungefähr zu einem Dreieck zusammen. Die Fühler haben fünf, die Füße drei Glieder. Die Baumwanzen sind heute eine der artenreichsten und formenreichsten Familien der Wanzen, im Baltischen Bernstein sind sie selten. Die erste beschriebene Art heißt *Pentatoma schaurothi* Giebel, 1862.

Aradidae – Rindenwanzen

Die stark abgeflachten Wanzen leben meist unter der Rinde und in Rindenspalten, wo sie mit ihren sehr langen Stechborsten, die in einer Höhle des Vorderkopfes aufgerollt sind, meist Pilzhyphen aussaugen. Der Körper ist stark skulpturiert. Einige Arten haben sehr kurze Flügel. Der Seitenrand des Hinterleibes ist verbreitert, die Lage der darauf befindlichen Atemöffnungen (Stigmen) ist bestimmungsrelevant. Der Kopf ist meist nach vorne ausgezogen, die Fühler kurz, dick und viergliedrig. Das Fehlen von Punktaugen (Ocellen) und die zweigliedrigen Füße unterscheiden sie von allen anderen Wanzen.

In den letzten 15 Jahren hat sich die Anzahl der beschriebenen Rindenwanzen mehr als verdoppelt, von den über 20 Arten aus vier Unterfamilien seien genannt:

Aneurinae: *Aneurus ancestralis* Heiss, 1997, *Aneurus groehni* und *A. kotashevichi* Heiss, 2001.

Aradinae: *Aradus assimilis, A. superstes, A. consimilis* Germar & Berendt, 1856, *Aradus balticus, A. damzeni, A. frateroides, A. goellnerae, A.kotashevichi, A. lativentris, A. popovi, A. velteni, A. voigti, A. weitschati* Heiss, 1998–2002.

Calisiinae: *Calisius balticus* Usinger, 1941, *Calisius hoffeinsorum, C. rietscheli*, C. vonholti, *C. weitschati, Allocalisius spiniventris* Heiss, 2002.

Mezirinae: *Mezira succinica* Usinger, 1941.

Piesmatidae – Meldenwanzen

Diese Wanzen saugen vornehmlich an Meldengewächsen den Siebröhrensaft. Sie können mit gerippten Adern der Hinterflügel Laute erzeugen, indem sie über eine vorstehende Kante am Rücken des ersten Hinterleibssegmentes streichen. Es gibt fünf Larvenstadien.

Im Baltischen Bernstein ist *Heissiana serafini* Popov, 2001 beschrieben.

5372 Aradidae 6 mm, Coll. Heiss

BISHER NICHT IM BALTISCHEN BERNSTEIN GEFUNDEN:

MOOSWANZEN

SCHEIDENSCHNÄBLER

COLEORRHYNCHA

Heute leben die Mooswanzen im Moos, in Flechten und Bodenstreu in eher kühlen bis gemäßigten Regenwäldern auf der Südhalbkugel, z. B. in Australien, auf Neuseeland, den Solomon-Inseln, in Neukaledonien. Ihre Verbreitung auf dem Urkontinent Gondwana und die Diversifizierung der Familie durch das Aufsplittern von Gondwana ist gesichert. Man kann sie als „lebende Fossilien" betrachten, die sich wohl schon vor über 200 Millionen Jahren von den Vorfahren der Wanzen getrennt haben.

Da es auch kühlere Gegenden im großen Bernsteinwald gab, ist es durchaus möglich, dass irgendwann eine Mooswanze im Baltischen Bernstein gefunden wird.

Die Mooswanzen werden den Wanzen (Heteroptera) als Schwestergruppe parallel gestellt. Es gibt nur eine Familie, die Peloridiidae.

Der Status vieler fossilen Coleorrhyncha konnte geklärt werden. Dank umfangreichen Aufsammlungen von Peloridiidae der letzten 25 Jahre konnten neue und aussagekräftige Merkmale gefunden werden, die die Gattungen und Arten definieren und die Formulierung einer gut begründeten Verwandtschaftshypothese erlauben (nach Burckhardt, 2009, 2010, 2014).

Der Körper ist flach und breit oval und nur wenige mm groß. Die dreigliedrigen Fühler sind von oben nicht sichtbar. Die Komplexaugen liegen weit auseinander und treten kugelig hervor. Das Flügelgeäder ist unverwechselbar netzartig, mit fensterartigen Zellen. Auch der seitlich nach außen gewölbte Halsschild hat diese netzartige Struktur.

Anhand der Zeichnung eines rezenten Tieres wird man dann sicher auch den möglichen Bernsteinfund erkennen können.

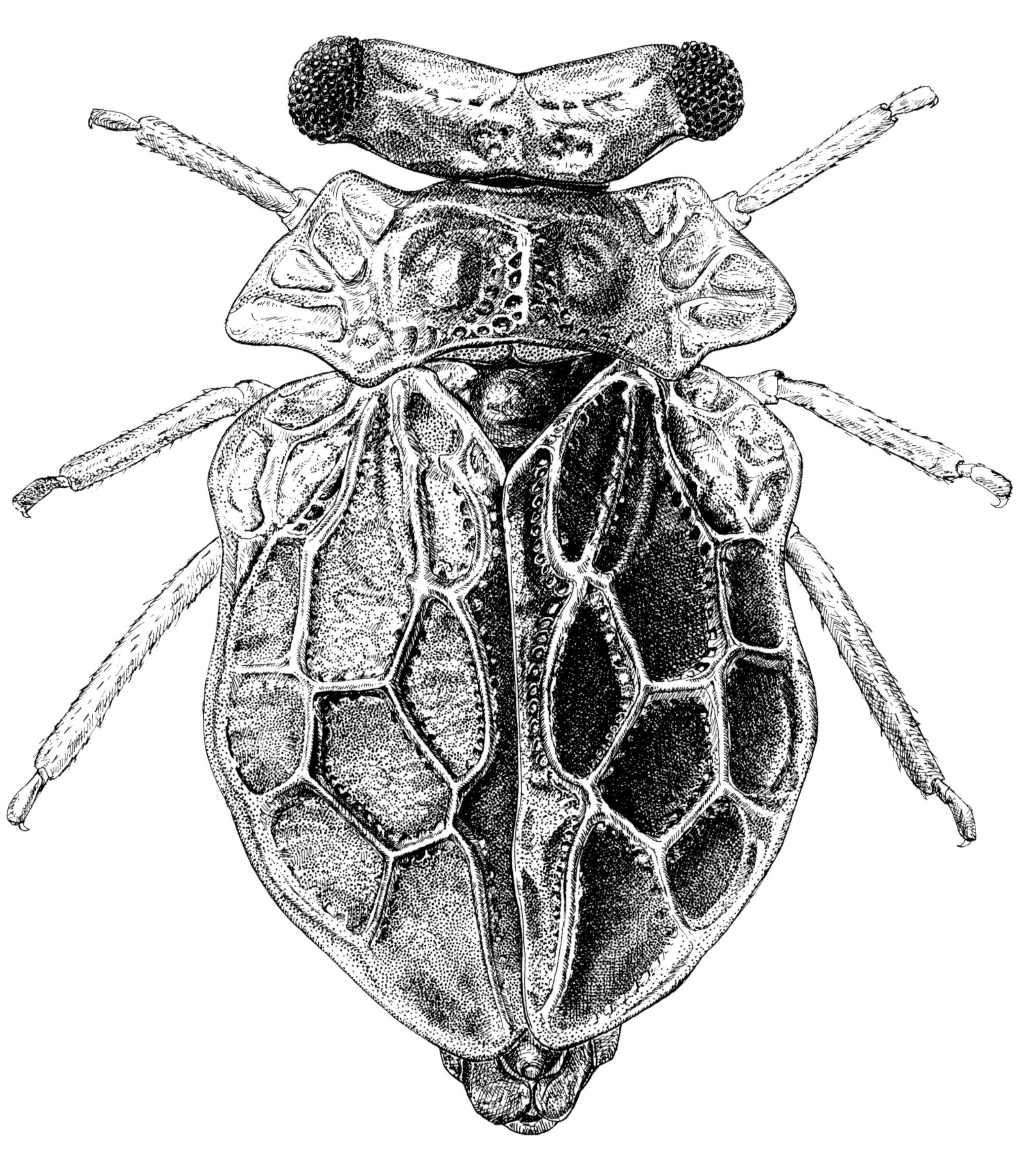

***Idophysa chonos* Burckhardt, 2009, aus Chile,** Zeichnung Nicolette Lavoyer,

ZIKADEN

AUCHENORRHYNCHA (= CICADINA)

Die Zikaden werden in zwei Unterordnungen geteilt: Spitzkopfzikaden (Fulgoromorpha) und Rundkopfzikaden (Cicadomorpha).

Spitzkopfzikaden
Die Hinterhüften sind mit den Brustsegmenten verschmolzen. Die Hinterbeine sind nicht zu Sprungbeinen entwickelt. Die Fühler entspringen unterhalb der Facettenaugen, wo auch die Punktaugen liegen.

Rundkopfzikaden
Die Hinterhüften sind nicht mit den Brustsegmenten verschmolzen. Die Hinterbeine sind kräftige Sprungbeine. Die Fühler liegen vor oder zwischen den Augen.

Die erwachsenen Tiere haben eine typische dachförmige Flügelhaltung. Die Vorderflügel sind nicht so hart wie bei den Wanzen, aber deutlich härter als die zarten Hinterflügel und liegen in Ruhestellung fächerartig zusammengelegt unsichtbar unter den Hinterflügeln. Es gibt innerhalb einer Art manchmal langflügelige und kurzflügelige Formen (Flügeldimorphismus).

Der Kopf setzt fast unbeweglich an der Vorderbrust an. Das „Gesicht“ ist nach unten herumgebogen. An der Unterkante des Kopfes entspringt ein Saugrüssel, der als Stechdorn gebaut ist und aus drei Gliedern besteht. Die Fühler haben zwei Grundglieder und eine fadenförmige Geißel.

Die Vorderhüften stehen weit auseinander, während die Hinterhüften dicht zusammen stehen. Die Hinterbeine tragen häufig Dornen.

Die Weibchen haben einen Legebohrer, mit dem sie Eier in Pflanzenteile legen. Die Entwicklung erfolgt über meist fünf Larvenstadien ohne ein Puppenstadium, dazwischen liegen die Häutungen.

Einige Zikaden (z. B. die Schmetterlingszikaden – Flatidae) scheiden Wachswolle oder Büschel von Wachsfäden aus (vgl. Einschlüsse 281, 5024).

Singzikaden (Cicadidae)
Der Hinterleib der Weibchen ist wegen des Legebohrers spitz, der Hinterleib der Männchen stumpf abgerundet. Die Männchen können mit Hilfe eines Trommelorgans (Tympanalorgan) die auch für den Menschen hörbaren typischen Töne hervorbringen. Dieses Organ liegt paarig an den Seiten des ersten Hinterleibsegmentes, hinter dem Ansatz der Hinterflügel. Gerippte Schallplatten werden durch entsprechende Muskeln in Schwingung versetzt.

Die drei Punktaugen sind auf der Stirn im Dreieck angeordnet, was bei allen anderen Zikaden nicht der Fall ist. Der Kopfschild ist blasenartig vorgewölbt und zeigt viele Rillen.

281 Zikadenlarve 5 mm, mit Wachsfäden

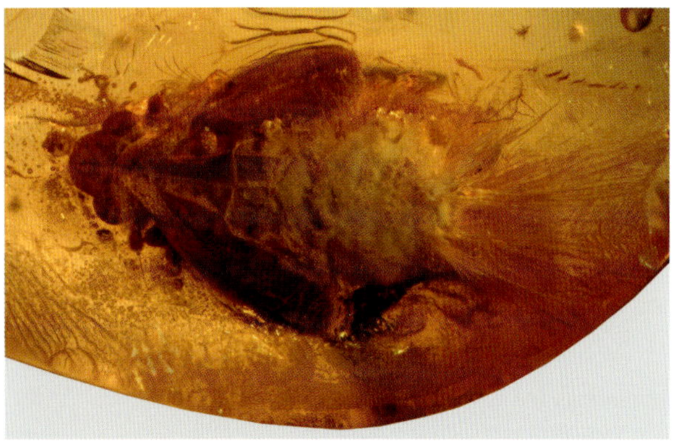

5024 Issidae 3,8 mm, mit Wachsfäden

5043 Cercopoidea Aphrophoridae

267 Cicadellidae Deltacephalinae cf. Paralinnini, m. Fl. 6 mm

Zikadenlarve 2 mm, Coll. Czora

5009 Cicadellidae 3,7 mm

3445 Cicadellidae Neocoelidinae 1,9 mm

Folgende Zikadenfamilie sind im Baltischen Bernstein gefunden worden:

(nach Gnezdilov, Stroiński und Szwedo, 2015)

Cicadomorpha

ÜBERFAMILIE CERCOPOIDEA

Aphrophoridae, Cercopidae
Zur Zeit sind nur wenige Taxa vermerkt und ihr taxonomischer Status ist nicht eindeutig. Es sind *'Aphrophora' electrina* Germar & Berendt, 1856, *'Aphrophora' vetusta* Germar & Berendt, 1856, *'Aphrophora (Ptyela)' carbonaria* Germar & Berendt, 1856, letztere wahrscheinlich aus der Familie Cercopidae. Auf jeden Fall ist die Diversität der Cercopoidea viel größer und die Beschreibungen mehrerer neuer Taxa sind in Vorbereitung.

ÜBERFAMILIE CICADOIDEA

Cicadidae
Bis heute sind nur eine einzige Nymphe, ein Teil einer Exuvie und ein einziges erwachsenes Exemplar gefunden worden (leider stark verformt).

ÜBERFAMILIE MEMBRACOIDEA

Diese Überfamilie stellt die meisten Arten der heutigen Cicadomorpha. Es gibt mehr Zikadenarten auf der Welt als alle Arten der Lurche, Kriechtiere, Vögel und Säuger zusammen. Derzeitig sind über 40 Unterfamilien bekannt, aber die familieninternen phylogenetischen Zusammenhänge sind wenig bekannt. Wenige Unterfamilien sind beschrieben und im Baltischen Bernstein nachgewiesen: Aphrodinae, Bathysmatophorinae, Ledrinae, Macropsinae, Megophthalminae, Mileewinae, die ausgestorbenen Nastlopiinae, Typhlocybinae, eventuell auch die Coelidiinae.

Cicadellidae
Ambericarda skalskii Szwedo & Gebicki, 1998, *Brevaphrodella nigra* Dietrich & Gonçalves, 2014, *Eomegophthalmus lithuaniensis* Dietrich & Gonçalves, 2014, *Eomileewa eridani* Gebicki & Szwedo, 2001, *Jantarivacanthus kotejai* Szwedo, 2005, *Microelectrona cladara* Szwedo, Gębicki & Kowalewska, 2010, *Nastlopia nigra* Szwedo & Gębicki, 2002, *Protodikraneura cephalica* Szwedo & Gębicki, 2006, *P. ferraria* Szwedo & Gębicki, 2008, *P. nasti* Szwedo & Gębicki, 2006, *Stareono mirabilis* Szwedo & Gębicki, 2006, *Youngeewabi colorata* Gębicki & Szwedo, 2001, und *Xestocephalites balticus* Dietrich & Gonçalves, 2014.

Es gibt einige Arten mit unklarer Zuordnung: *'Acocephalus' resinosus* Bervoets, 1910 (Typhlocybinae?), *'Bythoscopus' homousius* Germar & Berendt (Macropsinae?), *'Bythoscopus' punctatus* Bervoets, 1910 (Macropsinae), *'Eupteryx' minuta* Bervoets, 1910 (Typhlocybinae), *'Jassus' immersus* Germar & Berendt, 1856 (Coelidinae), *'Jassus' spinicornis* Germar & Berendt, 1856 (subfamily ?), *'Pediopsis' minuta* Bervoets, 1910 (Macropsinae), *'Tettigonia' proavia* Germar & Berendt, 1856 *(Bathysmatohorinae), 'Tettigonia' terebrans* Germar & Berendt, 1856 *(Bathysmatophorinae), 'Typhlocyba' encaustica* Germar & Berendt, 1856, *'Typhlocyba' resinosa* Germar & Berendt, 1856, (beide Typhlocybinae).

Fulgoromorpba

ÜBERFAMILIE FULGOROIDEA

Die rezente Fauna beinhaltet über 20 Familien dieser Zikaden, aber z. Z. sind nur wenige sicher im Baltischen Bernstein nachgewiesen: Achilidae, Cixiidae, Delphacidae, Derbidae, Dictyopharidae, Tropiduchidae und vielleicht Ricaniidae. Einige andere Familien (z. B. Flatidae, Fulgoridae) sind aus dem Baltischen Bernstein erwähnt. Dazu muss gesagt werden, dass die Fulgoridae heute viel weiter gefasst werden und einige Zikadenfamilien von einigen Autoren als Unterfamilien der Fulgoridae eingestuft werden. Die phylogenetischen Zusammenhänge der Zikadenfamilien sind immer noch nicht endgültig geklärt und werfen schwierige Fragen auf.

Die am häufigsten im Baltischen Bernstein vorkommenden Familien sind die Achilidae und Cixiidae. Ausgenommen der Delphacidae, sind die heute am häufigsten vorkommenden Zikadenfamilien im Baltischen Bernstein dagegen selten, so z. B. auch die Derbidae.

Die Stellung der Familie Issidae ist unsicher und wird zur Zeit neu diskutiert; einige Vertreter ähneln stark den Tropiduchidae. Der Familienname Tettigellidae ist veraltet, wird nicht mehr verwendet und geht in den Cicadellidae auf. Auch der Familienname Iassidae wurde synonym für Cicadellidae verwendet. Heute wird die Unterfamilie Iassinae mit sieben Triben geführt, es gibt aber keinen sicheren Nachweis irgendeines Tribus aus dem Baltischen Bernstein (nach Szwedo, 2014).

Ein gutes Beispiel für diese Veränderungen ist die Zikade *Tritophania patruelis* Jacobi, 1938 (Einschluss 5020), ursprünglich zur Familie Nogodinidae, Tribus Bladinini, Subtribus Gaetuliina gerechnet (Stroiński & Szwedo, 1999). Später wurde dieser Subtribus zum Tribus und in die Familie Tropiduchidae gestellt (Gnezdilov, 2007). Gnezdilov synonymisierte 2013 die Gaetuliini mit den Elicini und stellte den Tribus in die Familie Tropiduchidae, Unterfamilie Elicinae.

Achilidae
Angustachilus longirostris Lefebvre, Bourgoin & Nel, 2007, *Cixidia christinae* Lefebvre, Bourgoin & Nel, 2007, *Cixidia reticulata* (Germar & Berendt, 1856), *Paratesum rasnitsyni* Emeljanov & Shcherbakov, 2009, *Protemonocria notata* Emeljanov & Shcherbakov, 2009, *Protepiptera reticulata* (Germar & Berendt, 1856), *Psycheona striata* Emeljanov & Shcherbakov, 2009 und *P. variegata* Emeljanov & Shcherbakov, 2009, *Protepiptera kaweckii* (Usinger, 1939), *Ptychogroehnia reducta* Szwedo & Stroiński, 2001, *Ptychoptilum major* Emeljanov, 1990, *P. minor* Emeljanov, 1990, *Waghilde baltica* Szwedo, 2006.

Unklare Zuordnungen, aber wahrscheinlich Achilidae, bestehen für: *'Cixius' gracilis* Germar & Berendt, 1856, *'Cixius' sieboldtii* Germar & Berendt, 1856, *'Cixius' succineus* Germar & Berendt, 1856, *'Cixius' testudinarius* Germar & Berendt, 1856 und *'Cixius' vitreus* Germar & Berendt, 1856.

Cixiidae
Autrimpus sambiorum Szwedo, 2004, *Balticixius insignis* (Germar & Berendt, 1856), *Bothriobaltia pietrzeniukae* Szwedo, 2002, *Glisachaemus jonasdamzeni* Szwedo, 2007, *Kulickamia jantaris* Gębicki & Szwedo, 2000, *Perkunus bruziorum* (Szwedo & Stroiński, 2007) und *P. sudoviorum* (Szwedo & Stroiński, 2007).

Delphacidae
Serafinanaperperunae Gębicki & Szwedo, 2000

Derbidae
Emeljanovedus agentarna Szwedo, 2006, *Lugeilangor elektrokleistis* Szwedo, 2005, *Positrona shcherbakov* Emeljanov, 1994

Dictyopharidae
Alicodoxa rasnitsyni Emeljanov & Shcherbakov, 2011, *Worskaito stenexi* Szwedo, 2008

Tropiduchidae
Austris raffelis Szwedo & Stroiński, 2011, *Jantaritambia serafini* Szwedo, 2000, *Jantaritambia loculata* (Germar & Berendt, 1856), *Patollo aestiorum* Szwedo & Stroiński, 2013, *Patollo natangorum* Szwedo & Stroiński, 2013, *Tritophania patruelis* Jacobi, 1938.

5050 Cicadellidae, Flügelspanne 5 mm

5020 Tropiduchidae 7 mm, *Tritophania patruelis*

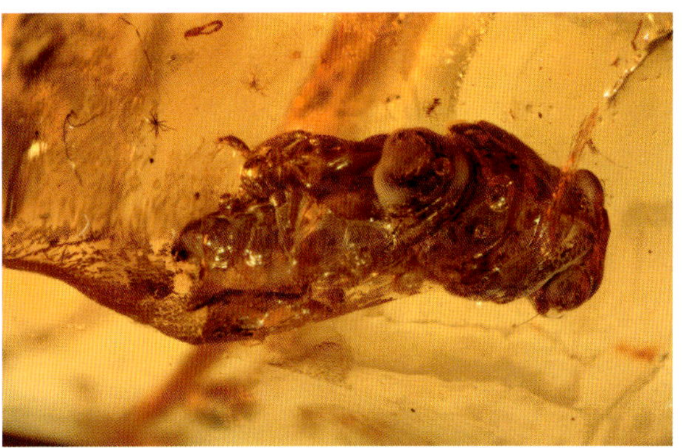

7170 Cicadina Schlupfvorgang 3,2 mm

374 Zikadenlarve 3 mm, Häutungshülle

5025 Cicadellidae Agallinae 3 mm

5047 Cicadellidae Aphrodinae 7 mm

497 Achilidae, Foto © Szwedo

1211 Derbidae *Positrona* sp., MPAS, Foto © Szwedo

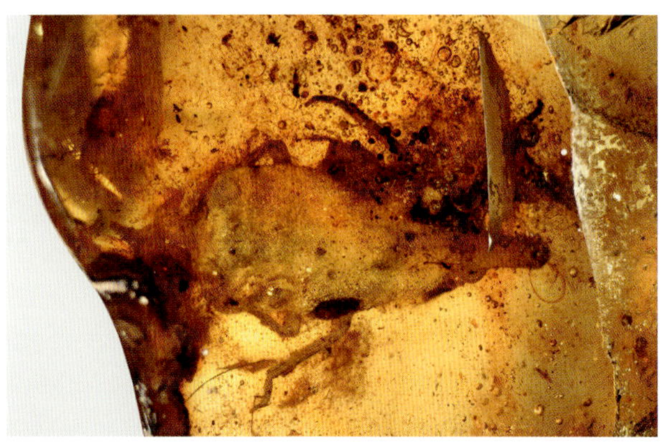

5029 Dictyopharidae cf. *Philotheria* 17 mm

1342 Achilidae Ptychoptilini, Coll. Hoffeins, Foto © Szwedo

5019 Cercopoidea Aphrophoridae 4,5 mm

5019 Cercopoidea Aphrophoridae 4,5 mm, ventral

Cicadidae, ex. Coll. Damzen, Foto © Sontag

1712 Cixiidae: *Perkunus bruziorum* Szwedo & Stroiński, 2002, HT, GPIH 4470, Foto © Szwedo

BLATTLÄUSE

APHIDOIDEA

Jede Blattlaus tritt in mehreren Gestalttypen auf, die sich sowohl in der Morphologie als auch der Fortpflanzung unterscheiden. Die flügellosen Tiere wirken plump, mit einem kleinen Kopf. Die Brust geht gleitend in den meist aufgetrieben wirkenden Hinterleib über. Bei vielen Arten finden wir auf dem fünften und sechsten Hinterleibsabschnitt ein paar Rückenröhren, die artspezifisch gestaltet sind (vgl. Einschluss 3449). Die Fühler sind meist kurz und fadenförmig, mit zwei dickeren Grundgliedern.

Wir finden Blattläuse als Larven und geflügelte Erwachsene häufig im Bernstein, woraus wir schließen können, dass diese Pflanzensauger auch im Bernsteinwald schon zahlreich vertreten waren. Die parthenogenetisch erzeugten ungeflügelten Weibchen sorgen für eine Massenvermehrung; so finden wir auch im Bernstein große Weibchen zusammen mit vielen kleinen Jungtieren (vgl. Einschluss 3425). Später folgt eine sexuelle Vermehrung der nun meist geflügelten adulten Tiere. Aufgrund der häufigen Einschlüsse muss man annehmen, dass zumindest die ungeflügelten Blattläuse den harzenden Baum als Wirtspflanze benutzten.

Die Vorderflügel sind stets viel größer als die kleinen Hinterflügel. Die Flügeläderung ist stark reduziert. Die geflügelten Tiere haben einen viel kleineren Hinterleib als die ungeflügelten Tiere.

Blattläuse im Baltischen Bernstein sind wissenschaftlich gut bearbeitet (Heie, 1967–1985 und Wegierek, 1990–1996). Die vielen Arten verteilen sich auf die Familien (Heie, 1985 und Wegierek, 1996):

Wurzelläuse (Anoeciidae), Borstenläuse (Drepanosiphidae), Hormaphididae, Blasenläuse (Pemphigidae = früher: Eriosomatidae, jetzt: Aphididae), Röhrenblattläuse (Aphididae), Electraphididae, Mindaridae, Maskenläuse (Thelaxidae).

Die Larven und flügellosen Erwachsenen der Gattung *Germaraphis* aus der Familie Pemphigidae sind die bei weitem häufigsten Einschlüsse.

Eine der größten Bernsteinblattläuse ist *Mindarus magnus* aus der Familie Mindaridae.

Typisch ist der lange Saugrüssel, der bei Larven die Körperlänge weit überschreiten kann. Bei der Art *Germaraphis oblonga* ist der Saugrüssel über doppelt so lang wie der Körper.

Informationen über die beschriebenen Arten finden sich in: „A list of fossil aphids (Hemiptera, Sternorrhyncha, Aphidomorpha)“ (Heie & Wegierek, 2011).

3425 Juvenile und adulte Blattläuse, 2,6 mm

3568 *Mindarus magnus* 1,3 mm

3449 *Halajaphis siphonosetae,* 1,3 mm

1665 *Mindarus paratransparens,* Flügelspanne 3 mm

3447 *Mindarus magnus* 2,4 mm

1710 *Megantennaphis hauniensis* 1,6 mm

413 *Megapodaphis hauniae* 1,6 mm

3429 *Megapodaphis monstrabilis* 1,9 mm

688 *Germaraphis* 1,1 mm

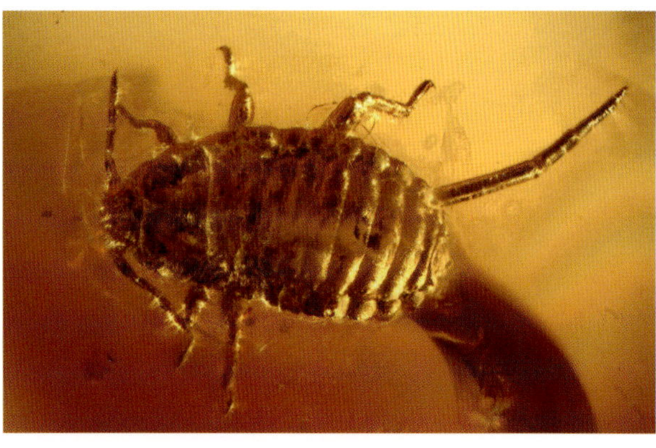

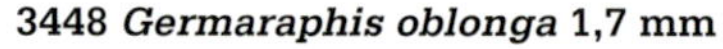

3448 *Germaraphis oblonga* 1,7 mm

3436 Hormaphidinae *Electrocornia antiqua* 1,8 mm

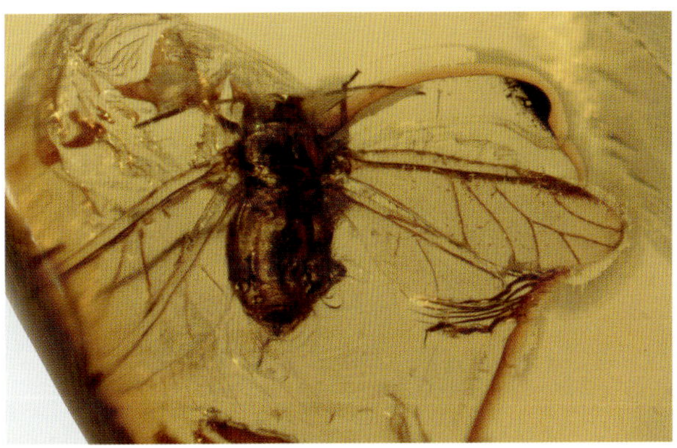

3400 *Palaeophyllaphis* sp. 1,5 mm

3407 *Mengeaphis glandulosa* 1,4 mm

3455 *Palaeophyllaphis longirostris* 2,3 mm

1529 *Palaeosiphon hirsutum* 2,05 mm

3465 Electraphididae *Schizoneurites*, Flügelspanne 3,1 mm

3422 Pemphigidae 1,6 mm

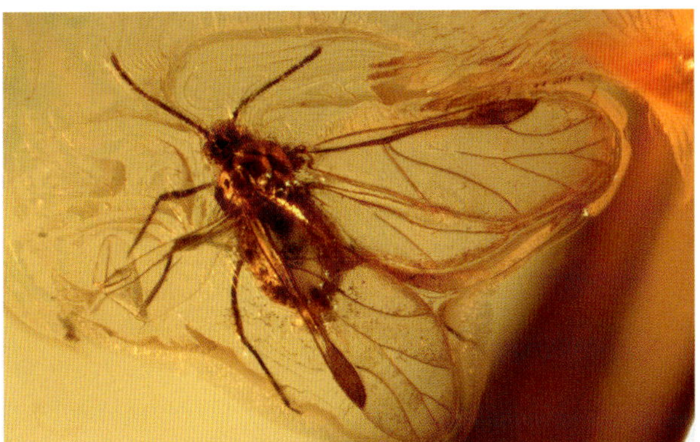

3460 Drepanosiphidae 2 mm

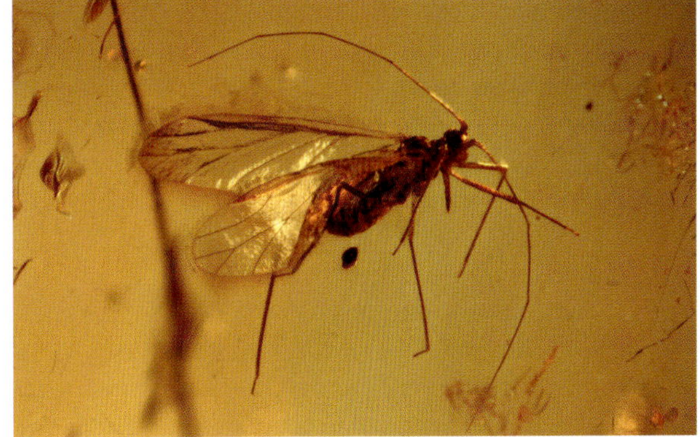

MOTTEN-SCHILDLÄUSE

ALEYRODOIDEA

Der wissenschaftliche Name leitet sich vom griechischen Wort „aleuron“ = „Mehl“ ab. Außer den Augen sind die Mottenschildläuse mit weißem Wachsstaub bedeckt. Andere deutsche Namen sind: Weiße Fliege, Mottenlaus, Schildmotte.

Das Wachs wird in den Wachsdrüsen an der Ventralseite des Hinterleibsanfanges gebildet. Beim Männchen sind es vier schmale, beim Weibchen zwei breite Drüsenplatten. Nach der Häutung zum Erwachsenenstadium beginnt die Wachsproduktion mit dem Ausstoßen von feinen Fäden. Diese werden mit den Hinterbeinen als kleine Wachskörnchen abgestreift. Die Hinterschienen befördern das Wachspulver in eine Mulde an der Vorderflügelbasis. Entweder von hier aus oder direkt von den Hinterschienen aus wird das Wachs dann mit allen Beinen und Flügeln über den Körper verteilt. Sogar die Eier werden bestäubt. Einerseits bietet das Wachs einen Schutz vor Austrocknung, andererseits vor Nässe. Auch ein Schutz vor Feinden ist teilweise gegeben, da die Mundwerkzeuge der Fressfeinde durch das Wachs verkleben und sie von ihrem Opfer ablassen.

Die Flügeläderung beider Flügelpaare ist stark zurückgebildet und unverkennbar. Eine der sehr wenigen Adern ist gegabelt, was auch bei Bernsteineinschlüssen gut zu erkennen ist. Die Hinterflügel sind nur wenig kleiner als die Vorderflügel. Die Komplexaugen erscheinen in ein unteres und oberes Auge geteilt. Zwischen den Komplexaugen befinden sich zwei Ocellen. Sie besitzen siebengliedrige Fühler. Die Beine sind lang und dünn mit zweigliedrigen Füßen. Das erste Hinterleibssegment ist stielförmig ausgebildet. Beim Männchen liegt am Ende des spitz auslaufenden Hinterleibs das eingliedrige Begattungsglied zwischen zwei zangenförmigen Genitalhaken. In Ruhe wird der Begattungsapparat rückwärts gegen das Hinterleibsende geklappt. Die Weibchen besitzen einem dreiteiligen, kurzen Legebohrer, aus dem die Kittdrüsen münden.

Die Vermehrung erfolgt einerseits durch befruchtete Eier, andererseits auch durch Jungfernzeugung. Bei den heute lebenden Mottenschildläusen entstehen aus den unbefruchteten Eiern nur Weibchen. Die den Erwachsenen nicht ähnlichen Larven ohne Flügelansätze sind bisher nicht im Bernstein gefunden worden. Der Grund wird darin liegen, dass sie sich mit ihrem Saugrüssel fest an ihrer Wirtspflanze halten und durch Wachsabscheidungen mit der Pflanze verkleben. So können sie nicht ins Harz geraten.

Mottenschildläuse aus dem Bernstein sind kaum bearbeitet. Es gibt nur zwei beschriebene Arten: *Aleurodes = ‚Aleurodicus‘ aculeatus* (Menge, 1856) und *Paernis gregorius* Drohojowska & Szwedo, 2011.

Der Typus von Menge ist verschollen und die Beschreibung gibt keine eindeutigen Hinweise, in welche Unterfamilie er gehören könnte. Anfangs wurde er der Gattung *Aleyrodes* zugeordnet, später vermutete man eine Zugehörigkeit zur Gattung *Aleurodicus* aus der Unterfamilie Aleurodicinae. Einige wenige weitere Arten stehen zur Beschreibung an.

Zwar können Mottenschildläuse an Wirtspflanzen massenhaft auftreten, doch verlassen sie selten die Blätter, an deren Unterseite sie sich meist aufhalten. Sie fliegen ungern und nur bei Störungen mit einem Flatterflug zum nächstgelegenen Ziel. Dabei können Hinterflügel und Vorderflügel getrennt bewegt werden. Deshalb verwundert es nicht, dass sie relativ selten im Bernstein zu finden sind.

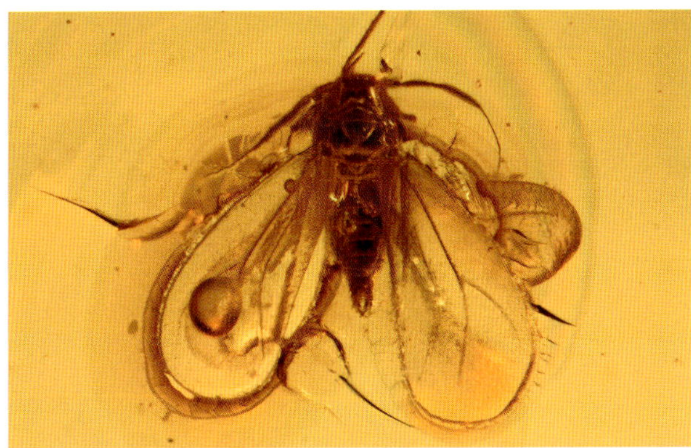

7244 Aleurodidae 1,3 mm

Aleurodicinae, Coll. Dietrich

7159 Aleurodidae, Flügelspanne 4,5 mm

421 Aleurodidae, Flügelspanne 3 mm

474 Aleurodidae 1,3 mm

Vorderflügel

Hinterflügel

SCHILDLÄUSE

COCCOIDEA

Schildläuse sind die am weitesten differenzierte Unterordnung der Pflanzensauger. Schildläuse haben einen ausgeprägten Sexualdimorphismus, d. h. Männchen und Weibchen sehen sehr verschieden aus. Die Weibchen haben meist einen zurückgebildeten, schwach gegliederten, ungeflügelten Körper und entwickeln sich direkt aus der Larve (Neotonie). Häufig entstehen die Larven durch Parthenogenese. Manche Arten entwickeln zum Schutz vor Feinden einen deckelförmigen Schild aus Wachsausscheidungen, der der ganzen Gruppe ihren Namen gegeben hat. Die Männchen sind geflügelt, nur die Vorderflügel sind entwickelt und zeigen eine typische unverkennbare Äderung. Sie tragen am neunten Hinterleibsbauchschild oft ein langes Begattungsglied (Einschluss 1959, Margarodidae), eine besondere Ausbildung für die schwierige Begattung der schildtragenden Weibchen. Die Männchen leben nur wenige Tage und nehmen keine Nahrung zu sich, entsprechend sind die Mundwerkzeuge bis zur Funktionslosigkeit zurückgebildet. Trotz der kurzen Lebensdauer kommen Männchen im Bernstein häufiger vor als die ungeflügelten Weibchen. Typisch sind die eingliedrigen Füße mit nur einer Kralle.

Bei den Röhrenschildläusen (Ortheziidae) entwickeln die Weibchen plattenförmige Wachslappen.

Wir finden im Bernstein die Familien Matsucoccidae, Röhrenschildläuse (Ortheziidae), Höhlenschildläuse (Margarodidae), Pityococcidae (früher zu Ortheziidae gestellt), Putoidae, Schmierläuse = Wollläuse (Pseudococcidae), Monophlebidae, Friococcidae (früher zu Eriococcidae gestellt), Eriococcidae, Grohnidae, Xylococcidae, Kuwaniidae, Arnoldidae, Lithuanicoccidae, Weitschatidae, Serafinidae. Die erstgenannten Familien stellen die häufigsten Vertreter im Baltischen Bernstein. Die meisten Einschlüsse gehören zur Gattung *Matsucoccus* (Koteja, 1984, 2008).

Die Schildläuse können systematisch in zwei große Gruppen geteilt werden (Ross et al. 2012):

Archeococcoidea mit den Familien Margarodidae, Matsucoccidae, Ortheziidae, Putoidae u. a.

Neococcoidea mit den Familien Pseudococcidae, Friococcidae, Eriococcidae u. a.

1937 Margarodidae Weibchen 2,2 mm

1959 Margarodidae Männchen 1,7 mm, mit ausgestülptem Geschlechtsorgan

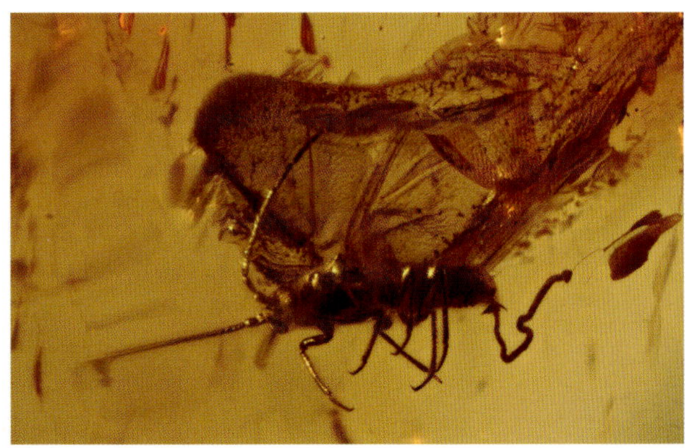

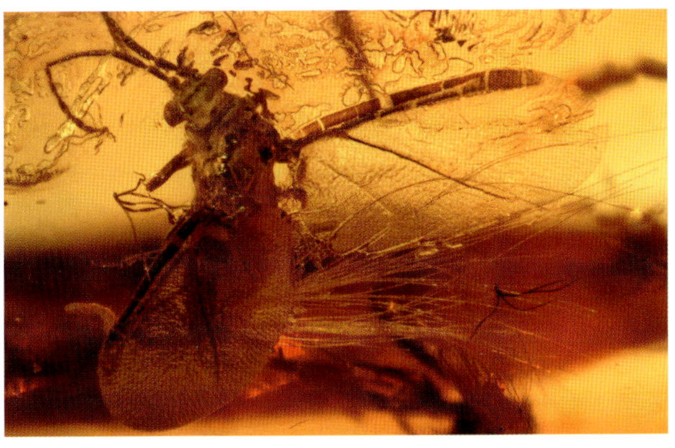

1953 Margarodidae mit Wachsfäden, Flügelspanne 4,5 mm

165 Matsucoccidae *Matsucoccus* Weibchen 1,4 mm

395 Matsucoccidae *Matsucoccus pinnatus* 1,3 mm

669 Matsucoccidae *Matsucoccus larssoni* 1 mm, Wachsfäden

237 Matsucoccidae *Matsucoccus apterus* 0,9 mm

1930 *Protorthezia aurea* 1,4 mm

1936 Ortheziidae 1,8 mm, ausgestülptes Geschlechtsorgan

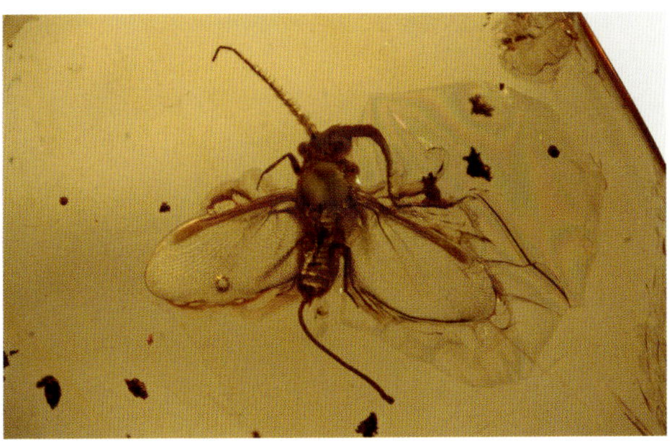

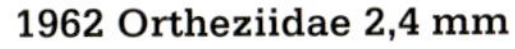

1962 Ortheziidae 2,4 mm

1932 Ortheziidae Weibchen 2,3 mm

Ortheziidae Weibchen, Foto © Weitschat

507 Putoidae Weibchen 2,3 mm

507 Putoidae Weibchen 2,3 mm, lateral

2462 Putoidae 1,7 mm

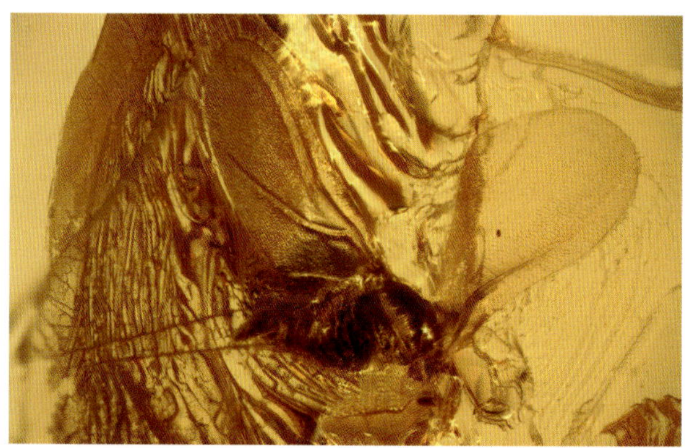

1925 Friococcidae 0,8 mm

1919 Grohnidae 2,3 mm, *Grohnus eichmanni*, GPIH 4494

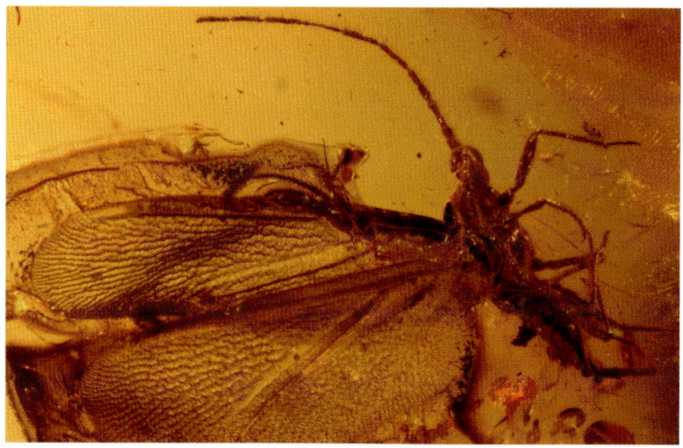

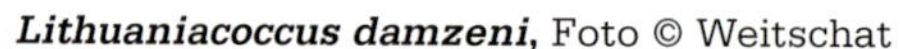

Lithuaniacoccus damzeni, Foto © Weitschat

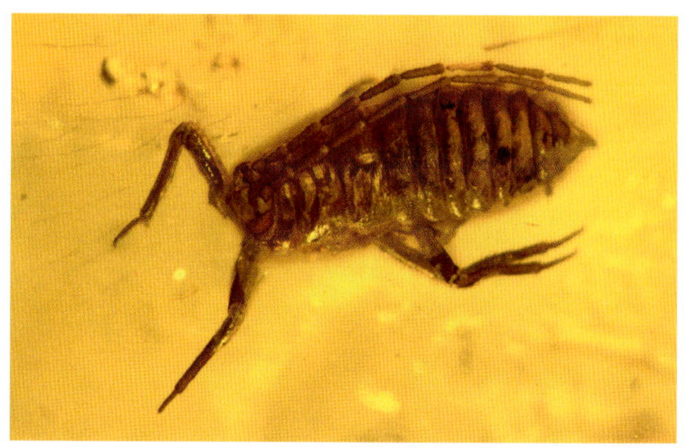

Die Schildläuse des Baltischen Bernsteins sind durch Koteja sehr gut bearbeitet und viele Arten sind beschrieben, hier einige Beispiele:

Matsucoccidae: *Matsucoccus apertus, M. electrinus, M. larssoni, M. pinnatus, M. saxonicus* (Koteja, 1984–86).

Ortheziidae: *Arctorthezia antique* und *Newsteadia succini* Koteja & Zac-Ogaza, 1988, *Ochyrocoris electrina* Menge, 1856, *Palaeonewsteadia huaniae* und *Protorthezia aurea* Koteja, 1987.

Pityococcidae: *Cancerococcus apterus* Koteja, 1988.

Putoidae: *Coccus avitus, C. termitinus* Menge, 1856.

Monophlebidae: *Monophlebus crenata = M. pinnatus = Paleococcus pinnatus = Acreagris crenata* (Germar & Berendt, 1856), *Monophlebus irregularis* und *M. trivenosus* Germar & Berendt, 1856.

Eriococcidae: *Balticococcus oblicus, B. spinosus, Gedanicoccus gracilis, Jutlandicoccus pauper, J. perfectus, Kuenowicoccus pietrzeniukae* Koteja, 1988.

Grohnidae: *Grohnus eichmanni* Koteja, 2004.

Kleine Schildläuse und Larven sind im Bernstein schwer gut aufgelöst zu fotografieren. Zeichnungen helfen, Details zu erkennen. Koteja (1998) gibt dazu einige interessante Beispiele:

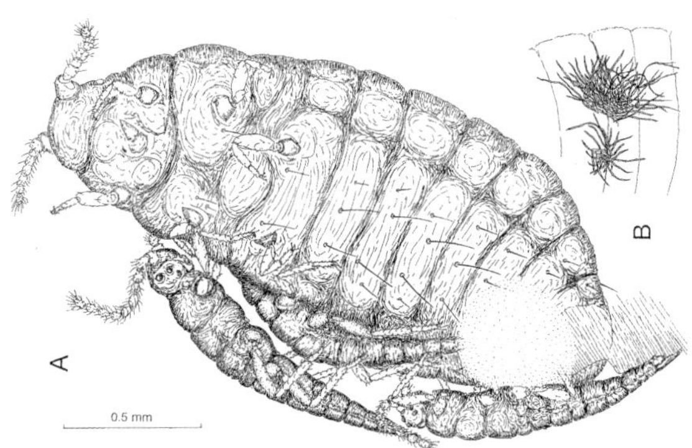

Pityococcidae, Schildläuse bei der Begattung,
Illustration © Koteja

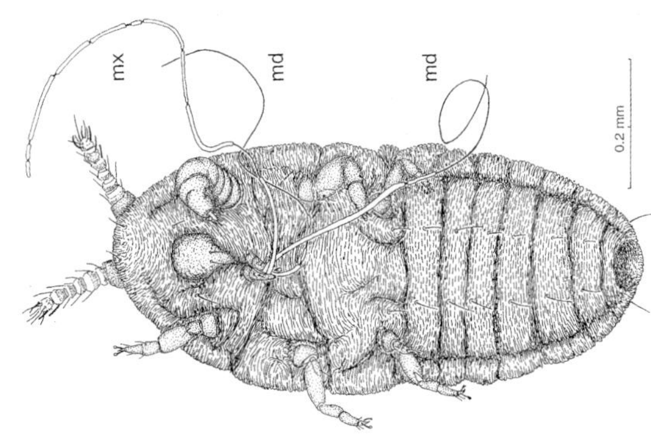

Pityococcidae, Larve mit freiliegendem Stechrüssel,
Illustration © Koteja

Pseudococcidae, 2. Larvenstadium am Ende einer Häutung,
Illustration © Koteja

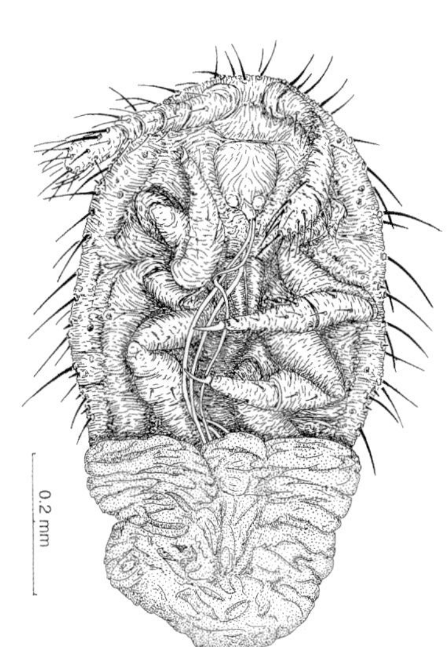

Archeococcoidea, eine schlüpfende Larve,
Illustration © Koteja

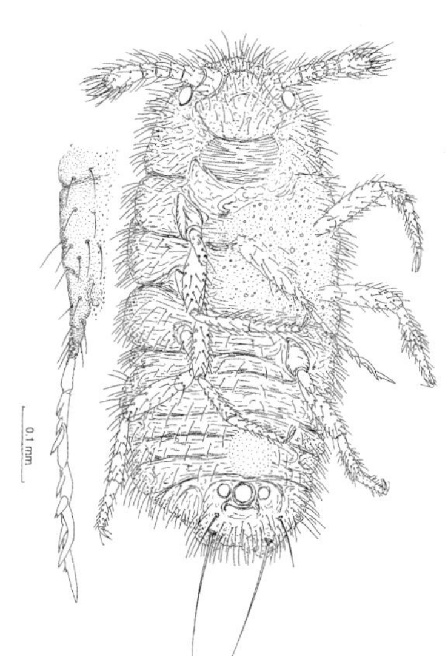

Monophlebidae,
Illustration © Koteja

BLATTFLÖHE

PSYLLOIDEA

Blattflöhe werden auch Springläuse genannt. Wie die beiden Namen aussagen, handelt es sich hier um Pflanzensauger mit Sprungvermögen. Die Hinterschenkel sind zwar verdickt, lassen aber ihr gewaltiges Sprungvermögen nicht erahnen. Vom Aussehen her erinnern sie an kleine Zikaden, können aber durch die Mundwerkzeuge (Saugrüssel) leicht unterschieden werden, deren Ursprung weit nach hinten zwischen die Vorderhüften verlagert ist.

Der Scheitel des Kopfes ist meist durch eine Längsfurche zweigeteilt. Wir finden drei Ocellen. Die Fühler bestehen meist aus zehn Gliedern, davon sind die beiden Grundglieder dick und gedrungen, die restlichen Glieder wirken fadenförmig. Das Fühlerendglied trägt zwei sehr unterschiedliche Borsten.

Die Flügeläderung ist unverkennbar einfach mit stark hervortretenden Adern. Die Flügel dienen zusammen mit den Sprungbeinen einem nur kurzen Sprungflug. Die Vorderflügel sind deutlich größer und derber und verdecken meist die zarteren, kleineren Hinterflügel.

Die Weibchen lassen sich gut durch das zugespitzte Hinterleibende unterscheiden, das den Legebohrer enthält. Bei den Männchen kann man das einklappbare zweiteilige Begattungsglied erkennen.

Die jungen Larven haben keine Ähnlichkeit mit den Erwachsenen. Sie sind abgeflacht und der Kopf bildet mit dem Brustabschnitt eine Einheit. Ab dem zweiten Larvenstadium haben die Blattflöhe Klammerbeine statt Schreitbeine und kein Sprungvermögen. Ab dem dritten Larvenstadium entwickeln sich seitlich Flügelscheiden (siehe Foto). Mit der fünften Häutung schlüpft das so anders aussehende erwachsene Tier (Einschluss 2793).

Die paläogenen Psylloidea sind fast alles Vertreter der Aphalarinae (Aphalaridae). Sie sind gegenwärtig in die fossile Tribus Palaeopsylloidini zusammengefasst. Diese Tribus ist aber nicht diagnostizierbar und stellt möglicherweise die Stammgruppe zu den rezenten Vertretern der Unterfamilie dar. Im Baltischen Bernstein kommen die Gattungen *Eogyropsylla* und *Parascenia* mit folgenden Arten vor:

Eogyropsylla eocenica, E. jantaria Klimaszewski, 1993, *Eogyropsylla magna, E. parva* Klimaszewski, 1997, *Eogyropsylla sedzimiri* Drohojowska, 2011, *Parascenia weitschati* Klimaszewski, 1997.

Die Familie Rhinocolidae ist mit *Protoscena baltica* Klimaszewski, 1997 vertreten (nach Ouvrard, Burckhardt & Greenwalt, 2013).

Psylloidea Larve 1,6 mm, Foto © Weitschat

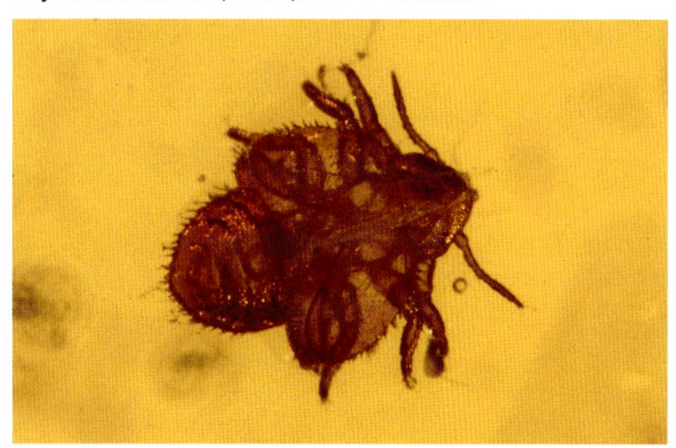

2793 Psylloidea Häutungshülle 1,4 mm

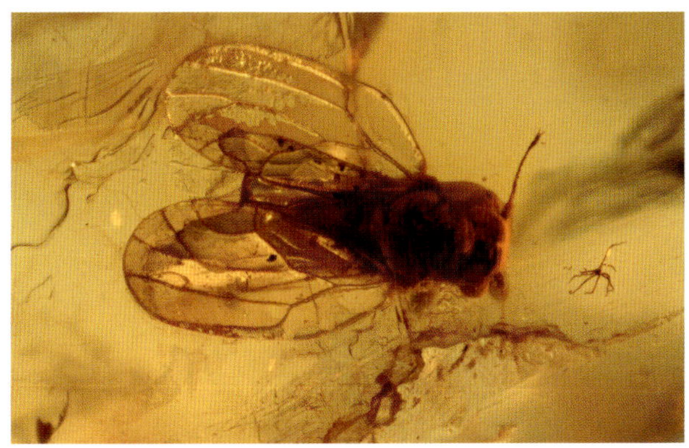

7262 Aphalaridae *Eogyropsylla jantarica* 1,4 mm

1016 Aphalaridae 0,9 mm

Psylloidea, Coll. + Foto © Veta

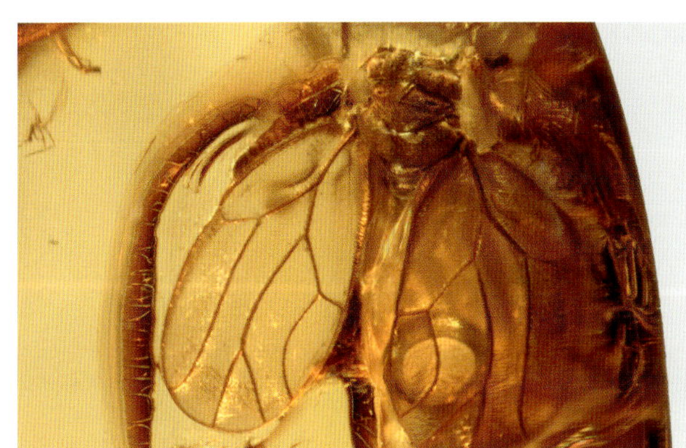

6968 Psylloidea, mit Flügeln 3,3 mm

2823 Psylloidea 1,4 mm, mit parasitischer Milbe

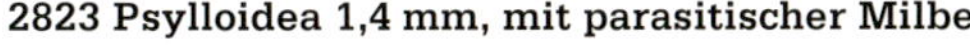

BISHER NICHT IM BALTISCHEN BERNSTEIN GEFUNDEN:

TIERLÄUSE

PHTHIRAPTERA

Die Tierläuse gliedern sich nach älterer Systematik in drei Untergruppen:

Federlinge (Philopteridae), Haarlinge (Trichodectidae), Echte Tierläuse (Anoplura). Federlinge und Haarlinge fasste man zur Gruppe der Kieferläuse (Mallophaga) zusammen.

Da wir Tierläuse nur an warmblütigen Tieren finden, vermutet man, dass sie sich erst vor 100 Millionen Jahren entwickelt haben. Es haben sich auf den Vögeln die Federlinge und auf den Säugern die Haarlinge und Echten Tierläuse entwickelt. Die einzelnen Arten haben sich mehr oder weniger auf eine Wirtsart spezialisiert.

Nach neueren Erkenntnissen haben sich die Tierläuse unabhängig voneinander zweimal entwickelt, die große Ähnlichkeit ist Ergebnis der Anpassung an die parasitische Lebensweise. So werden die Amblycera und Ischnocera unterschieden, deren Vertreter sowohl auf Säugern als auch Vögeln leben und zu den Mallophaga zusammengefasst werden (Johnson, 2004).

Die Vertreter der Tierläuse, auch Lauskerfe oder Läuslinge genannt, führen eine ausschließlich parasitische Lebensweise. Die entsprechenden Anpassungen sind ein abgeplatteter Körper mit einem schützenden lederartigen Chitinpanzer, die Augenreduktion und die Ausbildung von Haft- oder Klammerorganen, mit denen sie sich an warmblütigen Tieren festhalten können. Die Brustsegmente sind verwachsen und tragen keine Flügel.

Die Mallophagen (Haarlinge und Federlinge) haben beißend-kauende Kiefer, die asymmetrisch gebaut sind und auf der Unterseite des Kopfes liegen; sie ernähren sich hauptsächlich vom Hornsubstanz der Haare und Federn Bei den Echten Läusen finden wir stechend-saugende Mundwerkzeuge, die in Ruhe in einer Scheide am Kopf liegen.

Da diese Parasiten fest auf ihrem Wirt oder in deren Behausungen (z. B. Nestern) leben, verwundert es nicht, dass bisher keine erwachsenen Tiere aus dieser Ordnung im Baltischen Bernstein gefunden wurden. Unter glücklichen Umständen könnte trotzdem solch ein Parasit ins Harz gelangt und bis heute konserviert sein, so wie wir auch einige wenige Flöhe im Bernstein finden. Es ist eine Frage der Zeit, dass auch ein Federling, Haarling und eine erwachsene Echte Tierlaus im Bernstein gefunden wird.

Die Eier werden mit Hilfe eines Kittes an Haare bzw. Federn geheftet. Diese sogenannten Nissen sind als einziger Nachweis einer Echten Tierlaus im Baltischen Bernstein auf Säugerhaaren gefunden worden (Voigt, 1952).

Eine nähere Beschreibung der einzelnen Untergruppen wird nicht gegeben, nur entsprechende Zeichnungen, die helfen sollen, den großen Zufallsfund irgendwann einmal erkennen zu können.

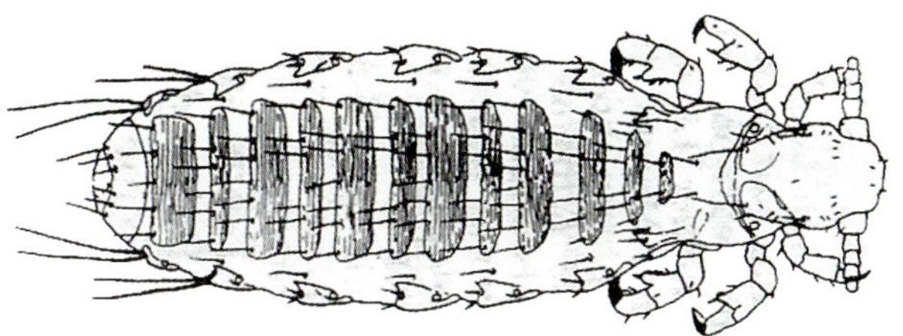

Tierlaus *Polyplax spinulosa*,
verändert nach Brohmer, 1969

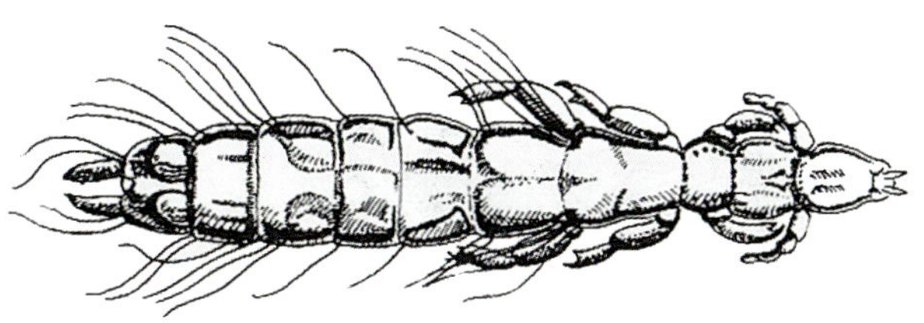

Federling *Columbicola columbae*,
verändert nach Jacobs & Renner, 1988

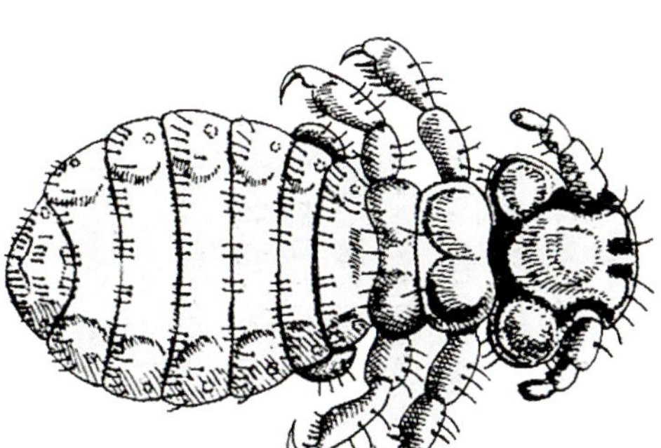

Haarling *Trichodectes canis*,
verändert nach Jacobs & Renner, 1988

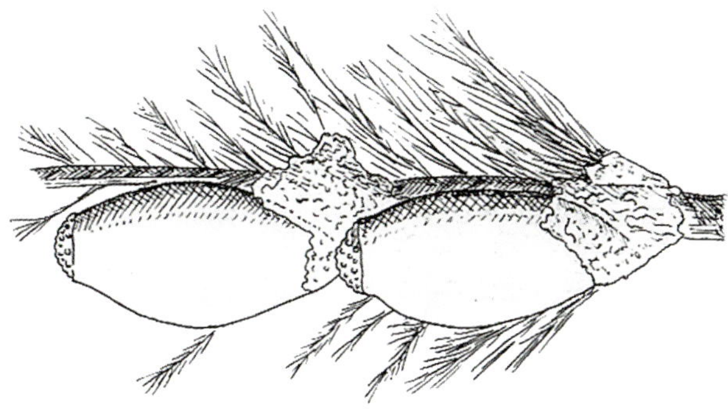

Federling-Eier *Incidifrons pertusus*,
verändert nach Jacobs & Renner, 1988

Nisse einer Tierlaus am Säugerhaar, Übersichtsfoto und Vergrößerung, Foto © Voigt

GROSSFLÜGLER

MEGALOPTERA

Diese großen amphibiotisch lebenden Tiere stellen eine kleine Ordnung mit nur zwei rezenten Familien dar, den kleineren Schlammfliegen, auch Wasserflorfliegen genannt (Sialidae) und den eigentlichen Großflüglern (Corydalidae). Im Baltischen Bernstein wurde kürzlich eine dritte Familie bekannt, die Corydasialidae, die neben apomorphen Merkmalen auch Merkmale der beiden vorgenannten Familien vereint. Sie wurde mit der Beschreibung von *Corydasialis inexpectatus* Wichard, Chatterton & Ross, 2005 begründet.

Die Larven leben ausschließlich im Wasser. Erst die erwachsene Larve (Prepupae) verlässt das Wasser und verpuppt sich. Die erwachsenen geflügelten Tiere leben nur kurze Zeit und nehmen meist keine Nahrung auf. Tagsüber warten sie versteckt im wassernahen Pflanzenbewuchs, die Flügel satteldachartig übereinander gelegt. In der Dämmerung sind die Großflügler flugaktiv und suchen den Partner zur Paarung. Der im Bernstein eingeschlossene seltene Großflügler mit ausgebreiteten Flügeln wird demnach in den Abendstunden ins Harz geraten sein.

Die Corydalidae sind mit einer Gattung im Bernstein vertreten: *Chauliodes.* Die Erstbeschreibung von *Chauliodes prisca* erfolgte schon 1854 von Pictet. 150 Jahre später folgte die Beschreibung einer zweiten Art *Chauliodes carsteni* Wichard, 2003.

Die Familie Sialidae weist rezent mehrere Gattungen auf, unter anderem die Gattungen *Sialis, Protosialis* und *Indosialis,* die auch im Baltischen Bernstein nachgewiesen sind (Wichard et al. 2009). Aus der Gattung *Sialis* ist bisher nur *Sialis groehni* beschrieben, *Protosialis* weist drei Holotypen auf: *P. baltica, P. herrlingi, P. voigti.* Aus der Gattung *Indosialis* konnte noch kein Typus beschrieben werden, aber es gibt einen eindeutigen Nachweis (Einschluss 7075).

Abgesehen von der Flügeläderung, mit der sich Sialidae gut von allen anderen Megaloptera unterscheiden, ist das vierte der fünf Fußglieder (Tarsalglieder) auffällig breit lappig und „herzförmig" ausgebildet. Auch die Larven unterscheiden sich gut. Sialidae-Larven besitzen seitlich am Hinterleib sieben Paar Tracheenkiemen, während Corydalidae-Larven über acht Paare verfügen.

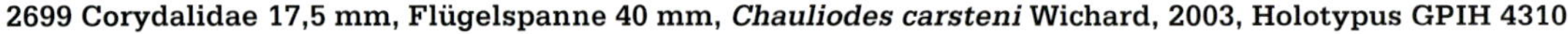

2699 Corydalidae 17,5 mm, Flügelspanne 40 mm, *Chauliodes carsteni* Wichard, 2003, Holotypus GPIH 4310

826 Sialidae *Sialis groehni* Wichard, 1997, HT GPIH 4353

7075 Sialidae *Indosialis* 6 mm, siehe Wichard et al. 2009

7681 Megaloptera Larve 9,8 mm

KAMELHALSFLIEGEN

RAPHIDIOPTERA

Der Deutsche Name bezieht sich auf die stark verlängerte Vorderbrust, die diese Tiere am eindeutigsten gegenüber allen anderen Insekten kennzeichnet. Sie wird von der Körperlängsachse gesehen etwas nach oben abgewinkelt getragen, die Vorderbeine setzen ganz hinten an der Vorderbrust an. Dagegen wird der nach hinten halsartig verengte Kopf schräg nach unten getragen. Auf diese Weise entstehen die beiden Knicke in der Längsachse des Körpers.

Die beiden Flügelpaare sind mit einem locker netzförmigen Geäder annähernd gleich gebaut und werden in Ruhe dachartig über dem Hinterleib getragen. Das dritte der fünf Fußglieder ist lappig vergrößert.

Bei den Weibchen finden wir eine auffällig lange Legeröhre (Ovipositor), die etwas so lang wie der Hinterleib ist.

Die Larven sind langgestreckt, der Vorderkörper (Kopf und Vorderbrust) ist stark chitinisiert, der restliche Körper weichhäutig. Sie sind ebenfalls Räuber und relativ schnelle Läufer. Die Larvalzeit dauert meist mehrere Jahre, wobei die Tiere sich mehrmals häuten.

Die nächsten Verwandten sind die Megaloptera, mit denen zusammen sie früher zur Gruppe der Netzflügler (Neuroptera) gestellt wurden. Die Merkmale beider Gruppen sind aber so eigen, dass sie zu eigenen Ordnungen erhoben wurden.

Die Systematik der Ordnung Kamelhalsfliegen basiert unter anderem auch auf dem Besitz von Punktaugen (Ocelli), die bei den Raphidiidae vorhanden sind, bei den Inocelliidae fehlen.

Obwohl die erwachsenen Tiere lange leben, in der Paarungszeit häufig fliegen und außerhalb dieser Zeit im Blattwerk der Bäume auf der Suche nach Beute umherkriechen, finden wir Kamelhalsfliegen und ihre Larven sehr selten im Bernstein.

Wenige Arten wurden beschrieben:

Inocellidae: *Electrinocellia peculiaris* (Carpenter, 1956), Raphidia = *Inocellia erigena* (Menge, 1856), *Fibla carpenteri* Engel, 1995, *Succinofibla aperta* Aspock & Aspock, 2004.

Raphidiidae: *Raphidia baltica* Carpenter, 1956, *Succinoraphidia exhibens* Aspock & Aspock, 2004.

7509 Raphidioptera Larve 11,2 mm

rechts: **745 Inocellidae Weibchen 12 mm**

NETZFLÜGLER

NEUROPTERA, FRÜHER PLANIPENNIA

Netzflügler werden auch Hafte genannt und umfassen Tiere mit unterschiedlichsten Erscheinungsformen, von kleinen mottenschildlaus-ähnlichen Arten (Staubhafte) mit einer Flügelspanne von wenigen Millimetern bis hin zu schmetterlingsähnlichen Arten (Schmetterlingshafte) mit einer Flügelspanne von mehreren Zentimetern. Namensgebend ist die netzförmige Flügeläderung. Fast alle Arten leben als Larven und geflügelte, erwachsene Tiere an Land, nur die Larven der Schwammhafte (Sisyridae) und Nevrorthidae leben aquatisch. Die Larven der Bachhafte (Osmylidae) gehen gelegentlich zum Nahrungserwerb ins Wasser. Fast alle Larven sind räuberisch und tragen spitze Saugzangen, mit denen sie kleine Insekten erfassen und aussaugen.

Von den 18 weltweit bekannten Familien sind ein Dutzend im Baltischen Bernstein nachgewiesen, die sich auf drei Formengruppen verteilen:

Nevrorthiformia (monophyletisch):
Nevrorthidae

Hemerobiiformia (polyphyletisch):
Osmylidae, Mantispidae, Hemerobiidae, Berothidae, Chrysopidae, Coniopterygidae, Dilaridae, Sisyridae, Ithonidae

Myrmeleontiformia (monophyletisch):
Ascalaphidae, Psychopsidae, Nymphidae

Nevrorthidae

Die Unterordnung Nevrorthiformia mit der Familie Nevrorthidae stellen nach morphologischen und molekulargenetischen Untersuchungen eine Schwestergruppe zu allen anderen Haften dar (Haring & Aspöck, 2004).

Die Nevrorthidae sind eine sehr artenarme Familie, die heute weltweit nur vier Gattungen und 18 Arten aufweist. Die vier Gattungen leben reliktartig weit voneinander entfernt: Im Mittelmeerraum *(Nevrorthus)*, in China *(Sinoneurorthus)*, in Japan und Taiwan *(Nipponeurorthus)* und in Australien *(Austroneurorthus)*. Aus dem Baltischen Bernstein sind bislang drei weitere Gattungen bekannt: *Rophalis, Palaeoneurorthus und Electroneurorthus.*

Rophalis relicta wurde 1856 von Hagen beschrieben. Der Holotypus ging verloren; Wichard beschrieb den Neotypus von *Rophalis relicta,* der sich im Westpreussischen Provinzialmuseum Münster befindet.

Weitere im Baltischen Bernstein nachgewiesene Arten sind:

Paleoneurorthus hoffeinsorum Wichard, 2009
Paleoneurorthus bifurcatus Wichard, 2009
Paleoneurorthus groehni Wichard et al. 2010
Electroneurorthus malickyi Wichard et al. 2010.

Die Larven der Nevrorthidae leben im Wasser. Die unter 1 mm kleinen Erstlarven (Primärlarven) sind mehrfach im Baltischen Bernstein nachgewiesen und zeigen schon die typischen, zugespitzten und nach innen gebogenen Saugzangen (Einschlüsse 2518 und 7574), gleichen aber in der Körpergestalt noch nicht den ausgewachsenen Larven, die am ersten Thoraxsegment deutlich differenziert sind und einen viel längeren und schlanken Körper haben (Einschluss 2518). Die kleinen Eilarven treten in Bernsteinen vergesellschaftet auf, oft in unmittelbarer Nähe zu der adulten *Rophalis relicta* (Wichard et al. 2009). Wahrscheinlich stammen alle aus demselben Eiergelege, das von einem Weibchen abgesetzt und bald danach vom Harz überflossen wurde.

7074 Nevrorthidae 4,2 mm

Schwarm Nevrorthidae, Coll. Damzen

7200 Nevrorthidae 3,2 mm, *Rophalis relicta* (Hagen, 1856)

2518 Nevrorthidae Larve 8,2 mm

7574 Nevrorthidae Erstlarve 1,1 mm, siehe Wichard et al. 2009, *Rophalis relicta* (Hagen, 1856)

7303 Nevrorthidae *Palaeoneurorthus,* Flügelspanne 12,1 mm

Bachhafte – Osmylidae

Vertreter der Bachhafte unterscheiden sich auffallend von den kleinen Sisyridae und Nevrorthidae durch das Vorhandensein von Ocellen, durch die Flügeläderung und durch deutlich größere Vorderflügel (über 5 mm lang). Aus dem Baltischen Bernstein wurde bisher nur eine Art *Osmylus pictus* Hagen, 1856 beschrieben, deren Gattung später von Krüger 1913 zu Protosmylus revidiert wurde: *Protosmylus pictus* (Hagen, 1856). Nur wenige Osmyliden wurden bisher im Baltischen Bernstein gefunden.

Perlenflorfliegen – Berothidae

Die Berothidae bilden mit den nahe verwandten Rhachiberothidae (Dornenflorfliegen) eine gemeinsame Schwestergruppe zu den Mantispidae (Fanghafte). Mit einem illustrierten Bestimmungsschüssel der Gattungen der Berothidae haben Aspöck und Randolf (2014) nun einen beachtlichen Beitrag zur Systematik der rezenten Berothidae beigetragen. Aus dem Baltischen Bernstein sind bislang zwei fossile Arten beschrieben: *Whalfera wiszniewskii* Makarkin & Kupryjanowicz, 2010, *Electriberotha groehni* Makarkin, 2015.

Fanghafte – Mantispidae

Fanghafte sind im Baltischen Bernstein bisher nur als Larve nachgewiesen und auch diese nur zweimal. Deshalb wird im Bild eine adulte Fanghafte aus dem Burmesischen Bernstein gezeigt. Ohl (2011) beschreibt Fanghafte und das ungewöhnliche Verhalten am Beispiel der Larve auf einer Sackspinne, frei übersetzt:

„Fanghafte sind eine exotische Gruppe von Netzflüglern (Neuroptera), die dank ihrer Fangvorderbeine wie kleine Gottesanbeterinnen aussehen. Diese Ähnlichkeit ist aber nur oberflächlich und ein perfektes Beispiel für mehrfache Evolution ähnlicher Organe (Konvergenz). Die meisten Larven der Fanghaften zeigen ein sehr ungewöhnliches Verhalten. Diese ernähren sich ausschließlich von Spinneneiern oder Spinnenlarven, die sie in den Kokons von Wolfsspinnen und Verwandten aussaugen. Um solche Kokons zu finden, setzen manche Fanghafte eine besondere Strategie ein: Die Erstlingslarven sind sehr agil und schaffen es den Wissenschaftlern zufolge deshalb, ein Wolfsspinnenweibchen zu besteigen. An Bord der Spinne verbleiben sie solange, bis diese einen Kokon spinnt, in den die Larve danach eindringt. Dann kann die Spinnenmahlzeit beginnen. Die späteren Larvenstadien der Fanghaften sind dann madenartig und fressen sich bis zur Verpuppung fett. Solche spinnenreitenden Larven von Fanghaften können sogar die Häutung von Spinnen überstehen, indem sie sich in die Fächertracheen der Tiere zurückziehen und abwarten... In diesem Falle sitzt die Larve der Fanghafte auf dem Rücken einer Sackspinne... Dieser Fund ist nicht nur ungewöhnlich, weil es die erste fossile Larve einer Fanghafte überhaupt ist, sondern auch, weil dies der direkte Nachweis für die Existenz einer besonderen Verhaltensstrategie vor über 40 Millionen Jahren darstellt. Normalerweise lässt sich Verhalten bei Fossilien kaum nachweisen."

Taghafte – Hemerobiidae

Taghafte werden auch Blattlauslöwen genannt, weil die Larven und adulten Tiere räuberisch leben und sich hauptsächlich von Blattläusen ernähren. Aus dem Baltischen Bernstein sind beschrieben: *Hemerobius resinatus* Hagen, 1856 = *Prolachlanius resinatus* (Hagen, 1856), *Prospadobius moestus* (Hagen, 1856), *Prophlebonema resinata* Krüger, 1923, *Sympherobius completus* Makarkin & Wedmann, 2009, *Sympherobius siriae* Jepson et al. 2010.

Florfliegen – Chrysopidae

Florfliegen werden auch Goldaugen genannt, weil die Facettenaugen einiger Arten metallisch-bronzefarben glänzen; Ocellen fehlen. Alle vier Flügel sind gleichförmig und werden in Ruhe über dem Rücken zusammengelegt. Nur den Florfliegen eigen ist das breite Costalfeld, bei dem die Queradern ungegabelt sind. Längs- und Queradern sind beborstet.

Allgemein bekannt ist die heute lebende Gemeine Florfliege (*Chrysoperla carnea* Stephens,1836), die als Imago überwintert und gerne vor der kalten Jahreszeit unsere Behausungen aufsucht. Während die meisten erwachsenen Tiere sich von Nektar und Pollen ernähren, sind fast alle Larven große Räuber und fressen vornehmlich Blattläuse. Die Laven werden deshalb auch Blattlauslöwen genannt. Die Familie ist im Baltischen Bernstein bislang unbekannt. In Sammlungen als Chrysopidae bestimmte Exemplare waren Fehlbestimmungen.

2786 Osmylidae, aus Wichard et al. 2009

7069 Berothidae 8,3 mm: *Electriberotha groehni* Makarkin, 2015 Holotypus GPIH 4550

11083 Mantispidae 3,8 mm, Burmesischer Bernstein

Mantispidae Larve, auf Sackspinne, Foto © Ohl

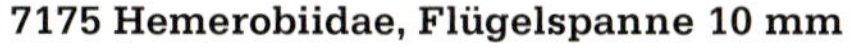

7175 Hemerobiidae, Flügelspanne 10 mm

***Hemerobius resinatus* (Hagen, 1856),** Coll. + Foto © Veta

T371 Hemerobiidae, Coll. + Foto © Kobbert

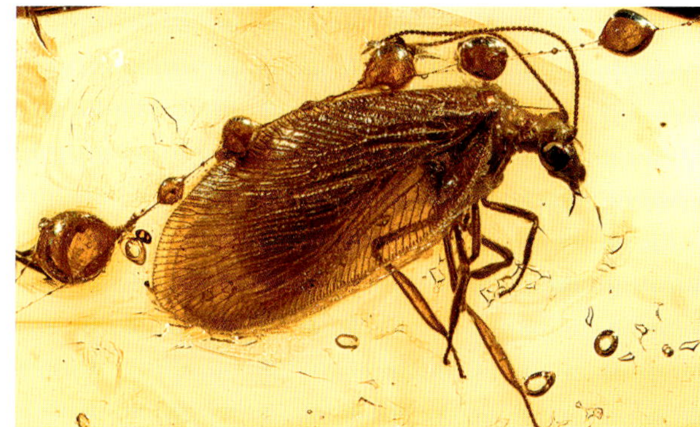

Staubhafte – Coniopterygidae

Die Staubhafte stellen die kleinsten Vertreter der Netzflügler, die Flügelspanne überschreitet selten 5 mm. Die Flügel sind mit einem Wachsstaub überzogen, was für die deutsche und englische Bezeichnung namensgebend war. In Ruhestellung könnte man sie mit Mottenschildläusen (Aleurodoidae) verwechseln, doch haben sie ihre Flügel an den Körper angelegt. Die Flügel haben eine stark reduzierte Äderung mit nur wenigen Queradern, ganz untypisch im Vergleich zu anderen Netzflüglern; dadurch sind sie unverwechselbar.

Aus dem Baltischen Bernstein beschrieben sind:

Archiconiocompsa prisca Enderlein, 1910 und *Archiconis electrica* Enderlein, 1930, *Coniopteryx timidus* (Hagen, 1856), *Geroconiocompsa ostara* Engel, 2010, *Heminiphetia fritschi* Enderlein, 1930, *Hemisemidalis kulickae* Dobosz & Krzeminski, 2000, *Hemisemidalis sharovi* Meinander, 1975.

Dilaridae

Diese Familie stellt auch heute nur wenige beschriebene Vertreter. Es sind kleine Hafte mit abgerundeten, behaarten Flügeln, die unregelmäßige Farbmuster zeigen. Die Costal-Queradern sind nicht gegabelt. Die Weibchen haben einen langen Legestachel, der unter den Bauch zurückgebogen ist. Die Männchen haben einseitig gekämmte (pectinate) Fühler. Es ist aus dem Baltischen Bernstein bislang nur eine beschriebene Art bekannt:
Cascadilar eocenicus Engel, 1999.

Schwammfliegen = Schwammhafte – Sisyridae

Schwammfliegen sind im Baltischen Bernstein sehr selten. Die vielen Nachweise in den Sammlungen, die als Schwammfliegen bezeichnet wurden, gehören tatsächlich oft zu den Nevrorthidae. Vertreter dieser beiden Familien sind manchmal schwer zu unterscheiden. Im Bestimmungsschlüssel (Wichard et al. 2009) heißt es dazu:

„– ScP and RA fused distally, area between ScP and RA without a distal crossvein = Sisyridae
– ScP and RA not fused, area between ScP and RA with a small crossvein basally and distally = Nevrorthidae“

Die wenigen Schwammfliegen des Baltischen Bernsteins gehören bislang zu *Paleosisyra electrobaltica,* Wichard, 2009, in Wichard et al. 2009.

Ithonidae

Es gibt mehr ausgestorbene als die zehn lebenden Gattungen dieser kleinen Netzflügler-Familie. Während diese großen Tiere früher weltweit verbreitet waren, ist die Verbreitung heute deutlich begrenzter: In den Ökozonen der westlichen Hemisphäre finden wir drei Arten in der Nearktis und vier Arten in der Neotropis. In den Ökozonen der östlichen Hemisphäre finden wir drei Arten in Australasien und eine in Indomalaysien. Die Ithonidae werden zu den ursprünglichen Netzflüglern gerechnet (Archibald & Makarkin, 2006). Der einzige bisherige Fund aus dem Baltischen Bernstein ist ein großes Flügelfragment, anhand dessen die Art *Elektrithone expectata* Makarkin et al. 2014 beschrieben wurde.

Schmetterlingshafte – Ascalaphidae

Mit ihren großen Flügeln erinnern diese Netzflügler etwas an Schmetterlinge. Durch ihre langen, fadenförmigen Fühler mit einer an der Spitze knopfartigen Verdickung kann man sie gut von anderen Netzflüglern unterscheiden, vor allem von den sehr ähnlich aussehenden Ameisenjungfern. Eine im Baltischen Bernstein beschriebene Art ist *Neadelphus protae* MacLeod, 1970.

Spaltfuß-Netzflügler – Nymphidae

Diese Netzflügler gehören zu den ursprünglichen Myrmeleontiformia. Die MP ist nicht mit der CuA verbunden, wie bei den Ascalaphidae und Myrmeleontidae. Die Längsadern Sc und R_1 verschmelzen kurz vor Erreichen des Flügelrandes. Die Flügel haben Trichosors (Flügelrandverdickung) und unvollständige thyridiale Queradern im Costalfeld zwischen Costa und Subcosta.

Aus dem Baltischen Bernstein sind beschrieben: *Pronymphes mengeana* (Hagen, 1856), *Pronymphes hoffeinsorum* Archibald et al. 2009.

Abgebildete artbestimmte Staubhafte:
Enderlein 1910.

2600 *Archiconiocompsa prisca*, Flügelspanne 4,2 mm

2939 *Archiconis electrica*, Flügelspanne 4,8 mm

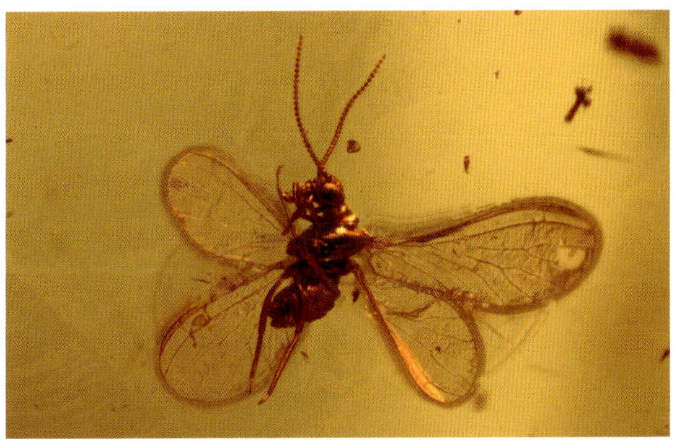

2779 *Parasemidalis* sp., Flügelspanne 3,5 mm

2888 *Heminiphetia fritschi*, Flügelspanne 5,9 mm

2703 Coniopterygidae Larve 0,7 mm, Coll. Ludwig

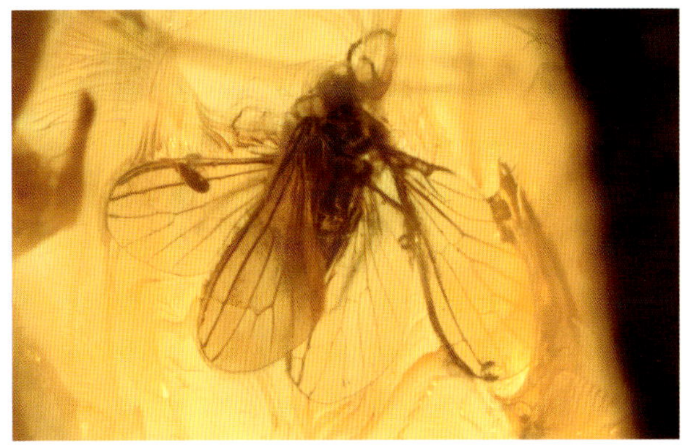

7196 *Archiconis* sp., Körper 1,8 mm

2618 Dilaridae, Körper 3,4 mm

7298 Dilaridae, Flügelspanne 14 mm

Psychopsidae

Der Einschluss 2703 scheint die Art *Propsychopsis helmi* Krüger, 1923 zu sein, obwohl die Flügellänge nur 12,5 mm statt ca. 17 mm beträgt. Typisch sind die sehr breiten, gemusterten Flügel, die sehr dicht geädert sind; die Musterung ist auch im Bernstein noch andeutungsweise zu erkennen. Typisch ist die sogenannte Vena triplica, eine Verschmelzung von drei Adern im apikalen Bereich der Hinterflügel.

Verbreitung und Vorkommen der Psychopsidae waren möglicherweise schon vom Trias bis zum Tertiär ausgeprägter als heute.

Weitere beschriebene Arten: *Propsychopsis hageni* und *Propsychopsis lapicidae* MacLeod, 1970.

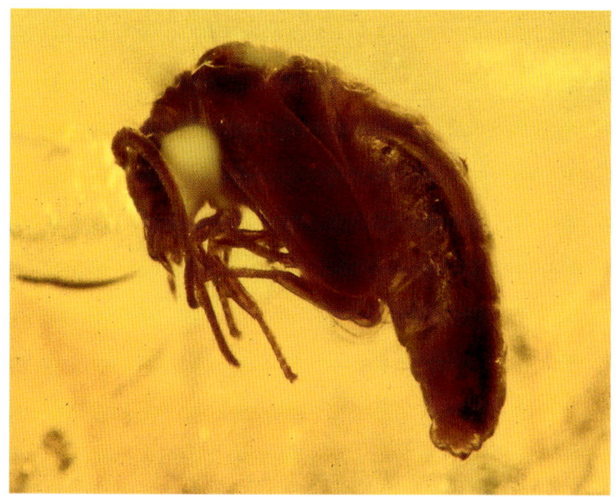

Neuroptera Puppe, Foto © Weitschat

1388 Psychopsidae Larve 3,7 mm

Osmylidae: *Protosmylus pictus* (?), ex. Coll. + Foto © Damzen

2703 Psychopsidae 8,2 mm, *Propsychopsis helmi* Krüger, 1923

7100 Psychopsidae

KÄFER

COLEOPTERA

Bisher sind schon über 100 Käferfamilien im Baltischen Bernstein nachgewiesen. Verständlicherweise können in diesem Buch nicht alle Familien vorgestellt werden. Dazu muss ein eigenes Werk geschaffen werden. Es werden nur die häufigsten und einige interessante Familien näher behandelt. Wie in vorigen Kapiteln beschrieben, variieren die Angaben zur Häufigkeit der Käfer aus den verschiedenen Familien. Die Angaben in der Literatur beziehen sich auf einzelne Sammlungen oder die Auswertung weniger Sammlungen. Die folgende Reihenfolge kann als relativ sicher gelten (Gröhn, 2013).

1.	Sumpfkäfer	Scirtidae
2.	Baummulmkäfer	Aderidae
3.	Pochkäfer	Anobiidae (inkl. Ptininae)
4.	Schnellkäferartige	Elateroidea
	- Schnellkäfer	Elateridae
	- Schienenkäfer	Eucnemidae
	- Hüpfkäfer	Throscidae
5.	Seidenkäfer	Scraptiidae
6.	Kurzflügler	Staphylinidae
7.	Baumschwammk.	Mycetophagidae
8.	Stachelkäfer	Mordellidae
9.	Borkenkäfer	Scolytidae
10.	Düsterkäfer	Serropalpidae (= Melandryidae)
11.	Moderkäfer	Lathridiidae
12.	Weichkäfer	Cantharidae
13.	Schimmelkäfer	Cryptophagidae
14.	Blumenkäfer	Anthicidae
15.	Wollhaarkäfer	Melyridae
16.	Pilzfresserkäfer	Endomychidae
17.	Marienkäfer	Coccinellidae
18.	Schwarzkäfer	Tenebrionidae (inkl. Alleculinae)
19.	Blattkäfer	Chrysomelidae
20.	Laufkäfer	Carabidae
21.	Breitrüssler	Anthribidae
22.	Rüsselkäfer	Curculionidae
23.	Faulholzkäfer	Corylophidae (inkl. Orthoperinae)
24.	Buntkäfer	Cleridae
25.	Rindenkäfer	Zopheridae (= Colydiidae)

Unzweifelhaft ist die Vormachtstellung der Sumpfkäfer (Scirtidae = früher Helodidae), die auch darauf hinweisen, dass es viel feuchte Biotope im Bernsteinwald gegeben haben muss. Die Häufigkeiten von 4.–7. sind ziemlich gleich und können durchaus gleichgesetzt werden.

Ab 13. ist die Reihenfolge nicht vollkommen gesichert, die Familien könnten durchaus um wenige Positionen höher oder tiefer stehen.

Die Schreibweisen einiger Familien variieren, so finden wir z. B. als Werftkäfer die lateinischen Namen Lymexylidae und Lymexylonidae oder bei den Schwammkäfern die Bezeichnungen Ciidae und Cisidae; die Düsterkäfer heißen sowohl Melandryidae als auch Serropalpidae.

In einigen Sammlungen werden auch Kernholzkäfer (Platypodidae) aufgelistet. Ein Nachweis aus dem Baltischen Bernstein fehlt bisher und ist auch nicht wahrscheinlich. Diese Käfer sind im Dominikanischen Bernstein und in Kopalen aus Madagaskar sehr häufig.

8444 Lathridiidae 1,7 mm, *Cartodere jantaricus*

Die Familien der Käfer im Baltischen Bernstein (nach Ueno, 2009, verändert und ergänzt durch Gröhn, 2015):

Urkäfer – Archostemata

Micromalthidae — Urkäfer
Cupedidae — Netz-Urkäfer

Adephaga

Gyrinidae — Taumelkäfer
Dytiscidae — Schwimmkäfer
Carabidae — Laufkäfer
 inkl. Paussinae — Fühlerkäfer
 inkl. Cicindelidae — Sandlaufkäfer

Polyphaga

BOSTRICHIFORMIA

Bostrichoidea
Dermestidae — Speckkäfer
Bostrichidae — Bohrkäfer
Anobiidae — Nagekäfer = Pochkäfer
 inkl. Ptininae — Diebskäfer
Lyctidae — Splintholzkäfer
Jacobsoniidae
 = Sarothriidae — Holzkäfer

CUCUJIFORMIA

Chrysomeloidea
Cerambycidae — Bockkäfer
Chrysomelidae — Blattkäfer
 inkl. Bruchinae — Samenkäfer
 inkl. Megalopodinae

Cleroidea
Trogossitidae — Jagdkäfer
Cleridae — Buntkäfer
Melyridae — Wollhaarkäfer
 inkl. Malachiinae — Zipfelkäfer = Warzenkäfer
 inkl. Dasytinae
Ostomidae — Flachkäfer

Cucujoidea
Sphindidae — Staubpilzkäfer
Nitidulidae — Glanzkäfer
Monotomidae
 (inkl. Rhizophaginae) — Rindenglanzkäfer
Phloeostichidae — Rindenplattkäfer
Silvanidae — Raubplattkäfer
Passandridae
Cucujidae — Plattkäfer
Laemophloeidae — Halsplattkäfer
Phalacridae — Glattkäfer
Cryptophagidae — Schimmelkäfer
Erotylidae — Pilzkäfer
 inkl. Languriinae — Schimmelfresser
Byturidae — Blütenfresser
Biphyllidae — Pilzplattkäfer
Bothrideridae — Schwielenkäfer
Cerylonidae — Glattrindenkäfer
Endomychidae — Stäublingskäfer
Coccinellidae — Marienkäfer
Corylophidae
 (inkl. Orthoperinae) — Faulholzkäfer
Latridiidae — Moderkäfer
Aspidiphoridae — Staubpilzkäfer
Merophysidae — Klein-Moderkäfer

Curculionoidea
Anthribidae — Breitrüssler
Belidae — Ur-Rüsselkäfer
Attelabidae — Blattroller
Brentidae — Langkäfer
incl. Apioninae — Spitzmaulrüssler
Caridae — Knallkäfer
Curculionidae — Rüsselkäfer
Scolytidae/nae — Borkenkäfer
Erirhinidae — Feucht-Rüssler
Rhynchitidae — Triebstecher

Lymexyloidea
Lymexylidae
 = Lymexylonidae — Werftkäfer

Tenebrionoidea
Mycetophagidae — Baumschwammkäfer
Ciidae = Cisidae — Schwammfresserkäfer
Melandryidae
 = Serropalpidae — Düsterkäfer
Mordellidae — Stachelkäfer
Ripiphoridae — Fächerkäfer
Zopheridae = Colydiidae — Rindenkäfer
Tenebrionidae — Schwarzkäfer
 inkl. Alleculinae — Pflanzenkäfer
 inkl. Lagriinae — Wollkäfer
Prostomidae
Meloidae — Ölkäfer
Oedemeridae — Scheinbockkäfer
Mycteridae — Haarscheinrüssler
Pyrochroidae — Feuerkäfer
Salpingidae — Scheinrüssler
Anthicidae — Blütenmulmkäfer
Aderidae — Moderholzkäfer
Scraptiidae — Seidenkäfer
Anaspididae — Scheinstachelkäfer
Pythidae — Drachenkäfer

ELATERIFORMIA

Elateroidea

Artematopodidae	
Cerophytidae	Mulmkäfer
Eucnemidae	Schienenkäfer
Throscidae	Hüpfkäfer
Elateridae	Schnellkäfer
Berendtimiridae	
Lycidae	Rotdeckenkäfer
Lampyridae	Leuchtkäfer
Cantharidae	Weichkäfer
Omalisidae	Breithalsfliegenkäfer
Brachyspectridae	Texas-Käfer
Drilidae	Schneckenräuber

Buprestoidea

Buprestidae	Prachtkäfer

Dascilloidea

Dascillidae	Moorweichkäfer

Byrrhoidea

Byrrhidae	Pillenkäfer
Elmidae	Klauenkäfer
Limnichidae	Uferpillenkäfer
Heteroceridae	Sägekäfer
Ptilodactylidae	
Chelonariidae	
Dryopidae	Hakenkäfer

Scirtoidea

Eucinetidae	Purzelkäfer
Clambidae	Punktkäfer
Scirtidae	Sumpfkäfer

SCARABAEIFORMIA

Scarabaeoidea

Lucanidae	Schröter
Scarabaeidae	Blatthornkäfer

STAPHYLINIFORMIA

Hydrophiloidea

Hydrophilidae	Wasserkäfer
Histeridae	Stutzkäfer
Georissidae	Uferschlammkäfer

Staphylinoidea

Hydraenidae	Langtasterwasserkäfer
Ptiliidae	Federflügler = Zwergkäfer
Agyrtidae	Scheinaaskäfer
Leiodidae	Schwammkugelkäfer
inkl. Cholevinae	Nestkäfer
inkl. Catopinae	Nestkäfer
Scydmaenidae	Ameisenkäfer
Staphylinidae	Kurzflügler
inkl. Pselaphinae	Palpenkäfer
inkl. Scaphidiinae	Kahnkäfer
inkl. Piestinae	Flach-Kurzflügler

8285 Micromalthidae 1,6 mm

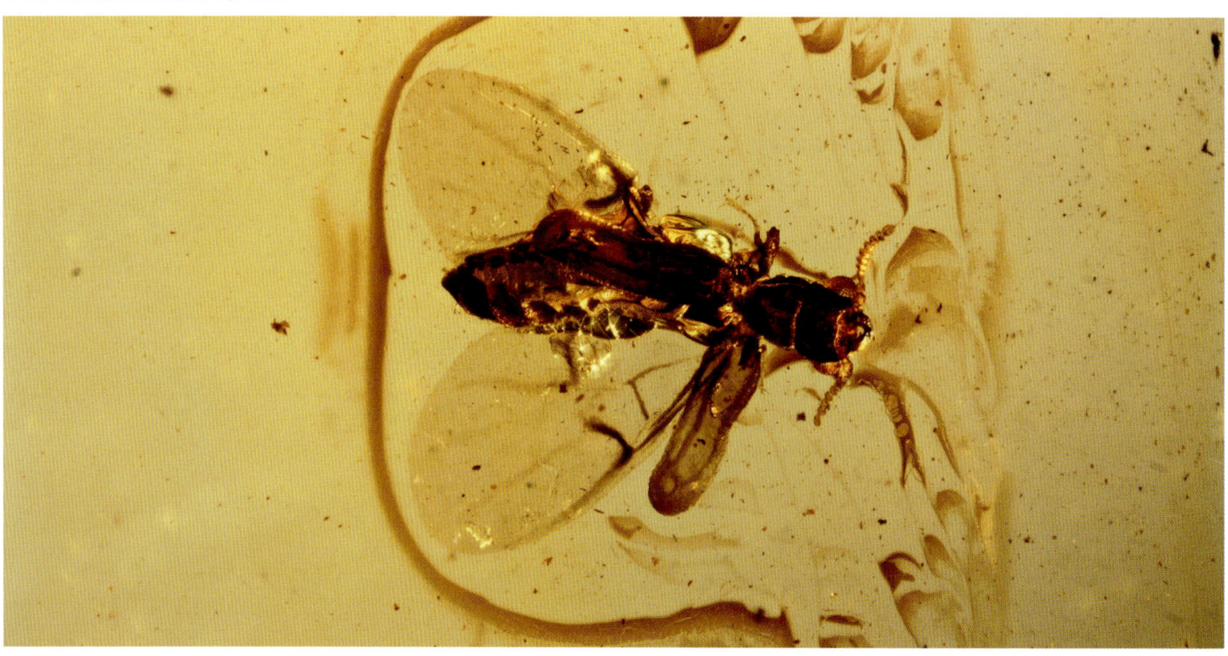

4071 Cupedidae 10 mm, *Cupes groehni* Kirejtshuk, 2011, HT, GPIH 4420

Urkäfer – Archostemata

Es ist die kleinste Unterordnung der Käfer, die heute nur noch fünf Familien mit 40 Arten aufweist. Ihre Hauptverbreitung hatten die Urkäfer im Mesozoikum, vom Trias bis zur Kreide. Im Baltischen Bernstein sind die beiden Familien Micromalthidae (Erstfund, Nr. 8285) und Cupedidae nachgewiesen.

Micromalthidae

Es gibt heute nur eine einzige beschriebene Art aus dieser Käferfamilie, die schon aus dem Perm nachgewiesen wurde und viele ursprüngliche Merkmale hat. Sie kann als „lebendes Fossil" bezeichnet werden. Sie lebt heute in verrottendem Holz und wurde erstmals im Osten der USA entdeckt (Leconte, 1878), später auch in Südamerika. Heute hat sie sich bis nach Afrika, Asien und Europa ausgebreitet. Eine Art wurde aus dem Dominikanischen Bernstein beschrieben: *Micromalthus anansi* (Perkovsky, 2007) = *Micromalthus debilis* Le Conte, 1878 (vgl. Hornschemeyer et al. 2010).

Cupedidae

Zusammen mit den Micromalthidae zeigen diese Käfer viele ursprüngliche Merkmale. Typisch sind die sklerotisierten Längs- und Queradern auf den Deckflügeln. Auch sie leben auf verrottendem Holz, wobei es egal scheint, um welche Baumart es sich handelt; ausschlaggebend ist der Grad der Verrottung. Die nächsten Verwandten leben heute in Ostasien, Japan, Neukaledonien, Australien und Madagaskar.

Aus dem Baltischen Bernstein wurden einige *Cupes*-Arten beschrieben: *Cupes tesselatus* (Motschulsky, 1856), *Cupes groehni, C. hoffeinsorum, C. kerneggeri, C. komissari, C. motschulskyi, C. weitschati* Kirejtshuk, 2005.

Adephaga

Die Adephaga sind eine Unterordnung der Käfer mit der zweithöchsten Zahl von Familien und Arten.

Die seitlichen Chitinplatten (Pleuren) der Brust (Thorax) sind mit der oberen Seite der Vorderbrust (Pronotum) nicht verwachsen und bilden eine Naht. Eine weitere Naht erkennen wir zwischen Sternum und Pleurum. Die Tiere haben sechs ventrale Chitinplatten (Sterna) am Hinterleib, von denen die ersten drei miteinander verwachsen sind und durch die Hüften (Coxae) der Hinterbeine geteilt werden. Von der Polyphaga unterscheiden sich Adephaga auch durch den Bau der Hinterhüften (Metacoxa): Diese sind bei den Adephaga stark verlängert und ragen bis in das zweite sichtbare Hinterleibssegment hinein. Die Flügel haben zwischen Radial- und Medianader zwei Queradern, die eine typische Zelle (Oblongum) entstehen lassen. Adephaga stellen ausschließlich seltene Vertreter im Baltischen Bernstein, dabei sind die Laufkäfer unter ihnen am zahlreichsten.

Fühlerkäfer Paussinae

Die Fühlerkäfer werden zu den Laufkäfern gerechnet. Sie zeigen eine starke Spezialisierung und leben eng mit Ameisen in ihren Nestern zusammen. An ihren typischen Fühlern mit den breiten Gliedern sind sie unverkennbar. Beschriebene Arten sind z. B.: *Arthropterites klebsi* Wasmann, 1925, *Arthropterillus kuhli* (Stein, 1877), *Arthropterus* = *Acmarthropterus kuntzeni* Wasman, 1929, *Arthropterus andreei, A. antiquus, A. aterrimus, A. balticus* Wasman, 1929, *Cerapterites primaevus* Wasmann, 1925, *Eopaussus balticus* Wasmann, 1926, *Paussoides mengei* Motschulsky, 1856, *Protocerapterus primigenius, P. incola* Wasmann, 1926, 1927, *Succinarthropterus helmi* Schaufuss, 1896. Einige *Arthropterus*-Arten sind neu kombiniert zu *Pleurarthropterus* (= *Balticarthropterus*)-Arten (Nagel, 1987).

Sandlaufkäfer Cicindelidae

Sandlaufkäfer leben heute in sehr trockener Umgebung, deshalb verwundert es nicht, dass sie bisher nur einmal im Baltischen Bernstein gefunden wurden (Einschluss 8155); ein unsicherer Nachweis ist leider verschollen (Horn, 1906).

Laufkäfer Carabidae

Typisch für Laufkäfer ist der deutlich ausgeprägte Winkel zwischen Pronotum und Elytren (Deckflügeln). Die Körperoberfläche ist glatt. Die Deckflügel haben jeweils acht Längsstreifen, in den Zwischenbereichen sind häufig borstige Haare (Setae) zu finden. Es sind bisher nur wenige Arten beschrieben worden, z. B.: *Agatoides carinulatus* Motschulsky, 1856, *Arthropterites klebsi* Wasman, 1926, *Bembidion* = *Archaeophilochthus christelae* Ortuno & Arillo, 2010, *Bembidium succini* Giebel, 1856, *Cerapterites primaevus* Wasman, 1926.

548 Paussidae *Cerapterites* 7,9 mm

8409 Carabidae 7,2mm

8155 Cicindelidae 11,5 mm

8278 Carabidae 4,1 mm

7815 Carabidae Clivinini 4,2 mm

8139 Carabidae 3,7 mm

8258 Carabidae 5,6 mm

7653 Carabidae Larve 7,5 mm

1680 Carabidae Larve *Loricera electrica* 3,5 mm

Taumelkäfer Gyrinidae

Die Taumelkäfer mit den beschriebenen Arten *Gyrinoides limbatus* (Motschulsky, 1856), *Orectochilus groehni* (Mazzoldi, 2001) sind gut an ihren besonders gebauten Augen zu erkennen. So, wie wir diese kleinen Käfer der Wasseroberfläche heute beobachten können, werden sie auch auf der Oberfläche seichter Gewässer des Bernsteinwaldes gekreist sein. Der Körper liegt so tief im Wasser, dass der Wasserspiegel genau zwischen den zweigeteilten Augen verläuft. Das obere Augenpaar beobachtet den Luftraum, das untere Augenpaar schaut unter Wasser. Das zweite und dritte Beinpaar ist zu den besten Schwimmbeinen im Insektenreich ausgebildet; die Beinglieder sind schenkelabwärts zu verbreiterten Schaufelrudern ausgebildet, die seitlichen Haare an Schiene und Fußgliedern bilden anklappbare Ruderplättchen. Nur das erste Beinpaar ist zum Ergreifen der Beute länger gestaltet. Bemerkenswert sind Funde von Taumelkäfer-Larven im Bernstein, da diese ausschließlich im Wasser leben.

7793 Gyrinidae 5 mm dorsal

7793 Gyrinidae 5 mm ventral

2772 Gyrinidae Larve 13 mm

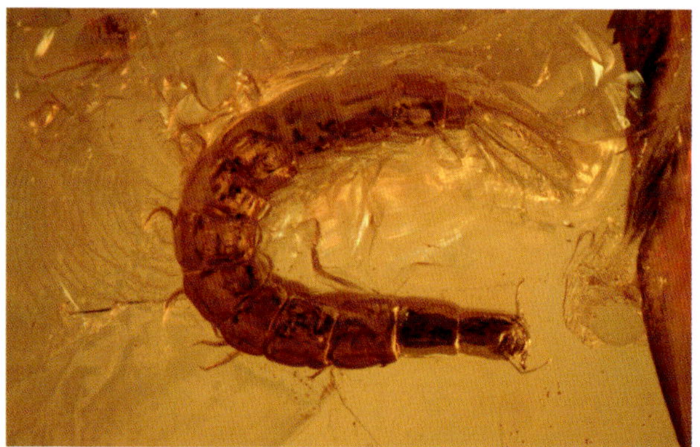

1380 Gyrinidae Larve 9 mm

2519 Gyrinidae Larve 8,4 mm

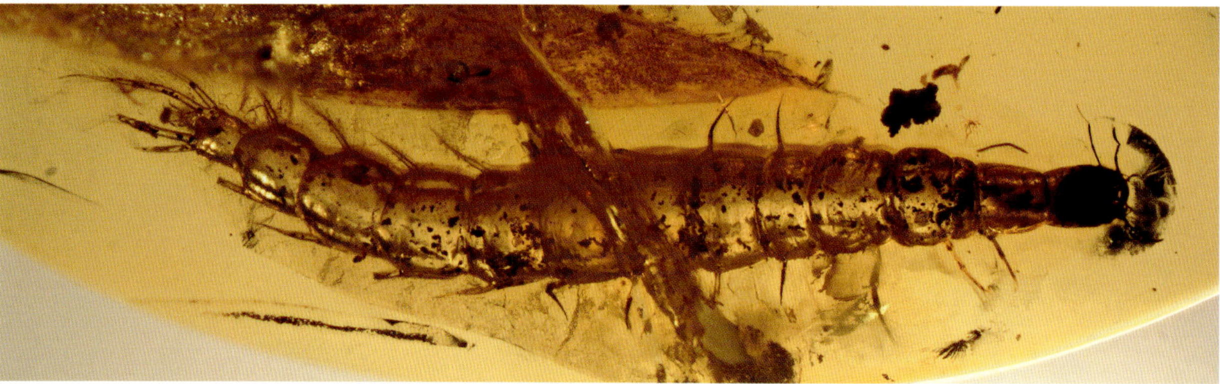

Schwimmkäfer Dytiscidae

Auch die Schwimmkäfer sind mit wenigen Exemplaren aus dem Baltischen Bernstein nachgewiesen und stellen Raritäten dar. Der Körper ist elliptisch-flach. Die Hinterbeine sind abgeflacht und an den Schienen und Fußgliedern mit abgespreizten Borsten besetzt, mit denen die Käfer durch das Wasser rudern können. Nach dem Ruderschlag können die Füße gedreht und mit wenig Wasserwiderstand zurückgeholt werden. Eine beschriebene Art ist *Copelatus aphroditae* (Miller et al. 2003). Auch Wasserkäferlarven wurden im Bernstein gefunden, sie konnten den Unterfamilien Lacophilinae, Hydroporinae und Colymbetinae zugeordnet werden. Eine besondere Larvenform stammt aus der Unterfamilie Hydroporinae. Sie hat einen dornenbesetzten Kopfschild mit löffelartigen Fortsätzen und ist unverwechselbar. Anhand der Dornen konnten die Gattungen *Derovatellus* (5 Dorne, Einschluss 1398) und *Macrovatellus* (3–4 Dorne) bestimmt werden (nach Spangler, 1963). Sogar die verschollene Larvenart *Derovatellus rostratus* (Koch & Behrendt, 1854) konnte neu im Bernstein entdeckt und beschrieben werden (Klausnitzer 2001, Einschluss 1398, GPIH 4335).

4902 Dytiscidae 4 mm

8188 Dytiscidae 5,5 mm

1396 Hydroporinae *Hyphydrus* Larve 3 mm

1398 Hydroporinae 3,7 mm, *Derovatellus*, GPIH 4335

7673 Dytiscidae Colymbetinae 4 mm

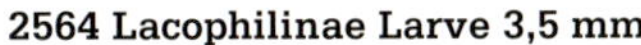

2564 Lacophilinae Larve 3,5 mm

Polyphaga

Zwischen Notum und Sternum ist nur eine Naht zu erkennen. Bei den Flügeln finden wir zwischen Radius und Mediane nur eine Querader, d. h. keine Zellbildung. Dadurch sind die Flügel besser faltbar. Weitere abgrenzende Unterschiede sind in der Beschreibung der Adephaga aufgeführt.

Bostrichiformia

BOSTRICHOIDEA

Pochkäfer = Nagekäfer Anobiidae

Die mit Abstand häufigsten Vertreter der Bostrichiformia stammen aus der Familie der Nagekäfer, auch Pochkäfer oder Klopfkäfer genannt, zu der heute auch die Diebskäfer als Unterfamilie gezählt werden (Ptininae). Nagekäfer haben eine zylindrische Körperform, der Kopf wird meist unter dem Halsschild verborgen getragen. Deshalb sind die in den Kopf eingelassenen Augen von oben nicht sichtbar. Zwar kommen sie im Baltischen Bernstein häufig vor, aber nur wenige Arten sind beschrieben:

Anobiidae: *Anobium* = *Microbregma sucinoemarginatum* Kuska, 1992, *Crichtonia maclaeni* (Abdullah et al. 1967), *Ernobius electrinus* Quiel, 1910.

Ptinidae = Ptininae: *Ptinus* = *Gynopterus inclusus* und *Sucinoptinus sucini* Belles et al. 2007. Typisch für viele fossile Diebskäfer ist die besondere Behaarung: Haarbüschel, die oft dunkel gefärbt sind (Einschluss 8338).

Speckkäfer Dermestidae

Die Speckkäfer variieren stark im Körperbau, haben meist aber einen rundlich-ovalen, kompakten Körperbau mit meist kurzen Fühlern und einer Fühlerkeule. Typisch sind die langgestreckten Larven, die dicht mit borstigen Haarbüscheln besetzt sind; eine beschriebene Art ist *Trogoderma larvalis* Háva et al. 2006. Sowohl erwachsene Käfer als auch die Larven kommen selten, aber regelmäßig im Bernstein vor. Mehr als ein Dutzend Arten sind beschrieben, z. B.: *Anthrenus* = *Nathrenus ambericus, A. electron, A. groehni, Attagenus balticus, A. hoffeinsorum,* Háva et al. 2006–8, *Dermestes progenitor* Zhantiev, 2006, *Evorinea amberica* Háva et al. 2008, *Globicornis* = *Hadrotoma ambericus* Háva a et al. 2006, *Megatoma electra* Zhantiev, 2006, *Phradonoma ambericum* Háva, 2007, *Trinodes puetzi* Háva et al. 2006.

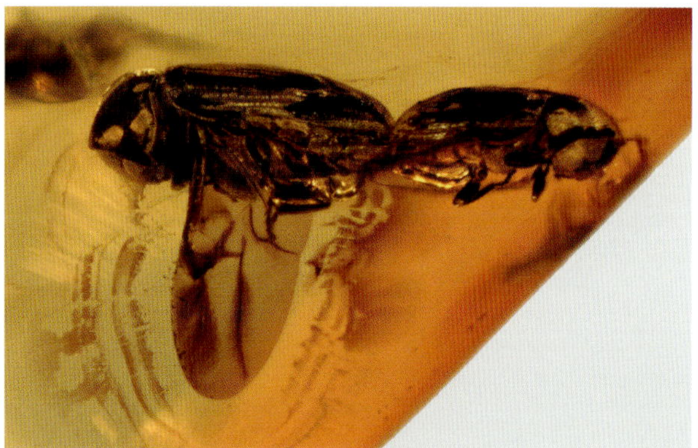

8177 Anobiidae Geschlechtsakt 1,8 und 2,6 mm

8032 Anobiidae 3 mm

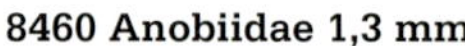

8460 Anobiidae 1,3 mm

8338 Ptininae 6,2 mm

8362 Ptininae 3 mm, Coll. + Foto © Veta

Ptininae Ernobiini 2,8 mm, Coll. + Foto © Veta

8306 Ptininae 3,1 mm

4471 Ptininae 3,7 mm

4064 Dermestidae 1,6 mm, *Anthrenus groehni*, GPIH 4465

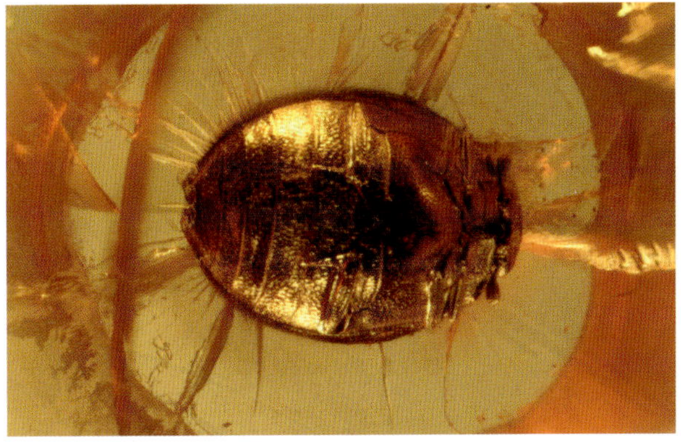

4064 Dermestidae 1,6 mm, *Anthrenus groehni*, GPIH 4465

7852 Dermestidae 3 mm

7674 Dermestidae Trinodinae Larve 2,3 mm

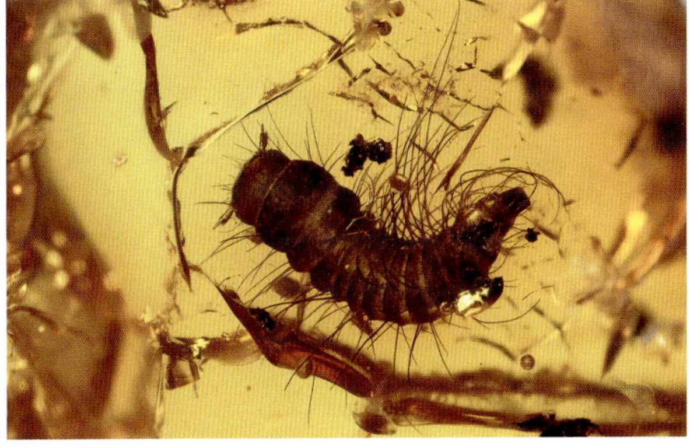

Bohrkäfer Bostrichidae

Bohrkäfer sind selten im Bernstein zu finden. Der Grund mag darin liegen, dass sie im Holz bohren und dadurch nicht mit oberflächlich fließendem Harz in Berührung kommen.

Splintholzkäfer Lyctidae

Diese Käfer werden von einigen Wissenschaftlern als Unterfamilie der Bohrkäfer gesehen. Die Splintholzkäfer sind heute die gefährlichsten Trockenholzkäfer, lebten ursprünglich in Südostasien und sind heute mit dem Holzhandel weltweit verschleppt.

Jacobsoniidae (Heller, 1926)

werden manchmal auch als Sarothriidae (Crowson, 1955) bezeichnet, sind unter 1 mm kleine Holzkäfer. Diese Familie wurde erst vor wenigen Jahren im Baltischen Bernstein entdeckt (Gröhn, 2009, Einschluss 8052). Die schmalen Käferchen können nur unter dem Binokular entdeckt werden. Mittlerweile gibt es einen weiteren Fund (Einschluss 8260). Die nächsten heute lebenden Verwandten stammen aus der Gattung *Derolathrus*. Diese sehr kleine Familie hat weltweit nur 21 bekannte Arten aus drei Gattungen und wenig ist über ihre Biologie bekannt. Auch die systematische Stellung ist ungewiss, die Einordnung in die Bostrichiformia vorläufig (Háva & Löbl, 2005). Die Erstbeschreibung eines Jacobsoniidae im Baltischen Bernstein nahm CAI 2014 vor: *Derolathrus groehni*.

8346 Bostrichidae Dinoderinae 2,5 mm, *Stephanopachys electron*, Foto © Veta

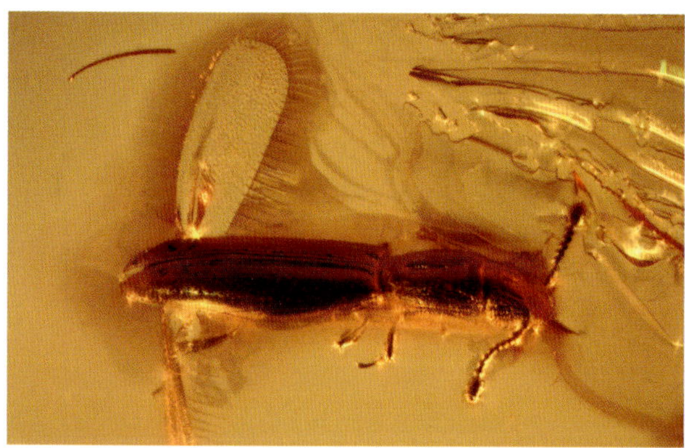

8052 Jacobsoniidae 0,9 mm, *Derolathrus groehni* Cai, 2015, HT, GPIH 4570

8260 Jacobsoniidae 0,9 mm, GPIH 4571

Cucujiformia

CHRYSOMELOIDEA

Blattkäfer Chrysomelidae

Die namensgebende Familie für die Überfamilie sind die Blattkäfer, die regelmäßig, aber nicht häufig im Bernstein zu finden sind. Von den ähnlich aussehenden Bockkäfern unterscheiden sie sich durch ein normal großes zweites Fühlerglied, das bei den Bockkäfern vergrößert ist. Die Fußformel ist scheinbar viergliedrig (pseudotetramer), das dritte Fußglied ist breitlappig. Einige Larven fertigen sich einen hartschaligen, schützenden Sack aus Kot (Einschluss 7598), der an einen Pflanzenwespen-Kokon erinnert (Symphyta). Spargelkäfer und Kartoffelkäfer sind heute gefürchtete Schädlinge. Aus dem Baltischen Bernstein sind nur drei Arten beschrieben: *Chrysomela succini* Giebel, 1856, *Crioceris pristina* (Germar, 1813), *Electrolema baltica* Schaufuss, 1891.

Die kleinen Samenkäfer (Bruchinae) und die Megalopodinae werden als Unterfamilie der Blattkäfer gesehen.

7806 Chrysomelidae Galerucinae 1,6 mm

7663 Chrysomelidae Larve im Köcher 2,5 mm

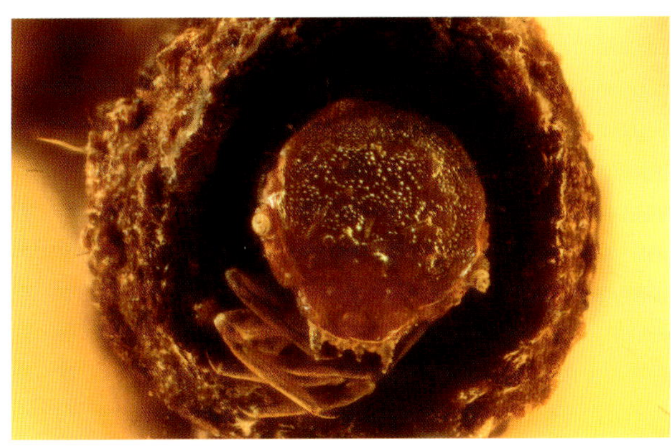

8369 Chrysomelidae 9 mm

Cerambycidae Lepturinae Larve 6 mm, Coll. + Foto © Veta

4842 Cerambycidae 5 mm

Bockkäfer Cerambycidae

Bockkäfer sind selten im Bernstein zu finden. Sie sind an den langen, gebogenen Fühlern mit dem großen zweiten Fühlerglied zu erkennen. Die Fühler setzen am Auge an, häufig umwachsen die Augen die Fühlerbasis. Die meisten Bockkäfer-Einschlüsse stammen aus der Unterfamilie Nothorrhinae mit der beschriebenen Art *Nothorrhina* = *Nothorhina granulicollis* (Zang, 1905). Diese Käfer haben ein für Bockkäfer untypisches Aussehen, einen länglich zylindrischen Körper und kurze Fühler (Einschluss 7878). Es gibt nur acht weitere beschriebene Arten: *Clytus pici* Piton, 1940, *Encyclopidonia punctatissima* Vitali, 2009, *Myelophilites dubius* Hagedorn, 1906, *Palaeoasemum crowsoni* und *P. duffyi* Abdullah, 1967, *Paracorymbia antiqua* Vitali, 2005, *Parmenops longicornis* Schaufuss, 1891, *Strangalia berendtiana* Zang, 1905, *Pseudosieversia europaea* Vitali, 2004. Alle anderen früher beschriebenen Arten gehören entweder nicht zu den Bockkäfern oder sind Synonyme von vorher schon beschriebenen Arten (nach Vitali, 2009). Auch Bockkäferlarven sind im Bernstein erhalten, die meisten sind verlumt und erreichen beträchtliche Größen.

7878 Cerambycidae Nothorrhinae 8 mm

CLEROIDEA

Jagdkäfer (Trogossitidae) und **Flachkäfer (Ostomidae)** sind selten im Bernstein und nicht beschrieben.

Buntkäfer Cleridae

Buntkäfer zeigen eine Farbmustererhaltung. Zusammen mit der dreigliedrigen, schmalen oder dickeren Fühlerkeule und der starken Behaarung sind sie unverwechselbar. Die Fazettenaugen sind vorne immer eingebuchtet.

Wollhaarkäfer Melyridae

Als Wollhaarkäfer werden sowohl die Dasytinae als auch die Melyrinae bezeichnet. Die Dasytinae haben sehr typische, eigene Merkmale: Nach unten zeigende, zapfenförmige Vorderhüften, die sich auf der Innenseite berühren und in die Vorderhüfthöhlen eingelenkt sind. Die Hinterhüften sind dagegen horizontal gestellt. Die struppige Behaarung gab der Familie den Namen. Die dritte Unterfamilie der Melyridae sind die Zipfelkäfer oder Warzenkäfer (Malachiinae).

Beschriebene Arten aus dem Baltischen Bernstein sind z. B.:

Cleridae: *Aberrokorynetes abludens* Winkler, 1990, *Clerus succini* Giebel, 1862, *Strotocera marshalli* Mawdsley, 1993, *Visokorynetes priscus* Winkler, 1990.
Dasytinae: *Aploceble berendti, A. fuscipes, A. kunowi* Majer, 1998.
Melyrinae: *Colotes sambicus* Kubisz, 2001.

Trogossitidae *Temnoscheila* 5,3 mm, Coll. + Foto © Veta

7821 Ostomidae 4,7 mm

4580 Cleridae 7 mm, Farbmustererhaltung

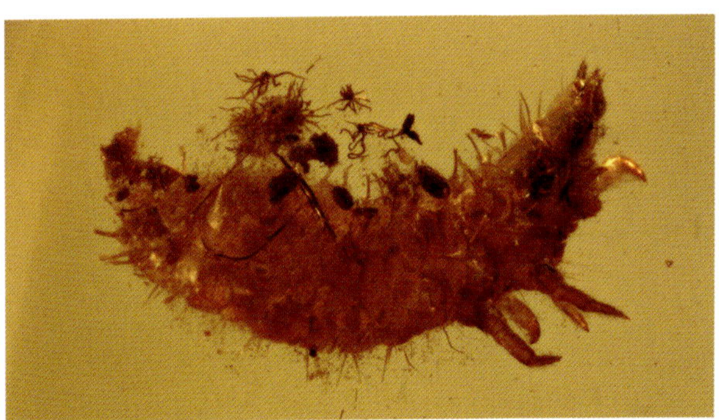

1123 Cleridae Larve 3 mm

8276 Melyridae 1,5 mm

8388 Malachiinae 1,9 mm

8148 Cryptophagidae 1,4 mm

3284 Endomychidae Anamorphinae 1,7 mm

4664 Corylophidae 1,4 mm

CUCUJOIDEA

Es ist eine familien- und formenreiche Überfamilie. Die Moderkäfer (Latridiidae), Schimmelkäfer (Cryptophagidae), Stäublingskäfer = Pilzfresserkäfer (Endomychidae), Marienkäfer (Coccinellidae) und Faulholzkäfer (Corylophidae) sind in dieser Häufigkeits-Reihenfolge regelmäßig im Bernstein zu finden. Trotz der Fülle der Einschlüsse aus diesen Familien ist bisher nur die Familie der Moderkäfer gut bearbeitet.

Schimmelkäfer Cryptophagidae

Schimmelkäfer sind kleine Käfer mit kräftigen Fühlern, die in einer Fühlerkeule enden.

Stäublingskäfer Endomychidae

Stäublingskäfer sind mycetobiont. Sie bilden eine verschiedengestaltige, im Bernstein recht häufige Familie. Einige Vertreter können leicht mit Marienkäfern verwechselt werden, unterscheiden sich aber durch kürzere Fühler, die am Ende keulenförmig gestaltet sind. Obwohl sie sehr häufig im Bernstein vorkommen, gibt es bisher nur die eine beschriebene Art *Phymaphroroides antennatus* Motschulsky, 1856.

Faulholzkäfer Corylophidae

Faulholzkäfer sind höchstens 2 mm kleine Käfer, die ihren Kopf unter dem Halsschild verborgen tragen. Die am Ende keulenförmig verdickten Fühler können in Vertiefungen am Halsschild eingelegt werden.

Marienkäfer Coccinellidae

Marienkäfer haben einen stark gewölbten, halbkugeligen Körper. Das für viele heute lebende Marienkäfer typische Punktmuster ist im Bernstein nicht erhalten.

4597 Coccinellidae 2,5 mm

4673 Coccinellidae 1,1 mm

Moderkäfer Latridiidae

Moderkäfer sind sehr kleine bis höchstens 3 mm messende Käfer und leben versteckt überall dort, wo sie ihre Hauptnahrung finden können, Schimmelpilze und ihre Sporen. Die Moderkäfer gliedern sich in die Corticariinae und Latridiinae, die beide relativ häufig im Bernstein zu finden sind. *Latridius* = *Cartodere jantaricus* (Borowiec, 1985) kann man als Leitfossil für den Baltischen Bernstein ansehen. In den letzten Jahren sind die Moderkäfer gut untersucht worden und viele neue Arten beschrieben, z. B.:

Cartodere succinobaltica Bukejs et al. 2012, *Enicmus groehni, E. palaeoruosus* und *E. adrianae* Reike, 2012, *Latridius alexeevi* Bukejs, 2011, *Dienerella nielseni* Reike, 2012, *Dienerella rueckeri* Reike, 2013, *Stephostethus palaeobicostatus* Reike, 2012, *Corticarina palaeominuta* und *C. palaeoparvula* Reike, 2012, *Melanophthalma carstengroehni* Reike, 2012.

1480 *Latridius jantaricus* 1,6 mm

4535 *Enicmus groehni* 1,3 mm, GPIH 4448

2402 *Stephostethus palaeobicostatus* 1,5 mm, GPIH 4434

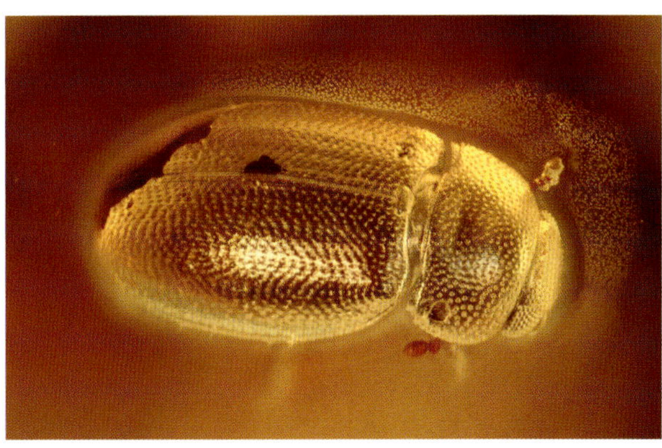

8051 *Corticarina palaeominuta* 1,5 mm, GPIH 4435

Dienerella nielseni* 0,95 mm, GPIH 4450

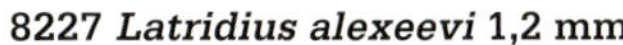

8227 *Latridius alexeevi* 1,2 mm

4814 Nitidulidae 2,4 mm

8031 Nitidulidae Cryptarchinae 2,5 mm

Glanzkäfer Nitidulidae

Einer der größten Bernsteinkäfer stammt aus der Familie der Glanzkäfer, der 1891 von Schaufuss beschrieben wurde: *Omositoidea gigantea*. Weitere beschriebene Arten sind: *Baltoraea similima, Cybocephalus balticus, C. electricus* und *C. kerneggeri* Kurochkin et al. 2010, *Melipriopsis rasnitsyni* Kirejtshuk, 2011, *Microsoronia hoffeinsorum* Kirejtshuk et al. 2010, *Omositoidea pubescens* Kirejtshuk et al. 2007.

Alle anderen Familien der Cucujoidea sind als selten oder sehr selten einzustufen. Sie werden nicht näher behandelt, nur einige im Bild gezeigt (Monotomidae, Silvanidae, Passandridae, Cucujidae, Erotylidae, Bothrideridae und Cerylonidae).

Nitidulidae *Omositoidea gigantea* 13,8 mm, Coll. Damzen

Nitidulidae 2,4 mm, Coll. + Foto © Veta

4108 Monotomidae 1,5 mm

7895 Silvanidae *Nausibius* 2,3 mm

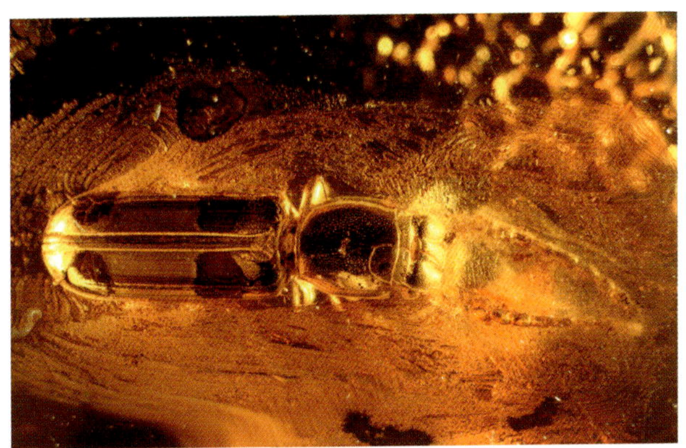

8127 Passandridae 7,2 mm

8389 Cucujidae 2,1 mm

8339 Erotylidae 2,7 mm

Bothrideridae 4,2 mm, Coll. + Foto © Veta

8181 Cerylonidae 0,8 mm

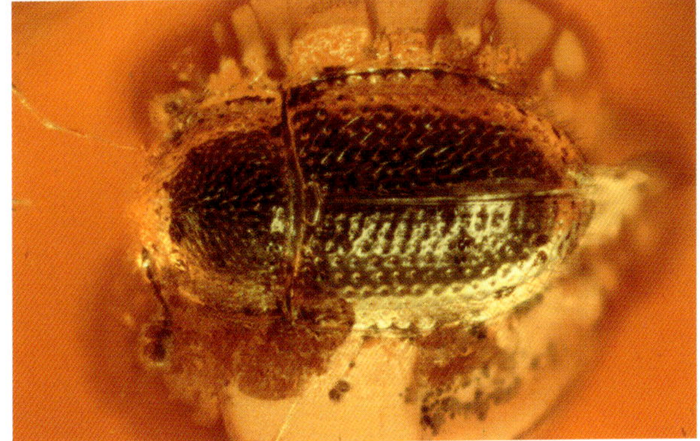

CURCULIONOIDEA

Rüsselkäfer Curculionidae, Breitrüssler Anthribidae

Beide Familien finden sich regelmäßig, wenn auch nicht häufig im Bernstein. Sie unterscheiden sich durch den Rüssel, der bei den Breitrüsslern kurz und breit ausgebildet ist und Kopfbreite erreichen kann, während er bei den Rüsselkäfern dünner und teilweise sehr lang ist. Wegen der Beliebtheit bei Sammlern sind diese Käfer in einigen Sammlungen überrepräsentiert. Einige Rüsselkäfer bohren Früchte an und fressen die darin gelegenen Samen. Ein Bohrloch in der Frucht zeugt von dieser Tätigkeit (Einschluss 6489).

Beschriebene Arten sind z. B.: *Ampharthropelma decipiens* Voss, 1972, *Archaesciaphilus marshalli* Legalov, 2012.

Eine der ältesten fossil gefundenen Rüsselkäferartigen gehören zur Familie der Nemonychidae. Die heute lebenden Arten bilden eine artenarme Reliktgruppe und gehören zu den ursprünglichsten noch lebenden Rüsselkäfern. Im Vergleich zu anderen Rüsselkäfern sind sie zarter gebaut und nur schwach sklerotisiert. Charakteristisch sind die geraden, nicht geknieten Fühler mit einer kaum abgesetzten, locker gegliederten Fühlerkeule. Die ventralen Sklerite des Hinterleibs sind nicht miteinander verwachsen. Heute sind die Nemonychidae an Koniferen gebunden; die Larven sind spezialisierte Pollenfresser, die die zapfenartigen „Kätzchen" der Nadelbäume ausfressen. Fast alle Arten sind sehr wirtsspezifisch und leben z. B. nur auf Arten der Gattung *Pinus* (Kiefer). Sicher hat das auch für den Bernsteinwald gegolten.

Borkenkäfer Scolytinae

Die Borkenkäfer wurden lange Zeit als eigene Familie geführt, werden heute zu den Curculionidae gerechnet. Sie gehören zu den kleinen, aber häufigen Käfern, die in der Rinde oder im Holz fast aller Baumarten leben und gefürchtete Holzschädlinge sind. Borkenkäfer zeigen häufig einen Geschlechtsdimorphismus, der mit dem Leben in den Bohrgängen zu tun hat. Die kleineren Männchen sind abgerundeter und können ihren Körper an den steilen Flügeldeckenabsturz der Weibchen pressen, ohne über den Oberrand des Weibchens hinauszuragen. *Taphramites gnathotrichus* Schedl, 1947, ist der einzige bisher beschriebene Borkenkäfer im Baltischen Bernstein.

Blattroller Attelabidae

Blattroller ähneln den Rüsselkäfern stark und werden von einigen Wissenschaftlern als Unterfamilie der Curculionidae gesehen. Ihr Rüssel ist kräftiger ausgeprägt und die Fühler sind nicht gekniet. Eine beschriebene Art ist *Archimeterioxena electrica* (Voss, 1953).

Langkäfer (Brentidae)

ähneln ebenfalls Rüsselkäfern, sind meist aber viel langgestreckter. Sie zeigen einen Sexualdimorphismus: Die Weibchen haben meist einen langen, dünnen Rüssel, während die Männchen derselben Art einen kurzen, gedrungenen Rüssel haben (Einschluss 8358).

Belidae

Diese heute in Australien, Südamerika und einigen pazifischen Inseln lebenden Rüsselkäferartigen gehören mit ihren geraden, nicht geknieten Fühlern zu den morphologisch ursprünglichen Curculionoidea.

Triebstecher (Rhynchitidae) mit *Eocenorhynchites vossi* Legalov, 2012, **Belidae** mit *Meteioxena electrica* Kuschel, 1992, *Palaeometrioxena zehrikhini* und *Succinometrioxena poinari* Legalov, 2012.

Caridae und **Erirhinidae** sind die weiteren rüsseltragenden Käfer, aber äußerst selten im Bernstein zu finden.

8245 Curculionidae 6,5 mm

6489 Frucht mit Bohrloch 5,2 mm

8486 Nemonychidae 5,5 mm, ***Kuschelomacer,*** Foto © Veta

8358 Brentidae Apioninae 2,9 mm

8461 Curculionidae Cossoninae 2,5 mm

8211 Attelabidae 3,8 mm

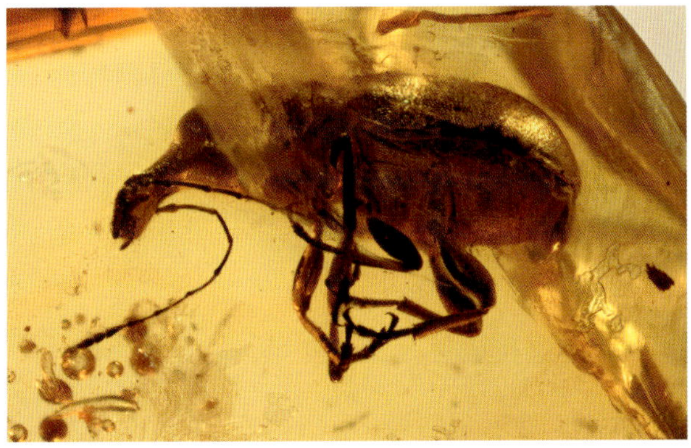

4320 Anthribidae 5,1 mm

4320 Anthribidae, Kopf

8254 Scolytinae 2,5 mm

8490 Curculionoidea Belidae 3,6 mm, Foto © Veta

LYMEXYLOIDEA

Werftkäfer Lymexylonidae (=Lymexylidae)

Werftkäfer gehören zu den großen Bernsteinkäfern und stellen Seltenheiten dar. Der typische walzenförmige, lange Körper wird von den nicht ganz schließenden Deckflügeln nicht vollständig bedeckt. Werftkäfer weisen ganz eigene Merkmale auf und werden deshalb in eine eigene Überfamilie gestellt. Kirejtshuk beschrieb 2008 die Art *Ponomarenkylon alexandri*.

7832 Lymexylidae 11,7 mm (ohne Ovipositor) Hylecoetinae *Elateroides*, Foto © Wolf-Schwenniger

TENEBRIONOIDEA

Sie ist eine der größten Überfamilien und stellt eine Fülle von Bernsteinkäfern.

Seidenkäfer (Scraptiidae)

Seidenkäfer sind sehr häufige Einschlüsse. Sie sind fein seidig behaart, was namensgebend war. Der Kopf ist mit einer Einschnürung zur Brust deutlich abgesetzt, die Augen grob fazettiert. Die Schienen tragen Sporne. Sie ähneln den Stachelkäfern (Mordellidae), haben aber nicht den typischen lang ausgezogenen, stachelförmigen Hinterleib. Bei den im Bernstein eingeschlossenen Käfern ist häufig das Genital lang ausgefahren, was sicher im Todeskampf geschehen ist. Einige Arten aus dem Baltischen Bernstein wurden beschrieben: *Anaspis* = *Silaria parva* Abdullah, 1964, *Anaspis* = *Spanisa horaki* Perkovsky et al. 2009, *Archescraptia emarginata* und *Palaeoscrapta elongata* Abdullah, 1964, *Scraptia longelytrata* Ermisch, 1943.

4827 Lymexylidae 11 mm Atractocerinae, Foto © Wolf-Schwenniger

7929 Scraptiidae 2,3 mm

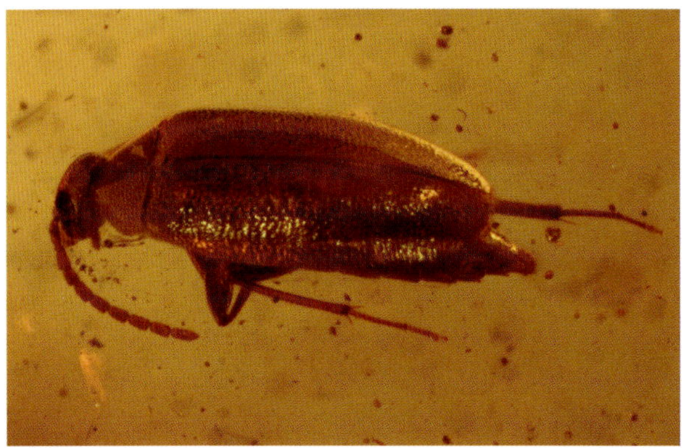

7691 Scraptiidae Larve 4 mm

Baummulmkäfer Aderidae

Sie stellen die zweithäufigsten Käfereinschlüsse und sind unverkennbar. Die wenige Millimeter kleinen Käfer haben große Augen, die grob fazettiert sind. Die Vorderbrust (Pronotum) liegt deutlich schmaler zwischen dem breiteren Kopf und den breiteren Flügeldecken. Eine Bearbeitung der Bernstein-Aderidae fehlt bisher.

Stachelkäfer Mordellidae

Auch diese Familie stellt viele Einschlüsse. Die Hinterbeine sind kräftige Sprungbeine mit Dornen. Der Kopf ist stark nach unten gebogen. Nur wenige Arten sind beschrieben: *Falsomordellistena* = *Palaeostena eocenica* Kubisz, 2003, *Glipostena sergeli* Ermisch, 1943, *Mordella inclusa* (Burmeister, 1832), *Succimorda rubromaculata* Kubisz, 2001.

Baumschwammkäfer Mycetophagidae

Die häufig zu findenden Baumschwammkäfer zeigen uns wie viele andere Käfer, dass es im Bernsteinwald eine Menge Totholz und Baumpilze gegeben haben muss, in denen sie lebten. Sie haben einen dicht behaarten, flachen Körper mit geschlossener Körperform, d. h. zwischen Halsschild und Deckflügeln ist nur eine schmale Naht sichtbar. Bei den Weibchen sind die Fußglieder viergliedrig, bei den Männchen ist das erste nur dreigliedrig. Abdullah beschrieb 1964 die Art *Crowsonium succinum*.

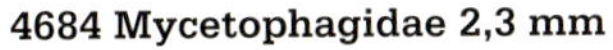

4684 Mycetophagidae 2,3 mm

8443 Aderidae 1,3 mm

7800 Aderidae vor/nach (?) Geschlechtsakt 1,4 + 1,9 mm

8387 Mordellidae 2,7 mm

8445 Mycetophagidae 2 mm

236 Melandryidae = Serropalpidae *Orchesia* 3,5 mm

2445 Melandryidae cf. *Phloiotrya* 2,7 mm

8427 Anthicidae 2,8 mm

7860 Tenebrionidae 10,3 mm

Düsterkäfer Melandryidae, früher Serropalpidae

Sie sind fein behaart und haben eine geschlossene längliche Körperform, die sich nach hinten stark verjüngt. Der Kopf ist nach unten gesenkt und tief in die Brust eingelassen. Die Schienen tragen Dornen. Seidlitz beschrieb 1898 die Art *Abderina helml.*

Blütenmulmkäfer Anthicidae

Sie werden auch Blumenkäfer genannt und haben einen schmalen, kugeligen Halsschild, der oft nach vorne über den Kopf ausgezogen ist. Die Fühler sind fadenförmig ohne Keule, die Beine schlank. Ihr Habitus ähnelt ein wenig einer Ameise. Beschriebene Arten sind: *Macratria succinia* Abdullah, 1965, *Protomacratria appendiculata* und *P. tripunctata* Abdullah, 1964.

Schwarzkäfer oder Dunkelkäfer (Tenebrionidae)

Die Familie der Schwarzkäfer enthält die eigentlichen Schwarzkäfer (Tenebrioninae), die Wollkäfer (Lagriinae) und die Pflanzenkäfer (Alleculinae), die früher als eigenständige Familien geführt wurden. Es ist eine große Käferfamilie, die sehr unterschiedlich aussehende Arten enthält, die leicht mit sehr vielen anderen Käferfamilien verwechselt werden können. Schwarzkäfer gehören zu den am schwersten zu bestimmenden Käfern und sind bisher nicht umfassend bearbeitet worden. Schaufuss beschrieb 1888 als Alleculidae *Mycetocharoides baumeisteri.*

Rindenkäfer Colydiidae

Sie werden heute als Unterfamilie der **Zopheridae** gesehen. Es gibt nur zwei verschollene beschriebene Arten: *Bothrideres kunowi* und *B. succinicola* Stein, 1881.

Schwammkäfer Cisidae = Ciidae = Cioidae

Diese wenige Millimeter kleinen, länglich ovalen Käfer, die sehr schwer näher zu bestimmen sind, werden auch Schwammfresser genannt. Sie sind gut an den viergliedrigen Tarsen mit stark vergrößertem Klauenglied zu erkennen. Auch die Fühler mit den 2–3 vergrößerten Endgliedern sind typisch.

4848 Tenebrionidae 2,8 mm

4848 Tenebrionidae, ventral

1462 Tenebrionidae Alleculinae 3,5 mm

971 Colydiidae 1,8 mm

8257 Colydiidae 4 mm

1445 Cisidae 1,7 mm

7861 Cisidae 1,3 mm

8487 Cisidae *Strigocis* 1,2 mm

2300 *Pauroripidius groehni* 4,9 mm, GPIH 4303

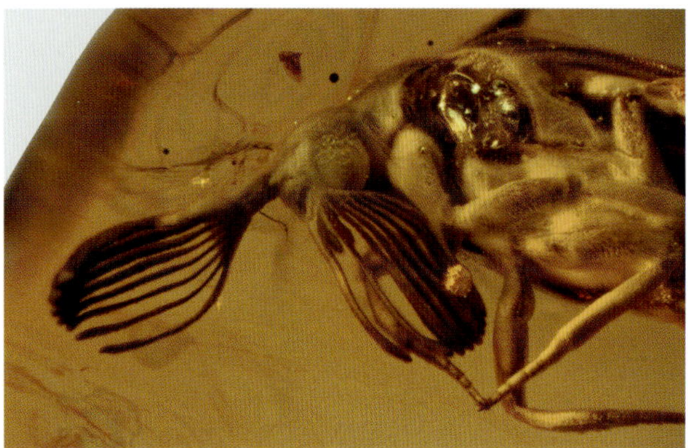

4002 Ripiphoridae

Ripiphoridae *Ripidius* 4,8 mm, Coll. + Foto © Veta

Alle anderen Familien der Tenebrionoidea sind selten im Bernstein. Hervorgehoben werden drei Familien:

Fächerkäfer Ripiphoridae

Sie fallen durch ihre fächerförmigen Fühler und die hinten aufklaffenden Flügeldecken auf. Eine Besonderheit ist die parasitäre Lebensweise mancher Larven. Sie lauern Wespen oder Bienen auf Blüten auf, heften sich fest und lassen sich in die Nester tragen. Dort bohren sie sich in den Leib der Hautflüglerlarven, durchlaufen das erste Larvenstadium, verlassen den Wirt zur Häutung und fressen ihn dann von außen auf. Beschriebene Arten sind: *Pauroripidius groehni* Kaup et al. 2001, *Ripidius primordialis* Stein, 1877.

Scheinbockkäfer Oedemeridae

Sie ähneln in vielen Merkmalen sehr den Bockkäfern, obwohl sie nicht verwandt sind. Bestes Unterscheidungsmerkmal sind die fadenförmigen Fühler, die nicht gebogen und kürzer sind.

Feuerkäfer Pyrochroidae

Feuerkäfer sind häufig rot gefärbt, was im Bernstein aber nicht erhalten ist. Die Larven leben unter der Rinde und sind im Bernstein nachgewiesen (Einschluss 7680). Abdullah beschrieb 1965 die Art *Palaeopyrochroa crowsoni.*

7865 Mycteridae Lacconotinae Geschlechtsakt, 4,6 und 5 mm

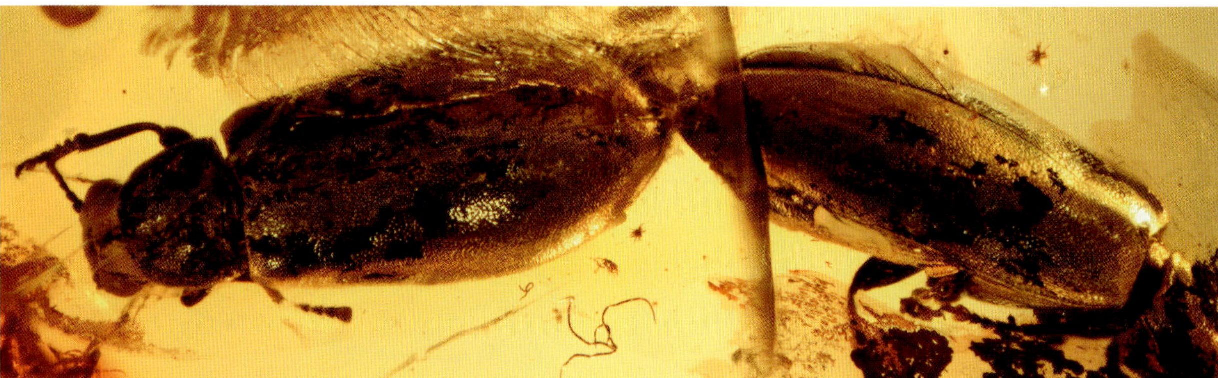

8344 Salpingidae 3,6 mm

4007 Anaspididae 2,9 mm

989 Pythidae 3,9 mm

4435 Prostomidae 5,1 mm

7038 Meloidae *Triungulus*-Larven 2,5 mm

7680 Pyrochroidae Larve 3,7 mm, Foto © Veta

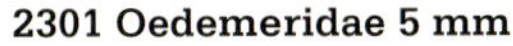

2301 Oedemeridae 5 mm

Elateriformia

ELATEROIDEA

Käfer dieser Überfamilie stellen sehr viele Einschlüsse. Die Zuordnungen einiger Familien sind unsicher. Es wird diskutiert, eine neue Überfamilie Artematopoidea aufzustellen, zu der die Artematopodidae, Brachyspectridae u. a. gehören sollen (Crowson, 1973).

4891 Elateridae 5,6 mm, Farbmustererhaltung

8098 Elateridae 7 mm

8091 Elateridae 5,2 mm

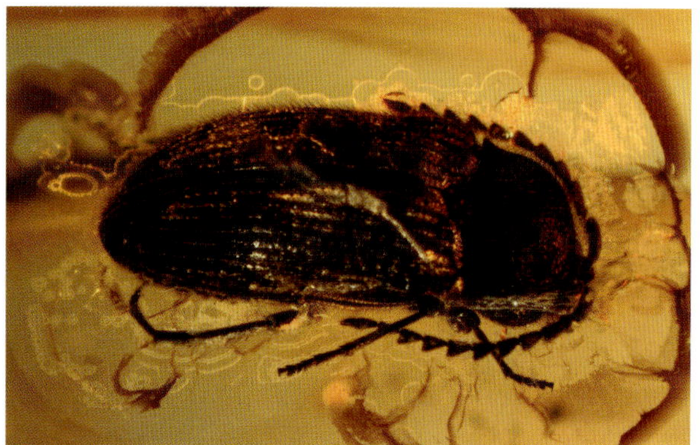

Schnellkäfer Elateridae

Nach den Sumpfkäfern sind die Schnellkäfer eine der häufigsten Einschlüsse und können leicht erkannt werden. Auch Larven der Schnellkäfer, die sogenannten Drahtwürmer, sind im Bernstein nachgewiesen. Ihren Namen verdanken die Schnellkäfer dem Schnellapparat zwischen Vorder- und Mittelbrust, mit dem sie sich bei Gefahr oder bei Rückenlage emporschnellen können. Dazu wird der Vorderbrustfortsatz (Prosternalfortsatz) in eine Einbuchtung der Mittelbrust (Mesoventrit) gelegt, in die er einrastet. Deutlich ist eine Lücke zwischen Brust und Flügeldecken zu erkennen.

Bei den **Schienenkäfern (Eucnemidae)** und **Hüpfkäfern (Throscidae),** die den Schnellkäfern sehr ähnlich sehen, finden wir diese Lücke nicht.

Beschriebene Elateridae-Arten sind z. B.: *Althous (Althousiomorphus) olgae, Crioraphes rohdendorphi, Diaraphes kozhantshikovi, Elater gebleri, Elatron semenovi, Holopleurus succineus* und *Limonius barovskyi* Iablokov-Khnzorian, 1961, *Elater naumanni* Giebel, 1856.

Muona beschrieb 1993 folgende Eucnemidae-Arten: *Balistica mimae, Ceratus wotani, Dyscharachthis freiae, D. woglindae, Erdaia guntheri, E. hageni, Euryptychus brunhildae, E. siegfriedi, Hylis frickae, Sieglindea hundingi, S. sigmundi, Spinifornax donneri.*

1993 von Muona beschriebene Throscidae-Arten: *Jaira bella, Pactopus fafneri, P. fasolti, Potergus frohi.*

Weichkäfer (Cantharidae)

Sie sind leicht zu erkennen, werden aber manchmal mit Bockkäfern verwechselt. Betrachtet man die Fußglieder, sehen wir den Unterschied: Weichkäfer haben fünfgliedrige Füße, Bockkäfer sind pseudotetramer, d. h. man erkennt nur 4 Fußglieder, das vierte ist sehr klein und kaum zu sehen. Außerdem tragen Weichkäfer ihre langen Fühler gerade und nicht gebogen. Einige Weichkäfer haben stark verkürzte Flügeldecken. Die Fühlerglieder können sehr ungleichmäßig geformt sein: Einschluss 8292 *Cacomorphocerus jantaricus* Kuśka & Kania, 2010. Beschriebene Arte sind z. B.: *Absidiella sucinokotejai* Kuśka, 1996, *Cacomorphocerus cerambyx* Schaufuss, 1891, *Cantharis sucinonigra* Kuśka, 1992, *Malthodes ceranowiczae, M. kotejai* und *M.serafini* Kuśka et al. 2005, *Sucinorhagonycha kulickae* Kuśka, 1996.

8400 Elateridae 3,9 mm

7687 Elateroidea Larve 2,7 mm

526 Throscidae 3 mm

8386 Eucnemidae 3,6 mm

7798 Cantharidae 3,3 mm

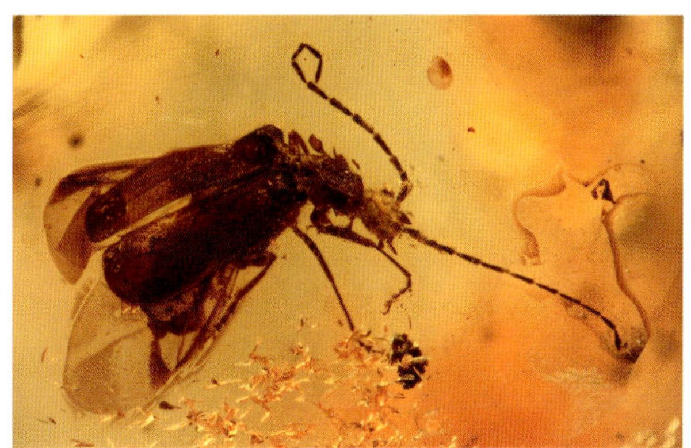

Cantharidae 3,9 mm

8292 Cantharidae *Cacomorphocerus* 8 mm

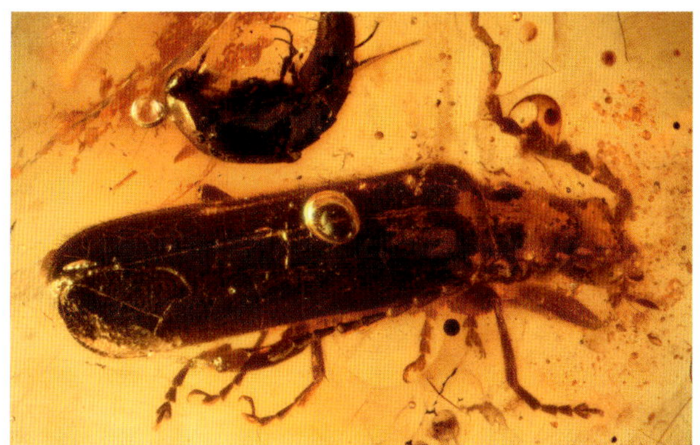

Cantharidae Geschlechtsakt, 4 u. 4,2 mm, Foto © Weitschat

975 Artematopodidae *Electribius balticus* 1,65 mm

4854 Lycidae 10,5 mm

Artematopodidae

Sie haben ihre Hauptverbreitung heute in Amerika und Ostasien, nur eine Art ist aus Südeuropa bekannt. Ein typisches Merkmal ist der in das Pronotum eingebaute, nach unten geneigte Kopf. *Electribius balticus* Hörnschemeyer, 1998, kann als Leitfossil für den Baltischen Bernstein gelten.

Rotdeckenkäfer (Lycidae)

Diese Käfer sind an den auffälligen Deckflügeln zu erkennen, die Längsrillen aufweisen und durch Quererhebungen eine quadratische Gitterung zeigen. Eine beschriebene Art ist *Pseudoplatopterus scheelei* Kleine, 1949.

Leuchtkäfer (Lampyridae)

Leuchtkäfer zeigen meist einen starken Geschlechtsdimorphismus. Während alle Männchen gut fliegen können, haben die Weibchen stark reduzierte oder keine Flügel und sitzen als „Glühwürmchen" am Boden.

Cerophytidae, Berendtimiridae, Omalisidae, Drilidae und **Brachyspectridae** sind äußerst selten im Bernstein zu finden und werden nicht näher behandelt.

7901 Lampyridae Ototretinae 5,3 mm

Omalisidae 5,4 mm, Coll. + Foto © Veta

2564 Brachyspectridae (?) Larve 6 mm

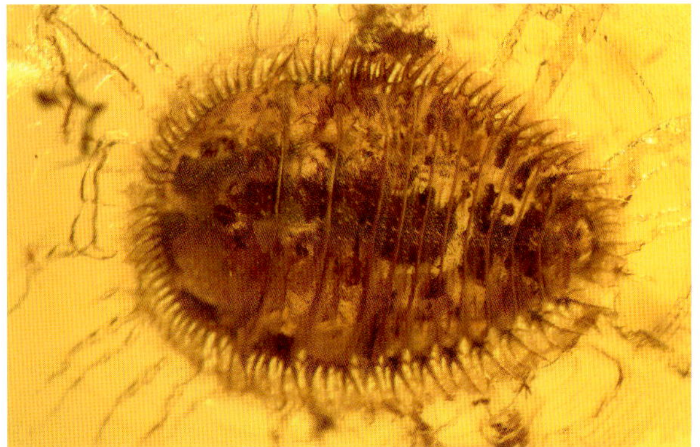

2564 Brachyspectridae (?) Larve, ventral

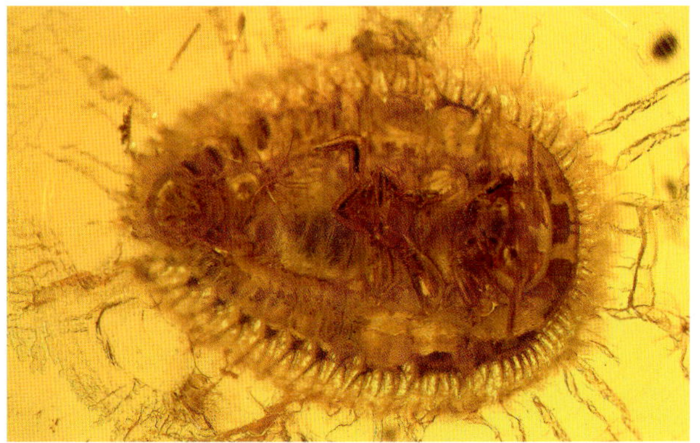

2398 Buprestidae 6,3 mm

4657 Elmidae cf. *Palaeoriohelmis samlandica* 3,5 mm

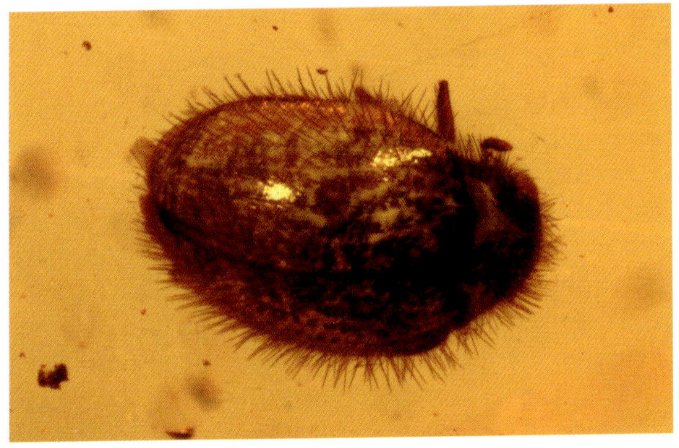

4049 Byrrhidae 1,7 mm

8160 Ptilodactylidae 7,2 mm

8405 Heteroceridae 2,9 mm

4812 Chelonariidae 5,5 mm

8215 Ptilodactylidae 8,2 mm

DASCILLOIDEA UND BUPRESTOIDEA

Moorweichkäfer (Dascillidae) und **Prachtkäfer (Buprestidae)** werden wegen ihrer besonderen Merkmale in eigene Überfamilien gestellt. Es sind sehr seltene Einschlüsse.

Prachtkäfer (Buprestidae) stellen eine sehr artenreiche Familie dar, die wir heute als bunte, metallisch glänzende Käfer unterschiedlichster Größe kennen. Die Körperform ähnelt etwas den Schnellkäfern. So häufig sie heute vorkommen, so selten sind sie im Bernstein zu finden.

BYRRHOIDEA

Die meisten aquatischen oder semiaquatischen Käfer der Polyphaga gehören in diese Überfamilie. Vielleicht finden wir sie aus diesem Grunde recht selten im Bernstein. Die Häufigkeit der Einschlüsse in der folgenden Reihenfolge entspricht der Lebensweise vom Wasserleben (Elmidae) über semiaquatische Habitate bis zum Landleben (Chelonariidae):

Klauenkäfer (Elmidae) – Hakenkäfer (Dryopidae) – Sägekäfer (Heteroceridae) – Ptilodactylidae – Uferpillenkäfer (Limnichidae) – Pillenkäfer (Byrrhidae) – Chelonariidae.

Es wurden bisher nur wenige Arten beschrieben, z. B.:

Elmidae: *Palaeoriohelmis samlandica* Bollow, 1940.
Ptilodactylidae: *Ptilodactyloides stipulicornis* Motschulsky, 1856

8327 Scirtidae 4 mm

SCIRTOIDEA

Sumpfkäfer Scirtidae

Die Sumpfkäfer (früher Helodidae oder Elodidae genannt) sind die mit Abstand am häufigsten im Baltischen Bernstein eingeschlossenen Käfer. Wenn man die Biologie dieser Käfer betrachtet, können wir daraus schließen, dass es viele ruhige Gewässer im Bernsteinwald gegeben haben muss. Auch in Kleinstgewässern wie Phytothelmen in Astlöchern und Blattachseln können Sumpfkäferlarven leben. Da die Larven Luftatmer sind, meiden sie tiefe und große Gewässer. Die erwachsenen Käfer bleiben in unmittelbarer Nähe der Gewässer. So müssen die harzproduzierenden Bäume in diesen feuchten Biotopen gestanden haben.

Sumpfkäfer können von dem Laien leicht mit anderen Käfern verwechselt werden, z. B. Dermestidae oder Nitidulidae. Die Summe der folgenden Merkmale erleichtert die Zuordnung. Sumpfkäfer haben einen ovalen, geschlossenen Körperumriss mit meist sehr feiner Behaarung. Der Kopf wird leicht nach unten getragen, die elf Fühlerglieder sind gleichförmig, die Augen treten aus dem Kopfumriss hervor. Die Tarsen sind fünfgliedrig, das vierte Glied meist vergrößert und oft zweilappig. Einige Gattungen haben sehr dicke Schenkel, was auf Sprungvermögen hinweist.

Ein wichtiges Bestimmungsmerkmal, das bei vielen eingeschlossenen Käfern leider nicht zu erkennen ist, stellt das kompliziert gebaute Geschlechtsorgan dar. Bei Sumpfkäfer-Einschlüssen können wir es häufig ausgestülpt sehen.

Die häufigste Gattung ist *Cyphon,* heute lebt sie in anmoorigen Stillgewässern, in der Häufigkeit gefolgt von *Microcara* und *Scirtes. Helodes* als weitere Gattung lebt heute in kleinen Fließgewässern (Klausnitzer, 1976).

Einige beschriebene Arten: *Cyphon groehni, C. herthae, C. keilbachi* Klausnitzer, 2004, *C. krynickyi, C. pallasi* Iablokov-Khnzorian, 1961, *C. wichardi* Heuss, 2008.

Purzelkäfer (Eucinetidae) mit ihrem eiförmigen, stark gewölbten Körper und den Streifen auf den Flügeldecken sind seltene Einschlüsse, wie auch die **Punktkäfer (Clambidae).**

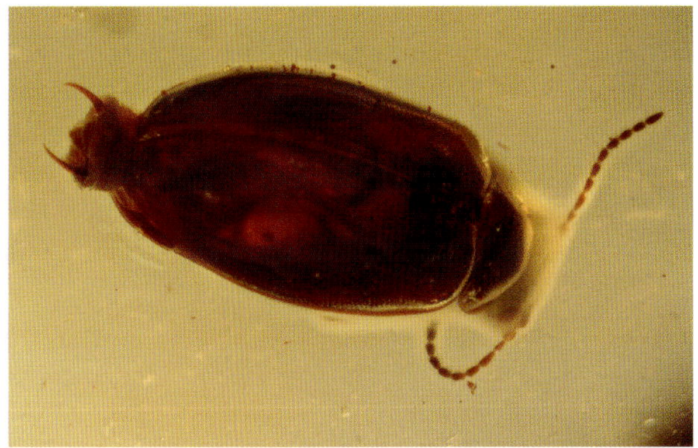

8328 Scirtidae *Cyphon* 3,3 mm

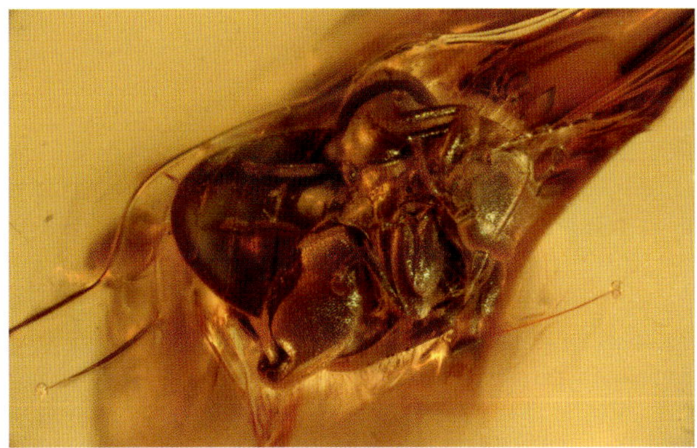

8410 Scirtidae 2,8 mm

Scirtidae 3 mm, Geschlechtsakt, Coll. Damzen

8244 Scirtidae 2,6 mm

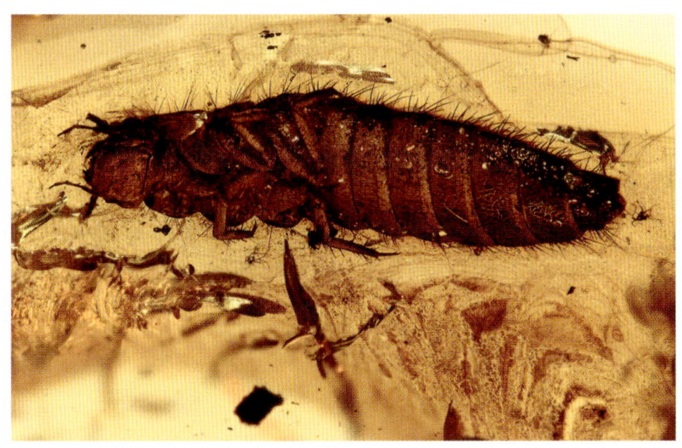

Scirtidae Larve 6,5 mm, Coll. + Foto © Veta

2515 Scirtidae Larve 6,8 mm

2448 Eucinetidae 3,1 mm

4452 Eucinetidae 3,1 mm

Scarabaeiformia

SCARABAEOIDEA

Blatthornkäfer Scarabaeidae

Diese Käfer stellen sehr seltene Einschlüsse dar. An den Beinen kann man sie gut erkennen: Die Schienen der Vorderbeine sind zwei- bis vierfach bezahnt, ihr Apex trägt einen Sporn (Einschluss 7844). Heute stellt diese Familie eine der größten Käfer, den Herkuleskäfer mit über 15 cm Länge; bekannt sind auch die Pillendreher und Maikäfer.

Viele Scarabaeidae stehen zur Beschreibung an, wie z. B. *Liparoserica groehni* Krell, in Bearbeitung. Beschriebene Arten sind z. B.: *Aphodius fossor* Robert, 1838, *Ataenius succini* (Zang, 1905), *Ataenius europaeus* Quiel, 1911.

Schröter Lucanidae

Sie zeigen häufig einen Sexualdimorphismus, wie wir ihn von den heute lebenden Hirschkäfern kennen, bei denen die Männchen sehr große Mandibeln tragen. Lucanidae gehören zu den Raritäten im Baltischen Bernstein. Beschriebene Arten sind z. B.: *Dorcasoides bilobus, Pinitoides scydmaeniformis* Motschulsky, 1856, *Paleognathus succini* Waga, 1883, *Platycerus berendti* (Zang, 1905).

7844 Scarabaeidae 4,5 mm

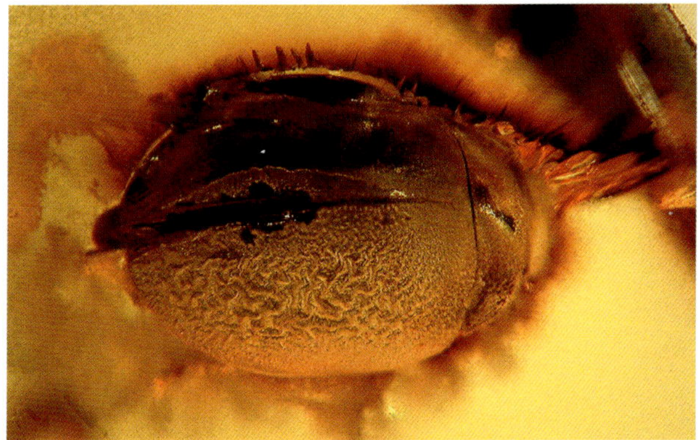

4869 Hydrophilidae 4,5 mm, dorsal

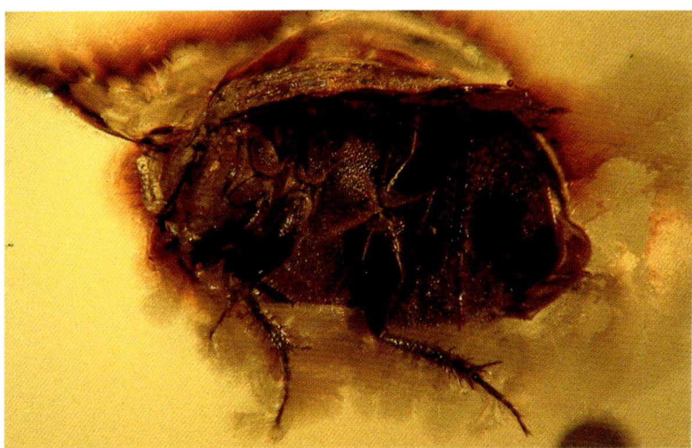

4869 Hydrophilidae 4,5 mm, ventral

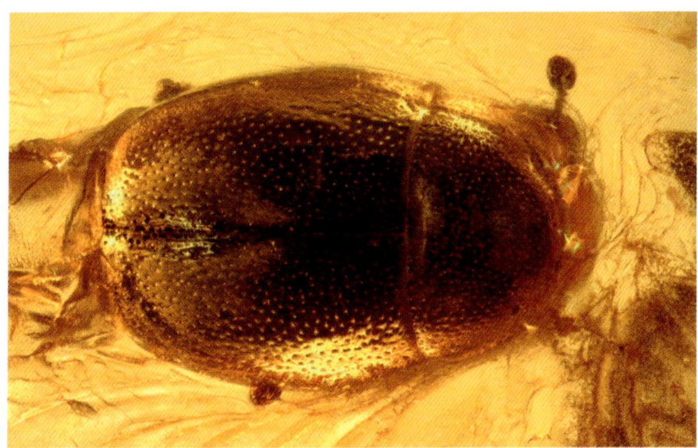

7931 Histeridae 1,7 mm, dorsal

7931 Histeridae 1,7 mm, ventral

8117 Scaphidiinae 1,5 mm

Staphyliniformia

HYDROPHILOIDEA

Wasserkäfer Hydrophilidae
Die Wasserkäfer, auch Kolbenwasserkäfer oder Wasserfreunde genannt, leben im Wasser; der ovale Körper bildet eine geschlossene Kontur, die Mittel- und Hinterbeine tragen Schwimmhaare.

Uferschlammkäfer Georissidae
Sie leben auf feuchtem Boden in Gewässernähe und sind bisher nur wenige Male nachgewiesen.

Stutzkäfer Histeridae
Stutzkäfer sind reine Landbewohner. Wir finden sie im Bernstein meist im Starrezustand, in den sie bei Gefahr verfallen, dafür werden Fühler und Beine in dafür vorgesehene Gruben eingezogen. Da sich diese kleinen Käfer selten im Freien aufhalten, sondern unter Rinde, in Exkrementen, Nestern und Bauten räuberisch leben, sind auch sie selten im Bernstein zu finden.

STAPHYLINOIDEA

Die Monophylie dieser Unterordnung ist nicht nur wegen der Flügelmerkmale gut begründet.

Kahnkäfer Scaphidiinae
Diese Käfer haben einen nach vorn und hinten zugespitzten Körper, eine schiffsähnliche Form. Die Flügeldecken sind am Ende abgestutzt. Einige Wissenschaftler sehen die Kahnkäfer als Unterfamilie der Kurzflügler.

Ameisenkäfer Scydmaenidae

Auch die Ameisenkäfer sind recht häufige Einschlüsse. Ihre ameisenähnliche Körperform und die verdickten Schenkel lassen sie leicht erkennen. Einige beschriebene Arten sind: *Clidicus balticus* Schaufuss, 1896, *Cryptodiodon corticaroides, Electroscydmaenus pterostichoides* Schaufuss, 1890, *Euconnus fossilis, E. sucini* Franz, 1976, *Paleomastigus helmi* Schaufuss, 1890, *Scydmaenoides nigrescens* Motschulsky, 1856.

Federflügler = Zwergkäfer Ptiliidae

Selten und schwer als Einschluss zu entdecken sind die winzigen Federflügler. Sie gehören zu den mit Abstand kleinsten Käfern mit meist unter einem halben Millimeter Körperlänge. Sie sind so leicht, dass sie keine Flügelflächen zum Fliegen benötigen, sondern an ihren Hinterflügelstummeln einen Wimpersaum tragen, mit dem sie entweder durch die Luft „rudern" oder sich einfach vom Luftstrom forttragen lassen. Aus dem Baltischen Bernstein wurden drei Arten beschrieben: *Micridium groehni* Polilov et al. 2004, *Microptilum geistautsi* Dybas, 1961, *Ptinella oligocenica* Parsons, 1939.

Die **Leiodidae** umfassten früher nur die **Schwammkugelkäfer (Leiodinae)**, heute sind die **Catopinae** und **Cholevinae** (beide als **Nestkäfer** bezeichnet) als Unterfamilien eingegliedert. Die Schwammkugelkäfer werden auch als Pilzfresserkäfer bezeichnet, da sie sich von Fruchtkörpern und Myzelien der Pilze ernähren. Es sind wenige Millimeter kleine Käfer mit gekeulten Fühlern. Die Zahl der Fußglieder ist von Gattung zu Gattung, aber auch zwischen Männchen und Weibchen unterschiedlich (Geschlechtsdimorphismus), was die Bestimmung erschwert.

Die kleinen Nestkäfer leben in Nestern. Sie können an den Antennen erkannt werden, deren achtes der elf Glieder immer kleiner als das siebte und neunte ist. Die einzige beschriebene Art *Ptomaphagus germari* Schlechtendal, 1888, ist verschollen.

Scheinaaskäfer Agyrtidae

Diese Käfer sind selten im Bernstein und wurden erst vor kurzem mit zwei Arten nachgewiesen: *Ipelates kerneggeri* und *I. weitschati* Perkovsky, 2005, 2007.

Langtasterwasserkäfer Hydraenidae

Die sehr seltenen Langtasterwasserkäfer haben ihren deutschen Namen von den stark verlängerten Maxillarpalpen, die die Fühlerfunktion übernommen haben. Diese Käfer zeigen keine typischen Wasserkäfermerkmale, weil sie im Wasser nur umherkriechen und nicht schwimmen können.

7836 Scydmaenidae Mastigini 1,9 mm

8100 Scydmaenidae Eutheiini 0,95 mm

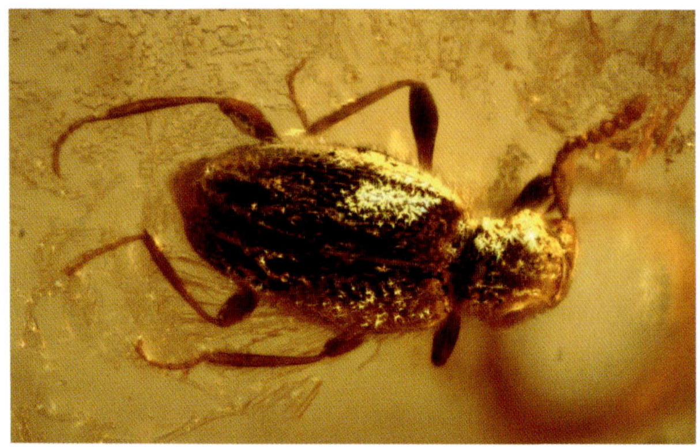

8101 Scydmaenidae Cyrtoscydmini 1,15 mm

7693 Hydraenidae Larve 3 mm, Foto © Veta

7756 Ptiliidae 1,1 mm

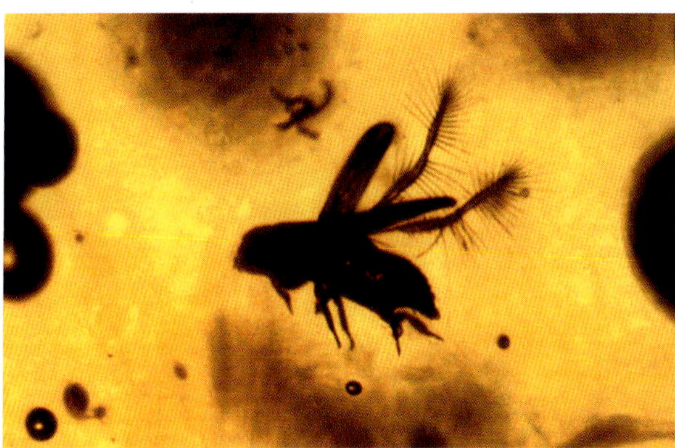

Ptiliidae 1 mm, Foto © Mila

1180 Leiodidae Catopinae 2,2 mm

1174 Ptiliidae 0,45 mm, *Micridium groehni,* GPIH 4334

7853 Leiodidae Leiodinae 1,8 mm

Kurzflüglerkäfer Staphylinidae

Die Kurzflüglerkäfer sind heute eine der artenreichsten Familien und stellen auch viele Einschlüsse im Bernstein. Sie sind an den sehr kurzen, starren Flügeldecken, die etwa Zweidrittel des Hinterleibes sichtbar lassen, gut zu erkennen. Die Unterfamilien Pselaphinae, Scaphidiinae, Paederinae, Aleocharinae, Euaesthetinae, Tachyporinae, Omaliinae, Steninae, Staphylininae, Xantholininae, Oxyporinae, Osoriinae, Oxytelinae u. a. unterscheiden sich erheblich. Die Palpenkäfer, früher die eigenständige Familie Pselaphidae, haben einen kürzeren, breiteren Hinterleib und unverkennbar stark entwickelte Kiefertaster (Palpen), die an der Spitze verdickt sind.

Erstaunlich ist die gute Flugfähigkeit der Kurzflügler. Die zarten, verhältnismäßig großen Unterflügel liegen mehrfach gefaltet unter den kurzen Flügeldecken.

Viele Kurzflügler sind Pollenfresser und sammeln mit den Mundwerkzeugen größere Mengen, um sie später in Deckung zu verspeisen (siehe Abbildung). Aus der Unterfamilie Steninae möchte ich den Holotypus *Stenus archetypus* Puthz, 2010, hervorheben (Einschluss 4585, GPIH 4416). Das ausstülpbare Fang-Labium ist voll ausgefahren. Zum Ergreifen von Kleininsekten kann das mit Klebepolstern versehene Eulabium schnell nach vorne geschleudert werden.

Eine Fülle von Kurzflüglern sind beschrieben worden, hier nur einige Beispiele: *Aleochara baltica* Pasnik et al. 2002, *Atheta jantarica* und *Baltioligota electrica* Pasnik, 2005, *Batrisius antiquus* Schaufuss, 1890, *Bolitobius groehni* Schülke, 2000, *Bryaxis patris* Schaufuss, 1891, *Bythinus schaufussi* Reitter, 1894, *Ctenistodes claviger* Schaufuss, 1890, *Dictyon antiquus* Pasnik et al., 2002, *Electrogymnusa baltica* Wolf-Schwenninger, 2004, *Euplectus lentiferus* und *Faronus tritomicrus* Schaufuss, 1890, *Lathrobium ambricum, L. jantaricum* und *L. succini* Pasnik et al. 2002.

Die Flach-Kurzflügler (Piestinae) stellen Raritäten im Baltischen Bernstein dar (4789, GPIH 4563, Cai, in Bearbeitung).

6824 Euplectidae Trichonychini Trimiina 1,05 mm

8407 Pselaphinae 2,4 mm

8313 Aleocharinae 1,8 mm

8167 Paederinae 5 mm

8153 *Stenus groehni* Puthz, 2010, HT, GPIH 4531, 5,5 mm

8446 Paederinae 5,5 mm

1074 Staphylininae *Diochus* cf. *electrus* 4,9 mm

4485 *Stenus atavus* Puthz, 2010, HT, GPIH 4530, 5 mm

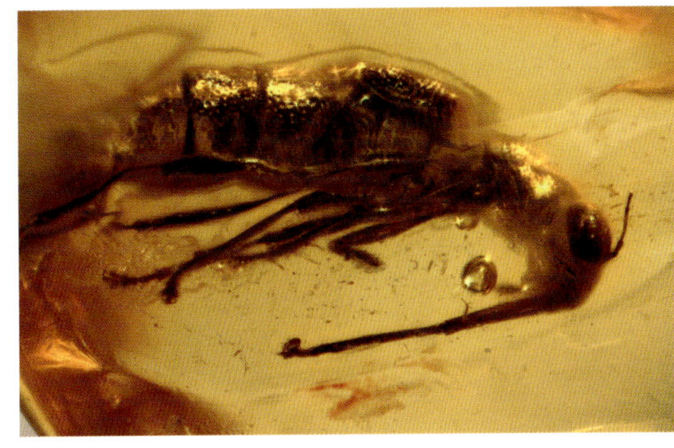

4585 *Stenus archetypus* Puhtz, 2010, HT, GPIH 4416, 5,5 mm

894 Euaesthetinae *Stenaesthetus quadrisulcatus*

8433 Oxytelinae 1,4 mm

1337 Tachyporinae 5,5 mm: *Bolitobius groehni* Schülke, 2000, HT GPIH 4347

1415 Omaliinae 2,2 mm

1428 Omaliinae 2,2 mm

Staphylinidae mit Pollenkugel 0,6 mm, Foto © Weitschat

8484 Staphylinidae *Philonthus* 4,1mm

4789 Piestinae 3,5 mm,
Cai, in Beschreibung,
GPIH 4563

FÄCHERFLÜGLER

STREPSIPTERA

Fächerflügler zeigen einen extremen Sexualdimorphismus. Die Männchen sind geflügelt, die Weibchen stets ungeflügelt. Die Weibchen sind entweder freilebend (Unterordnung Mengenillidae) oder leben als larvenähnliche Formen parasitisch in Wirten, meist Hautflüglern, aber auch in Fliegen, Zikaden, Wanzen, Silberfischchen, Schaben u. a. Die Reduzierung der Körperorgane ist so weit fortgeschritten, dass nur noch ein sackförmiges Gebilde ohne Gliedmaßen übrig geblieben ist. Nur der reduzierte Kopfteil ragt zwischen den Hinterleibssegmenten des Wirtstieres heraus (Unterordnung Stylopidia). Ein derart befallenes Wirtstier bezeichnet man als stylopisiert, benannt nach der häufigen Gattung *Stylops.* Ein stylopisiertes Tier hat einen etwas verformten Hinterleib, zwischen den Segmenten erscheint ein weißlicher Auswuchs (siehe Abbildung). Dass die Weibchen in ihrer Entwicklung auf einem larvenähnlichen Stadium stehenbleiben und geschlechtsreif werden, bezeichnet man als Neotonie.

Die Männchen haben zu Schwingkölbchen reduzierte Vorderflügel. Da diese sich bei toten Exemplaren bei der Trocknung spiralig verdrehen, gab man der Gruppe den veralteten Namen Drehflügler = Strepsiptera. Die Hinterflügel sind groß, breit und fächerförmig faltbar. Die großen Fühler der Männchen bestehen aus vier bis sieben Gliedern, das dritte Glied und weitere Glieder sind häufig zu langen Fortsätzen ausgezogen. Dadurch wird die mit Geruchssinneszellen überzogene Oberfläche vergrößert, wichtig für das Finden der Weibchen, die Pheromone freisetzen.

Ein weiteres typisches Merkmal der Männchen sind ihre großen Komplexaugen, die aus nur 20 bis 70 einzelnen Ocellen bestehen, die dicke, vorgewölbte Linsen tragen.

Die systematische Stellung war lange Zeit rätselhaft. Nach neuesten Untersuchungen sind die Käfer die nächsten Verwandten der Fächerflügler (Niehuis et al. 2012).

Im Baltischen Bernstein sind fünf Familien mit folgenden Arten nachgewiesen:

Stylopidae: *Jantarostylops kinzelbachi* Kulicka, 2001

Protoxenidae: *Protoxenos janzeni* Pohl, Beutel & Kinzelbach, 2005

Mengeidae: *Mengea tertiaria* Grote, 1866, *Mengea mengei* Kulicka, 1979

Myrmecolacidae: *Stichotrema triangulum* Pohl & Kinzelbach, 1995, *Stichotrema weitschati* Kinzelbach & Pohl, 1993, *Palaeomyrmecolax giecewiczi, Palaeomyrmecolax gracilis* und *Palaeomyrmecolax succineus* Kulicka, 2001, *Caenocholax groehni* Kathirithamby & Henderickx, 2008

Corioxenidae: *Eocenoxenos palintropos* Henderickx et al. 2013

7023 Strepsiptera Myrmacolacidae 3,8 mm

T148 Strepsiptera, Coll. + Foto © Kobbert

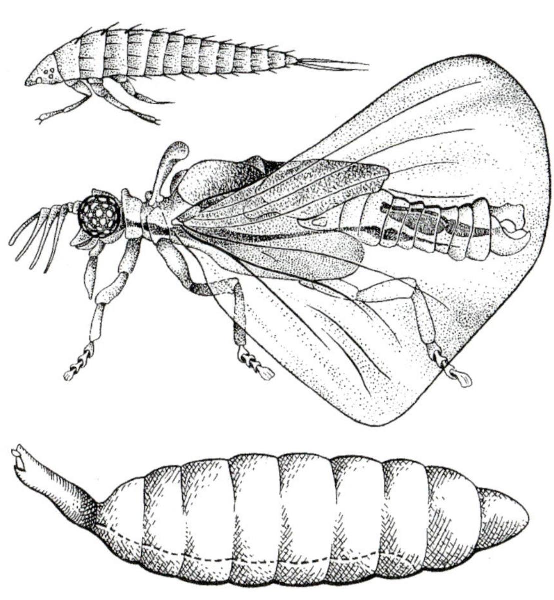

Strepsiptera: Larve, Männchen + Weibchen, verändert nach Urania-Tierreich

371 Cantharidae 3,6 mm, stylopisiert?

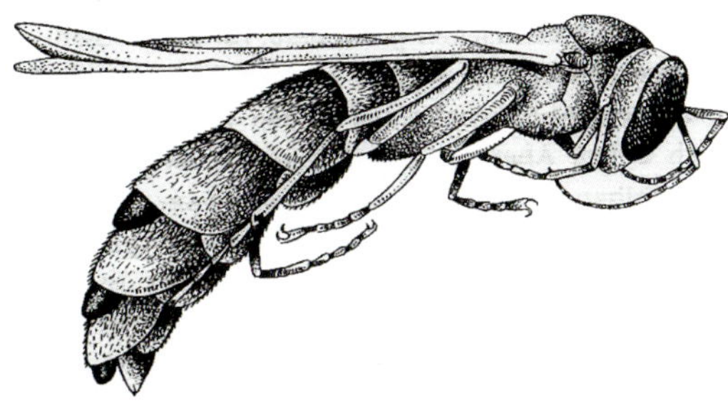

Stylopisierte Wespe, verändert nach Urania-Tierreich

Eocenoxenos palintropos, Foto © Henderickx

HAUTFLÜGLER

HYMENOPTERA

Carl von Linné gab dieser sehr großen Insektengruppe den Namen wegen der häutigen Flügel, die aber bei vielen anderen geflügelten Insekten ebenso auftreten. Wespen sind holometabole Insekten, d. h. sie haben raupen- oder madenähnliche Larven, ein Puppenstadium und meist geflügelte erwachsene Tiere. Beide Flügel bilden, durch Haken und Kerbe verbunden, eine Flugeinheit. Die Hinterflügel sind stets kleiner als die Vorderflügel, sofern sie nicht sekundär rückgebildet sind. Der Grundplan des Flügelgeäders ist stark abgewandelt und reduziert. Während die meisten anderen Insekten hoch und tief stehende Adern besitzen und dadurch wellpappartig versteifte Flügelflächen besitzen, gibt es bei den Wespen (bis auf die Subcosta) keine tief stehenden Adern, die Flügel sind also flach. Auf den Flügeln finden sich fast immer kleine Haare (Setae), die den Luftwiderstand vermindern.

Pflanzenwespen oder Sägewespen (Symphyta)

Diese ursprüngliche Gruppe der Hautflügler zeigt keinen Hinterleibseinschnitt, also keine Wespentaille. Die Larven leben meist auf Pflanzen und ähneln Schmetterlingsraupen, weisen aber acht Beinpaare auf. Die Pflanzenwespen sind fast alle Pflanzen- und Nektarfresser und häufig an bestimmte Wirtspflanzen gebunden. Alle Pflanzenwespen sind selten im Baltischen Bernstein zu finden.

Die Echten Blattwespen (Tenthredinidae) können nicht stechen, imitieren aber häufig stechende, echte Wespen (Mimikry). Die Fühler sind lang und bei einigen Arten gekämmt oder kammartig beborstet. In der gut ausgebildeten Vorderflügeläderung fehlt die Subcostalader.

Die **Keulhornblattwespen (Cimbicidae)** haben ihren Namen von ihren zu einer Keule verdickten Fühlern. Der Fossilnachweis einer Larve ist unsicher.

Die kleinen **Buschhornblattwespen (Diprionidae)** leben auf Nadelhölzern. Bei allen rezenten Arten fressen die Larven ausschließlich Nadeln, die Erwachsenen nehmen häufig gar keine Nahrung auf. Namensgebend ist der Bau der Fühler, die bei den Weibchen an der Außenseite gesägt, bei den Männchen lamellenförmig gefiedert sind. Typisch ist, dass sich die Hüften der Hinterbeine in der Körpermitte berühren. Im Flügelgeäder hat die Radialzelle keine Querader, häufig findet sich ein Flügelmal (Pterostigma).

Die **Orussidae** weisen eine Reihe Besonderheiten auf. Es sind die einzigen Pflanzenwespen, deren Larven eine parasitoide Lebensweise aufweisen; sie parasitieren holzbewohnende Käferlarven. Die Flügeläderung zeichnet sich durch die charakteristische Rückbildung einiger Queradern aus.

Halmwespen (Cephidae) haben einen typischen langgestreckten, grazilen Hinterleib. Der Kopf ist deutlich vom Rumpf abgesetzt. Das bei allen anderen Pflanzenwespen vorhandene raue Feld auf der Thoraxoberseite, das das Festhalten der Flügel in Ruhestellung unterstützt, fehlt den Halmwespen. Namensgebend ist die Lebensweise der Larven als Minierer in Halmen oder Zweigen (bei rezenten Arten nie in Blättern).

Holzwespen (Siricidae) legen ihre Eier in das Holz von Laub- und Nadelbäumen, von Art zu Art verschieden. So kennen wir heute z. B. die Blaue Fichtenholzwespe und die Schwarze Kiefernholzwespe.

Zusammenfassend kann man sagen, dass man durch die Kenntnis der Biologie der Pflanzenwespen sicher Aussagen über den Bernsteinwald machen könnte.

3756 Tenthredinidae, Larve im Köcher 3,7 mm

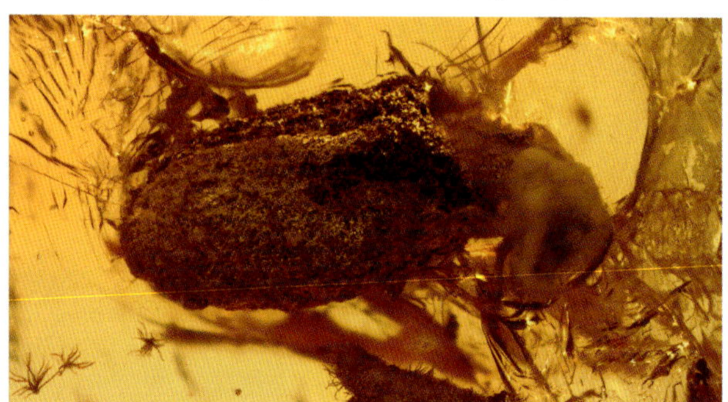

9115 Tenthredinidae 3,8 mm

9317 Tenthredinidae Larve 4,2 mm

Cimbicidae Larve 5 mm, Coll. Velten

Diprionidae Larve, Coll. + Foto © Veta

Orussidae, Coll. + Foto © Veta

3006 Diprionidae *Eodiprion groehni*, GPIH 4498

2123 Diprionidae, Coll. + Foto © Veta

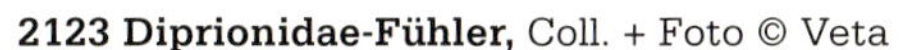

2123 Diprionidae-Fühler, Coll. + Foto © Veta

Klassifikation der im Baltischen Bernstein gefundenen Wespen

Die hier verwendete Klassifikation stützt sich auf die 2013 veröffentlichte Systematik der Hymenoptera von Aguiar et al.

Pflanzenwespen – Symphyta

Blattwespenartige – Tenthredinoidea
Electrotomidae
Echte Blattwespen Tenthredinidae
Keulhornblattwespen Cimbicidae
Buschhornblattwespen Diprionidae

Halmwespenartige – Cephoidea
Halmwespen Cephidae

Holzwespenartige – Siricoidea
Holzwespen Siricidae

Orussoidea
Orussidae

Taillenwespen – Apocrita

LEGIMMEN – TEREBRANTIA

Langtaillenwespen – Megalyroidea
Langschwanzwespen Megalyridae

Trigonaloidea
Trigonalytidae

Ceraphronoidea
Ceraphronidae
Megaspilidae

Hungerwespenartige – Evanioidea
Evaniidae
Aulacidae

Gallwespenartige – Cynipoidea
Figitidae
Cynipidae
Ibaliidae

Schlupfwespenartige – Ichneumonoidea
Echte Schlupfwespen Ichneumonidae
Brackwespen Braconidae

Zehrwespenartige – Proctotrupoidea
Zehrwespen Proctotrupidae
Pelecinidae
Peradeniidae

Platygastroidea
Platygastridae
Scelionidae

Diaprioidea
Diapriidae

Zwergwespen – Mymarommatoidea
Zwergwespen Mymarommatidae

Kronenwespen – Stephanoidea
Stephanidae

Erzwespen - Chalcidoidea
Chalcididae
Eurytoidae
Torymidae
Pteromalidae
Eupelmidae
Encyrtidae
Trichogrammatidae
Mymaridae
Eulophidae
Aphelinidae
Eucharitidae
Perilampidae

STECHIMMEN – ACULEATA

Goldwespenartige – Chrysidoidea
Embolemidae
Scolebythidae
Zikadenwespen Dryinidae
Plattwespen Bethylidae
Goldwespen Chrysididae

Faltenwespenartige – Vespoidea
Wegwespen Pompilidae
Ameisenwespen Mutillidae
Rollwespen Tiphiidae
Faltenwespen Vespidae
Ameisen Formicidae
  Schuppenameisen Formicinae
  Stechameisen = Urameisen Ponerinae
  Knoten- = Stachelameisen Myrmicinae
  Drüsenameisen Dolichoderinae

Bienenartige – Apoidea
Ampulicidae
Crabronidae (inkl. Pemphredoninae)
Bauchsammelbienen Megachilidae
Echte Bienen Apidae
Sandbienen Andrenidae
Palaeomelittidae
Halictidae

Taillenwespen = Schnürwespen (Apocrita)

Die Taillenwespen werden auch Schnürwespen genannt, weil sie zwischen erstem und zweitem Hinterleibssegment eine tiefe Einschnürung aufweisen (Wespentaille). Sie trennt nur scheinbar Brust und Hinterleib. Brust und erstes Hinterleibssegment bilden eine Einheit, das Mesosoma. Darauf folgt der Rest des Hinterleibes, das Metasoma, bei dem die letzten Segmente eingezogen sein können. Alle Taillenwespen haben große Facettenaugen und drei Punktaugen. Bei vielen Taillenwespen ist der Legebohrer der Weibchen in einen Wehrstachel umgewandelt; man unterscheidet deshalb die **Legimmen (Terebrantia)** und die **Stechimmen (Aculeata).**

LANGTAILLENWESPEN – MEGALYROIDEA

Aus der Gruppe der Langtaillenwespen finden wir im Baltischen Bernstein nur die **Langschwanzwespen (Megalyridae).** Namensgebend war der extrem lange Legebohrer einiger Arten. Auch die Fühler mit stets 14 Gliedern sind recht lang. Typisch ist eine Einsenkung in der Kopfkapsel, die Antennengrube, die aber auch bei wenigen anderen Wespen auftritt. Die Äderung der Hinterflügel besteht sichtbar nur aus einer Längsader mit einem Haken. Die meisten Arten leben in den Tropen der Südhalbkugel, viele in Südostasien.

CERAPHRONOIDEA

Die **Ceraphronidae** haben ein typisches stark verlängertes basales Antennenglied, an dem gekniet der vordere Antennenteil sitzt. Ein weiteres typisches Familienmerkmal ist die Zahl der Sporne an den Schienen: Vorderbein zwei Sporne, Mittelbein ein Sporn und Hinterbein zwei Sporne.

Die kleinen **Megaspilidae** haben elfgliedrige Fühler, wobei das erste Segment verlängert ist. Bei den Männchen tragen die ersten Fühlersegmente häufig längere Fortsätze, ähnlich einer Fiederung. Das Pronotum ist stark verkürzt. Oben auf dem Mesonotum sind drei Linien erkennbar, eine zentrale Mittelfurche und zwei seitliche Längskiele. Das Flügelgeäder ist stark zurückgebildet und besteht aus nur einer Randader, die fast bis zum Flügelmal reicht, von dem eine hakenförmige Ader ausgeht; im Hinterflügel ist keine Äderung erkennbar. Alle drei Schienenpaare haben zwei Sporne. Die Larven parasitieren häufig an parasitierenden Wespenlarven (Hyperparasitismus).

9100 Megalyridae 3,6 mm

EVANIOIDEA

Das sehr kleine Metasoma lässt die **Hungerwespen (Evaniidae)** „verhungert“ aussehen. Der Habitus ist unverwechselbar. Das freie, sehr kleine, seitlich zusammengedrückte Metasoma hat am Anfang ein langes, dünnes Stielchen. Die Wespen bewegen ihn ständig auf und ab, wie eine Signalflagge; das gab ihnen den englischen Namen „ensign wasps“. Das Mesosoma ist stark skulpturiert, das hintere Beinpaar stark vergrößert. Männchen und Weibchen unterscheiden sich stark und wurden in älteren Bestimmungsbüchern z. T. verschiedenen Arten zugeordnet. Bei allen bekannten rezenten Arten leben die Larven in den Ootheken von Schaben und fressen deren Eier.

Die zweite Familie der Evanioidea, die **Aulacidae,** unterscheiden sich durch das größere, seitlich nicht zusammengedrückte Metasoma und ein deutlich erkennbares Flügelmal.

GALLWESPENARTIGE – CYNIPOIDEA

Die nur ein bis drei Millimeter kleinen **Gallwespen (Cynipidae)** haben einen typischen Körperbau: Das Mesosoma ist sehr kurz und hoch, das Metasoma schmal und hoch gebaut. Auch die Flügeläderung ist charakteristisch: Randader und Flügelmal fehlen. Im basalen Teil des Vorderflügels sind zwei Längsadern, in der Flügelmitte eine dreieckige Zelle zu erkennen, die meist zum Flügelrand hin offen ist. Von dieser Zelle aus reicht eine weitere Längsader in die Flügelspitze. Im Hinterflügel ist nur eine Ader sichtbar.

Die sehr ähnlichen **Figitidae** sind schwer von den Gallwespen zu unterscheiden. Sie zeigen entweder zwei seitliche Kiele auf dem Pronotum oder eine erhöhte Pronotumplatte, außerdem ist die vierte obere Metasomaplatte die längste (bei den Gallwespen ist es die dritte).

Megalyridae, Coll. + Foto © Veta

9060 Ceraphronidae 1,5 mm

9097 Ceraphronidae 1,5 mm

9103 Ceraphronidae 1,1 mm

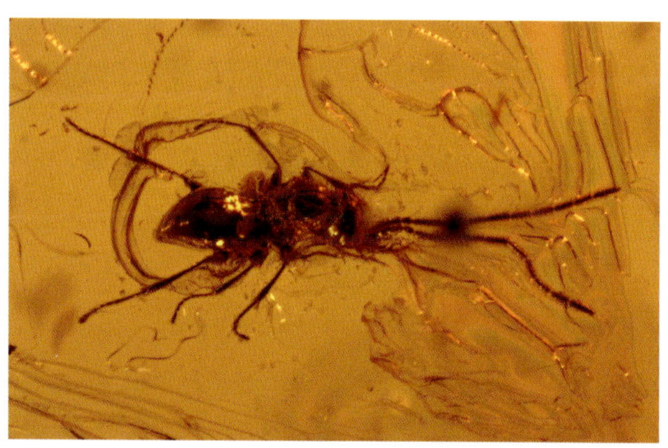

1277 Megaspilidae *Conostigmus* 1,2 mm

9062 Aulacidae 7 mm

9070 Figitidae 1,8 mm

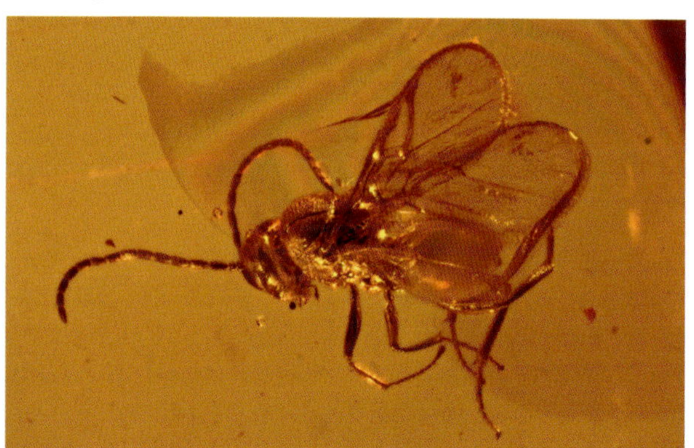

Cynipidae, Coll. Janzen

3708 Evaniidae 4,4 mm

SCHLUPFWESPENARTIGE – ICHNEUMONOIDEA

Zu den Schlupfwespenartigen gehören zwei Familien. Es ist die heute in Mitteleuropa artenreichste Gruppe der Wespen.

Echte Schlupfwespen (Ichneumonidae)
Der Name „Schlupfwespe" besagt, dass die Larven holometabole Insekten parasitieren. Die fertige Schlupfwespe schlüpft dann aus der ausgefressenen Wirtslarvenhülle. Die Parasitierungsrate rezenter Arten kann bis zu 90 Prozent betragen, dadurch werden bestimmte Schädlingsarten auf natürliche Weise in Grenzen gehalten.

Brackwespen (Braconidae)
Die Unterscheidung der Brackwespen von den Schlupfwespen ist nicht einfach. Bei den meisten Schlupfwespen finden wir im Vorderflügel die Querader 2m-cu, bei den Brackwespen fehlt sie.

ZEHRWESPENARTIGE – PROCTOTRUPOIDEA

Außer den Pelecinidae sind es kleine Wespen. Gemeinsame morphologische Merkmale dieser Überfamilie gibt es nicht.

Zehrwespen (Proctotrupidae)
Zehrwespen haben im hinteren Brustbereich eine auffallende Skulpturierung, die wabenartig aussieht. Stets finden sich 13 Fühlerglieder. Das Flügelgeäder ist typisch und stark reduziert. Im Vorderflügel gibt es nur eine vollständige Ader, die Randader, und eine im Flügel gelegene Längsader, die bis zum Flügelmal reicht und eine Costalzelle ausbildet. Neben dem Flügelmal erreicht eine Querader den Flügelrand und bildet eine weitere Zelle. Typisch ist das bauchwärts eingekrümmte Metasoma der Weibchen, das meist in einer Spitze ausläuft.

Die **Pelecinidae** kommen heute nur noch als Reliktgruppe vor, es gibt deutlich mehr fossile Arten. Das Metasoma der Weibchen ist extrem verlängert. Das erste Fußglied ist immer kürzer als das zweite.

Die **Peradeniidae** sind äußerst selten; es gibt nur zwei rezente bekannte Arten und eine fossile Art im Baltischen Bernstein. Die Augen sind ungewöhnlich groß und stehen unten weiter zusammen als oben. Die Schienen der Hinterbeine sind keulenförmig verdickt.

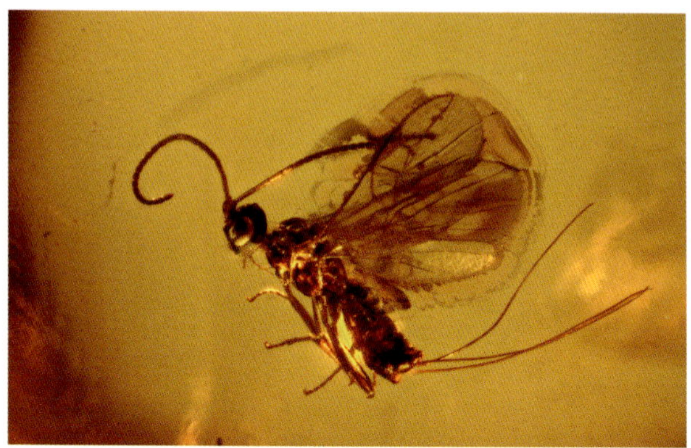

3701 Braconidae 1,8 mm

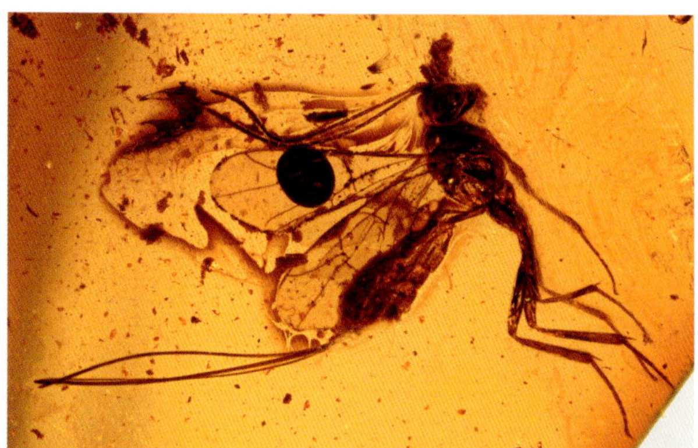

363 Ichneumonidae 3,6 mm

Braconidae – Schlupf (?), Foto © Weitschat

9061 Proctotrupidae *Cryptoserphus* 3,2 mm

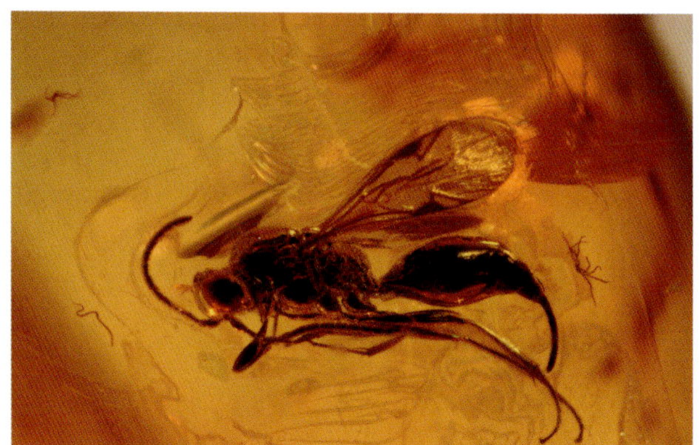

3035 Pelecinidae 6 mm

Pelecinopterinae, Coll. Velten

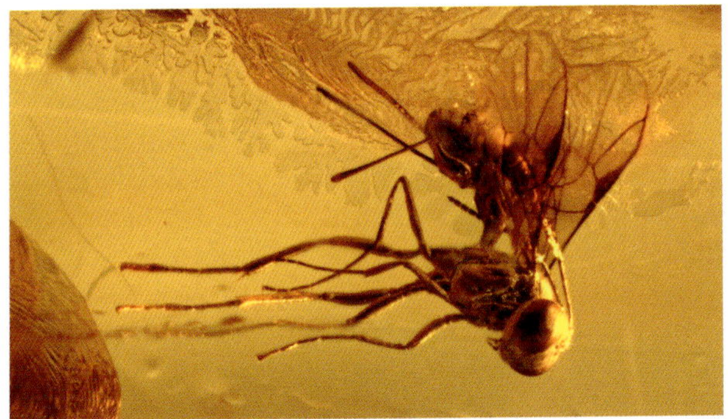

3718 Ichneumonidae 2,4 mm

9114 Peradeniidae *Peradenia* 3,1 mm

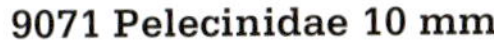

9071 Pelecinidae 10 mm

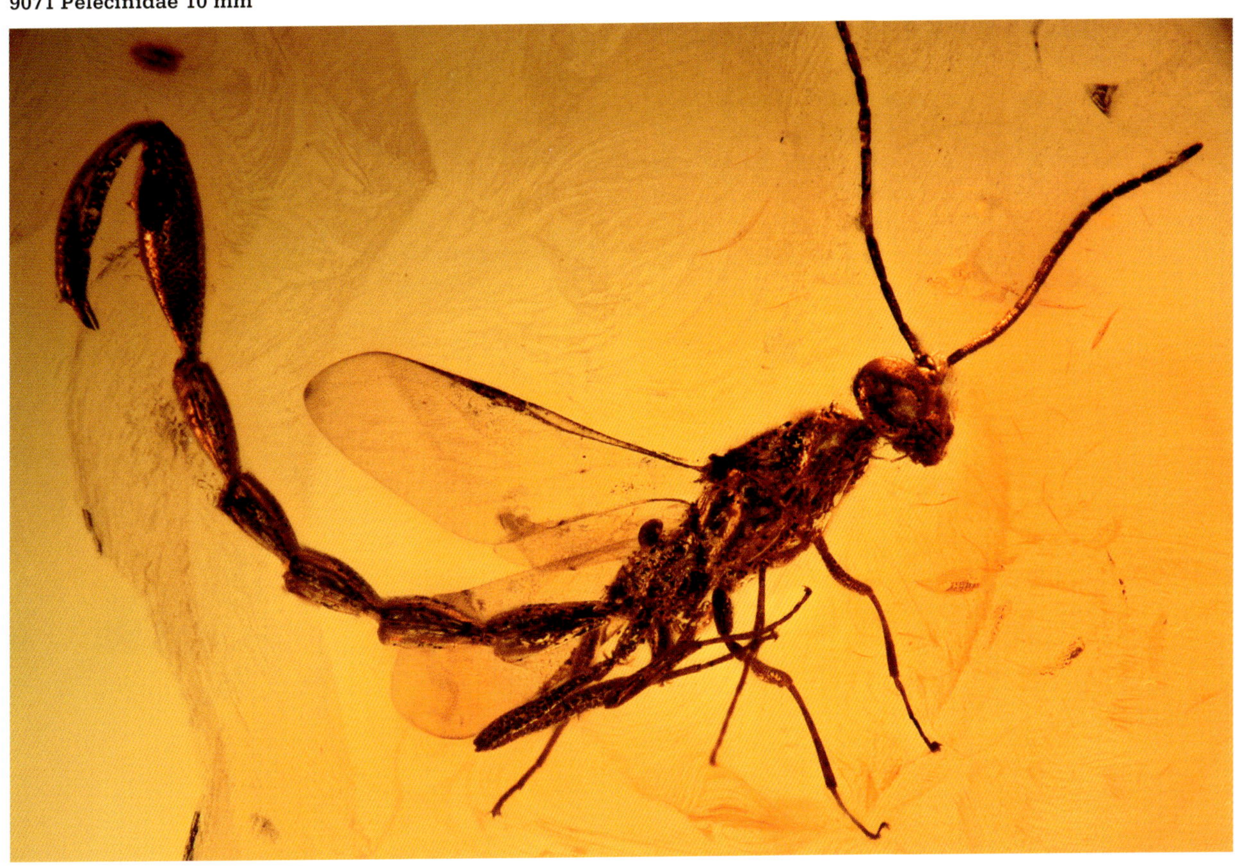

PLATYGASTROIDEA

Die **Scelionidae** werden von einigen Wissenschaftlern als Unterfamilie der **Platygastridae** gesehen. Die beiden Familien unterscheiden sich gut durch den Aufbau der Fühler, an der Basis haben die Scelionidae ein sehr langes Glied.

DIAPRIOIDEA

Die **Diapriidae** sind eine rezent weltweit verbreitete Gruppe, deren Larven überwiegend als Endoparasotoide an Fliegenlarven oder -puppen leben. Morphologisch ist diese Gruppe nur schwer zu definieren und dies nur durch die Kombination einer Reihe von Merkmalen, von denen hier nur einige genannt seien. Die Antennen dieser 2–8 mm großen Wespen entspringen einem erhabenen Vorsprung der Frons. Der Kopf ist mehr oder weniger kugelförmig. Die Flügeläderung ist reduziert, es finden sich maximal drei von Adern komplett umschlossene Zellen im Vorderflügel, maximal eine im Hinterflügel. Das Flügelstigma ist nicht klar umgrenzt. Die Männchen und Weibchen zeigen häufig einen ausgeprägten Sexualdimorphismus, der am deutlichsten bei den Antennen zu Tage tritt. Die Antennen der Männchen haben 13–14 Glieder, die der Weibchen 12–15.

ZWERGWESPEN – MYMAROMMATOIDEA

Zwergwespen (Mymarommatidae) sind winzige Wespen unter 1 mm Größe. Sie sind durch viele besondere Merkmale unverwechselbar und deshalb in eine eigene Überfamilie gestellt. Die Fühler sind gekniet. Die ovalen Vorderflügel sind gestielt und mit Härchen bedeckt, Adern sind nicht sichtbar. Die Hinterflügel sind rudimentär und bestehen nur aus einem kleinen Lappen. Unter dem Mikroskop kann man erkennen, dass die Flügelmembran eine sonst bei Wespen nie vorhandene genetzte Struktur aufweist. Das Metasoma sitzt an einem Stielchen, das aus zwei Segmenten besteht.

KRONENWESPEN – STEPHANOIDEA

Die **Kronenwespen (Stephanidae)** gelten als ursprünglichste Gruppe der Taillenwespen und zeigen Gemeinsamkeiten mit den Pflanzenwespen. Das mittlere Punktauge ist von dornartigen Erhebungen umgeben, die an eine Krone erinnern. Die Fühler sind außergewöhnlich lang und die basalen Glieder verlängert. Die Oberlippe (Labrum) und die Oberkiefer (Mandibeln) sind groß und nach vorne gestreckt. Das Pronotum ist breit, aber nach vorne hin zu einem Hals verjüngt, der gerunzelt ist. Die Hinterschenkel sind verdickt und meist mit Dornen besetzt.

ERZWESPEN – CHALCIDOIDEA

Zu den Erzwespen gehören die kleinsten geflügelten Insekten. Es ist eine Gruppe mit geschätzt einer halben Million Arten. Namensgebend war der metallische Glanz einiger Arten, den wir im Bernstein teilweise noch erahnen können (vgl. Foto der Torymidae). Die Flügeläderung ist stark reduziert ohne Zellen und mit nur je einer Ader im Vorder- und Hinterflügel. Im Vorderflügel verzweigt sich diese Marginalader bei einigen Arten einfach. Solches reduziertes Flügelgeäder finden wir nur noch bei den Scelionidae und Platygastridae. Die nähere Bestimmung ist nur dem Fachmann möglich.

Einige Erzwespen-Familien werden nur im Bild gezeigt, einige ganz ausgelassen. Hervorgehoben seien zwei Familien:

Chalcididae: Ihre Vertreter haben oft einen stark verdickten, gezähnten Hinterschenkel und gekrümmte Schienen. Einige Arten legen Eier in Ameisenlöwenlarven, die gefährliche Zangen haben. Sie positionieren ihre Hinterschenkel mit den starken Muskeln so zwischen die Mandibeln des Ameisenlöwen, dass er sie nicht mehr schließen kann. Währenddessen wird ein Ei in den geöffneten Schlund abgelegt; die schlüpfende Larve parasitiert dann im Ameisenlöwen.

Mymaridae: Die Zwergwespen haben schmale, mehr oder weniger gestielte Vorderflügel, die an den Rändern lang bewimpert sind. Sie stellen mit unter 0,2 mm auch die kleinsten Fluginsekten. Für sie ist die Luft so „dick“, dass sie sich mit ihren Flügeln rudernd fortbewegen.

3040 Platygastridae 1,6 mm

9319 Scelionidae 5,5 mm

9060 Ceraphronidae 1,5 mm

Platygastridae, Coll. + Foto © Veta

9322 Diapriidae 3,7 mm

3864 Scelionidae

9077 Mymarommatidae 0,3 mm

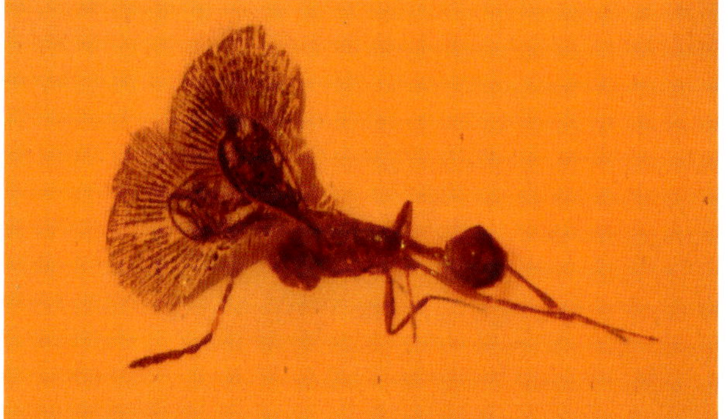

3748 *Electrostephanus neovenatus*, GPIH 4527

9035 Chalcididae 3,3 mm

9073 Chalcididae mit starken Hinterschenkeln

9053 Eurythomidae (?) 2,8 mm

723 Mymaridae 0,55 mm

9106 Chalcidoidea 3 mm

9068 Torymidae 2,4 mm

Torymidae mit scheinbarer Farberhaltung, ex. Coll. Janzen, Foto © Weitschat

9080 Pteromalidae 2,1 mm

Torymidae, Coll. + Foto © Veta

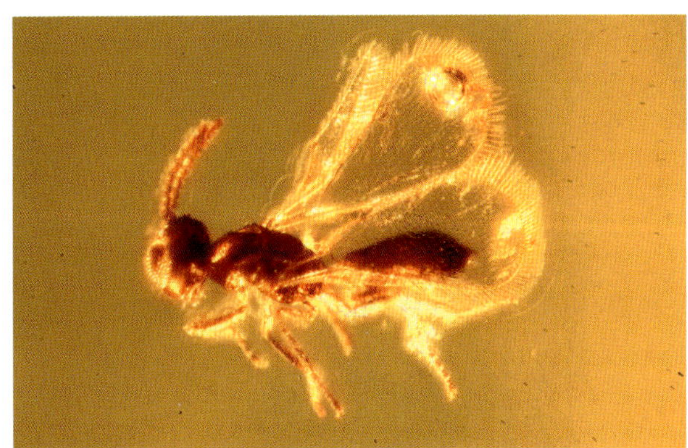

Eulophidae, Coll. Velten

Stechimmen Aculeata

GOLDWESPENARTIGE – CHRYSIDOIDEA

Diese Überfamilie gilt als die ursprünglichste innerhalb der Stechimmen und ist mit vier Familien im Baltischen Bernstein vertreten: Scolebythidae, Dryinidae, Bethylidae und Chrysididae.

Zikadenwespen (Dryinidae) parasitieren ausschließlich Zikaden, leben aber auch räuberisch von ihnen. Wirtstiere und Beutetiere können sicher mit den bei Weibchen zu Fangbeinen umgestalteten Vorderbeinen, die den Fangarmen der Gottesanbeterinnen ähneln, festgehalten werden.

Plattwespen (Bethylidae) haben einen abgeflachten Kopf mit kurzen Fühlern, die Punktaugen liegen sehr weit hinten. Die Mundwerkzeuge sind nach vorne gerichtet. Bei den Weibchen können die Flügel reduziert sein oder ganz fehlen; dann können auch die Punktaugen und Komplexaugen zurückgebildet sein.

Goldwespen (Chrysididae) haben leuchtende, metallische Farben, was man ansatzweise auch noch im Bernstein erkennen kann. Vom Metasoma sind in der Regel nur drei, selten vier Segmente zu sehen. Das Metasoma ist unten konkav gestaltet, dadurch kann sich die Wespe bei Gefahr zu einer Kugel einrollen.

FALTENWESPENARTIGE – VESPOIDEA

Zu den Faltenwespenartigen gehören u. a. die allgemein bekannten Echten Wespen und die Ameisen. Viele Faltenwespenartige sind staatenbildend. Allen gemeinsam ist, dass Weibchen 12 und Männchen 13 Fühlerglieder haben.

Wegwespen (Pompilidae)
Über die Seite des mittleren Brustsegmentes (Mesopleuron) verläuft eine schräge Furche, ein typisches Merkmal nur dieser Wespenfamilie.
Die rezenten Wegwespen erkennen wir daran, dass sie auf dem Boden oder bodennaher Vegetation zur Beutesuche umherlaufen.

Ameisenwespen (Mutillidae)

Ameisenwespen werden auch Spinnenameisen oder Ameisenspinnen genannt. Sie tragen diese Trivialnamen, weil sie ameisen- oder spinnenähnlich aussehen. Seitlich am bauchigen Teil des Metasomas befindet sich eine längliche, beborstete Grube. Ameisenwespen zeigen einen starken Sexualdimorphismus: Weibchen sind grundsätzlich flügellos und haben keine Ocellen. Männchen sind fast immer geflügelt und haben Ocellen.

Rollwespen (Tiphiidae)

Der Name „Rollwespen" rührt daher, weil sich die Fühler nach dem Tode einrollen. Sie zeigen eine vielgestaltige Morphologie, deshalb ist es schwierig, gemeinsame Merkmale anzuführen. Häufig zeigen Rollwespen einen ausgeprägten Sexualdimorphismus: Die Männchen sind geflügelt, die Weibchen dagegen flügellos. Das Männchen ist oft viel größer und vollkommen anders gefärbt. Erstaunlich ist, dass die Männchen oft sogar andere Habitate bevorzugen. So verwundert es nicht, dass Männchen und Weibchen verschiedenen Arten zugeordnet wurden, ja sogar verschiedenen Gattungen.

Faltenwespen (Vespidae)

Die Wespentaille ist bei dieser Familie besonders stark ausgebildet, die Augen nierenförmig gestaltet. Die Flügel können in Ruhestellung längs gefaltet werden. Sie zeigen außer der Größe keine äußeren Unterschiede zwischen den Arbeitern und Königinnen. Zu dieser Gruppe gehören auch unsere staatenbildenden Wespen.

3041 Dryinidae 2,5 mm

1272 Scolebythidae 3,6 mm: ***Pristapenesia primaeva***

9008 Scolebythidae 3,9 mm

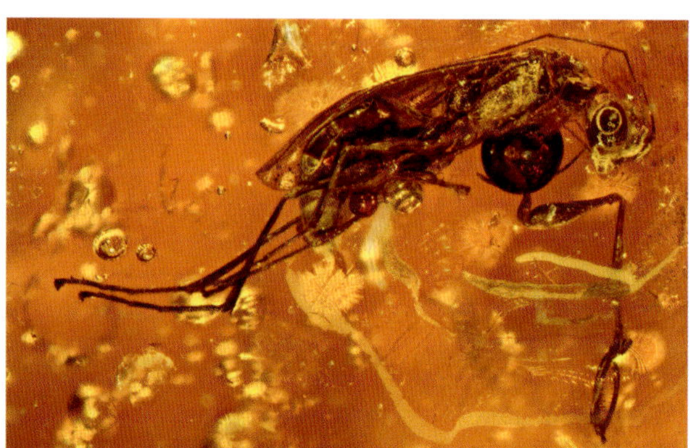

3011 Dryinidae 4,2 mm, Bein mit Fangvorrichtung

Mutillidae, Coll. + Foto © Veta

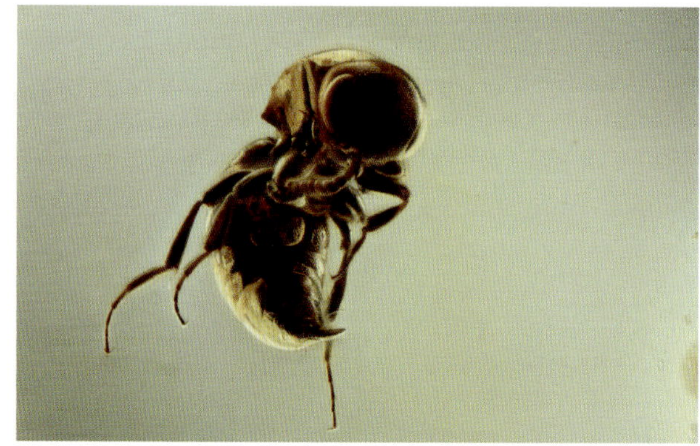

1203 Bethylidae 4,9 mm: ***Palaeobethylus brevicollis***

9105 Bethylidae 3,1 mm, Foto © Veta

1276 Chrysididae 4 mm

Chrysididae, Coll. + Foto © Veta

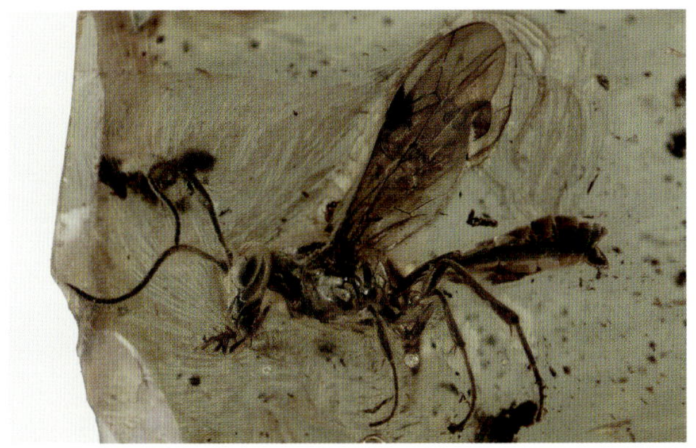

Pompilidae mit Beute, Coll. + Foto © Veta

3872 Tiphiidae 6 mm

Pompilidae mit Beute, Nahaufnahme, Coll. + Foto © Veta

Vespidae Eumaeninae 6,6 mm, Coll. Velten

Ameisen – Formicidae

Alle Vertreter aus der Familie der Ameisen sind staatenbildend und haben mindestens drei Kasten: Arbeiter, Königinnen, Männchen, die sich auch äußerlich unterscheiden. Die Arbeiter sind flügellos, nur die geschlechtsreifen Weibchen und Männchen besitzen Flügel. Nach der Paarung werfen die Weibchen ihre Flügel ab, die Männchen sterben. Ameisen kommen, sicher auch schon im Bernsteinwald, so massenhaft vor, dass ihre Biomasse auf der Erde mehr als die Hälfte der Gesamtbiomasse aller anderen Insekten beträgt (nach Nowak, 2010). Im Bernstein finden wir auch indirekte Nachweise aus der Biologie der Ameisen. Ameisen besuchen gerne das angetrocknete Harz, in dem sich Insekten verfangen haben. Sie zerstückeln die leichte Beute und/oder fressen den Körper der Insekten aus, vornehmlich die Flugmuskulatur (Einschlüsse 7231 und 9514). Manchmal überrascht sie dabei ein weiterer Harzfluss und sie werden zusammen mit dem Insekt eingeschlossen (Einschluss 2705). Die als Ameisenkämpfe interpretierten Aktionsstücke, bei denen sich zwei Ameisen ineinander verbissen haben, sind sicher anders zu deuten: Im Todeskampf verbeißt sich die eine Ameise an Beinen oder Fühlern der ebenfalls ins Harz geratenen anderen Ameise (Einschlüsse 868 und 6850).

Die vier häufigsten Unterfamilien sind auch für den Laien recht gut zu unterscheiden:

Knotenameisen (Myrmicinae)
Bei den Knotenameisen besteht das Stielchen aus zwei knotenförmigen Segmenten. Das erste Metasomasegment ist das größte. Die Augen sind klein. Auf dem Rücken können zwei Dorne auftreten.

Schuppenameisen (Formicinae)
Die Schuppenameisen besitzen ein schuppenförmiges Stielchen und einen fünfgliedriges Metasoma, das keine Einschnürung aufweist. An Stelle eines Stachels sitzt am Ende des Metasomas die tubusförmige Säurepore (Acidoporus), die durch einen Borstenkranz eingefasst ist.

Urameisen (Ponerinae)
Die Urameisen, auch Stechameisen oder Wespenameisen genannt, haben ein knoten- oder schuppenförmiges Stielchen. Zwischen dem ersten und zweiten Metasomaglied befindet sich mit wenigen Ausnahmen eine deutliche Einschnürung. Alle weiblichen Kasten besitzen einen Giftstachel.

Drüsenameisen (Dolichoderinae)
Die Drüsenameisen besitzen ein einfaches Stielchen, das Metasoma weist keine Einschnürung auf. Die Kloakenöffnung am Metasomaende ist spaltförmig. Auf dem Rücken können zwei starke Dorne auftreten. Viele, insbesondere die kleinen Arten der Drüsenameisen, sehen den Schuppenameisen sehr ähnlich. Die spaltförmige Kloakenöffnung, statt der tubusförmigen Säurepore mit Haarkranz, ist ein eindeutiges Unterscheidungsmerkmal.

Pseudomyrmecinae
Der Verbreitungsschwerpunkt dieser heute in Europa nicht vorkommenden Ameisen liegt in den Subtropen bis Tropen. Weibliche Individuen (also Arbeiterinnen und Königinnen) haben sehr große Augen, ein relativ kurzes erstes Antennenglied, zwei verdickte, knotenartige Stielglieder (wie die Knotenameisen, mit denen sie aber nicht näher verwandt sind) und einen gut entwickelten Stachel. Weiterhin sind das Pro- und Mesonotum (Rückenschilder der ersten beiden Brustsegmente) nicht miteinander verschmolzen. Der lange, schmale Körper mit den kurzen, dicken Beinen und den verkürzten Fühlern ist bestens an das Leben in engen Gängen im Holz angepasst. Die relativ großen Augen weisen darauf hin, dass sie Insekten jagen.

Aneuretinae
Die Aneuretinae sind eine artenarme Unterfamilie der Ameisen, deren überwiegender Teil nur fossil überliefert ist. Das erste Metasomalsegment (Petiolus) ähnelt, durch die vollständige Fusion von Sternit mit dem Tergit, in seiner Ausprägung dem der Formicinae und Dolichoderinae. Im Gegensatz zu den letztgenannten Gruppen ist das erste Metasomalsegment bei den Aneuretinae vorne lang gestielt.

Dorylinae
Die Unterfamilie der Dorylinae umfasst seit neuesten Erkenntnissen alle Gruppen der Wander-, Treiber- bzw. Heeresameisen (nach Brady et al. 2014). Ihre deutschen Namen sind auf die Verhaltensweisen dieser Ameisen zurückzuführen. So betreiben Wanderameisen beispielsweise gemeinsame Jagd und wechseln regelmäßig den Nestplatz. Einige der Gruppen wurden lange Zeit als separate Unterfamilien betrachtet, so auch die **„Cerapachyinae"**, zu der auch die beiden einzigen aus dem Baltischen Bernstein beschriebenen Fossilien der jetzigen Dorylinae gehören (*Procerapachys annosus* = *P. favosus* Wheeler, 1914 und *P. sulcatus* Dlussky, 2009). Die Dolyrinae zeichnen sich u. a. durch die sichtbaren Stigmen der Metasomaltergite V–VII aus, welche nicht durch die jeweils vorangehenden Tergite verdeckt sind.

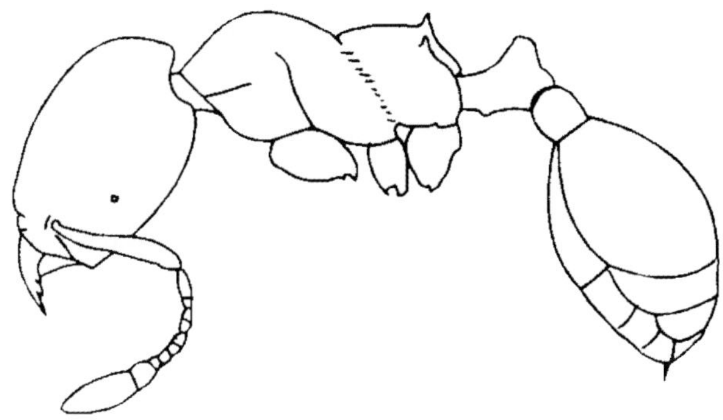

Myrmicinae

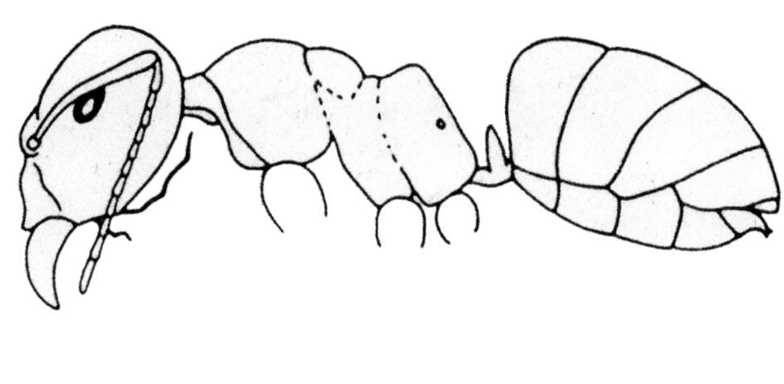

Formicinae

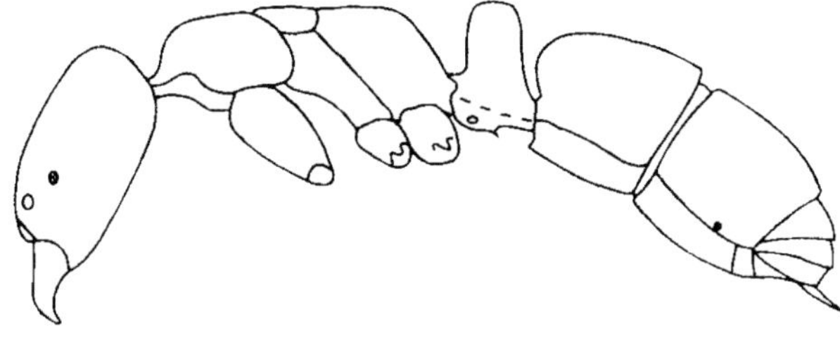

Ponerinae

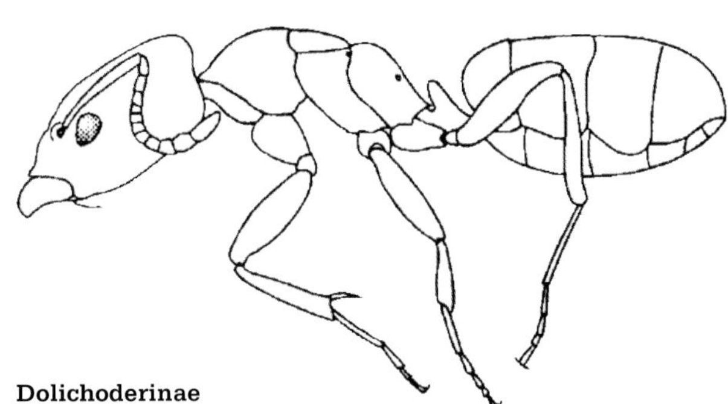

Dolichoderinae

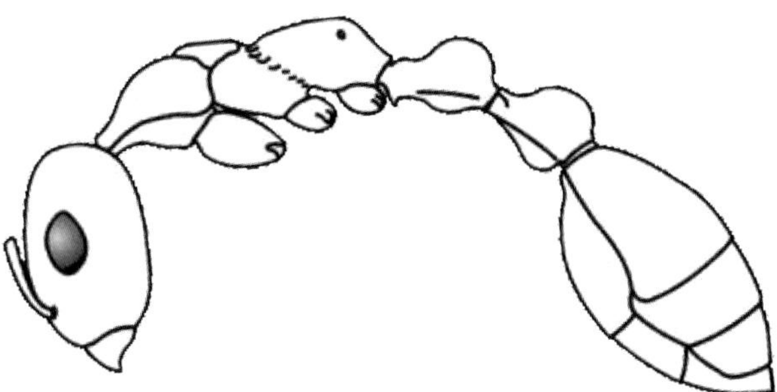

Pseudomyrmecinae

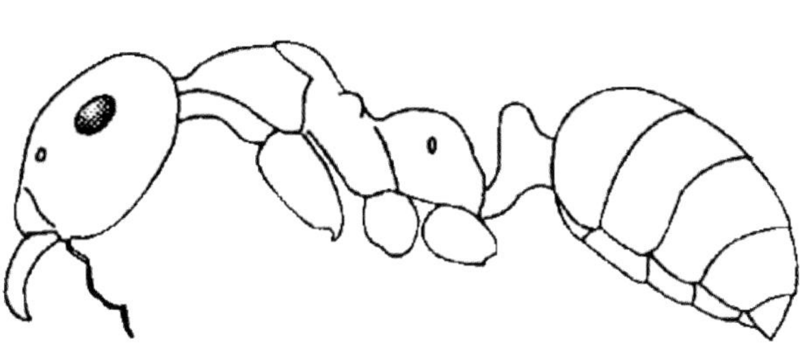

Aneuretinae

Dorylinae (Cerapachyinae)

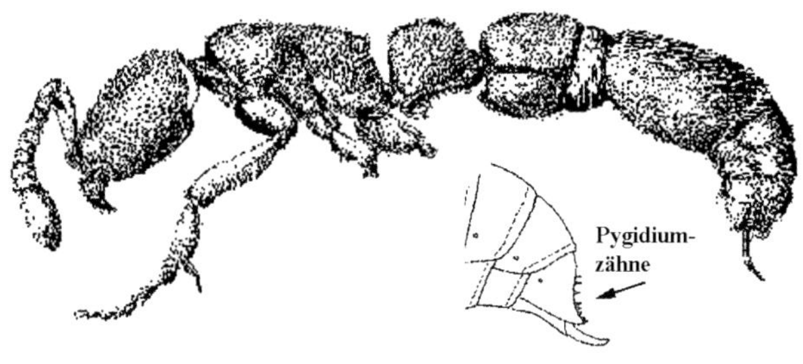

Zeichnungen nach Dlussky, verändert

7231 ausgefressene Köcherfliege

9514 ausgefressene Zuckmücke

2705 Ameise im Laufkäfer

6778 Myrmicinae: *Temnothorax* sp.

868 „Ameisenkampf“ *Ctenobethylus goepperti*

868 „Ameisenkampf“ *Ctenobethylus goepperti*

Myrmicinae 10 mm: *Prionomyrmex longiceps*, Coll. Kunde

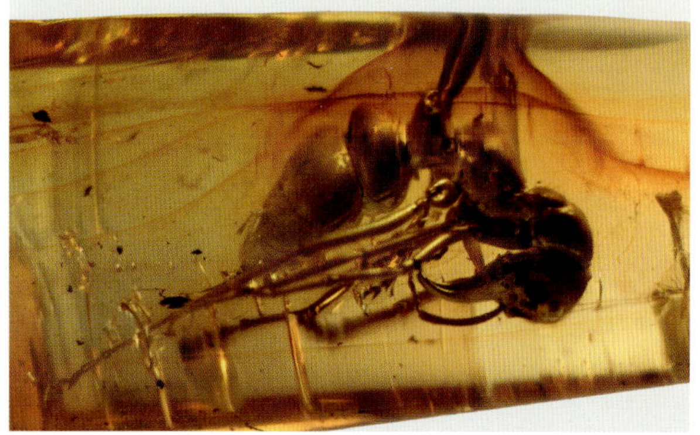

6850 „Ameisenkampf“ *Anonychomyrma geinitzi*

8278 Myrmicinae 4 mm: *Aphaenogaster sommerfeldti*

6822 Formicinae 2 mm: *Prenolepis henschei*

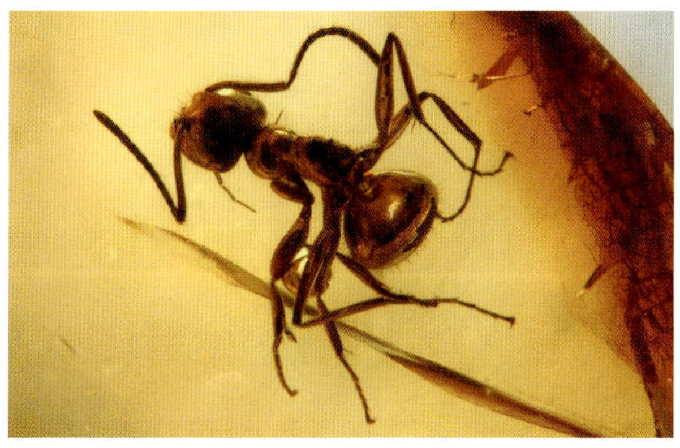

433 Formicinae 2,4 mm: *Lasius schiefferdeckeri*

6795 Formicinae 3,5 mm: *Gesomyrmex hoernesi*

7257 Formicinae 3,8 mm: *Gesomyrmex* sp.

7933 Formicinae: Säureporus (Acidoporus)

6771 Formicinae 5,8 mm: *Formica flori*

6785 Formicinae 5,6 mm: *Formica flori*

40 Ponerinae 5,6 mm: *Platythyrea* sp., Coll. Niggeloh

Ponerinae 3,5 mm, Coll. + Foto © Veta

3334 Dolichoderinae Puppe: *Iridomyrmex geinitzi*

6736 Dolichoderinae 1,2 u. 2,4 mm: *Ctenobethylus goepperti*

Dolichoderinae: verschiedene Kasten von *Ctenobethylus* sp., Foto © Weitschat

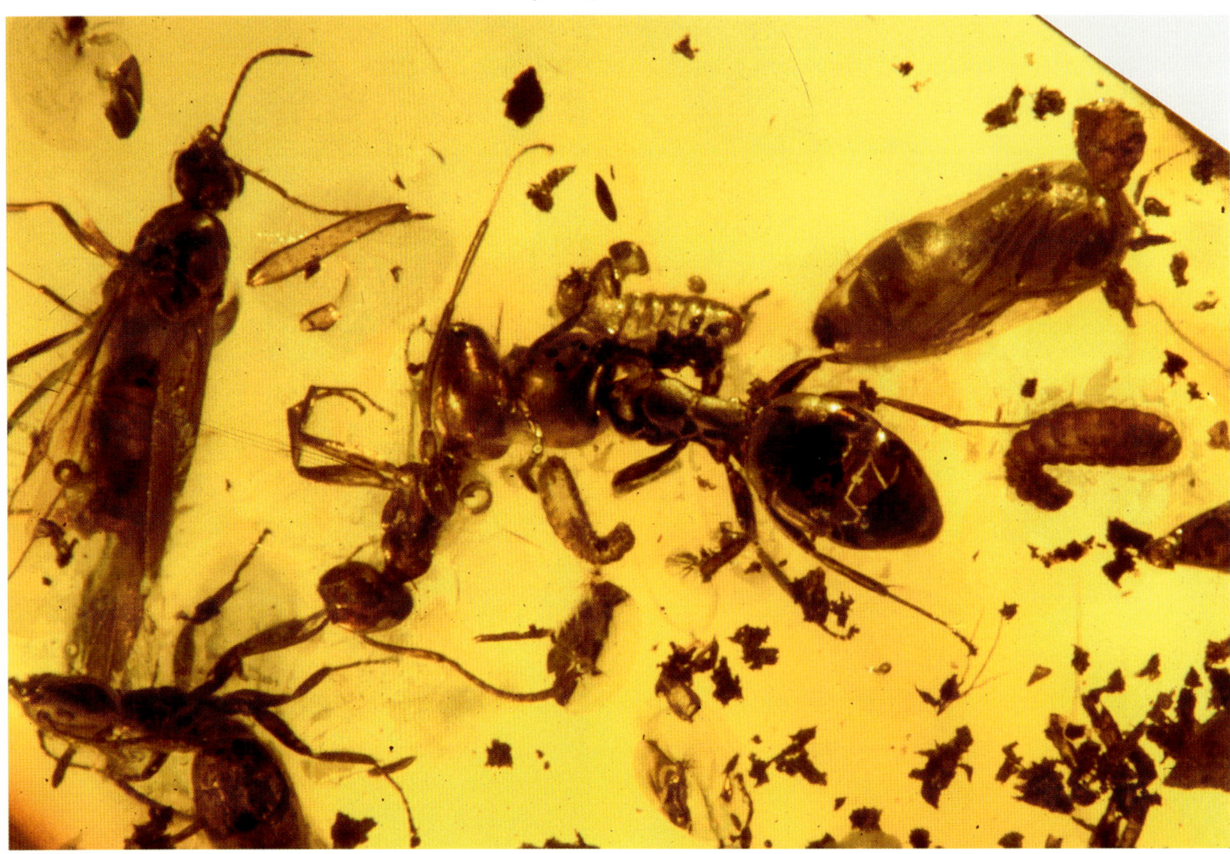

6783 Dolichoderinae Männchen: *Dolichoderus mesosternalis*

6805 Dorylinae (Cerapachyinae) *Procerapachys* sp.

6819 Larve und Puppe: *Anonychomyrma geinitzi*

6837 Dorylinae (Cerapachyinae) *Procerapachys* sp.

6843 Dolichoderinae 2,4 mm: *Ctenobethylus goepperti*

Dolichoderinae Königin, Coll. Damzen

6818 Dolichoderinae *Dolichoderus cornutus*

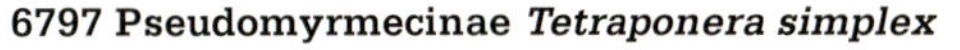

6797 Pseudomyrmecinae *Tetraponera simplex*

Pseudomyrm. 3,5 mm: *Tetraponera simplex*, Coll. Niggeloh

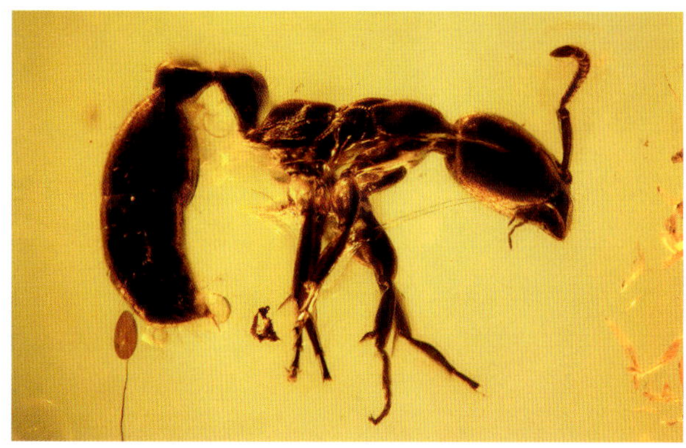

Pseudomyrmecinae 6,1 mm: *Tetraponera* sp., Coll. Niggeloh

68 Aneuretinae Weibchen 7,6 mm, Coll. Niggeloh

Ameisen + Larve, Foto © Weitschat

Ameisenkopf, Foto @ Janzen

Bienenartige – Apoidea

Durch den Bau der Brust sind die Bienenartigen (Grabwespen und Bienen) von den anderen Stechimmen zu unterscheiden. Der Rücken des ersten Brustsegments (Pronotum) hat am seitlichen Hinterrand einen abgerundeten Pronotallappen, der nicht bis an die Flügelschuppe heranreicht.

Nach der älteren Klassifikation unterschied man Sphecifomes (Grabwespen) und Apiformes (Bienen). Nach neueren Erkenntnissen bilden die Grabwespen, also Ampulicidae, Crabronidae (inkl. Heterogynaidae) und Sphecidae, jedoch keine gemeinsame isolierte Abstammungslinie, wohl aber die Bienen, deren nächste Verwandte innerhalb der Grabwespen zu suchen sind.

Morphologisch zeichnen sich die Bienen innerhalb der Apoidea insbesondere durch die gefiederten Härchen aus, die sich zumindest am seitlichen Hinterrand des Pronotums finden. Wenn auch den Grabwespen ein gemeinsames morphologisches Alleinstellungsmerkmal fehlt, so sind sie morphologisch trotzdem relativ einfach anzusprechen. So zeichnen sie sich durch das Vorhandensein der gemeinsamen Merkmale der Apoidea und das Fehlen der für die Bienen charakteristischen gefiederten Härchen aus. Ein weiterer elementarer Unterschied liegt in der Lebensweise; Grabwespen ernähren ihren Nachwuchs mit tierischer Nahrung, Bienen mit Pollen und Nektar.

Die überwältigende Anzahl der Bienenarten sind Solitärbienen, die, im Gegensatz zu den sozialen Formen (z. B. die allgemein bekannte Honigbiene), allein leben und für ihre eigenen Nachkommen Brutpflege betreiben.

Ampulicidae
Innerhalb der Grabwespen kann man diese Gruppe gut an der Kombination aus nachfolgenden Merkmalen erkennen: der Innenrand der Krallen ist gezahnt, die Schiene des Mittelbeines trägt zwei Sporne und der Jugallappen des Hinterflügels ist klein ausgebildet oder fehlt ganz. Auffällig sind an diesen Wespen weiterhin die langgestreckte Brust und die Längsfurchen auf dem Rückenschild des zweiten Brustsegments. Anders als die übrigen Grabwespen graben sie keine Nester, sondern bringen ihre Beute (Schaben) in vorhandene Hohlräume ein, die dann nach der Eiablage auf die Beute mit Holz- und Erdpartikeln verschlossen werden.

Crabronidae (inkl. Crabroninae, Pemphredoninae)
Mit annähernd 9000 beschriebenen Arten sind die Crabronidae die mit Abstand artenreichste Gruppe der Grabwespen. Sowohl die Crabronidae als auch Teilgruppen derer werden als mögliche nächste Verwandte der Bienen diskutiert. Da die Schlüsselmerkmale der Crabronidae die Morphologie der Larven betreffen, lassen sich die adulten Tiere morphologisch am ehesten über das Ausschlussverfahren bestimmen – also alle Apoidea ohne die Bienen, Ampulicidae und Sphecidae. Zu den bekannteren Arten der Crabronidae gehören u. a. der Bienenwolf oder auch die Kreiselwespe (zu den Philanthinae bzw. Bembicinae gehörend). Aus Baltischem Bernstein sind jedoch bislang nur Vertreter der Crabroninae und Pemphredoninae bekannt.

Bauchsammelbienen (Megachilidae)
Vertreter dieser Familie von Langzungenbienen sind gut von den anderen Bienen zu unterscheiden. Die Weibchen besitzen oft eine sogenannte Bauchbürste, d. h. sie tragen auf der Unterseite des Metasomas einen dichten Pelz aus langen, steifen, nach hinten stehenden Haaren, in denen Blütenpollen gesammelt werden. Zudem ist die Oberlippe der Bauchsammelbienen länger als breit und ihr Vorderflügel hat nur zwei Submarginalzellen. Die Brutzellen werden in verschiedensten Hohlräumen angelegt. Der Körperbau ist meist gedrungen, mit einem breiten bis kugeligen Metasoma.

Echte Bienen (Apidae)
Die Echten Bienen gehören zu den Langzungenbienen und umfassen nach neueren Erkenntnissen neben den Körbchen- auch die Pelzbienen. Innerhalb der Langzungenbienen kann man zumindest die nicht-parasitischen Arten an der Position der Sammelbürsten erkennen, welche sich am Hinterbein befinden (hingegen auf der Bauchseite bei den Bauchsammelbienen). Weiterhin ist bei Vertretern der echten Bienen die Oberlippe (das Labrum) in der Regel breiter als lang. Zu den echten Bienen gehören neben den Honigbienen u. a. auch die Hummeln.

Sandbienen (Andrenidae)
Sandbienen, eine Gruppe der sogenannten Kurzzungenbienen, sind beinsammelnde Bienen, die den Pollen mit Hilfe einer Haarbürste an den Hinterschienen sammeln. Die Weibchen haben außerdem eine Haarlocke an der Hinterschenkel-Unterseite und oft ein seitliches „Körbchen"; sie fallen auch durch die sogenannte Fovea facialis auf, eine samtig behaarte Grube innen neben den Facettenaugen. Wie der Name sagt, bevorzugen die rezenten Sandbienen trockene Biotope mit sandigen Stellen, an denen sie tiefe Gänge in den Boden graben und am Ende Brutzellen anlegen.

Palaeomelittidae
Diese ausgestorbene und nur aus Baltischem Bernstein bekannte Bienenfamilie gehört zu den Kurzzungenbienen. Sie haben u. a. zylindrische Labial-

1240 Sphecidae 4,5 mm

9057 Grabwespe 6 mm

palpenglieder, einen lang gestreckten Jugallappen des Hinterflügels und eine komplett freiliegende mittlere Hüfte (letzteres Merkmal wie bei den Melittidae und Langzungenbienen). Die generelle Gestalt ähnelt der der Hosenbienen *(Dasypoda)*.

Halictidae

Die kosmopolitischen Halictidae sind rezent vielerorts die am häufigsten vorkommende Bienenfamilie – einmal abgesehen von den echten Bienen. Sie gehören ebenfalls zu den Kurzzungenbienen mit zylindrischen Labialpalpengliedern und einem lang gestreckten Jugallappen des Hinterflügels. Zudem ist u. a. die Basalader des Vorderflügels stark gekrümmt. Die Weibchen dieser artenreichen Gruppe lassen sich relativ leicht an der Ausprägung des letzten metasomalen Bauchschilds erkennen, welches mittig eine kahle Furche aufweist. Viele rezente Arten dieser Gruppe sind auffällig metallischgrün oder blau gefärbt.

3769 Pemphredonidae 5,7 mm

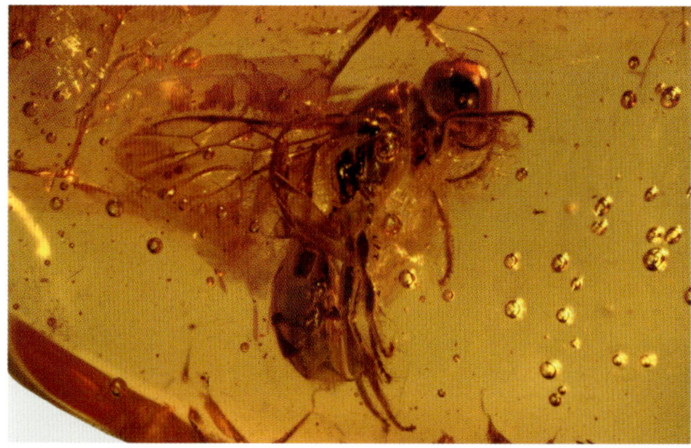

3757 Crabronidae 4,5 mm

1615 Megachilidae 5 mm: *Ctenoplectrella viridiceps*

2729 Megachilidae 6 mm: *Ctenoplectrella viridiceps*

9048 Apidae 10,5 mm

9076 Apidae 5,6 mm

6912 Waben, Hymenoptera (?)

Ampulicidae *Dolichus heevansi*, Foto © Ohl

Bienenstachel, Sammelbein und Pollen

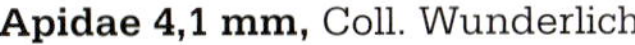

Apidae 4,1 mm, Coll. Wunderlich

SCHNABELFLIEGEN

MECOPTERA

Die rüsselartig verlängerten Mundwerkzeuge vieler Gruppen der Schnabelfliegen waren für diese Insekten namensgebend. Verlängert sind in diesem Zusammenhang auch Unterlippe und Oberkiefer. Im Baltischen Bernstein sind mehrere relativ großwüchsige Taxa vertreten. Vorder- und Hinterflügel sind nahezu identisch aufgebaut (allerdings gibt es unter den heutigen Mecopteren auch eine Reihe flügelloser Formen).

Während diese sehr alte Insektengruppe heute nicht sehr artenreich auftritt, hatte sie im Erdmittelalter ihre Blütezeit. Im Baltischen Bernstein finden wir Vertreter aus drei Familien mit folgenden Arten:

Bittacidae: *Bittacus succinus* Carpenter, 1954, *Bittacus validus* Hagen, 1854, *Hylobittacus antiquus* (Carpenter, 1931), *Hylobittacus fossilis* (Carpenter, 1954), *Hylobittacus minimus* (Carpenter, 1954) = *Bittacus minumus* Carpenter, 1954, *Hylobittacus picteti* Krzemiński, 2007

Panorpidae: *Panorpa mortua* Carpenter, 1954, *Panorpa obsoleta* Carpenter, 1954, *Baltipanorpa damzeni* Krzemiński & Soszyńskamaj, 2012

Panorpodidae: *Panorpodes brevicauda* (Hagen, 1856) = *Panorpa brevicauda* = *Electropanorpa brevicauda*, *Panorpodes hageni* (Carpenter, 1954), *Panorpodes weitschati* Krzemiński & Soszyńskamaj, 2012

Die **Mückenhafte (Bittacidae)** erinnern im Aussehen mit ihren langen, dünnen Beinen und dem schlanken Körper an Schnaken (Tipulidae). Sie verhalten sich aber grundsätzlich anders. Meist hängen sie nur an den Vorderbeinen an einem Pfanzenteil, die Mittelbeine zur Seite gehalten und die Hinterbeine nach hinten gestreckt. In dieser pendelnden Hängehaltung warten sie auf kleine Insekten, die sie mit einer aus den beiden letzten Fußgliedern gebildeten Zange packen und in den Fuß einrollen. Meistens jedoch begeben sie sich auf einen „Fangflug", in dessen Verlauf sie Pflanzen danach untersuchen, ob auf ihnen ein Beutetier zu finden ist, das sie dann fliegend blitzschnell ergreifen. Mit den kräftigen Kiefern in ihrem „Schnabel" beißen sie eine Öffnung in das Insekt und saugen es anschließend aus. In dieser hängenden Haltung könnte die Mückenhafte vom Harz überrascht und eingeschlossen worden sein.

Bei den männlichen **Skorpionsfliegen (Panorpidae und Panorpodidae)** ist ein mächtiger Anhang des 9. Hinterleibssegmentes in einen kompliziert gebauten Begattungsapparat umgestaltet, der Ähnlichkeit mit einem Skorpionsstachel hat. Die Flügel zeigen häufig arttypische Farbmuster, die auch im Bernstein erhalten geblieben sind. Die Panorpidae sind heute die bei weitem artenreichste Gruppe der Mecopteren.

2819 Panorpidae, Farbmustererhaltung auf den Flügeln

Bittacidae, Coll. + Foto © Veta

7124 Mecoptera 20 mm

Mecoptera, Coll. Damzen

1618 Panorpidae 22 mm

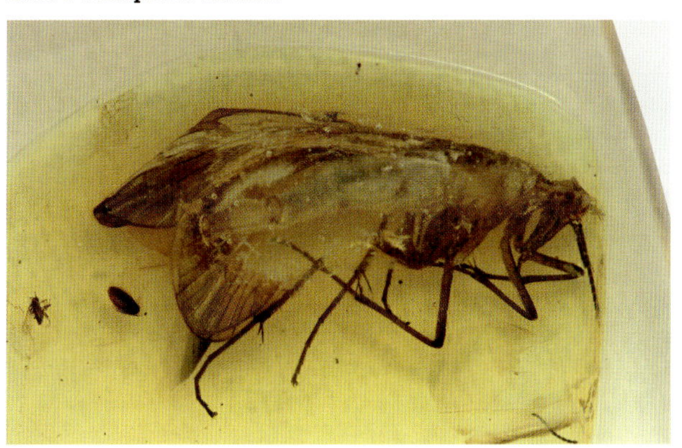

2796 Panorpidae 2 x

HAARFLÜGLER = KÖCHERFLIEGEN

TRICHOPTERA

Köcherfliegen (Trichoptera) unterscheiden sich von Schmetterlingen (Lepidoptera) durch eine dichte Behaarung, auch auf den Flügeln, weshalb sie auch Haarflügler genannt werden (griechisch „trichos" = Haar). Trichopteren und Lepidopteren sind nahe miteinander verwandt und sind die beiden Schwestergruppen der Überordnung Amphiesmenoptera.

Wichtig für die Bestimmung der adulten Tiere sind die Ausprägung folgender Merkmale: Flügelgeäder, Bedornung der Schiene der Beine (Sporne), Kiefertaster, Punktaugen, erste Fühlerglieder und zur näheren Artbestimmung die kompliziert gebauten Begattungsorgane. Die Körpergröße schwankt erheblich, es gibt aus der Familie Hydroptilidae nur zwei Millimeter große Arten, während Köcherfliegen aus der Familie Phryganeidae sechs Zentimeter groß werden können. Die Vorderflügel sind meist länger als die etwas breiteren Hinterflügel und können gefleckt oder gemustert sein. Die Farbmuster finden wir auch bei Bernstein-Köcherfliegen erhalten (Einschluss 3228, Phryganeidae). Die Fühler sind schnurförmig und oft sehr lang, sie können die Körperlänge deutlich überschreiten (Einschluss 1595, Leptoceridae). Ihre Mundwerkzeuge sind verkümmert, stattdessen verfügen sie über ein membranöses, schwammartiges Haustellum, mit dem sie flüssige Nahrung leckend und saugend aufnehmen.

Die Köcherfliegen gehören zu den am besten untersuchten Einschlüssen im Baltischen Bernstein. Ulmer schuf 1912 eine umfangreiche Monographie der Köcherfliegen im Baltischen Bernstein mit 152 beschriebenen fossilen Arten. Zwischenzeitlich sind weitere Köcherfliegen beschrieben worden. Den vorläufigen Abschluss mit 213 Arten bildet die umfangreiche Revision der Trichopteren mit weiteren neu beschriebenen Arten, deren erster Teil die Bernstein-Köcherfliegen der Unterordnungen Spicipalpia und Integripalpia (Wichard, 2013) und deren zweiter Teil die Annulipalpia behandeln (Wichard, in Vorb.).

Das System der Ordnung Trichoptera im Baltischen Bernstein: Spicipalpia und Integripalpia (nach Wichard, 2013), Annulipalpia (nach Wichard et al. 2009), gegliedert nach Familien mit Gattungs-/Artenzahl:

Unterordnung: freilebende Spicipalpia

Familie	Gattungen/Arten
Glossosomatidae	1/4
Hydrobiosidae	2/2
Hydroptilidae	3/8
Ptilocolepidae	1/1
Rhyacophilidae	1/10

Unterordnung: köcherbauende Integripalpia

Familie	Gattungen/Arten
Brachycentridae	1/1
Goeridae	3/4
Lepidostomatidae	4/12
Phryganeidae	1/7
Apataniidae	1/1
Limnephilidae	1/1
Beraeidae	1/1
Calamoceratidae	3/3
Helicopsychidae	3/7
Leptoceridae	8/16
Molannidae	2/4
Odontoceridae	3/5
Ogmomyiidae	1/3
Sericostomatidae	4/6

Unterordnung: netzbauende Annulipalpia

Familie	Gattungen/Arten
Philopotamidae	4/12
Stenopsychidae	1/1
Ecnomidae	1/15
Hydropsychidae	4/5
Polycentropodidae	5/75
Dipseudopsidae	1/4
Psychomyiidae	1/5

Nahe verwandte Vertreter der im Baltischen Bernstein eingeschlossenen Köcherfliegen leben als Larven heute in Gewässern subtropischer bis gemäßigter Zonen, was Rückschlüsse auf die klimatischen Verhältnisse zur Zeit des Bernsteinwaldes erlaubt. Wahrscheinlich gab es höhere Lagen mit gemäßigtem Klima, von denen kühlere Bäche hinabflossen. Die artenreichste Familie im Baltischen Bernstein ist die Familie der Polycentropodidae; sie ist darüber hinaus so individuenreich, dass die meisten Bernstein-Köcherfliegen zu dieser Familie gehören, während heute in Europa die Polycentropodiden zahlenmäßig auf wenige Prozent zurückgegangen sind (Wichard, 2005).

3228 Phryganeidae, m. Fl. 11 mm

3257 Polycentropodidae *Holocentropus* 3,1 mm

1595 Leptoceridae, Fühlerlänge 8 mm

3236 Hydropsychidae *Hydropsyche*, m. Fl. 7,8 mm

3213 Odontoceridae *Marilia*, m. Fl. 10 mm

1586 Ecnomidae *Archaeotinodes*, m. Fl. 4,6 mm

3241 Helicopsychidae *Electrohelicopsyche*, Flügelsp. 7,5 mm

1583 Philopotamidae *Dolophilus* 3,5 mm

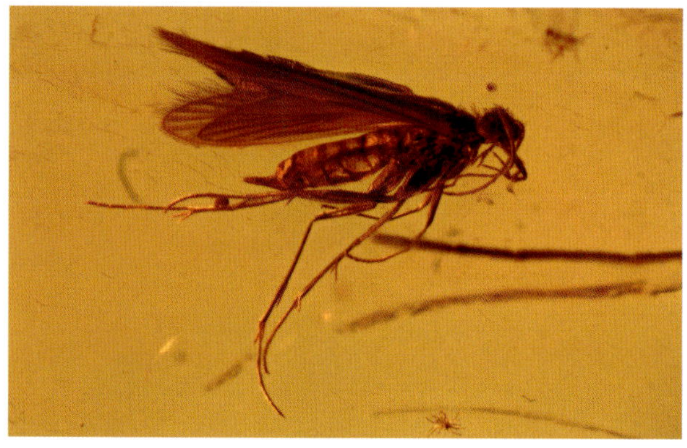

3250 Psychomyiidae 2,6 mm

Lepidostomatidae, Coll. + Foto © Veta

Oft haben Bernstein-Köcherfliegen bläulich oder grünlich schillernde Augen, ganz im Gegensatz zu den heute lebenden Tieren, die braune Augenfarben haben. Diese schillernden Farben sind keine Originalfarben, sondern sind Interferenzerscheinungen des Lichtes. Wir finden dieses Phänomen auch bei einigen anderen im Bernstein eingeschlossenen Insekten wie z. B. bei Felsenspringern.

Der Grund für diese Farberscheinungen liegt im Besonderen in dem hoch differenzierten Aufbau der Oberfläche dieser Komplexaugen und dem darüber lagernden Bernstein. Um auch in der Dämmerung noch gut sehen zu können und nicht geblendet zu werden, besitzen die dämmerungsaktiven Köcherfliegen einen Antireflexbelag auf den Facettenaugen. Dazu besteht die Oberfläche aller Facetten aus einer Lage dicht beieinander stehender, kegelförmiger, nur ca. 200 nm hohen Noppen; dieser feine Belag macht einen weichen Übergang bei der Lichtbrechung von der Außenluft auf die Cornealinsen. Eingeschlossen im Harz trockneten die Tiere. Dabei löst sich oft die (durch die Noppen aufgeraute) Oberfläche der Augen vom erhärtenden Harz. Die entstandene hauchdünne Luftschicht in der rauen Oberfläche bewirkt durch Interferenz des Lichtes die Farbveränderung (Wichard et al. 2005, Wichard & Wagner, 2015).

Polycentropodidae mit blauem Auge, Wichard et al. 2005

Polycentropodidae mit grünem Auge, Wichard et al. 2005

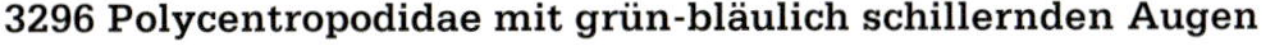

3296 Polycentropodidae mit grün-bläulich schillernden Augen

7205 Schwarmausschnitt: Polycentropodidae

3249 Schwarmausschnitt: Polycentropodidae

7184 Polycentropodidae: Geschlechtsakt, zus. m. Fl. 5,3 mm

1594 Polycentropodidae mit Eiern, m. Fl. 3,6 mm

Köcherfliegen haben oft ein ausgeprägtes Schwarmverhalten (Wichard & Wagner, 2015). Viele flugfähige Köcherfliegen veranstalten zur rechten Zeit Hochzeitsflüge entlang der Ufer, die manchmal aus Tausenden von Tieren bestehen können. So verwundert es nicht, dass sich mehrere Köcherfliegen zu Syninklusen in einem Bernstein zusammenfinden, darunter auch kopulierende Paare, die mit dem Wind auf das Harz ufernaher Bäume verdriftet wurden.

Raritäten stellen eingeschlossene Larven und Puppen von Köcherfliegen dar, denn bis auf wenige Ausnahmen leben sie im Wasser. Die Larven der Integripalpia tragen Köcher. Doch auffallend ist, dass die im Bernstein gefundenen Integripalpia-Larven meist keine Köcher tragen, siehe Abb. 3230.

Man erkennt sie an ein bis drei Höckern am ersten Hinterleibssegment. Wichard (2005) vermutet, dass diese Larven – wie die heutigen Larven – ihre Köcher verließen, sobald die Gewässer austrockneten, und dabei von einem Harzfluss überrascht wurden. Köcherfliegenlarven haben meist einen dunkel gefärbten und stark sklerotisierten Kopf. Die Brustsegmente sind von Art zu Art unterschiedlich sklerotisiert und ragen mit den drei Beinpaaren und dem Kopf aus dem Köcher heraus. Am ersten Hinterleibssegment sitzen bei Integripaplpia-Larven ein bis drei höckerartige Auswüchse, mit denen sich die Larven gegen die Köcherwand stemmen (vgl. Einschluss 3230) und den Köcher auf diese Weise mit sich herum tragen können. Durch wellenförmige Bewegungen des Hinterleibs wird sauerstoffhaltiges Wasser durch den Köcher gezogen; seitliche fingerförmige Hautauswüchse dienen den Larven und Puppen als Kiemen. Bei frisch geschlüpften Köcherfliegen kann man diese pupalen Kiemenrudimente manchmal als Hinterleibsanhänge erkennen, auch bei Köcherfliegen im Bernstein (Einschluss 3204). Die Wohnröhren werden aus den verschiedensten Materialien und in den verschiedensten Formen gebaut, im Baltischen Bernstein wurden sie bislang nicht nachgewiesen; doch die große Ausnahme: Der Larven-Köcher 7665.

Die Biologie der Köcherfliegen Europas und des Baltischen Bernsteins wird ausführlich in Wichard & Wagner (2015) beschrieben.

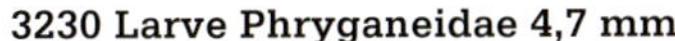

3230 Larve Phryganeidae 4,7 mm

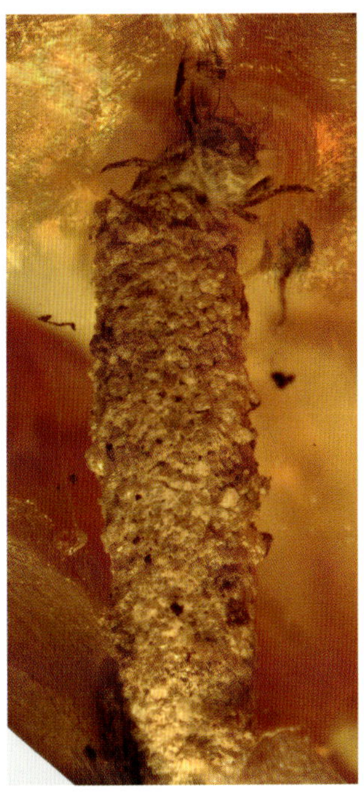

7665 Trichoptera:
Larve im Köcher

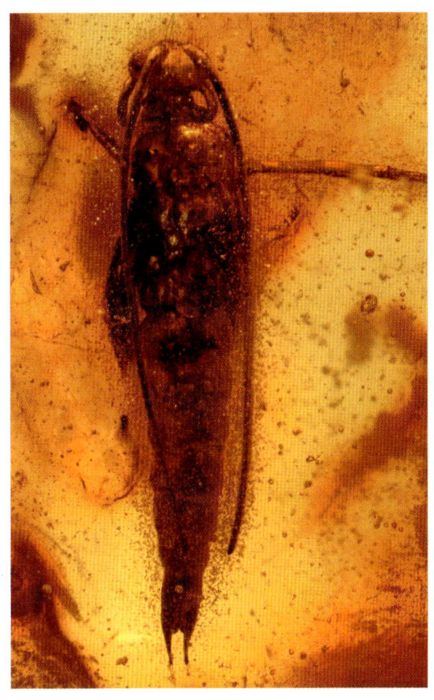

7626 Trichoptera:
Puppe 4,8 mm

3279 Schlupfvorgang: Die Imago befreit sich mit Kopf, Flügel und Beinen aus der Puppenhülle

SCHMETTERLINGE

LEPIDOPTERA

Nach den Käfern sind die Schmetterlinge die an Arten zweitreichste Insektenordnung. Das aus dem griechischen abgeleitete Wort (lepis = Schuppe) weist darauf hin, dass der Körper der Schmetterlinge mit kleinsten Schuppen bedeckt ist, die auf den Flügeln dachziegelartig übereinander liegen und die Äderung verdecken. Die Schwestergruppe der Schmetterlinge sind die Köcherfliegen (Trichoptera, von trichos = Haar); anhand der Schuppen bzw. Haare kann man sie leicht auseinander halten.

Die Larven heißen Raupen und sind die Fressstadien der Schmetterlinge. Der klassische Raupenkörper hat drei Brustbeine, wie auch das erwachsene Tier; zusätzlich gibt es an dem dritten bis sechsten und zehnten Hinterleibssegment Hautausstülpungen, die wie Beine aussehen und am Ende verbreitert sind, die Bauchfüße und die Nachschieber. Einige Familien weichen von dieser klassischen Raupenform ab. Bei den Urmotten tragen auch die ersten beiden Hinterleibssegmente Bauchbeine, bei den allgemein bekannten, im Baltischen Bernstein aber nicht vorkommenden Spannern und Eulenfaltern fehlen die ersten drei bzw. die ersten beiden Bauchbeinpaare. Bei blattminierenden Raupen sind die Bauchfüsse oft reduziert.

Der hochentwickelte Schmetterling hat zu einem Saugrüssel umgestaltete Mundwerkzeuge. Die ursprünglicheren Zeugloptera haben dagegen kauende Mundwerkzeuge; dazu gehören auch die Urmotten (Micropterigidae), die auch sehr den Köcherfliegen ähneln. Urmotten haben neben den Facettenaugen zwei Punktaugen (Ocelli). Weitere Merkmale der Urmotten sind: Haken (Jugum) zur Flügelkopplung an der inneren Vorderflügelbasis, Spornformel 0-0-4 (statt normal 0-2-4), d.h. keine Dornen am mittleren Beinpaar. Die primitiven Urmotten haben eine homoneure Flügelnervatur (gleicher Nervaturaufbau in Vorder- und Hinterflügeln, bei höheren Motten finden wir im Hinterflügel Reduktionen, das nennt man heteroneur), gut zu erkennen am Einschluss 6964.

Im Baltischen Bernstein sind bisher 27 Familien nachgewiesen (nach Skalski, 1976). Über 90 % der beschriebenen Arten gehören zum Taxon Ditrysia aus der Unterordnung Glossata.

Unterordnung Zeugloptera	
Urmotten	Micropterygidae
Unterordnung Glossata	
Trugmotten	Eriocraniidae
Zwergmotten	Nepticulidae
Miniersackmotten	Incurvariidae
Erzglanzmotten	Heliozelidae
Langhornmotten	Adelidae
Ziermotten	Scythrididae
Zünsler	Pyralidae
Ditrysia	
Miniermotten	Gracillariidae
Echte Motten	Tineidae
Sackträger	Psychidae
Stippelmotten	Yponomeutidae
Langhornblattminiermotten	Lyonetiidae
Baummotten	Argyresthiidae
Sonnenmotten	Heliodinidae
Schleiermotten	Plutellidae
Grasminiermotten	Elachistidae
Faulholzmotten	Oecophoridae
Palpenmotten	Gelechiidae
Welkfutterfalter	Symmocidae
Apoditrysia	
Wickler	Tortricidae

Echte Schmetterlinge sind bisher im Baltischen Bernstein nicht sicher nachgewiesen.

Einschluss 7120 zeigt eine Tineidae mit Farbmustererhaltung, daneben ein Ei. Typische Merkmale für diese Familie: Palpen reduziert, rudimentärer Rüssel, oft beide Rüsselhälften (Galeae) getrennt, kräftiger Haarschopf, teleskopartiger Ovipositor, nur der Schaft kann eingezogen werden.

Einschluss 7187 zeigt eine Grasminiermotte (Gracillariidae oder Elachistidae), die beide zur selben Überfamilie gehören und schwer auseinander zu halten sind. Leider haben sie auch noch den gleichen deutschen Namen.

5239
Micropterix
cf. immensipalpa,
Coll. Fischer,
Foto © Veta

5803 Lepidoptera-Schuppen 0,2 mm

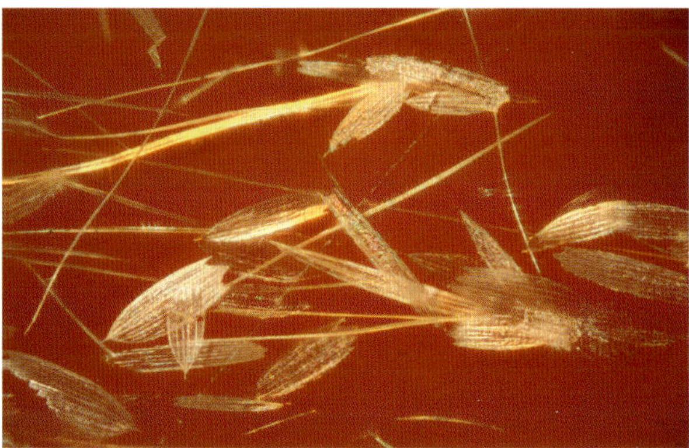

5803 Lepidoptera-Schuppen 0,2 mm

5098 Nepticulidae 3 mm, ex. Coll. Fischer, BPSM

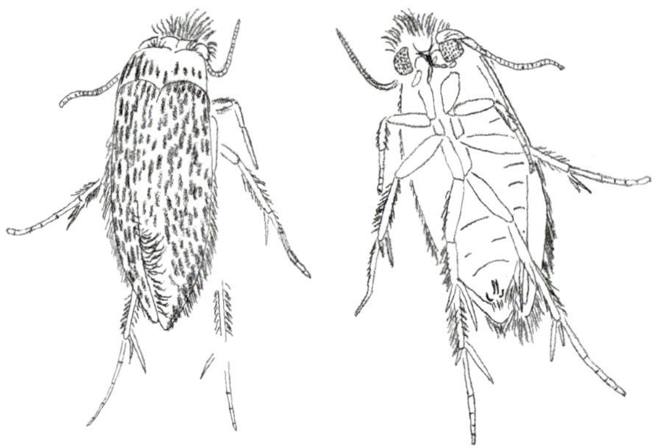

5098 Nepticulidae 3 mm, ex. Coll. + Zeichnung Fischer, BPSM

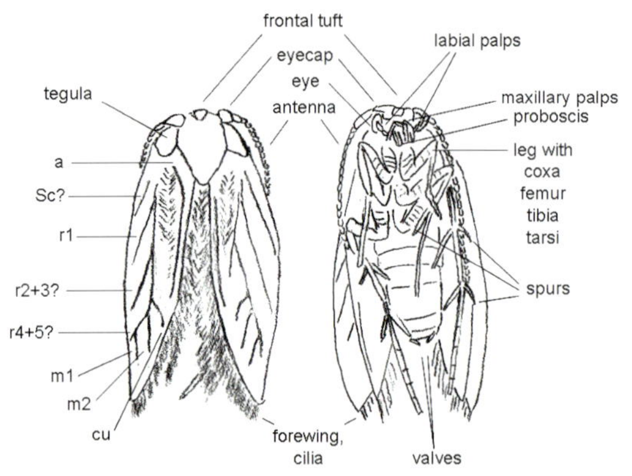

5058 Nepticulidae 2,2 mm, ex. Coll. + Zeichnung Fischer, BPSM

5058 Nepticulidae 2,2 mm, ex. Coll. Fischer, BPSM

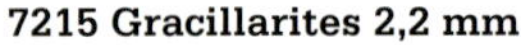

7215 Gracillarites 2,2 mm

7253 Gelechioidea mit Flügeln 5 mm

2820 Tineidae 3 mm

7214 Tineidae 2,4 mm

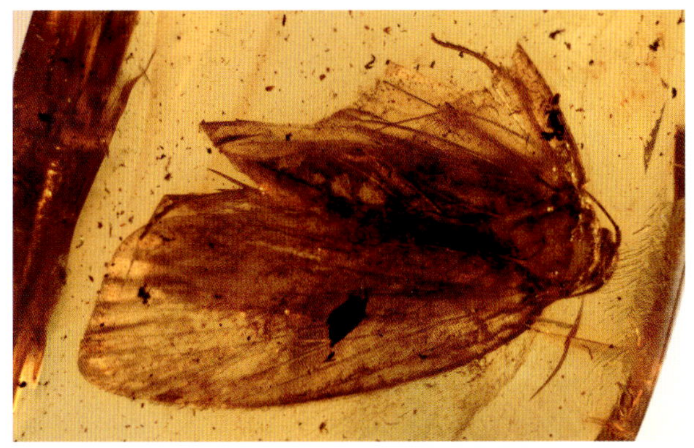

2981 Gelechioidea 5,2 mm

7120 Tineidae 2,8 mm

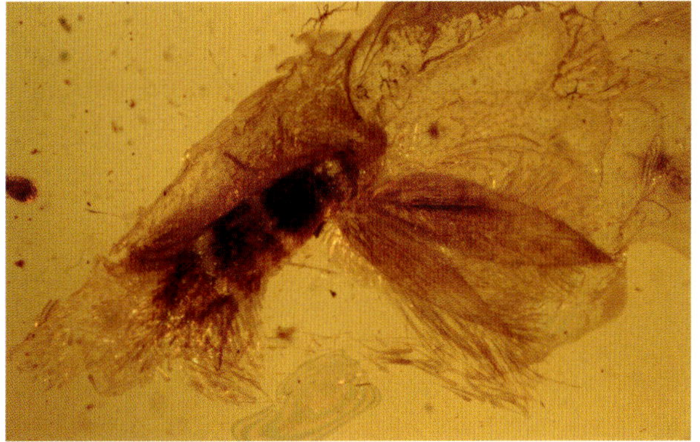

6964 Mikrolepidoptera mit homoneurer Flügeläderung

Faulholzmotten (Oecophoridae)

Faulholzmotten-Raupen ernähren sich von totem Pflanzenmaterial, Hornmaterial, Früchten und Samen. Heute sind einige Arten gefürchtete Getreide- und Wollschädlinge. Das Phänomen der bläulich schillernden Augen (siehe folgende Seite) kennen wir von Köcherfliegen.

Langhornmotten (Adelidae)

Die Familie der Langhornmotten ist nach ihrem auffälligsten Merkmal, den sehr langen Antennen, benannt. Bei Männchen kann die Länge der Antennen das bis zu vierfache der Vorderflügellänge betragen, aber auch die Weibchen der meisten Arten zeigen längere Antennen als bei anderen Kleinschmetterlingsfamilien. Die rezenten Tiere fallen auch auf, weil sie anders als die meisten anderen nachtaktiven Motten tagaktiv sind, bei Sonnenschein fliegen, und oft in Gruppen auf sonnenexponierten Blättern sitzen. Bei den Langhornmotten des Baltischen Bernsteins scheinen die Antennenlängen nicht derart überlang zu sein, wie bei rezenten Arten. Exemplare wie der gezeigte Einschluss 5423 sind daher unter den sonst nicht so seltenen Langhornmotten des Baltischen Bernsteins echte Raritäten.

7307 Faulholzmotte mit blauen Augen, Gelichioidea Oecophoridae, Foto © Veta

5423 Adelidae,
Coll. + Foto © Fischer

7255 Raupe Mikrolepidoptera 3 mm

7120 Mikrolepidoptera Ei 0,45 mm

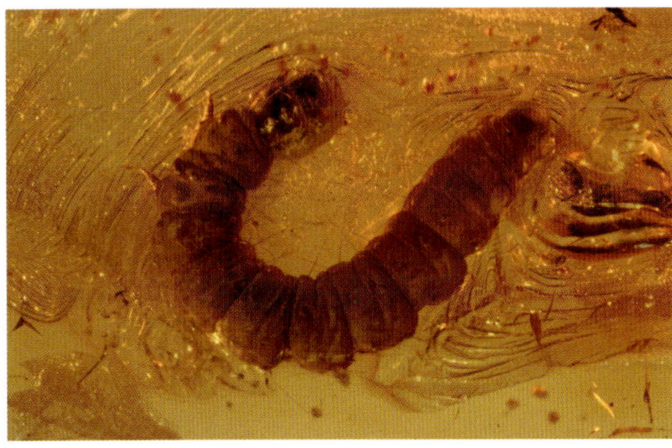

2567 Raupe Tortricidae (?) 7 mm

7179 Mikrolepidoptera Eier 0,5 mm

7532 Tineidae-Köcher 7,2 mm

2563 Psychidae Köcher 2,8 mm

1364 Psychidae Köcher m. Larve 1,9 mm

2541 Psychidae (?) Köcher mit Larve 6,5 mm

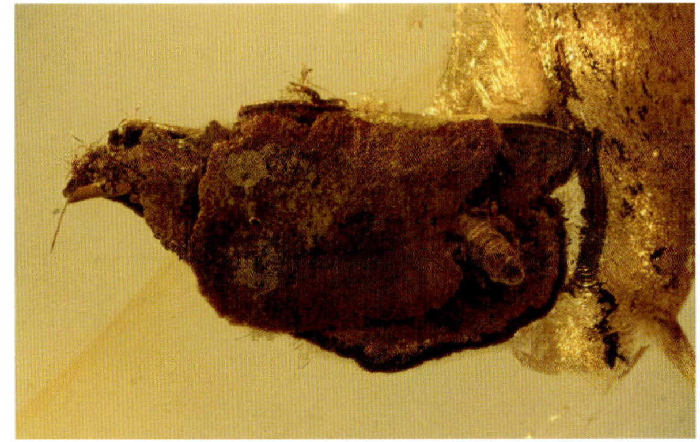

2503 Psychidae Köcher 5,5 mm

1374 Psychidae (?) Köcher mit Raupe 3,3 mm

7622 Köcher m. Moosen und Raupe 3,5 mm

1384 Psychidae Köcher aus Scraptidae-Rest 4,6 mm

2524 Psychidae (?) Köcher mit Raupe 6 mm

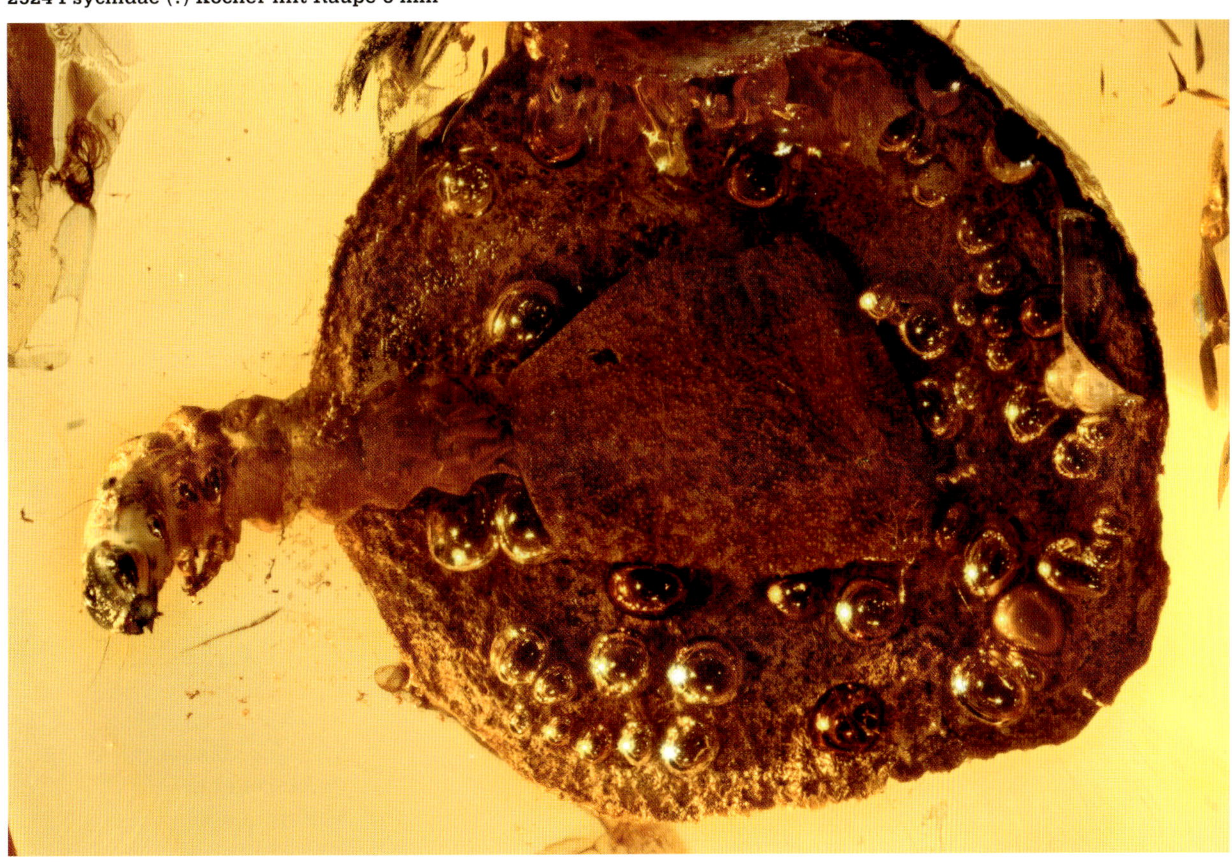

ZWEIFLÜGLER

DIPTERA

Dipteren im Baltischen Bernstein – Liste der Familien (nach Hoffeins, Chr., 2010, ergänzt), alphabetische Auflistung

Die Systematik der Diptera ist im letzten Jahrzehnt mehrfach verändert worden, vielfach sind Unterfamilien zu Familien erhoben und Familien als Unterfamilien eingestuft worden. So sind z. B. bei den Nematocera die Lygistorrhinidae und Macroceridae nun als Unterfamilien der Keroplatidae geführt; bei den Brachycera sind z. B. die Lonchaeidae in die Pallopteridae überführt worden.

Wir unterscheiden bei den Mücken sieben Infraordnungen, bei den Fliegen sechs Infraordnungen:

Mücken (Nematocera)

Axymyiomorpha
Culicomorpha
Blephariceromorpha
Bibionomorpha
Psychodomorpha
Ptychopteromorpha
Tipulomorpha

Fliegen (Brachycera)

Asilomorpha
Muscomorpha
Stratiomyomorpha
Tabanomorpha
Vermileonomorpha
Xylophagomorpha

Mückenfamilien

Anisopodidae	Pfriemen- = Fenstermücken
Bibionidae	Haarmücken
Bolitophilidae	Schmutzmücken
Cecidomyiidae	Gallmücken
Ceratopogonidae	Gnitzen
Chaoboridae	Phantom- = Büschelmücken
Chironomidae	Zuckmücken
Corethrellidae	Froschgnitzen
Culicidae	Stechmücken
Cylindrotomidae	Moosmücken
Ditomyiidae	
Dixidae	Taster- = Doppeladermücken
Keroplatidae	Platthornmücken
Limoniidae	Stelzmücken
Mycetophilidae	Pilzmücken
Nymphomyiidae	Nymphenmücken
Pediciidae	Sumpfmücken
Ptychopteridae	Faltenmücken
Psychodidae	Schmetterlingsmücken
Rangomaramidae	Langflügel-Pilzmücken
Scatopsidae	Dungmücken
Sciaridae	Trauermücken
Simuliidae	Kriebelmücken
Tanyderidae	Ur-Schnaken
Tipulidae	Schnaken
Trichoceridae	Wintermücken

Fliegenfamilien

Acalyptratae	*Gruppe, siehe Extrakapitel*
Acroceridae	Spinnenfliegen
Anthomyiidae	Blumenfliegen
Asilidae	Raubfliegen
Atelestidae	
Athericidae	Ibisfliegen
Aulacigastridae	Baumsaftfliegen
Bombyliidae	Wollschweber
Brachystomatidae	*früher zu Empididae*
Dolichopodidae	Langbeinfliegen
Empididae	Tanzfliegen
Hybotidae	Buckeltanzfliegen
„Iteaphila-Gruppe“	*unsichere Fam.zugehörigkeit*
Mythicomyiidae	Kleinwollschweber
Oreogetonidae	*früher zu Empididae*
Phoridae	Renn- = Buckelfliegen
Pipunculidae	Augenfliegen
Rachiceridae	Geweihfliegen
Rhagionidae	Schnepfenfliegen
Scenopinidae	Fensterfliegen
Stratiomyidae	Waffenfliegen
Syrphidae	Schwebfliegen

Tabanidae	Bremsen
Therevidae	Stilettfliegen
Vermileonidae	Wurmlöwen
Xylomyiidae	Holzwaffenfliegen
Xylophagidae	Holzfliegen

Wie der Name aussagt, haben die Diptera nur zwei Flügel. Es sind die Vorderflügel, die Hinterflügel sind zu Schwingkölbchen (Halteren) umgebildet (vgl. Einschluss 2689). Das erste und dritte Brustsegment ist sehr klein, das mittlere Segment mit der Flugmuskulatur sehr groß. Die Beborstung der Brustabschnitte und des Kopfes spielt eine große Rolle bei der Bestimmung, ebenso die aus den letzten Hinterleibssegmenten gebildeten Geschlechtsorgane und Klammerapparate (vgl. Einschluss 9563). Die Flügeläderung zu kennen, ist wichtige Voraussetzung für das Bestimmen von Dipteren. Der Grundbauplan eines Flügels ist in den verschiedenen Familien stark abgewandelt. Es können weitere Längs- und Queradern hinzukommen oder es kann zu Reduktionen kommen.

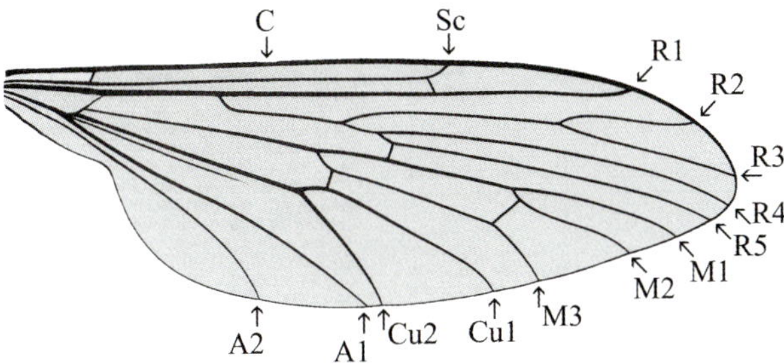

Erklärung der Abkürzungen für die Längsadern:
C = Costa, Sc = Subcosta, R = Radius, M = Media, Cu = Cubitus, A = Analis, Radius und Media teils verzweigt.

Die Costa ist die vordere Flügelrandader. Die darunter liegende Subcosta mündet hier in die Costa, kann aber auch nach unten in den Radius münden oder frei enden. Jeder Ast von verzweigten Adern wird der Reihenfolge nach von oben nach unten gezählt. R4+5 bedeutet z.B., dass beide Äste verschmolzen sind. Queradern verbinden die Längsadern und werden entsprechend benannt; so heißt die Querader zwischen Radius und Media r-m. Die durch Längsadern und Queradern entstehenden Flügelzellen haben eigene Namen oder werden nach der darüber liegenden Längsader benannt; so heißt die Zelle zwischen Costa und Subcosta Costalzelle.

Die Diptera gliedern sich in die meist zarter gebauten Mücken (Nematocera) und die meist kompakter gebauten Fliegen (Brachycera). Beiden gemeinsam sind die meist sehr leistungsfähigen Facettenaugen, die erhebliche Größe erreichen können und bei einigen Arten oben auf dem Kopf vollständig oder als Brücke zusammenstoßen (vgl. Einschluss 5606).

Die Fliegen haben größtenteils leckend-saugende Mundwerkzeuge (Einschluss 5772), die Mücken häufig stechend-saugende Mundwerkzeuge. Die Mücken haben meist zart gebaute Fühler mit gleichförmigen Fühlergliedern (vgl. Einschluss 9506), die Fliegen meist kurze Fühler (brachys = kurz, ceros = Horn, Fühler) mit unterschiedlich gebauten Fühlergliedern, häufig mit einer dreigliedrigen Fühlerborste (Arista, vgl. Einschluss 5650), deren beide Grundglieder sehr kurz sind. Nur die altertümlichen Fliegenfamilien haben mehr als drei (Scapus, Pedicellus, erstes Flagellomer) Fühlerglieder und dann auch drei (statt zwei) gleiche Haftlappen an ihren Fußenden.

5606 Tanzfliege

5772 Langbeinfliege

9506 Trauermücke

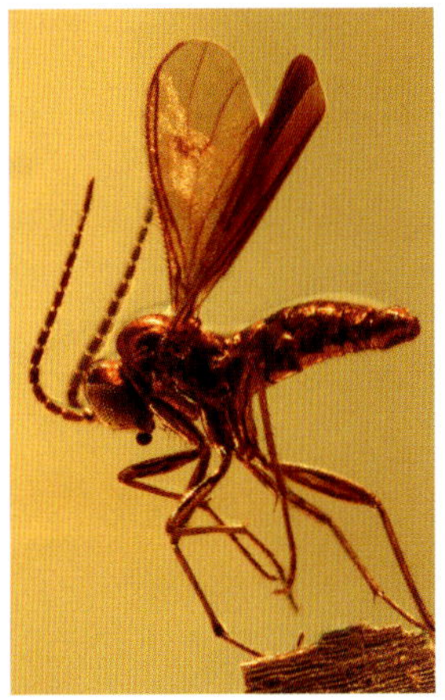

5650 Langbeinfliege

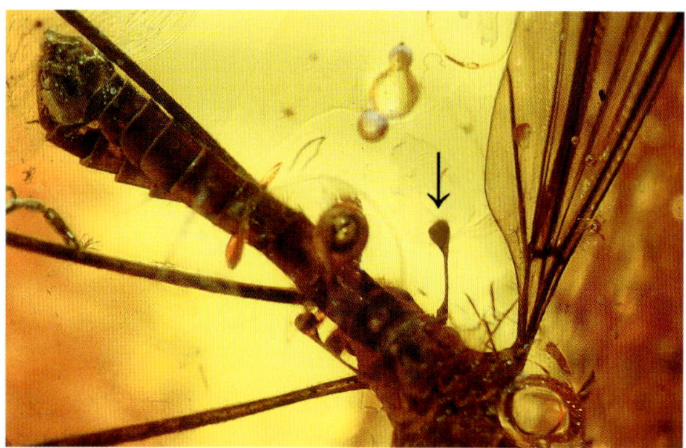

2689 Tipulidae, mit Schwingkölbchen 1,8 mm

9563 Dolichopodidae, Geschlechtsorgan 0,4 mm

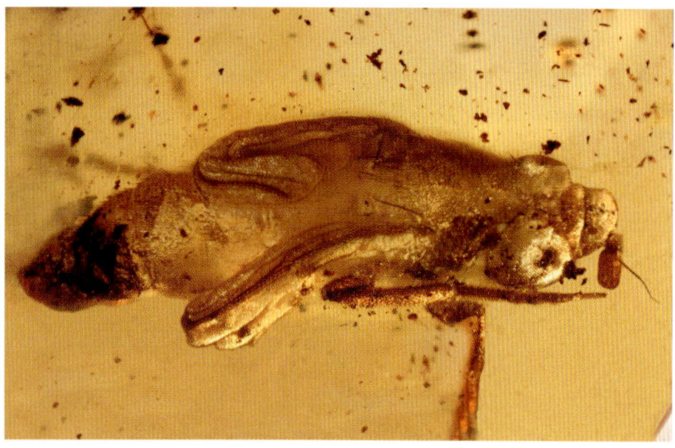

5520 Ptilinum einer Fliege

Dipteren haben eine vollständige Verwandlung (Metamorphose), d. h. eine Larve verpuppt sich und entlässt das völlig anders aussehende Erwachsenenstadium. Nach der Art, wie sich die schlüpfenden Tiere aus ihrer Puppenhülle befreien, unterschied man früher die Spaltschlüpfer und Deckelschlüpfer. Bei den Spaltschlüpfern (Orthorrhapha) befreien sich die schlüpfenden Mücken und niederen Fliegen durch einen Längsspalt und manchmal auch zusätzlichen Querspalt aus der Puppenhülle. Bei den Deckelschlüpfern (Cyclorrhapha) sprengen die schlüpfenden Tiere den Deckel des Puppentönnchens entlang ein oder zwei Sollbruchstellen; dabei werden die Aschiza und Schizophora unterschieden. Bei den Schizophora wird der Deckel mit Hilfe einer Stirnblase (Ptilinum, vgl. Einschluss 5520) gesprengt, die nach dem Zurückziehen in den Kopf hinein eine Bogennaht (Lunula) über den Fühlern hinterlässt. Bei den Aschiza wird der Druck durch Erweiterung des ganzen Kopfes erzeugt, deshalb finden wir keine Bogennaht. Bei den Schizophora unterscheiden wir die Acalyptratae von den Calyptratae, die zwei deutliche Flügelschüppchen (Calyptrae) besitzen. Die Flügelschüppchen befinden sich am hinteren basalen Rand der Flügel und bedecken die Schwingkölbchen. Aus der Gruppe der Calyptratae ist bisher nur ein Exemplar aus dem Bernstein bekannt: *Protanthomyia minuta* Michelsen, 2000, aus der Familie Anthomyiidae (Blumenfliegen).

Die Mücken zergliedern sich in mehrere Entwicklungslinien, die ein ähnliches Aussehen entwickelt haben, bilden also ein Paraphylum, während die Fliegen eine natürliche Gruppe (Monophylum) darstellen. Mücken sind schon aus der unteren Trias nachgewiesen, die ältesten Fliegenfunde stammen aus dem Jura (Crowson, 1992).

Einige Fliegenfamilien werden nach der Häufigkeit ihres Vorkommens im Baltischen Bernstein besprochen. Es ergibt sich folgende Aufschlüsselung (nach Hoffeins 2003, alle Diptera = 100 %):

Langbeinfliegen	Dolichopodidae	13,3 %
Rennfliegen	Phoridae	3,2 %
Tanzfliegen	Empididae + Hybotidae	3,0 %
Schnepfenfliegen	Rhagionidae	0,3 %
Alle Familien der Acalyptratae		0,2 %

Alle anderen Fliegenfamilien sind nur mit unter 0,1 % vertreten und werden auswahlweise in systematischer Reihenfolge beschrieben.

MÜCKEN

NEMATOCERA

Mücken sind meist schlanke Zweiflügler, deren Fühler mit Ausnahme der beiden Grundglieder mindestens sieben gleichartige Glieder aufweisen. Im Flügelgeäder ist die Analzelle am Flügelrand immer offen. Schüppchen an der Flügelbasis sind wenig oder gar nicht entwickelt. Mücken sind häufig fein behaart, haben nie starke Borsten.

Einige Mückenfamilien werden zunächst nach der Häufigkeit ihres Vorkommens im Baltischen Bernstein besprochen. Es ergibt sich folgende Aufschlüsselung (nach Hoffeins 2003, alle Diptera = 100 %):

Zuckmücken	Chironomidae	37,5 %
Trauermücken	Sciaridae	19,8 %
Pilzmücken	Mycetophilidae	8,6 %
Gnitzen	Ceratopogonidae	6,1 %
Gallmücken	Cecidomyiidae	2,9 %
Schmetterlingsmücken	Psychodidae	2,5 %
Tipuloidea	Schnaken, Stelzmücken	2,1 %

Alle anderen Mückenfamilien sind nur mit unter 0,1 % vertreten.

Zuckmücken – Chironomidae

Diese kleinen, zarten Mücken sind die bei weitem häufigsten Mücken im Baltischen Bernstein. Die frei nach vorne gehaltenen Vorderbeine zucken beim Sitzen ständig. Bei günstigen Witterungsbedingungen treten Riesenschwärme auf, die zum größten Teil aus Männchen bestehen. Wie auch heute flogen die Weibchen in diese Schwärme hinein, um zu kopulieren; auch diese Einschlüsse kopulierender Pärchen finden wir nicht selten. Es gab im Bernsteinwald aber auch nichtschwärmende Arten, die sich nicht im Fluge paarten. Diese Arten zeigen eine Reduktion der Antennenbehaarung, eine meist stärkere Behaarung, kürzere Flügel und kürzere Beine (nach Wichard et al. 2009).

Typisch für Zuckmücken ist der deutliche Buckel hinter dem Kopf. Das zarte Flügelgeäder hat keine verstärkten Adern.

Männchen und Weibchen unterscheiden sich deutlich durch Fühler und Hinterleib: Die Männchen haben einen schmalen Hinterleib mit einem charakteristisch geformten Geschlechtsapparat und stark fiederartig behaarte Fühler, mit denen sie die Fluggeräusche der fliegenden Weibchen wahrnehmen können. Die Weibchen besitzen viel kürzere, wenig behaarte Fühler und einen dickeren, kürzeren Hinterleib.

Die Larven der verschiedenen Arten haben nahezu alle Gewässerarten besiedelt, sowohl große stehende und fließende Gewässer als auch Kleinstgewässer wie Phytotelmen, ja sogar nasse Grasflächen. Die Entwicklungszeit der Larven schwankt zwischen wenigen Wochen (Kleinstgewässerarten) und mehreren Jahren. Die Lebensdauer der Erwachsenen beträgt meist nur wenige Tage.

Zuckmücken erreichten auch zur Zeit des Bernsteinwaldes eine hohe Diversität. Meunier beschrieb Anfang des 20. Jahrhunderts 77 Arten, allerdings nach Kriterien, die taxonomisch nicht haltbar sind: Nomen dubium (Wichard et al. 2009). Mittlerweile sind über 25 Arten neu beschrieben, viele werden folgen. Seredszus & Wichard erstellten 2007 eine Auflistung der Unterfamilien mit der Häufigkeit ihres Vorkommens, wobei über 90 % der Einschlüsse der Unterfamilie Orthocladiinae zuzuordnen sind, gefolgt von den Chironominae mit 6,5 %. Einschlüsse aus allen anderen Unterfamilien können als Seltenheiten gelten: Podonominae, Tanypodinae, Prodiamesinae und Buchonomyiinae.

Wir können nach dem Aktualitätsprinzip darauf schließen, dass heute lebende Gattungen der Chironomidae auch im Bernsteinwald ähnliche Habitate besiedelt haben. Somit können wir die Verhältnisse im Bernsteinwald sehr gut rekonstruieren und stellen fest, dass es reichlich Habitate mit Quellen und Quellbächen gegeben haben muss, in denen und in deren feuchter Umgebung viele spezielle Arten von Zuckmücken gelebt haben (nach Wichard et al. 2009).

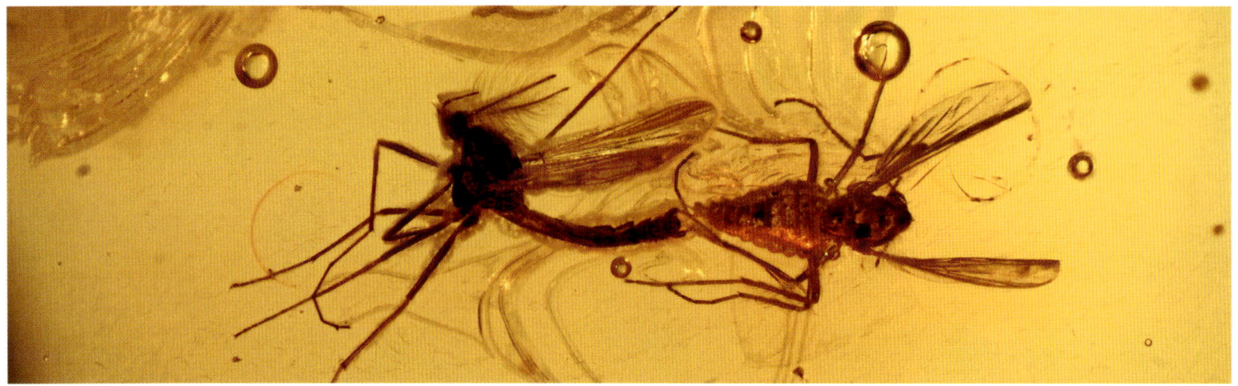

1745 Chironomidae Orthocladiinae Geschlechtsakt, Männchen 2 mm

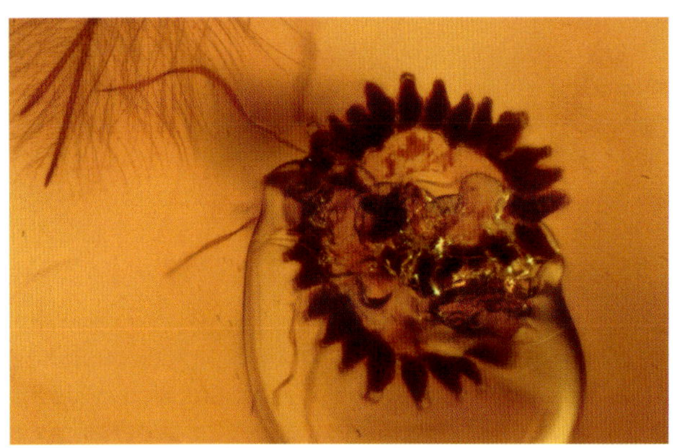

5627 Chironomidae Eikranz

5410 Chironomidae Männchen 3,3 mm

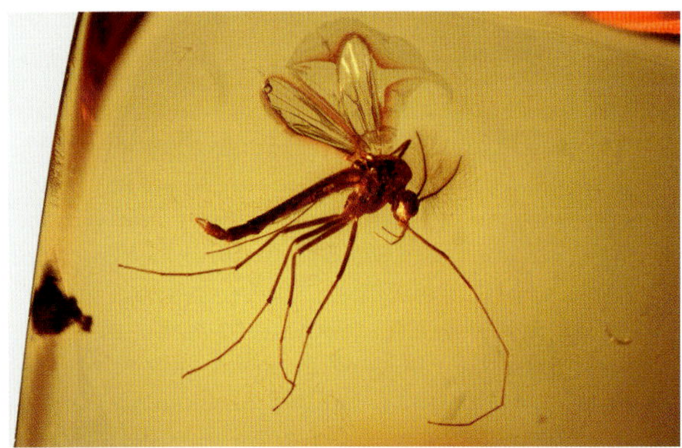

5775 Chironomidae Männchen

5528 Chironomidae Männchen

9622 Chironomidae Weibchen

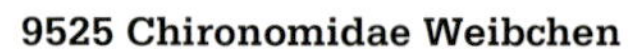

9525 Chironomidae Weibchen

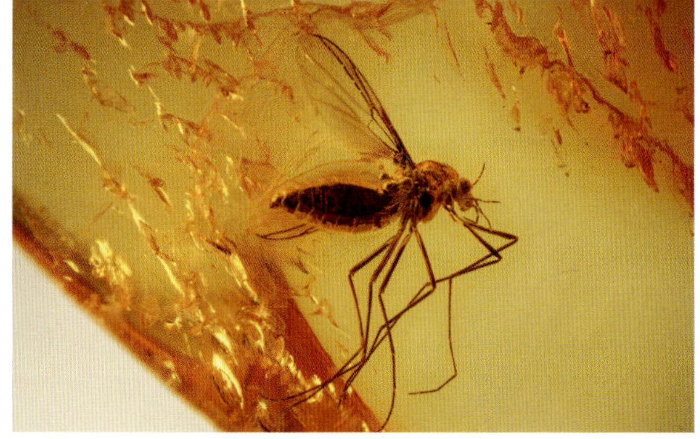

Trauermücken – Sciaridae

Trauermücken sind neben den Zuckmücken ebenfalls sehr häufige, kleine Mücken des Baltischen Bernsteins und erreichen selten eine Körperlänge von 2 mm. Die meisten Arten leben in feuchten Habitaten in Wäldern und Mooren, wo sich die Larven in feuchtem Humus, Laub, Totholz oder in Pilzen entwickeln. Heute finden wir Trauermücken auch in Wohnungen mit Pflanzen, deren Erde regelmäßig feucht gehalten wird. Die erwachsenen Trauermücken haben eine Lebensdauer von nur wenigen Tagen und nehmen nur Flüssigkeit, aber keine Nahrung auf. Namensgebend (griechisch „skiaros" = „dunkel") war die dunkle Körperfärbung. Trauermücken treten bei geeigneten Bedingungen massenhaft auf und bilden Schwärme, die meist aus sehr vielen Männchen und wenigen Weibchen bestehen. Schon im Fluge kommt es zur Kopulation. Nicht selten finden wir Trauermücken mit verkürzten Flügeln, die flugunfähig auf dem Substrat auf einen kopulationsbereiten Partner warten.

Im Flügelgeäder bilden die Media-Adern 1 und 2 eine typische, unverkennbare „Gabel". Ein weiteres typisches Merkmal ist die sogenannte Überaugenbrücke, d. h. die Facetten der Augen sind oberhalb der Fühler über eine schmale Brücke verbunden.

5665 Sciaridae, mit Überaugenbrücke

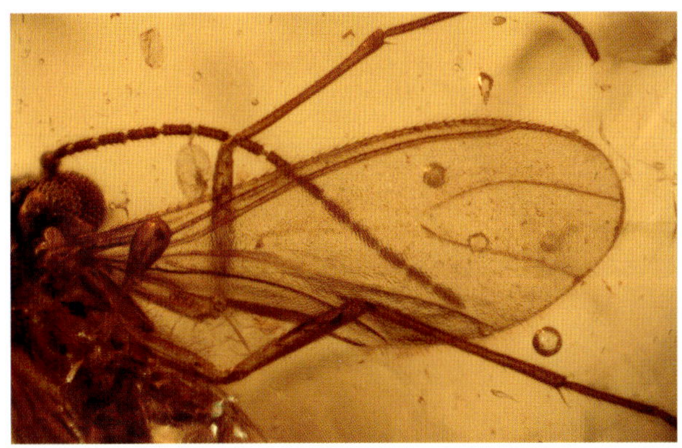

9621 Sciaridae, Flügel mit „Gabel"

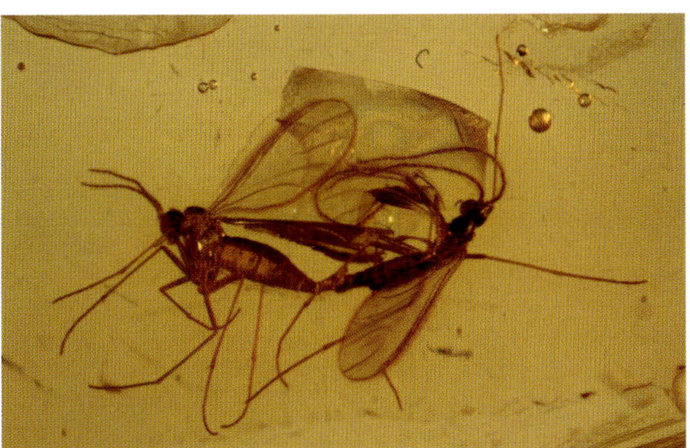

5410 Sciaridae Geschlechtsakt

5615 Sciaridae Schwarm

5541 Sciaridae 2 mm, mit Puppenhülle

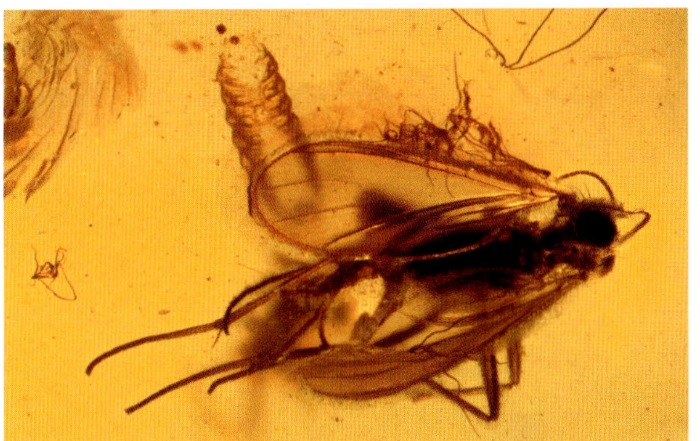

9516 Sciaridae mit verkürzten Flügeln

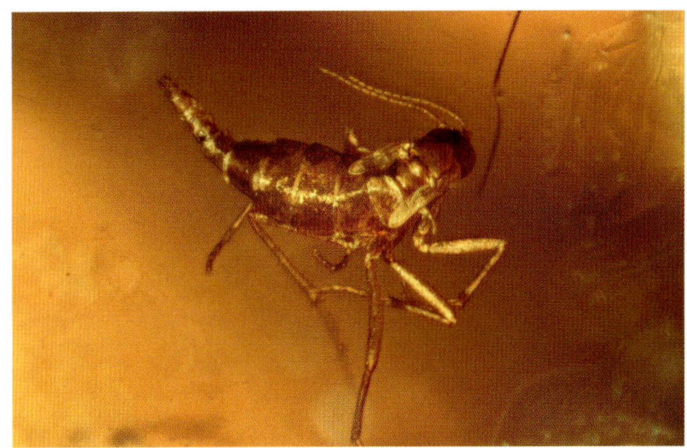

Pilzmücken – Mycetophilidae

Pilzmücken leben heute hauptsächlich an schattigen, feuchten Orten in Wäldern. Zur Paarungszeit bilden sie große Schwärme. Ihre Eier legen sie in Pilzen, aber auch im feuchten Humus ab, wo sich die Larven vornehmlich von Pilzhyphen ernähren.

Auf den ersten Blick ähneln manche Pilzmücken den Trauermücken, doch sind sie erheblich größer und haben nicht die typische „Gabel“ im Flügelgeäder und keine Überaugenbrücke. An den Beinen finden wir meist starke, lange Dornen.

Einige Arten besitzen sowohl als Erwachsene als auch als Puppe die Fähigkeit zur Biolumineszenz, d. h. sie können leuchten. Ob es solche Arten auch im Bernsteinwald gab, wissen wir nicht.

Nahe Verwandte, ehemals zu den Pilzmücken gerechnet, sind die Platthornmücken (Keroplatidae), die zu einer eigenen Familie erhoben wurden. In die Familie Keroplatidae wurden auch die Macroceridae und Lygistorrhinidae als Unterfamilien eingestuft (Macrocerinae und Lygistorrhininae). *Palaeognoriste* ist ein Vertreter der Lygistorrhininae mit typischen verlängerten Mundwerkzeugen. Auch die Pfriemenmücken (Anisopodidae) sind nahe mit den Pilzmücken verwandt und können vom Laien leicht verwechselt werden.

9614 Mycetophilidae

D5420 Mycetophilidae 5,2 mm

5535 Mycetophilidae 3,4 mm, mit Eipaket

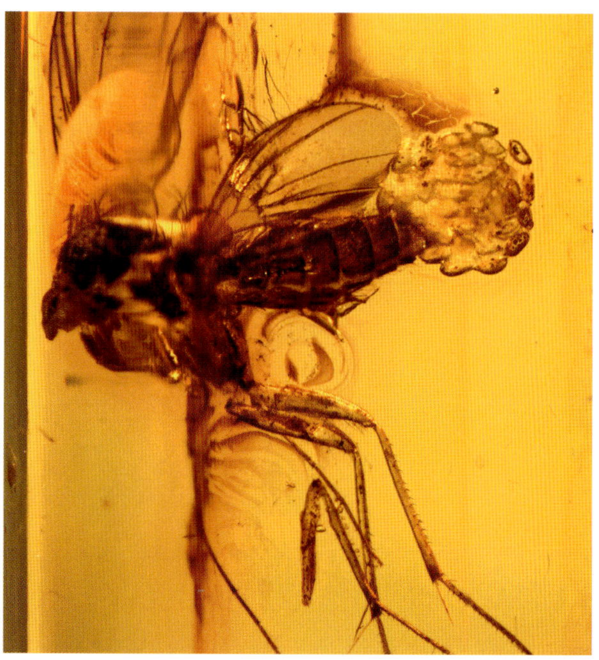

5537 Keroplatidae 4,3 mm

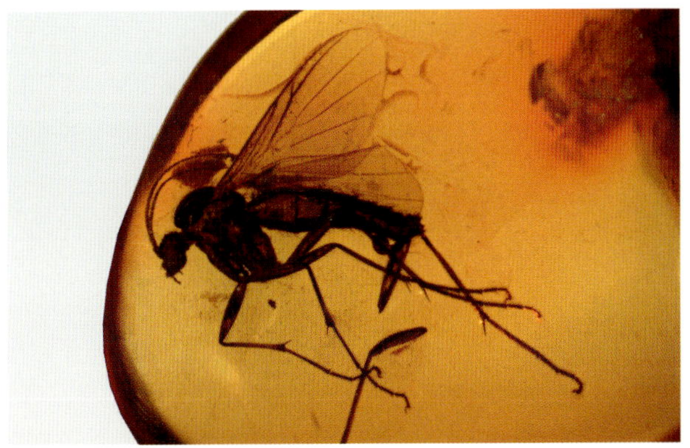

9586 Keroplatidae 3,3 mm

5770 Macrocerinae 4 mm, Fühler 15 mm

1842 Lygistorrhininae Geschlechtsakt 2,5 und 2,7 mm

Lygistorrhininae *Palaeognoriste* sp., Foto © Veta

596 Anisopodidae 4 mm, *Sylvicola* sp.

5565 Anisopodidae 2,8 mm, mit Häutungshülle 4,2 mm

Gnitzen – Ceratopogonidae

Gnitzen ähneln auf den ersten Blick den Zuckmücken, doch haben sie gut entwickelte Mundwerkzeuge, die einen kurzen Stechrüssel bilden. Die Weibchen saugen mit ihm Blut, während sich die Männchen hauptsächlich von Pflanzensäften ernähren. Männchen haben häufig einen stark entwickelten Geschlechtsapparat (Einschluss 5796). Die Adern im Flügelvorderrand (Costa) sind häufig stärker ausgebildet und eine Media-Ader 2 ist vorhanden (vgl. Einschluss 5664), die den Zuckmücken fehlt. Die Antennenglieder sind rundlich geformt, mit oft eng anliegenden Haaren (Einschluss 5796). Die Tarsen tragen Krallen. Die verdickten Schenkel des dritten Beinpaares sind bei manchen Arten (*Serromyia polonica,* Einschluss 1691) stark bedornt und die Tarsen verlängert. Mit ihnen können diese räuberischen Gnitzen kleine Insekten im Fluge fangen und zwischen Schenkel, Schiene und Tarsen einklemmen.

Die Gnitzen sind eine gut bearbeitete Familie mit sehr vielen beschriebenen Arten. Szadziewski führte schon 1988 über 100 Arten auf, viele weitere Arten aus dem Bitterfelder und Baltischen Bernstein folgten (Szadziewski, 1993–2005).

Nach Borkent (2000) finden wir im Baltischen Bernstein sowohl tropische als auch kälteliebende Formen. Letztere treten bei vielen Bernsteinen mit Syninklusen zusammen auf, die ebenfalls kälteliebend waren. Daraus können wir schließen, dass es im Bernsteinwald auch höher gelegene, kältere Habitate gab.

5796 Ceratopogonidae Männchen 1,6 mm

Ceratopogonidae, Coll. Krage

1691 *Serromyia polonica* 1,8 mm

1869 Ceratopogonidae mit Puppenhülle 3,7 mm

5664 Ceratopogonidae Weibchen, typische Flügelrandader

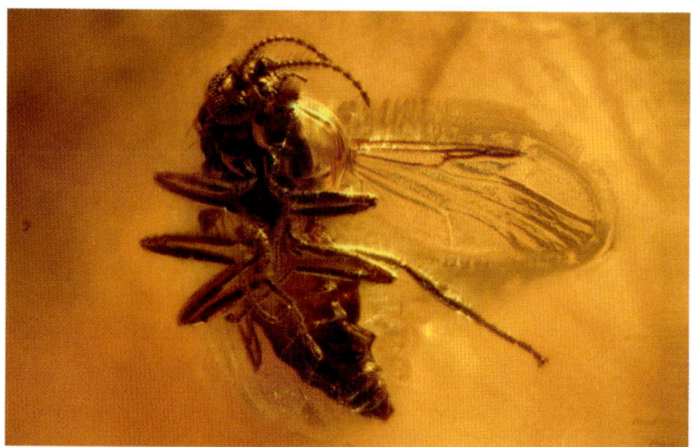

5400 Ceratopogonidae mit Flügelzeichnung

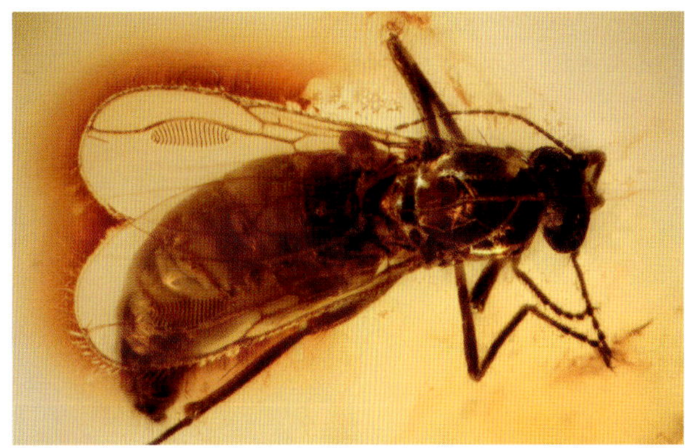

9512 Ceratopogonidae mit Flügelzeichnung

Erwähnenswert sind die besonderen Flügelstrukturen bei Weibchen der Gattung *Eohelea*. Früher wurden sie als Schrillfelder bezeichnet und man dachte, damit könnten die Weibchen Töne erzeugt haben. Eine entsprechende Schrillkante zu diesen Schrillfeldern ist aber nicht zu finden. Eine mögliche Interpretation: Es gibt im Flug der Gnitzen durch diese Flügelstrukturen eine artspezifisch unterschiedliche Lichtbrechung, die die Männchen zu den Weibchen führen.

1808 *Eohelea petrunkevitch* 1,5 mm

Gallmücken – Cecidomyiidae

Gallmücken sind sehr unterschiedlich groß, mit Körperlängen von nur einem halben Millimeter bis viele Millimeter. Typisch ist das stark reduzierte Flügelgeäder der etwas verbreiterten Flügel mit wenigen Längsadern und keinen Queradern. Die Fühlerglieder sind perlschnurartig aufgereiht und knotenartig angeschwollen. Häufig sind die Tarsen abgebrochen. Durch diese Häufung sehr typischer Merkmale sind diese zarten Mücken unverwechselbar.

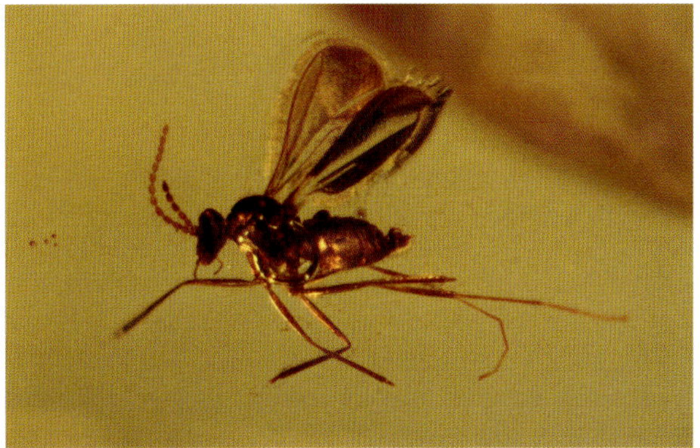

5637 Cecidomyiidae 1 mm

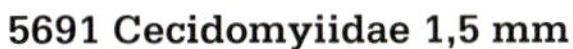

5691 Cecidomyiidae 1,5 mm

9567 Cecidomyiidae 0,9 mm

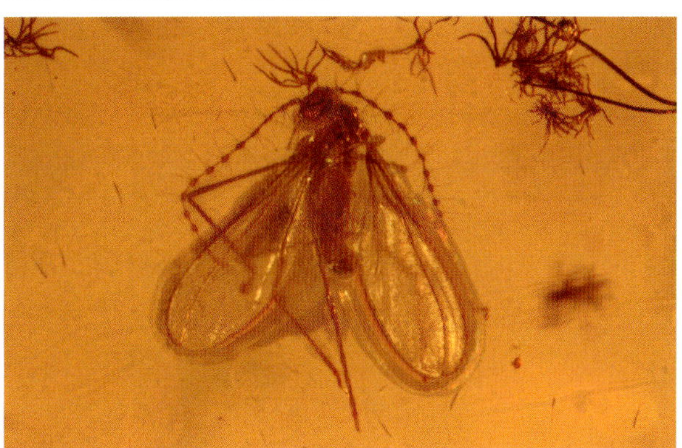

5620 Psychodidae Geschlechtsakt

9448 *Trichomyia* sp., Männchen 1,5 mm

5672 Psychodidae 1,6 mm

9449 Psychodidae 1,6 mm, Flügelspanne 3,1 mm

Schmetterlingsmücken – Psychodidae

Diese kleinen Mücken sind am Körper und auf den Flügeln meist dicht schuppig behaart und wirken deshalb mottenartig, d. h. wie kleinste Schmetterlinge. Das Flügelgeäder ist unverwechselbar mit neun bis zehn gleichförmigen Längsadern und nur wenigen oder gar keinen Queradern. Die erwachsenen Schmetterlingsmücken sind schlechte Flieger, können aber mit dem Wind über große Strecken verfrachtet werden. Die Larven bevorzugen die verschiedensten Habitate: Die Ufer von Fließ- und Stehgewässern, Quellen, feuchte Erde, verfaulendes altes Holz, tote Gehäuseschnecken, Phyto- und Dendrothelmen (Kleinstgewässern in Pflanzen oder Holz).

Aus dem Baltischen Bernstein sind bisher über 25 Arten aus den vier Unterfamilien beschrieben: Trichomyiinae, Bruchomyiinae, Psychodinae und Sycoracinae, wobei die Trichomyiinae, deren Larven zu den Holzbewohnern zählen, die meisten Vertreter stellen.

Wintermücken – Trichoceridae

Sie ähneln stark kleinen Schnaken oder Stelzmücken. Heute leben sie bis in kalte Gebiete in Höhenlagen von über 3000 m. Wir sehen die Männchen im Winter an sonnigen Tagen in Tanzschwärmen. Die Körperflüssigkeit enthält eine Substanz, die die Mücken frostresistent macht. Die eozänen Arten waren nicht dem Frost ausgesetzt. Die Larven einiger heutiger Verwandter bevorzugen kleine Fließgewässer und feuchte Sumpfböden (nach Wichard et. al. 2009).

1241 Trichoceridae 5 mm, Coll. Weiterschan

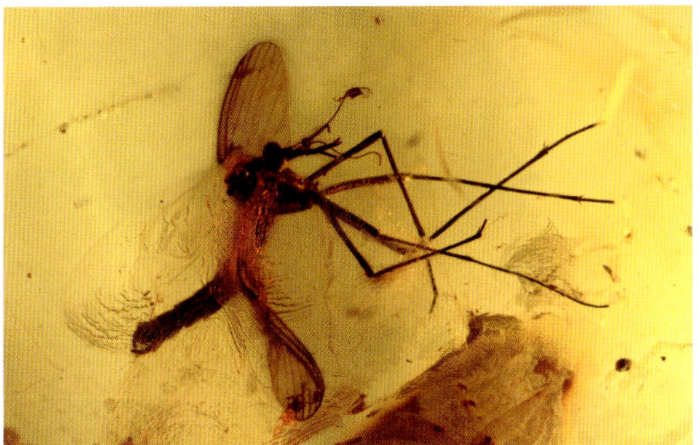

9464 Tanyderidae 8 mm, *Macrochile spectrum*

1833 *Elephantomyia* sp. 3,9 mm

Ptychoptera eocenica, Coll. + Foto © Podenas

1870 Tipulidae 10 mm: *Tipula sp.*

PTYCHOPTEROMORPHA

Primitive Schnaken – Tanyderidae

Sie haben ein sehr ursprüngliches Flügelgeäder, woran sie gut von den Echten Schnaken unterschieden werden können. Es gibt nur wenige bekannte Funde aus dem Baltischen Bernstein und zwei beschriebene Arten. Der Bernstein mit der von Loew 1850 erstmals beschriebenen Art *Macrochile spectrum* ist verschollen, ein Vertreter dieser Art aber neu nachgewiesen (Einschluss 9464). Die zweite Art *Macrochile baltica* wurde von Podenas 1997 beschrieben.

Faltenmücken (Ptychopteridae)

Faltenmücken sind nahe verwandt und für den Laien schwer von den schnaken- und stelzmückenähnlichen Formen zu unterscheiden.

STELZMÜCKEN- UND SCHNAKENÄHNLICHE – TIPULOMORPHA

Stelzmücken (Limoniidae) und Schnaken (Tipulidae)

Diese beiden Familien sind auf den ersten Blick schwer zu unterscheiden. Die Familie der Stelzmücken ist eine der artenreichsten, ganz im Gegensatz zu den Schnaken. Gemeinsam sind ihnen die großen, schmalen Flügel und die sehr langen schlanken Beine, die an präformierten Bruchstellen leicht abbrechen. So finden wir häufig im Bernstein eingeschlossene Tiere mit Beinstümpfen und daneben liegenden Beinen.

Unterschiede finden sich im Flügelgeäder. Bei den Tipulidae mündet die Subcosta im Flügel in die Radius-Ader, bei den Limoniidae mündet die Subcosta nach außen in die Flügelrandader Costa. Die Flügel haben manchmal schwarze Flecken (vgl. Einschluss 1870).

Häufig sind die Mundwerkzeuge verlängert, d. h. der Kopf ist schnauzenförmig ausgezogen. Ganz extrem zu einem langen Rüssel verlängert sind die Mundwerkzeuge bei der Gattung *Elephantomyia*.

6109 Limoniidae

6129 *Trichoneura* sp. 4 mm

6127 *Limnophila* sp. 3,5 mm

21 Pediciidae 7 mm, *Tricyphona* sp., Coll. Weiterschan

80336 Cylindrotomidae *Diogma gelhausi* Podenas 2000, Foto © J. D. Weintraub, ANSP Entomology

Haaraugenschnaken – Pediciidae

Vertreter dieser im Bernstein seltenen Familie ähneln stark den Stelzmücken, wozu sie früher auch gerechnet wurden. Viele Arten haben Larven, die in verschiedensten Gewässern oder in Gewässernähe leben. Es gibt bisher nur sieben nachgewiesene Arten, eine aus der Gattung *Ula* und sechs aus der Gattung *Tricyphona: T. electrina, T. succinea* und *T. sepulchralis* Alexander, 1931, *T. aurata, T. lepesca* und *T. residua* Podenas, 2001.

Anhand der Flügeläderung kann man die Pediciidae von den ähnlichen Limoniidae unterscheiden (nach Wichard et. al. 2009): Die Flügelader Sc_1 ist lang, sie reicht distal deutlich über die Gabel von Rs hinaus. Die Ader Sc_2 befindet sich immer proximal zum Ursprung von Rs (bei den Limoniidae liegt die Ader Sc_2 zumeist distal zum Ursprung von Rs; falls das nicht der Fall ist, reicht die Ader Sc_1 nicht über die Gabelung von Rs hinaus).

Moosmücken (Cylindrotomidae)

Moosmücken sind nur von Fachleuten anhand des Flügelgeäders von den ähnlichen Stelzmückenartigen zu unterscheiden.

STECHMÜCKENARTIGE – CULICOIDEA

Zur Überfamilie der Stechmückenartigen gehören die Familien Tastermücken (Dixidae), Corethrellidae, Phantommücken (Chaoboridae) und Stechmücken (Culicidae).

Stechmücken – Culicidae

Nicht erst seit den Jurassic-Park-Filmen gehören die Stechmücken zu den sehr begehrten Sammlerobjekten; sie stellen Raritäten dar. Die Mundwerkzeuge sind zur Aufnahme von flüssiger Nahrung ausgebildet. Männchen und Weibchen nehmen kohlenhydrathaltige Pflanzensäfte auf. Die Weibchen einiger Unterfamilien saugen zusätzlich Blut aus Wirbeltieren; sie benötigen das eiweißhaltige Blut zur Bildung großer Mengen von Eiern. Der stechend-saugende Rüssel kann halb so lang wie der Körper sein. Mittlerweile sind fünf verschiedene Arten von Stechmücken aus dem Baltischen Bernstein beschrieben: *Aedes damzeni* und *Aedes hoffeinsorum* Szadziewski, 1998, *Culex erikae* (Szadziewski & Szadziewski, 1985), *Culiseta gedanica* und *Ochlerotatus serafini* = *Aedes serafini* (Szadziewski, 1998).

Büschelmücken – Chaoboridae

Die Büschelmücken, auch Phantommücken genannt, besitzen behaarte Flügel und keinen Stechrüssel. Die schwarmbildenden Erwachsenen leben wenige Tage und nehmen nur Flüssigkeit auf. Die Larven haben eine große Bedeutung im Ökosystem eines Sees, weil sie mit ihrem massenhaften Vorkommen Nahrungsgrundlage für viele kleine Tiere darstellen. Im Bernstein sind Larven bisher nicht nachgewiesen. Auch erwachsene Tiere sind selten im Bernstein und mit wenigen Arten beschrieben, z. B.: *Chaoborus ciliatus* Evenhuis, 1994, *Gedanoborus kerneggeri* Szadziewski & Gilka, 2007, ferner *Palaeomochlonyx aestimabilis* Seredszus & Wichard, 2009, *Chaoborus rarus* Seredszus & Wichard, 2009, *Gedanoborus resinatus* Seredszus & Wichard, 2009, *Mochlonyx secundus* Seredszus & Wichard, 2009.

Tastermücken – Dixidae

Man kann sie anhand des typischen Flügelgeäders leicht erkennen. Die Fühler sind länger als bei anderen Culicoidea und kurz behaart. Nur wenige Arten sind aus den zwei Gattungen *Dixa* und *Dixella* (früher: *Paradixa)* beschrieben, die sich anhand der Fühler unterscheiden lassen. *Dixa* hat kürzere Fühler, die ersten Fühlerglieder sind leicht verdickt.

1608 Culicidae 2,1 mm

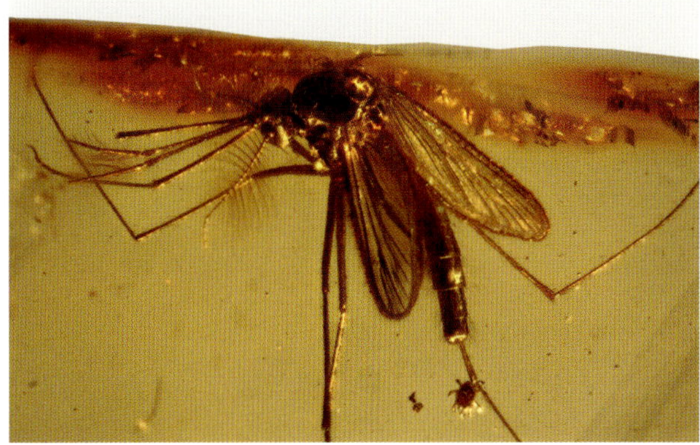

5534 Culicidae 3,8 mm, *Aedes serafini*

1830 Culicidae 4 mm

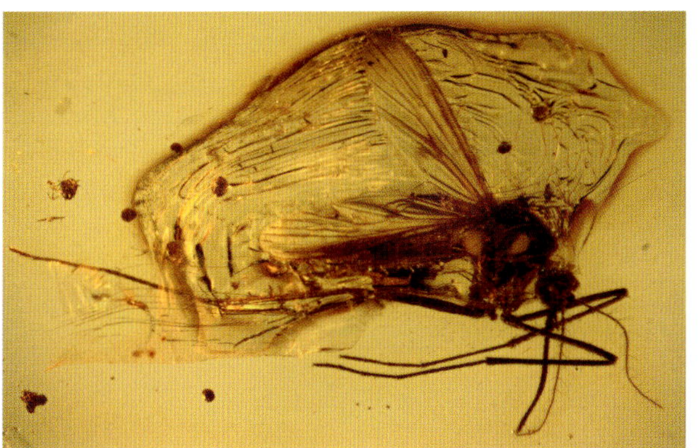

5684 Culicidae 4,5 mm

1730 Chaoboridae *Gedanoborus resinatus* Wichard & Seredszus, 2009, HT GPIH 4512

9619 Dixidae 2,6 mm

Mochlonyx secundus **Seredszus & Wichard, 2009, Holotyp, SNMS,** ex. Coll. Wichard

Palaeomochlonyx aestimabilis **Seredszus & Wichard, 2009, Holotyp, SDEI,** ex. Coll. Hoffeins 924/1

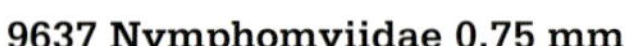

9637 Nymphomyiidae 0,75 mm

Nymphenmücken – Nymphomyiidae

Es sind sehr kleine, zarte, empfindliche Mücken. Sie haben schmale, streifenförmige Flügel mit stark reduzierter Äderung und langen Fransen, ähnlich wie bei den Fransenflüglern. Die heutigen Nymphomyiidae werfen nach der Paarung ihre Flügel ab. Auch die Antennen sind stark reduziert. Den Erstfund machten Hoffeins' aus dem Bitterfelder Bernstein, der als *Nymphomyia succina* Wagner & Hoffeins & Hoffeins, 2000 beschrieben wurde.

Alle anderen sehr seltenen Familien werden nicht näher behandelt.

5433 Dixidae 1,7 mm, *Dixa minuta*

FLIEGEN

BRACHYCERA

Langbeinfliegen – Dolichopodidae

Langbeinfliegen sind die häufigsten Fliegen im Baltischen Bernstein und anhand der Flügeläderung und Fühler leicht zu erkennen (vgl. Einschlüsse 6121 und 9588). Die Flügel zeigen vier Längs- und nur eine Querader, bei der Unterfamilie Sciapodinae ist die Media-Ader gegabelt. Der Grundaufbau der Antennen ist typisch, aber von Gattung zu Gattung und von Art zu Art verschieden. Namensgebend sind die auffällig langen Beine, die häufig eine starke Beborstung zeigen. Fast alle Langbeinfliegen haben eine auffällige Beborstung auf dem Thorax (Metanotum) mit sogenannten Akrostichialborsten in der Mitte, Dorsozentralborsten daneben und Dorsolateralborsten an den Seiten. Die grünlich metallische Körperfärbung vieler rezenter Vertreter ist im Bernstein manchmal ansatzweise zu erahnen.

Die Männchen zeigen ein auffällig gestaltetes, stark vergrößertes und behaartes Genital, das zur Artbestimmung wichtig ist. Die spangenartigen Sklerite dienen bei der Kopulation als Klammerorgan zum Erfassen des weiblichen Hinterleibes (vgl. z. B. 483, 535, 9598).

Fast alle Langbeinfliegen und ihre Larven sind Räuber (Predatoren) und ernähren sich von kleinen lebenden Tieren wie Würmern, Springschwänzen, Blattläusen usw. Der Einschluss 6222 zeigt eine Langbeinfliege mit erbeuteter Jungzikade zwischen den Mundwerkzeugen. Dazu ist die Unterlippe der Mundwerkzeuge zum Ergreifen der Beutetiere auffällig klauenartig ausgebildet. Die Chitinhülle der Beute wird mit kleinen „Zähnchen" aufgebrochen und die Beute dann ausgesaugt.

Wegen ihrer Häufigkeit im Baltischen Bernstein, verdienen die Langbeinfliegen hier eine besondere Beachtung. Es gibt mittlerweile über 60 beschriebene Arten und ständig werden neue seltene Arten entdeckt. Die häufigsten Arten sind der Reihenfolge nach:

1. *Prohercostomus noxialis* Meunier
2. *Paleomedeterus ignavus* Meunier
3. *Gheynia bifurcata* Meunier
4. *Thrypticus molesta* Meunier
5. *Argyra succinorum* Meunier
6. *Thrypticus gestuosa* Meunier
7. *Paleomedeterus lassata* Meunier
8. *Atlatlia* n. sp.

Prohercostomus noxialis und *Paleomedeterus ignavus* sind die mit Abstand häufigsten Langbeinfliegen im Baltischen Bernstein, in annähernd gleicher Häufigkeit, gefolgt von der ebenfalls sehr häufigen *Gheynia bifurcata.* Die acht aufgeführten Arten machen über 90 % aller im Bernstein eingeschlossenen Langbeinfliegen aus. Die Arten unterscheiden sich erheblich, auch in der Größe. Kleine Arten sind kaum größer als 1 mm, einige Arten werden über 5 mm groß.

6121 Dolichopodidae Flügel

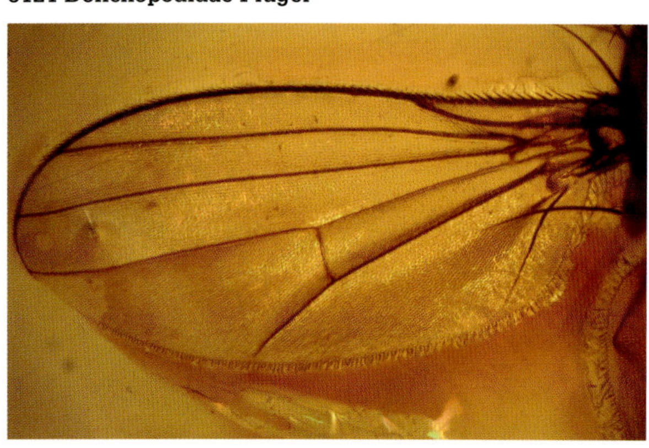

9588 Medeterinae

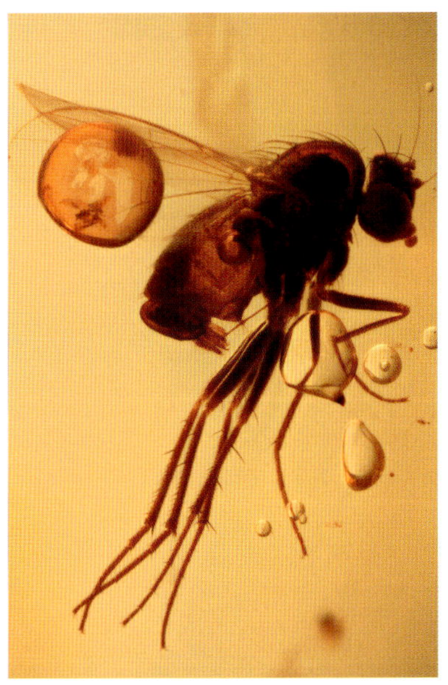

9598 *Paleomedeterus ignavus* Meunier, 1907, 2,6 mm

9596 *Argyra deceptoria* Meunier, 2,7 mm

6121 *Paleomedeterus lassatus* Meunier, 2,1 mm

Gheynia bifurcata Meunier, 1,6 mm, Coll. Dietrich

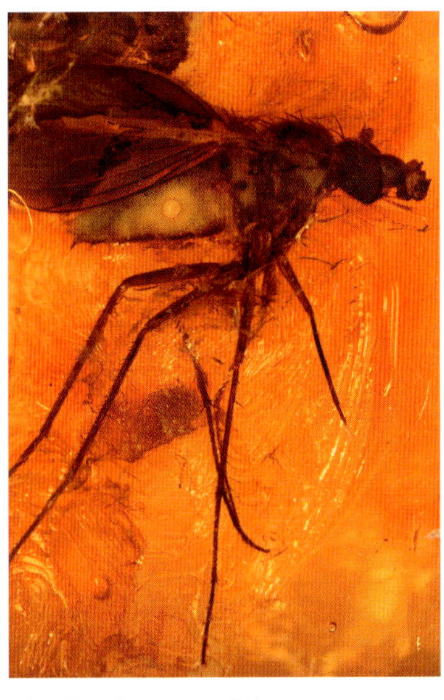

327 *Neurigona* sp. 4,9 mm, Coll. Eichmann

9450 *Wheelerenomyia* sp.

9618 *Prohercostomus noxialis* Meunier, 2,8 mm

9448 *Medetera* sp.

9433 *Argyra succinorum* Meunier, 1,5 mm

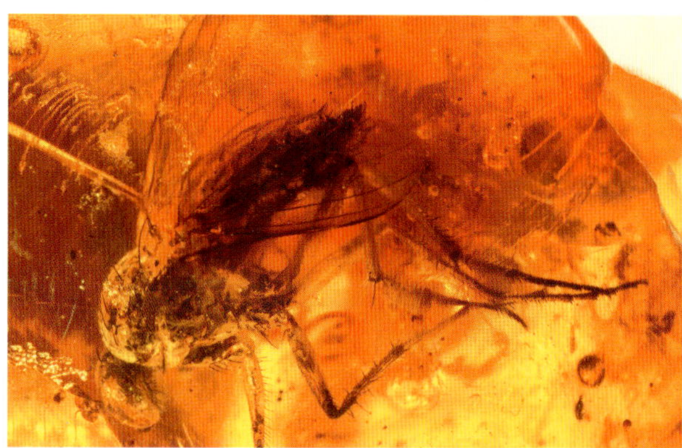

9528 *Diaphorus goliath* Bickel, 2014, 6,8 mm, HT GPIH 4489

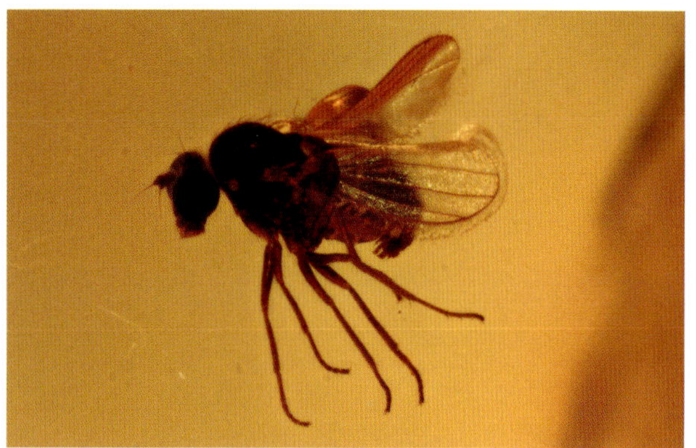

9625 *Thrypticus gestuosa Meunier,* 1,5 mm

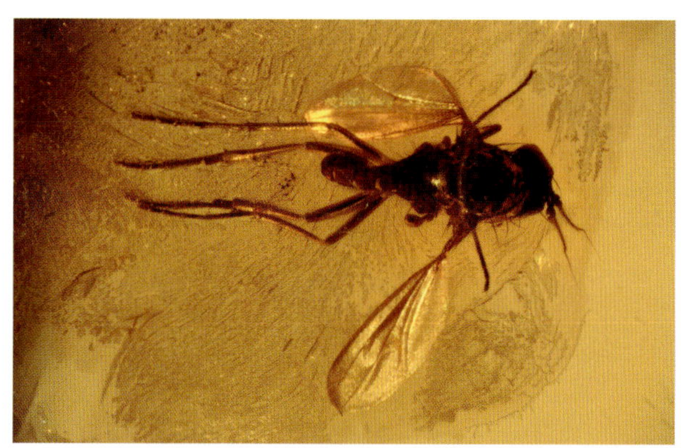

296 *Anepsiomyia planipedia* Meunier, 1,8 mm, Coll. Eichmann

535 *Atlatlia* sp. 1,2 mm, Coll. Dietrich

483 *Wheelerenomyia parca* Meunier, 2,4 mm, Coll. Eichmann

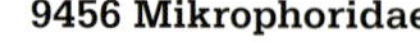

9456 Mikrophoridae

Kleine Tanzfliegen – Mikrophorinae

Lange Zeit waren die Kleinen Tanzfliegen als eigene Familie geführt, später den Tanzfliegen (Empididae) zugeordnet, dann 1983 von Chvála wieder zur eigenständigen Familie erhoben und schließlich 2006 durch Sinclair & Cumming als Unterfamilie der Langbeinfliegen eingegliedert.

1444 *Hiisia* sp. beim Geschlechtsakt, 2 mm, Coll. Von dem Busche

6222 Langbeinfliege mit erbeuteter Jungzikade und parasitischer Milbe

5624 Phoridae 2 mm

9557 Phoridae Geschlechtsakt, M. 1,8 mm, W. 1,5 mm

9610 Phoridae 2,2 mm

5673 Empididae 3,6 mm

Rennfliegen oder Buckelfliegen – Phoridae

Die deutschen Namen weisen darauf hin: Diese Fliegen rennen gerne und haben einen gewölbten, buckeligen Thorax. Die relativ kurzen, gedrungenen Flügel sind nicht für den Langstreckenflug geeignet. Mit den langen Beinen laufen sie schnell und zickzackartig über die Blätter. Anhand des reduzierten Flügelgeäders kann man sie leicht von allen anderen Fliegen unterscheiden. Die drei Vorderrandadern sind im Gegensatz zu den übrigen Längsadern verdickt und reichen nicht über die Flügelhälfte hinaus, Queradern fehlen ganz. Der Kopf ist mit kurzen, starken Borsten besetzt, das dritte Fühlerglied ist meist dick und rundlich.

Einige Rennfliegen zeigen Flügelreduktionen, bei manchen Arten sind die Weibchen flügellos (vgl. die kopulierenden Rennfliegen, Einschluss 9557). Viele Rennfliegen entwickeln sich in Aas oder lebenden Gliederfüßern. Ein Bernstein mit vielen Säugerhaaren und vielen Rennfliegen kann darauf hinweisen, dass die Haare von einem toten Kleinsäuger stammen, auf dem sich die Rennfliegen niederließen und dann vom Harz eingebettet wurden.

Viele Arten wurden beschrieben, z. B.: *Aneurina oligocoenica* Brues, 1939, *Aphiochaeta insolita* Meunier, 1910, *Chaetopleurophora electra* und *Diplonevra electra* Evenhuis, 1994, *Diplonevra eridana* Evenhuis, 1994, *Electrophora persetosa* Brues, 1939, *Megaselia lauta* und *M. inclusa* (Meunier, 1910), *Phora inclusa* (Meunier, 1910), *Spiniphora eoconcinna* Borgmeier, 1968 u. v. a.

Tanzfliegen – Empididae, inklusive Hybotidae

Das Fügelgeäder weist nicht nur eine Querader auf, sondern zwischen Radius-Media und Media-Cubitus befinden sich Queradern. Die meisten Tanzfliegen sind Räuber, fangen kleine Insekten im Fluge und saugen sie mit einem Stechrüssel aus. Dabei kann der Stechrüssel kurz dolchartig als auch dünn und lang sein. Ein Beinpaar ist häufig als bedorntes Fangbein ausgebildet. Andere Tanzfliegen ernähren sich von Blütensäften, weitere bevorzugen beide Ernährungsarten. Die Augen sind sehr groß und stoßen meist am Scheitel zusammen.

Die Buckeltanzfliegen (Hybotidae) sind zu einer eigenen Familie ausgegliedert.

5608 Empididae mit Stechrüssel

Hybotidae *Syneches* sp., Coll. + Foto © Veta

Schnepfenfliegen – Rhagionidae

Die relativ großen, schlanken, langbeinigen Fliegen haben viele Queradern im Flügelgeäder. Auffällig ist ihr langer, kräftiger Rüssel, mit dem sie Insekten aussaugen; einige Arten saugen auch Blut bei Wirbeltieren. Wenige Arten ernähren sich von Honigtau oder Nektar. Schnepfenfliegen bevorzugen als Lebensraum Wälder und Waldränder. Fossile Belege gibt es schon aus der Jurazeit. Die meisten fossilen Vertreter finden wir im Baltischen Bernstein, Meunier (1899–1910) beschreibt viele Arten aus der Gattung *Leptis* und *Atherix* (die Ibisfliegen sind mittlerweile als eigene Familie ausgelagert worden). Evenhuis (1994) beschreibt viele Arten aus den Gattungen *Rhagio* und *Symphoromyia,* letztere beide Gattungen stellen die meisten Vertreter im Baltischen Bernstein. Wir können die Gattung *Rhagio* anhand des Fühleraufbaus gut von der Gattung *Symphoromyia* unterscheiden: Beim aristaten Fühler von *Symphoromyia* folgt auf den Pedicellus ein nieren-sack-förmiges Glied, bei *Rhagio* ein perlschnurartiges Glied.

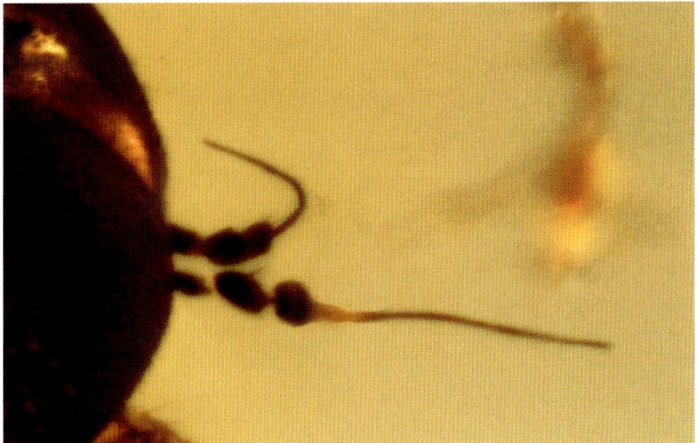

5654 Rhagionidae *Rhagio* 7,6 mm

9101 Rhagionidae *Symphoromyia* 8 mm, Erzwespe 0,35 mm

5654 Rhagionidae *Rhagio* sp., Fühler

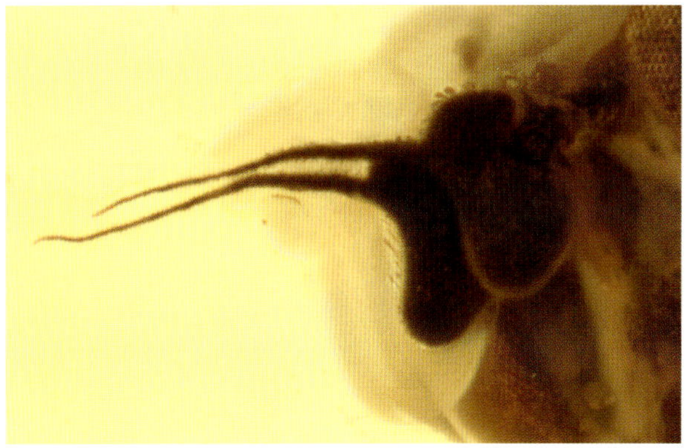

9101 Rhagionidae *Symphoromyia,* Fühler

ASILOMORPHA

Kugelfliegen – Acroceridae

Kugelfliegen tragen ihren deutschen Namen wegen ihres gedrungenen, beinahe kugeligen Körpers. Verstärkt wird dieser Eindruck durch den meist hoch gewölbten Thorax und den ungewöhnlich kleinen Kopf. Die relativ kleinen Fliegen kommen sehr selten im Bernstein vor.

Raubfliegen – Asilidae

Die meist stark behaarten Raubfliegen sind kräftig gebaute Räuber und haben einen wesentlichen Einfluss auf die Regulierung im betreffenden Ökosystem, weil sie hauptsächlich pflanzenfressende Insekten jagen. Die großen Facettenaugen sind an ihren höchsten Punkten durch eine tiefe Einsattelung getrennt, in dessen Zentrum ein Höcker mit drei Punktaugen liegt. Zwischen Fühlern und Rüsselbasis befinden sich bei vielen Raubfliegen charakteristische, bartartige Borsten und Haare.

Wollschweber – Bombyliidae

Wie der Name aussagt, sind diese relativ großen, gedrungen gebauten Wollschweber hummelartig behaart. Der mehr oder weniger lange Rüssel dient zum Aufsaugen von Nektar. Sie gehören zu den seltenen Einschlüssen im Bernstein.

1871 Acroceridae 4 mm

Acroceridae, Coll. + Foto © Veta

834 Asilidae 6,5 mm

7678 Asilidae Puppe, Foto © Veta

6124 Bombyliidae 6,6 mm

Stilettfliegen – Therevidae

Die Stilettfliegen, auch als Luchsfliegen bekannt, haben häufig eine starke Behaarung und können mit den Raubfliegen verwechselt werden, mit denen sie eng verwandt sind. Sie unterscheiden sich durch die fehlende Einsattelung am hinteren Stirnende und durch vorquellende Augen. Die Körperform war namensgebend, der zugespitzte Hinterleib gleicht der Klinge eines Stiletts, der Brust-Kopf-Abschnitt dem Stilettgriff.

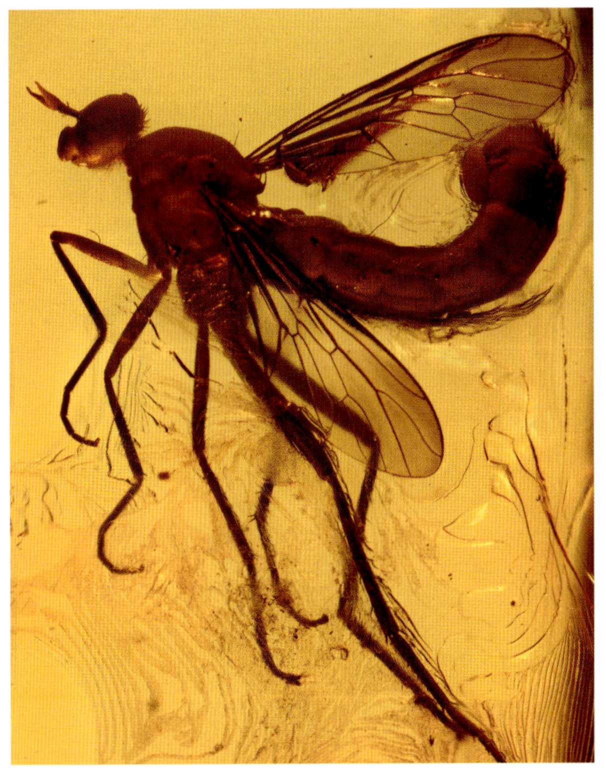

1739 Therevidae 8 mm, *Arctogephyra agilis*

MUSCOMORPHA

Blumenfliegen – Anthomyiidae

Wie der Name andeutet, besuchen diese Fliegen häufig Blüten und ernähren sich größtenteils von Nektar und Pollen. Rezent finden wir in dieser Familie auch viele pflanzenpathogene Arten. Die meisten Arten sind unscheinbare grau gefärbte Fliegen mit kräftiger Beborstung. Von den anderen Calyptratae (höheren Fliegen) unterscheiden sie sich durch die lange, den hinteren Flügelrand erreichende Analader.

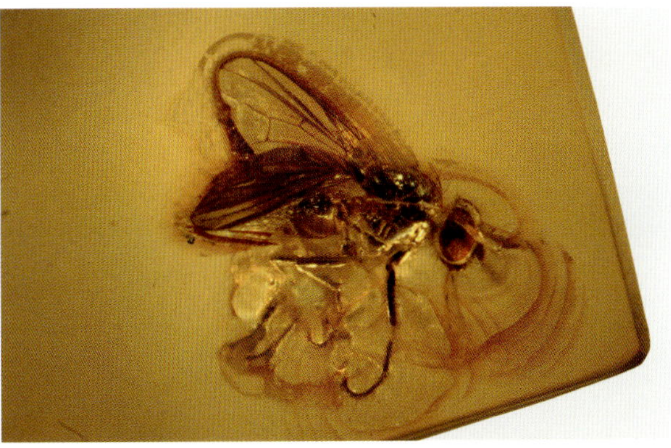

948 Anthomyiidae 3 mm, *Protanthomyia minuta*, Michelsen, 2000, Coll. Hoffeins

Augenfliegen – Pipunculidae

Namensgebend waren für diese 2–12 mm kleinen, meist unbehaarten, dunkel gefärbten Fliegen die stark vergrößerten Facettenaugen, die den größten Teil des fast kugelrunden und beweglichen Kopfes einnehmen. Sie benötigen die leistungsfähigen Augen zum Auffinden der Wirtstiere für die Larvalentwicklung. Soweit bekannt, sind fast alle Arten Parasitoide von Zikaden. Einige wenige entwickeln sich in adulten Tipuliden (Schnaken). Mit ihrem zu einem säbelförmigen Legestachel umgewandelten Hinterleibsende durchstößt das Weibchen die Verbindungshaut zwischen zwei Hinterleibssegmenten

5407 Pipunculidae *Jassidophaga* sp., Foto © Kehlmaier

1350-1 Stratiomyiidae 2,5 mm, Coll Hoffeins

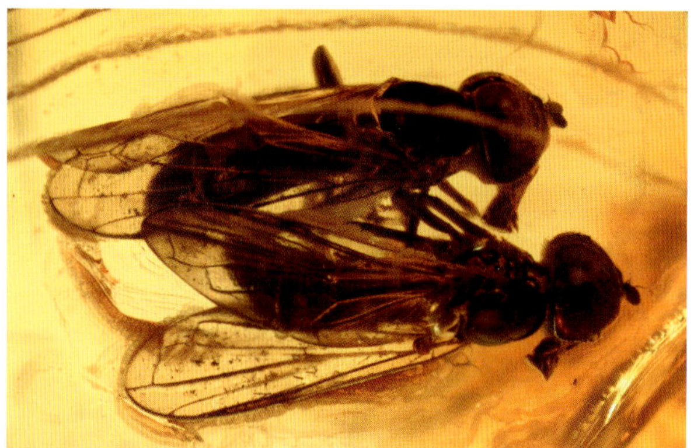

Syrphidae nach Geschlechtsakt, Coll. Damzen

639 Syrphidae 4,4 mm

6108 Syrphidae 6,5 mm

des Wirtstieres und legt ein Ei in dessen Hinterleib ab. Die Larve wächst bis zur Verpuppung im Hinterleib des Wirtes heran und ernährt sich zunächst vom Fettgewebe und den Reproduktionsorganen. Erst kurz vor dem Schlupf werden auch die lebenswichtigen Organe des Wirtes angegriffen. Mit dem Schlupf der ausgewachsenen Larve stirbt der Wirt ab. Die ausgewachsenen Fliegen sind seltene Blütenbesucher. Sie ernähren sich fast ausschließlich von Honigtau, einer zuckerhaltigen Ausscheidung von Blattläusen, Zikaden und anderen Schnabelkerfen, den sie von der Oberfläche der Vegetation auftupfen. Die gut 100 in Deutschland heimischen Augenfliegenarten sind in fast allen Lebensräumen anzutreffen, was sicher auch für den Bernsteinwald gegolten hat. Als ihre nächsten Verwandten können wohl die Schwebfliegen (Syrphidae) gelten.

Schwebfliegen – Syrphidae

Der deutsche Name rührt von ihrer Fähigkeit her, mit Hilfe einer hohen Flügelschlagfrequenz auf einer Stelle schweben zu können. Viele Schwebfliegen haben eine starke Farbzeichnung und ahmen wehrhafte Insekten nach (Mimikry). Die Farbmuster sind teilweise auch im Bernstein erhalten. Der Körperbau ist sehr unterschiedlich, es gibt kleine gedrungene Formen und große längliche Formen. Die Augen sind groß und nehmen fast den ganzen Kopf ein. Die dreigliedrigen Fühler haben am runden oder keulenförmigen Endglied eine vermeintliche typische Borste (Arista), tatsächlich besteht sie aus den drei letzten Fühlergliedern. Als Nahrung dienen den Schwebfliegen Nektar und Pollen, dadurch spielen sie als Bestäuber eine wesentliche Rolle.

Die nächsten Verwandten sind die Augenfliegen (Pipunculidae). Die Schwebfliegen unterscheiden sich von ihnen durch ein typisches Flügelgeäder: Nahe am Flügelrand befinden sich zwei große geschlossene Zellen, bei den Augenfliegen nur eine. Außerdem ist bei den Schwebfliegen eine zusätzliche Schein-Längsader (Vena spuria) zu erkennen, sie durchquert die r-m Querader und endet basal und apikal frei im Flügel. Eine solche kommt aber auch bei vielen Conopidae vor. Schwebfliegen sind fein behaart, nicht beborstet.

5416 Syrphidae 6,2 mm

STRATIOMYOMORPHA

Waffenfliegen – Stratiomyidae

Diese friedlichen Blütenbesucher gehören zu den farbenprächtigsten Insekten. Der irreführende deutsche Name ist auf die spitzen Chitinfortsätze der Cuticula zurückzuführen, die auf dem Schildchen und mittleren Brustabschnitt zu finden sind. Ein weiteres typisches Merkmal ist der abgeplattete Hinterleib. Auch an der Flügeläderung sind Waffenfliegen sofort zu erkennen: Der Flügelvorderrand ist durch mehrere kräftige Längsadern verstärkt, während der hintere Abschnitt nur undeutlich geädert ist. Die Entwicklung der Larven findet in feuchtem Milieu in morschem Holz, Humus, in Ameisennestern u. a. statt, einige Larven leben sogar aquatisch. Wenige Arten sind aus dem Baltischen Bernstein beschrieben, z. B. *Cacosis sexannulata* Meunier, 1910, *Hermetiella bifurcata* Meunier, 1908.

Holz-Waffenfliegen – Xylomyidae

Es handelt sich um eine artenarme Familie mit nur zwei Gattungen (*Solva* und *Xylomya),* von denen *Solva* auch aus dem Baltischen Bernstein mit einer Art bekannt ist: *Solva nana* Evenhuis, 1994.

398 Athericidae 8 mm

TABANOMORPHA

Ibisfliegen – Athericidae

Es sind langbeinige, schlanke Fliegen mit einem Rüssel. Sie ernähren sich meist von Insekten, es gibt aber auch Arten, die an Fröschen saugen. Interessant ist die Larvalentwicklung: Die Eier werden an Pflanzen über Fließgewässern abgelegt, die schlüpfenden Larven ernähren sich dort zunächst von den in Klumpen gemeinsam abgestorbenen Weibchen und lassen sich dann ins Wasser fallen, wo sie langsam die weitere Entwicklung als Räuber durchlaufen. Früher wurden die Ibisfliegen zu den Schnepfenfliegen gerechnet. Stuckenberg beschreibt 1974 aus dem Baltischen Bernstein die fossile Gattung *Succinatherix* mit den beiden Arten *S. avita* und *S. setifera*.

Bremsen – Tabanidae

Bei den meisten Bremsen haben die Weibchen einen stilettartigen Saugrüssel, der Wunden in wechselwarme oder gleichwarme Wirbeltiere schlägt. Die Männchen sind dagegen häufig Nektarsauger. Es gibt aber auch eine beträchtliche Anzahl von Arten, bei denen die Weibchen Pflanzensäfte saugen. Bremsen sind nicht sehr wählerisch bei der Auswahl ihrer Wirte; sie haben sich fast allen in ihrem Biotop lebenden Nahrungsspendern angepasst. Es ist deshalb auch nicht verwunderlich, dass sie weltweit verbreitet sind. Unverkennbar ist der breite Kopf, der den Querdurchmesser des Brustabschnitts überragt und hinten flach oder leicht konkav geformt ist. Es sind nur wenige Arten aus dem Baltischen Bernstein beschrieben, z. B. *Haematopota pinicola* Stuckenberg, 1975, *Mesomyia (Perisilvius) hoffeinsorum* Trojan, 2002, *Silvius laticornis* Loew, 1850, *Tabanosoma tabaniforme* Trojan, 2002.

5529 Tabanidae 9,4 mm

Tabanidae 9 mm, Coll. + Foto © Veta

568-3 Xylomyiidae 5 mm Coll. Hoffeins

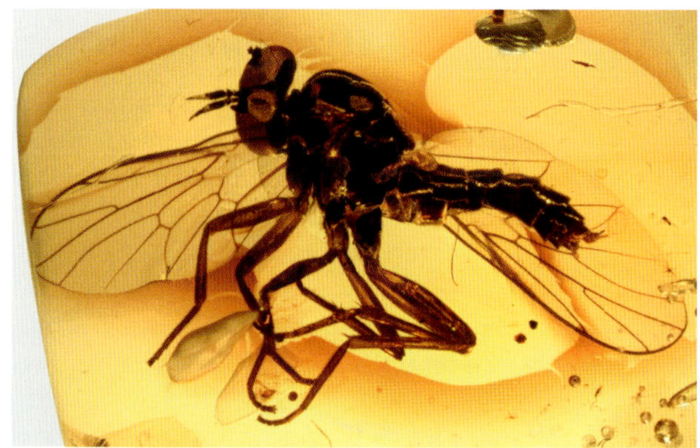

VERMILEONOMORPHA

Wurmlöwen – Vermileonidae

Wurmlöwen haben einen schlanken Körper, lange Beine und einen besonders lang ausgezogenen Rüssel. Sie ähneln etwas den Schnepfenfliegen, zu denen sie in der älteren Literatur auch gezählt wurden. Ähnlich wie bei den Ameisenlöwen, die zur Ordnung der Netzflügler gehören, bauen die Larven trichterförmige Fallgruben in den Sand, an dessen Grund sie auf Beute warten. Wurmlöwen sind äußerst seltene Einschlüsse. Hennig beschrieb 1967 die Art *Protovermileo electricus*.

XYLOPHAGOMORPHA

Holzfliegen – Xylophagidae

Namensgebend war die Lebensweise der Larven, die sich unter der Rinde oder in Stümpfen toter Bäume aufhalten. Die Holzfliegen haben einen schlanken Körperbau, der an Schlupfwespen erinnert. Der große Kopf trägt lange Fühler. Einige beschriebene Arten sind z. B. *Arthropiella eocenica* Meunier, 1908, *Bolbomyia loewi* Meunier, 1902, *Chrysothemis speciosa* Loew, 1850, *Habrosoma antiquum* Evenhuis, 1994, *Xylophagus eridanus* Meunier, 1908 und *X. mengeanus* Loew, 1850.

Rachiceridae

Die eng verwandten Rachiceridae sind als eigenständige Familie ausgegliedert worden. Beschriebene Arten sind z. B. *Paleorachicerus formosus* Evenhuis, 1994, *Trecela formosa* (Loew, 1850).

5438 Rachiceridae 8 mm

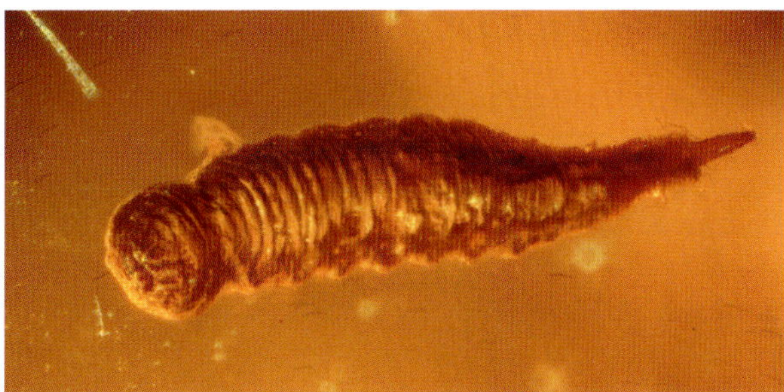

7670 *Xylophagus*, Larve 4,2 mm

1873 Xylophagidae 6 mm

1878 Xylophagidae 9 mm, *Lophyrophorus flabellatus*

Xylophagidae, Coll. Velten

ACALYPTRATAE

Die acalyptraten Fliegen erkennt man daran, dass sie nur Flügelschüppchen (Alula) besitzen, keine durchlaufende dorsale Quernaht auf dem vorderen Thorax aufweisen (Ausnahme einige Psiliden), dass niemals die äußere hintere Postalarborste (an den hinteren Seitenecken des Thorax) von einer sanften Furche umgeben ist und die Schienen (Tibien) der Beine nur spärlich oder gar nicht beborstet sind. Eine dorsale präapikale Schienenborste kommt aber bei vielen Familien vor. Es werden nur einige wenige ausgewählte Familien näher besprochen. Die Lebensweise acalyptrater Fliegen ist äußerst unterschiedlich, von Gewässer und Schatten liebenden Arten bis hin zu Arten, die eher das Trockene und Sonnige bevorzugen, von reinen Nektarsaugern bis hin zu Räubern und Arten mit Larvalentwicklung in lebenden Pflanzen.

Diese sechs Familien stellen die häufigsten Individuen der Acalyptratae im Baltischen Bernstein:

1. Scheufliegen – Heleomyzidae
2. Hornfliegen – Sciomyzidae
3. Sumpfwaldfliegen – Diastatidae (= Campichoetidae)
4. Faulfliegen – Lauxaniidae
5. Halmfliegen – Chloropidae

Systematik: Sektion Acalyptratae
(nach Tschirnhaus & Hoffeins, 2009, ergänzt)

Acartophthalmidae	
Agromyzidae	
Anthomyzidae	Minierfliegen
Asteiidae	Feinfliegen
Camillidae	
Campichoetidae	*früher: Diastatidae – Campichoetinae*
Carnidae	Gefiederfliegen
Chamaemyiidae	
Chloropidae	Halmfliegen
Chyromyiidae	
Clusiidae	
Conopidae	Dickkopffliegen
Cryptochetidae	Schild- oder Blattlausfliegen
Cypselosomatidae	
Diopsidae	Stielaugenfliegen
Drosophilidae	Frucht- oder Taufliegen
Dryomyzidae	Baumfliegen
Heleomyzidae	Scheu- oder Dunkelfliegen
Hoffeinsmyiidae	
Lauxaniidae	Faulfliegen
Megamerinidae	Schenkelfliegen
Micropezidae	Stelzfliegen
Milichiidae	Nistfliegen
Natalimyzidae	
Neurochaetidae	
Odiniidae	
Pallopteridae (inkl. Lonchaeinae)	Zitterfliegen
Periscelididae	
Proneottiophilidae	
Pseudopomyzidae	
Psilidae	Nacktfliegen
Sciomyzidae	Netz- oder Hornfliegen
Sepsidae	Schwingfliegen
Sphaeroceridae	Dungfliegen

Scheufliegen – Heleomyzidae

Ein markantes Merkmal der Scheufliegen ist die paarige Knebelborste im Mundbereich und die dichte kurze Beborstung des Flügelrandes, in der zusätzlich in gleichmäßigen größeren Abständen eine Reihe kräftiger Dörnchen eingegliedert ist.

Beispiele für beschriebene Arten: *Balticoleria michaeli* Woznica, 2007, *Chaetohelomyza electrica* Hennig, 1965, *Heleomyza alacris* Hennig, 1965, *Palaeoheleomyza kotejai* Woznica & Palaczyk, 2005, *Protoorbellia hoffeinsorum* Woznica, 2005, *Suillia major* Evenhuis, 1994.

Hornfliegen – Sciomyzidae

Hornfliegen, auch Netzfliegen genannt, haben als typische Merkmale: Die Costalader ist nicht unterbrochen, die Subcosta ist vollständig ausgebildet. Große Fliegen, meist ohne Knebelborste (Vibrisse) am vorderen Mundrand; zweites Fühlerglied meist leicht bis deutlich verlängert, Schenkel (Femur) mit ein oder zwei deutlichen Borsten in der Nähe der vorderen Mitte.

Die bevorzugten Habitate sind Feuchtgebiete und Gewässernähe. Die Hornfliegen haben Larven, die sich von Weichtieren (Mollusken) ernähren. Es gibt sogar aquatile Larven, die Wasserschnecken oder Muscheln befallen.

Beschriebene Arten sind z. B.: *Palaeoheteromyza crassicornis* Meunier, 1904, *Prophaeomyia loewi, Prosalticella succini* und *Sepedonites baltica* Hennig, 1965.

Sumpfwaldfliegen – Campichoetidae

Sumpfwaldfliegen haben eine nach vorn und ein bis zwei nach hinten gerichtete Borsten am inneren Augenrand. Das Anepisternum (= Mesopleura) ist kahl, es gibt nur eine Costabruchstelle.

5690 Heleomyzidae 4,5 mm

5510 Sciomyzidae 3,6 mm

5689 Sciomyzidae 4,2 mm

9561 Sciomyzidae *Palaeoheteromyza crassicornis* 3,8 mm

5516 Lauxaniidae *Chamaelauxania succini* 3,8 mm

Faulfliegen – Lauxaniidae

Die Flügel haben keine Flügelbruchstelle, die Subcosta reicht bis zum Flügelrand. Eine Knebelborste am Mund fehlt. Die Vorderschenkel tragen gereihte langen Borsten.

Halmfliegen – Chloropidae

Im Flügelgeäder fehlt eine Analzelle. Die hinterste Flügelader hat unverwechselbar einen kleinen Knick (Absatz, Biegung) in der basalen Hälfte. Auf dem Thorax befinden sich drei rau strukturierte dorsale Längsfurchen. Die Halmfliegen sind sehr kleine Fliegen mit sehr kurzen Börstchen. Es gibt nur eine beschriebene Art: *Protoscinella electrica* Hennig, 1965 und eine unbeschriebene *Tricimba*-Art.

Stielaugenfliegen – Diopsidae

Stieläugige Fliegen haben sich mehrfach parallel, d. h. unabhängig voneinander entwickelt. Die stieläugigen Formen sind immer die Männchen, mit Ausnahme der Vertreter der Unterfamilie Diopsinae, bei der auch die Weibchen gestielte Augen tragen (nach KOTRBA, 2004). Je länger die Augenstiele, desto erfolgreicher sind die Männchen in Auseinandersetzungen mit Rivalen und desto attraktiver sind sie als Sexualpartner für die Weibchen. Aus dem Baltischen Bernstein wurden *Prosphyracephala succini* Loew, 1873, *Prosphyracephala kerneggeri* Kotrba, 2009 beschrieben.

Micropezidae

Stelzenfliegen oder Stelzfliegen haben lange, stelzenartige Beine, die häufig ein auffälliges Farbmuster zeigen, das auch bei Bernsteineinschlüssen noch zu erkennen ist. Die Vorderbeine sind etwas kürzer und werden von den Männchen häufig abgehoben fühlerartig nach vorne getragen. Die Larven entwickeln sich in fauligem Substrat und Exkrementen.

Taufliegen – Drosophilidae

Taufliegen werden auch Obst-, Frucht-, Gär-, Most- oder Essigfliegen genannt. Bevorzugte Nahrung sind überreife Früchte, von deren Hefepilze- und Bakterienbesiedlung sich auch die Larven ernähren. Heute haben sich viele Taufliegen zu Kulturfolgern entwickelt und leben auf Komposthaufen oder sogar in Häusern, wo sie von gärenden Säften, Obst und Alkohol angezogen werden. Bekannt wurde die rezente Art *Drosophila melanogaster* als Kreuzungsobjekt in der Genetikforschung.

Blasenkopffliegen – Conopidae

Die relativ großen Fliegen haben einen großen, aufgeblasen wirkenden Kopf mit langem Rüssel. Einige Arten haben einen typischen „Backenbart". Bevorzugter Lebensraum rezenter Blasenkopffliegen sind offene, sonnige Flächen mit blühenden Pflanzen. Die erwachsenen Fliegen besuchen Blüten und ernähren sich von Nektar. Ihre Larven dagegen leben in verschiedenen Insekten, vor allem Wespen, Hummeln und Heuschrecken. Wie Syrphiden weisen die Flügel oft eine Scheinlängsader auf, die die Querader r-m (zwischen Radius und Media) durchquert.

Ein Bestimmungsschlüssel für Acalyptratae in Englisch von M. von Tschirnhaus und Chr. Hoffeins findet sich in: Amber – Archive of Deep Time (Berning & Podenas, 2009).

6100 Chloropidae *Protoscinella electrica* 2 mm

T854 Diopsidae *Prosphyracephala succini*,
Coll. + Foto © Kobbert

Diopsidae *Prosphyracephala kerneggeri*, Augenspanne 3,4 mm,
Coll. + Foto © Henderickx

829-4 Anthomyzidae 2,05 mm, ***Lacrimyza lacrimosa,*** Coll. Hoffeins

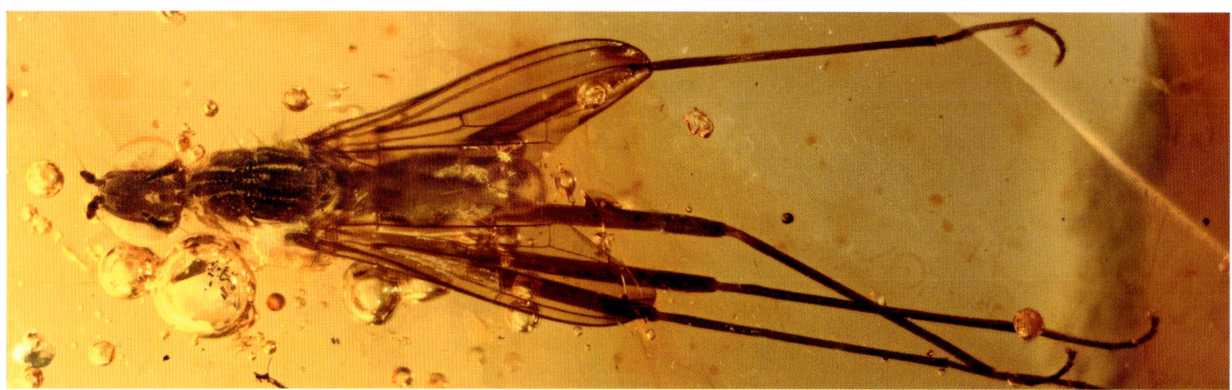

1879 Micropezidae ***Electrobata*** **cf.** ***tertiaria***

1799 Micropezidae Calobatinae 7,5 mm

1849 Drosophilidae 1,3 mm

Conopidae, Coll. + Foto © Veta

5508 Clusiidae *Electroclusioides meunieri* 2,7 mm

5511 Cryptochetidae *Phanerochaetum tuxeni* 2,2 mm

1889 Milichidae 1,3 mm

9602 Odiniidae *Protodinia electrica* 3 mm

9412 Megamerinidae *Palaeotanypeza spinosa* 9,6 mm

1868 Psilidae 3,4 mm

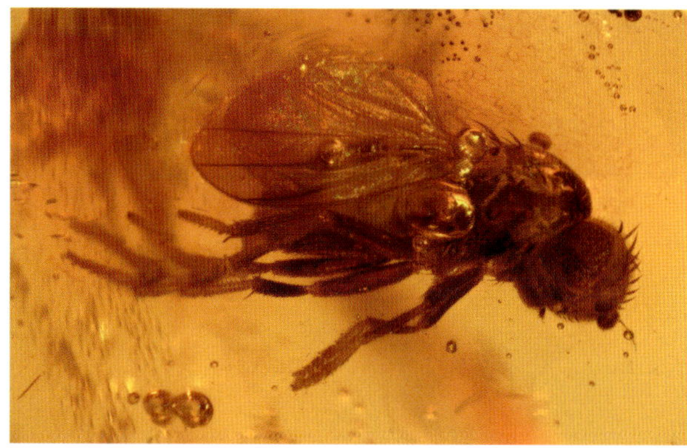

1881 Pseudopomyzidae 2,7 mm

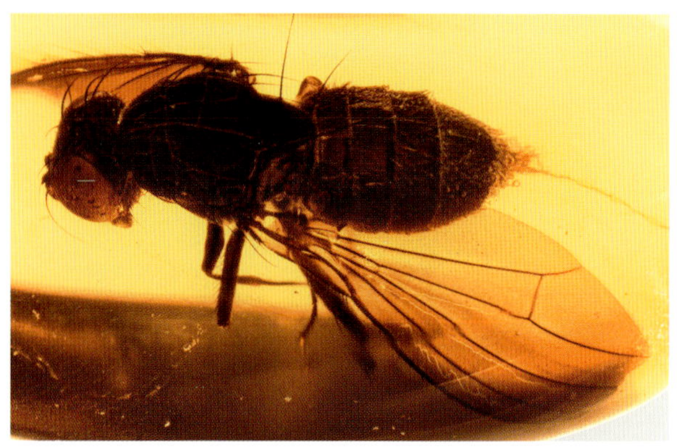

9605 Campichoetidae *Pareuthychaeta electrica* 3,6 mm

914 Camillidae *Protocamilla* sp. 2,1 mm

9470 Proneottiophilidae *Proneottiophilum* sp. 5,4 mm

9556 Acalyptratae mit Eiern

FLÖHE

SIPHONAPTERA

Flöhe gehören seit jeher zu den begehrtesten Sammlerobjekten. Das liegt unter anderem daran, dass es sehr lange Zeit nur ein Exemplar im Baltischen Bernstein gab: *Palaeopsylla klebsiana* (Dampf, 1911). Dieser leider verschollene Floh ging aus der privaten Sammlung des Professor Klebs in die berühmte Königsberger Bernsteinsammlung über. Leider sind aus dieser Sammlung nur Reste erhalten, die heute im Geologisch-Paläontologischen Institut Göttingen liegen. Dampf schreibt dazu in seiner Einleitung:

„Unter den mannigfachen organischen Einschlüssen, die uns im Bernstein ... erhalten geblieben sind, fehlten bis jetzt Parasiten von Säugetieren vollständig. Und das aus leicht begreiflichen Gründen... Es bleibt aber trotzdem ein erstaunlicher Zufall, dass ein auf seinen Wirt angewiesener Parasit, wie es der in der Klebs'schen Sammlung hierselbst aufbewahrte und im nachfolgenden als *Palaeopsylla klebsiana* beschriebene Floh gewesen sein muß, sich in das Bernsteinharz verirren konnte, und noch erstaunlicher, dass dieser winzige, unscheinbare Einschluß, trotz der relativ starken Bernsteinförderung und der Unmenge von Einschlüssen, ... entdeckt wurde und in sachverständige Hände geriet."

Es dauerte über 50 Jahre, bis ein zweiter Floh im Baltischen Bernstein gefunden wurde: *Paleopsylla dissimilis* (Peus, 1968). In der Paläontologischen Zeitschrift der Paläontologischen Gesellschaft Stuttgart heißt es:

„Die beiden bisher aus dem Baltischen Bernstein bekannten Flöhe gehören der rezenten Gattung *Palaeopsylla* (Wagner, 1903) an. Sie sind extrem verschiedene Arten, die sich innerhalb ihrer Gattung in mehreren Merkmalen diametral gegenüberstehen" (Peus, 1968).

Es dauerte weitere Jahrzehnte, bis ein dritter und vierter Floh im Baltischen Bernstein gefunden wurde. Sie befinden sich einerseits im Deutschen Bernsteinmuseum Ribnitz-Damgarten, andererseits in der Privatsammlung Gröhn.

Die beiden ersten Flöhe gehören nach neueren Erkenntnissen zur Familie der Hystrichopsyllidae (Weitschat & Wichard, 1998) und haben wohl an Insektenfressern gesaugt. Wir finden aus dieser Familie heute zum Beispiel den Maulwurfsfloh.

Der dritte Bernsteinfloh aus dem Baltikum (*Palaeopsylla baltica*, Familie Ctenophthalmidae) erfuhr 2001 eine wissenschaftliche Bearbeitung (Beaucournu & Wunderlich, 2001).

Der Floh aus der Sammlung Gröhn wurde von Beaucournu 2003 als *Palaeopsylla groehni* beschrieben und ebenfalls der Familie Ctenophthalmidae zugeordnet, einer Schwesterfamilie der Hystrichopsyllidae. Zu dieser Familie gehören heute zum Beispiel die Katzenflöhe.

Nachdem ein fünfter Floh im Baltischen Bernstein gefunden wurde, entdeckte Jens Urban das sechste Exemplar im Bitterfelder Bernstein, der nach heutigen Erkenntnissen das gleiche Alter wie der Baltische Bernstein hat. Urban schrieb dazu (Gröhn, Bernstein-Abenteuer Bitterfeld, 2010):

„Der Bitterfelder Bernsteinfloh befindet sich in einem 44 x 20 x 7 mm messenden Stück Succinit. Der Stein ist partiell von nebeligen Partien (Gaseinschlüssen) durchzogen, was Anlass zur Vermutung gibt, dass der Harzfluss an einer sonnenabgewandten Seite oder am Fuße des Baumes erfolgte, da keine vollständige Klärung des Harzes durch Sonneneinwirkung geschah. Der Floh hat eine Körperlänge von 1,8 mm. Das Tier ist vollständig erhalten, weist an einer Körperseite jedoch eine mittelstarke Verlumung auf. Als Beifang enthielt der Stein acht Buckelfliegen (Phoridae), von denen jedoch sechs der Schliffbearbeitung zum Opfer fielen.

Als Hypothese lässt sich aufstellen, dass der Wirt des Flohs schon einige Zeit tot am Fuße des harzenden Baumes lag. Unterstützt wird diese Annahme durch die zahlreich als Beifang im Stein enthaltenen Buckelfliegen. Diese Art der Diptera ernährt sich in fast allen Entwicklungsstadien von Aas. Alle Buckelfliegen befinden sich auf derselben Schlaubenschicht (Grenzbereich zwischen den Harzschüben) wie der Floh. So kann man also davon ausgehen, dass der Floh seinen ehemaligen Wirt verlassen musste, da dieser offensichtlich schon stark im Zerfall begriffen war und keine Ernährungsgrundlage mehr bieten konnte.

So entsteht das Bild eines toten Kleinsäugers am schattigen Fuße eines harzenden Baumes, um dessen Kadaver winzige Fliegen schwirren. Aus dem Pelz des Tieres springt ein Floh, getrieben vom Hunger, mitten hinein in den goldgelben Harzstrom, um Millionen von Jahren später wiederentdeckt zu werden."

Verdeutlichen wir uns den Stand der Säugerentwicklung vor ca. 50 Millionen Jahren. Viele uns heute bekannte große Säugerfamilien standen noch am Anfang ihrer Entwicklung. Als Beispiel dient uns das nur fuchsgroße Urpferdchen, das sehr gut erhalten in der Grube Messel gefunden wurde. Die echten Affen gab es auch noch nicht, den Lemuren ähnliche Halbaffen kletterten im Bernsteinwald. Die Klasse der Säuger gab es zwar schon sehr lange, sie entstanden schon vor über 200 Millionen Jahren aus einem Seitenzweig der Reptilien, doch blieben sie sehr lange Zeit unscheinbar mausgroß und ohne große Diversität. Das änderte sich gegen Ende der Kreidezeit mit dem Aussterben der Saurier vor 65 Millionen Jahren.

Die deutlich größeren und anders gebauten Flöhe der Jurazeit parasitierten wahrscheinlich an haarigen oder gefiederten Sauriern.

Ganz sicher parasitierten auf diesen Säugervorfahren schon Flöhe. In enger Koevolution mit ihren Wirten haben die Flöhe eine große Wirtsspezifität erlangt. Die große Diversität der Flöhe muss parallel zur Entstehung der Säugerordnungen gesehen werden. Es ist anzunehmen, dass sich auf den kleinen Ursäugern des Jura und der Kreide der Urfloh entwickelte. Die Spezialisierung erfolgte dann erst mit der Entstehung der vielen Säugerordnungen.

Die wenigen im Bernstein gefundenen Flöhe gehören nur zu zwei nahe verwandten Familien, deren Nachfahren heute auf Maulwürfen und Katzen leben. Flöhe leben aber auch auf Vögeln. Es könnte also durchaus sein, dass der nächste im Bernstein gefundene Floh aus der Familie der Vogelflöhe stammen wird.

2732 *Palaeopsylla groehni* 1,8 mm

2732 *Palaeopsylla groehni*, Foto © Janzen

2732 *Palaeopsylla groehni* im 13 mm-Bernstein

***Palaeopsylla klebsiana* Dampf, 1910,** Coll. Klebs

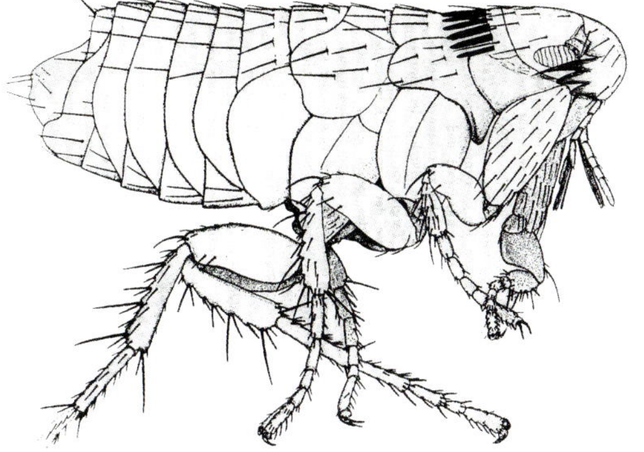

FISCHE

PISCES

Fische sind bisher nicht im Bernstein gefunden worden. Es wäre zwar eine Sensation, aber durchaus möglich, dass irgendwann auch ein kleines Fischchen im Bernstein gefunden wird, so wie auch andere ausschließlich im Wasser lebende Tiere schon im Bernstein gefunden wurden (Steinfliegenlarven, Köcherfliegenlarven u. a.). Das Szenario im Bernsteinwald könnte Folgendes gewesen sein:

Ein Bach führt nach Regenfällen viel Wasser. Im Wasser tummelt sich die Fischbrut, Millionen kleiner Fischchen. Es folgt eine Zeit, in der der Bach weniger Wasser führt und kleine Ufermulden vom Bachverlauf abgeschnitten werden. Diese Mulden mit vielen kleinen Fischchen trocknen dann ganz aus. Nun kann ein Windstoß die toten getrockneten Fischchen ins Harz wehen oder ein Baum harzt genau auf diese Mulde und schließt die toten Fischchen ein.

Eine Fotomontage zeigt ein 20 mm kleines Fischchen (Nase *Chondrostoma nasus*) im Bernstein.

Anfang des Jahres 2015 wurde der erste Fisch im Burmesischen Bernstein gefunden, ein Skelett mit einem Kopf, dessen Kiefer Zähnchen aufweisen.

Alle bisher im „Baltischen Bernstein" eingeschlossen gesehenen Fische waren Fälschungen. Davon wird schon 1756 in einem Werk von Zimmermann berichtet:

„Selbst der auf unser Naturalien-Cammer vorhandene Fisch im Bernstein ist etwas arteficielles, so offenbar zu sehen ist."

Fischbrut (Nasen), Foto © Hartl

Fisch (Nase) 20 mm im Bernstein, Fotomontage

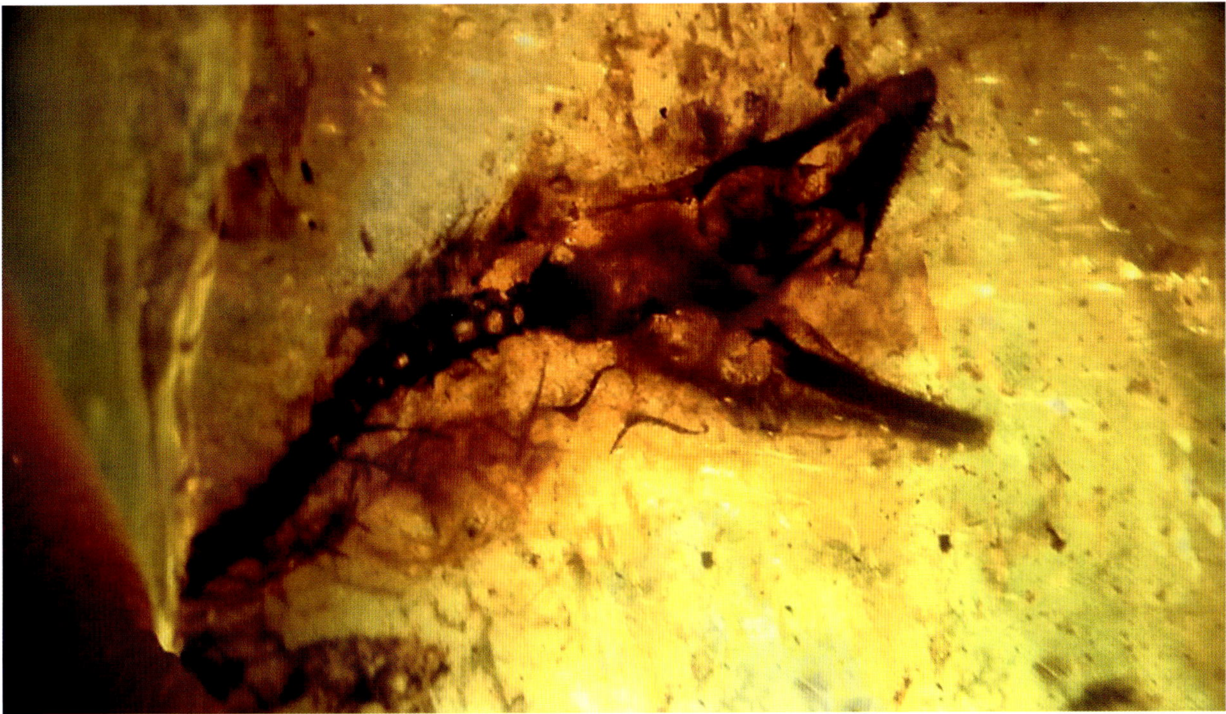

Fischskelett im Burmesischen Bernstein, Foto © Müller

„Grundsätze der theoretischen und practischen Chemie“, 1756

Allgemeine
Grundsätze
der
Theoretisch-
Practischen Chemie,
das ist:
Gründlicher und vollständiger Unterricht der Chemie:
in welchem nicht nur überhaupt eine gründliche Anleitung zu allen Theilen der Chemie; sondern auch die, aus allen dreyen Natur-Reichen, vorkommende Operationes und Producta chemica mit vernünfftigen physicalischen Demonstrationibus und richtigen Experimentis auf die leichteste und sicherste Art abgehandelt und gelehret werden;
nebst beygefügten
Medicinischen, Chirurgischen, Oeconomischen, Metallurgischen ꝛc. Gebrauch und Anwendung.
Herausgegeben von
D. Johann Christian Zimmermann.
Zweyter und letzter Band.

Mit Königl. Pohln. und Churfl. Sächßl. allergnädigsten Privilegio.

Dresden 1756.
Im Verlag der Waltherischen Buchhandlung.

3) Und letztens findet man am meisten allerhand Animalia, insonderheit Mücken, Fliegen, Spinnen, Ameisen, Motten, Sommervögel, Heuschrecken, Bienen, Würmer, Spanische Fliegen, Raupen, Grillen, Hornissen, Käfer, Korn- und Holtz-Würmer, Maden, ja endlich Läuse und Flöhe. Unter denen Käfern sind gehörnte und ungehörnte. Hr. D. Sendel in Elbingen hat allein von allerhand Arten kleinen Thierchen über 230erley gefunden, darunter auch in einem Stück Bernstein ein ziemlich grosser grüner Käfer, mit 6. oder 7. Mücken accompagnirt, vorhanden. Man will auch gar Frösche, Eidexen, Vipern, Fische und dergleichen grössere Thiere darinnen gefunden haben, wie in mehrgedachter Metallotheca vorgebildet stehet: Allein das meiste von diesen grossen Dingen ist gemacht, und so auch vieles von denen kleinern Sachen, als wofür man sich sehr zu hüten hat: **Selbst der auf unser Naturalien-Cammer vorhandene Fisch im Bernstein ist etwas arteficielles, so offenbar zu sehen ist.**

Sonsten hatte ich allein fast 200erley Stücke zugegen, da in jedem etwas zu sehen war.

„Bernstein-Forelle“, Fotomontage © Rötzer

LURCHE

AMPHIBIA

Nur sehr wenige Amphibien sind bisher im Baltischen Bernstein gefunden worden und diese Exemplare schlummern in Privatsammlungen. Ein solches Exemplar sah ich vor vielen Jahren in Danzig in einer sehr großen Privatsammlung, einen kleinen dunklen Frosch. Einen recht ähnlichen Bernstein mit einem Frosch konnte ich an einem Bernsteinstand in Swetlogorsk (ehemals Rauschen) in der Oblast Kaliningrad erwerben, wusste aber sofort aufgrund des Preises, dass es sich um eine Fälschung handelte: Auf echten Baltischen Naturbernstein wurde eine bernsteinfarbene Kunstharzmasse aufgeschichtet, die den Frosch enthielt.

Froschfälschungen

Viele Amphibienarten haben ein wasserlebendes Larvenstadium und viele erwachsene Tiere verbleiben in Gewässernähe oder sogar im Wasser. Die Möglichkeit ins Harz zu geraten, ist dadurch sehr gering, aber nicht unmöglich, wie wir von viele anderen Einschlüssen aquatischer Tiere im Bernstein wissen.

Aus der Klasse der Amphibien besteht bei kleinen, baumlebenden Fröschen die größte Chance, in die tödliche Harzfalle zu geraten. So muss es auch bei dem Fröschchen gewesen sein, dass wir heute im Mexikanischen Bernstein im Museo del Ámbar in San Cristóbal de Las Casas bewundern können.

Ein weiterer im Bernstein eingeschlossener Frosch stammt aus dem Burmesischen Bernstein, der erst 2015 gefunden wurde.

Frosch im Burmesischen Bernstein, Foto © Müller

KRIECHTIERE

REPTILIA

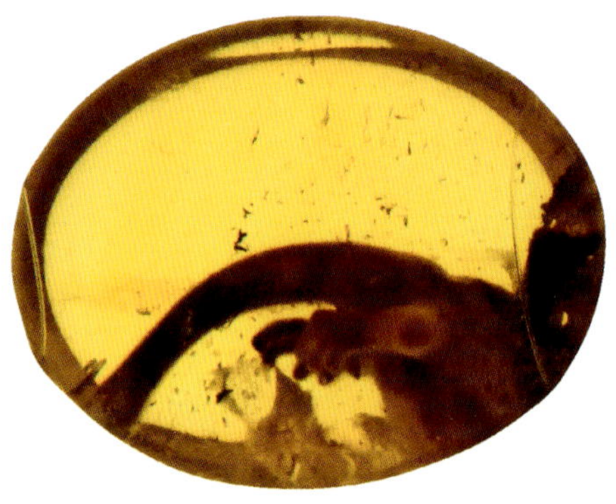

Im Bernstein eingeschlossene Kriechtiere (Reptilien) gehören zu den absoluten Raritäten und nur wenige vollständig erhaltene Exemplare sind bekannt.

Die Kriechtiere sind eine sehr alte Tiergruppe, zu der auch die Saurier gehören, die vor der Ausbreitung der Säuger die Erde als höchstentwickelte Wirbeltiere beherrscht haben. Zur Zeit des Bernsteinwaldes waren die Saurier schon längst ausgestorben.

Eine Untergruppe der Kriechtiere bilden die Schuppenkriechtiere (Squamata), zu der u. a. die Echten Eidechsen (Lacertidae) und die Geckos (Gekkonidae) gehören.

Lacertidae aus dem Bernstein gibt es einige, meist sind Häutungsreste (Hornschuppen) erhalten, selten ganze Körperteile (z. B. Eidechsenschwänze) und noch seltener vollständig erhaltene Eidechsen. Eine nahezu vollständig erhaltene Eidechse präparierte der Autor vor einigen Jahren: Der Rücken war „offen" und wurde mit Kunstharz gefüllt, danach mit der Lackmethode konserviert. Das Deutsche Bernsteinmuseum Ribnitz-Damgarten konnte diesen wertvollen Einschluss einer Lacertidae erwerben.

Die Schuppen einer Eidechse sind nicht alle gleich geformt, deshalb können wir selbst bei einzelnen Schuppen feststellen, von welchem Körperteil sie stammten.

Das Deutsche Bernsteinmuseum Ribnitz-Damgarten konnte vor einigen Jahren eine weitere Rarität aus der Gruppe der Kriechtiere erwerben: Einen ca. 30 mm großen Bernstein mit dem Vorderteil eines Geckos. Dieser Bernstein war für Schmuck vorgesehen, eine Bohrung führt durch den hinteren Teil des Geckokopfes hindurch. Die Erhaltung von der oberen Seite ist perfekt.

Die Geckos haben sich erst in den letzten 50 Mio. Jahren weltweit ausgebreitet und haben heute Dank ihrer hervorragenden Anpassungsfähigkeit Lebensräume vom Trockensten bis in die Tropen erobert.

„Die wissenschaftliche Auswertung des baltischen Fundes hat ergeben, dass dieser Gecko aufgrund der Beschaffenheit seiner Haftlappen an der Unterseite der Zehen an den Anfang der Entwicklung der gesamten Tiergruppe zu stellen ist." (Weitschat & Wichard, 2004).

Lacertidae *Succinilacerta* sp., Coll. + Foto © Deutsches Bernsteinmuseum Ribnitz-Damgarten

links: **Eidechse,** Coll. Aleksander Afanasjev

Lacertidae *Succinilacerta* sp., Coll. Deutsches Bernsteinmuseum Ribnitz-Damgarten

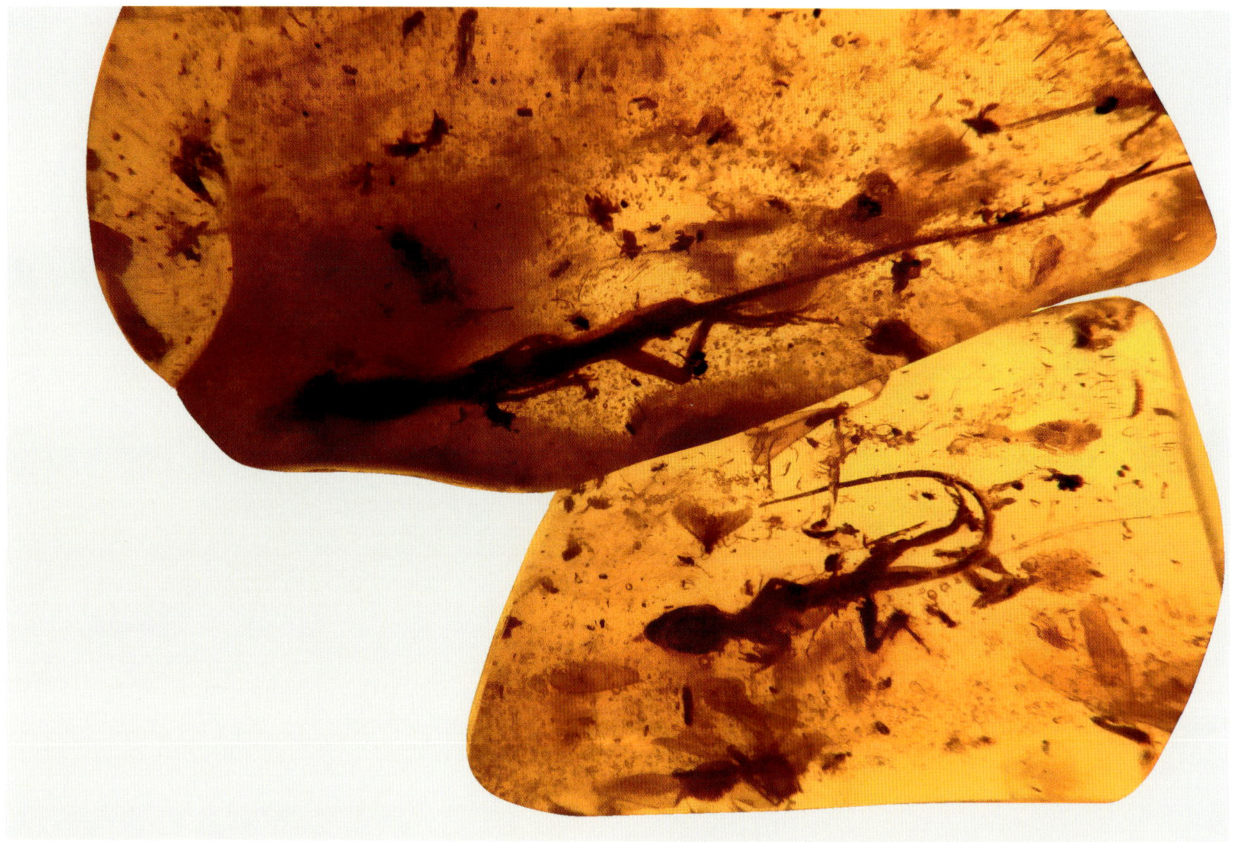

Eidechsen, Coll. Aleksander Afanasjev

Reptilia, Coll. Urbonas, Foto © Weitschat

Reptilia, Coll. Urbonas, Foto © Weitschat

2824 Eidechsenschwanz 12 mm

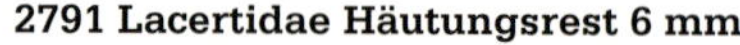

2791 Lacertidae Häutungsrest 6 mm

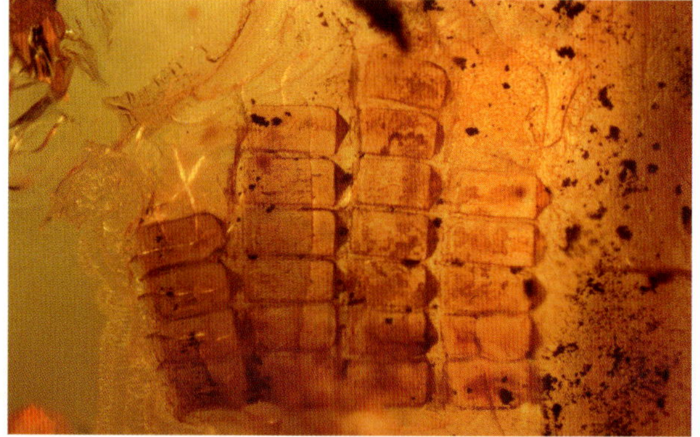

Gecko, Schuppenkriechtier Squamata *Yantarogecko balticus*, Coll. + Foto © Deutsches Bernsteinmuseum Ribnitz-Damgarten

2783 Verschiedene Reptilienschuppen 10 mm

VÖGEL

AVES

Es verwundert nicht, dass Nachweise von Vogelfedern im Bernstein zu verzeichnen sind. Vögel waren vor 40–50 Millionen Jahren im Vergleich zu den Säugern sicher schon höher entwickelt und erreichten eine größere Diversität. Trotzdem gehören diese Einschlüsse zu den Raritäten.

Es ist bisher nicht gelungen, Federn einer bestimmten Vogelgruppe zuzuordnen. Forschungen in diese Richtung stehen noch aus. Meist findet man kleine Daunenfedern oder Deckfedern, selten Reste oder sogar vollständig erhaltene größere Deckfedern.

Die zugehörigen kleineren Vogelarten könnten aus der Gruppe der Tagschläfer (Nyctibiidae), der Spechtartigen (Picoidea), der Segler (Apodidae), der Papageien (Psittaciformes), der Racken (Coraciiformes), der Eisvögel (Alcedinidae) usw. stammen. Das können wir aus den Untersuchungen der Messel-Funde schließen. Vielleicht stammten die Federn auch von einer Blumenvogel-Art, wie z. B. *Pumiliornis tessellatus,* dem bisher ältesten Nachweis eines Vogels, der Blüten bestäubte. Er wurde in der Messel-Grube gefunden und hatte Klumpen von mehreren Hundert Pollenkörnern in seinem Mageninhalt (nach Mayr & Wilde, 2014 und Friis et al. 2011). Bachofen-Echt (1936, 1949) vermutete nach Rezentvergleichen, dass es sich bei den von ihm untersuchten Einschlüssen um Federn von Sperlingsvögeln (Passeriformes) handeln könnte: Kleiberartige (Sittidae), Meisenartige (Paridae) usw.

Die Fossilien des Messeler Ölschiefers haben ein ähnliches Alter wie die Einschlüsse des Baltischen Bernsteins und die Erhaltung der Fossilien ist sehr gut. Der Grund für die gute Konservierung liegt in der Tatsache, dass in dem damaligen tiefen Maarsee durch Mangel an Wasseraustausch kein Sauerstoff an die Sedimente gelangte und sich zusammen mit einem hohen Schwefelanteil Faulschlamm bildete – beste Voraussetzungen für die Erhaltung von Fossilien.

Die ältesten Federfunde kennen wir aus dem Libanon-Bernstein, der auf Untere Kreide datiert wird, fast 150 Millionen Jahre alt. Neuere Forschungen halten es für möglich, dass diese ursprünglichen Federn von kleinen Sauriern stammen könnten.

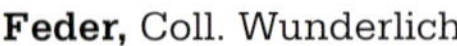

Feder, Coll. Wunderlich

7123 Feder

7123 Viele verschiedene Federn

7123 Federausschnitt

2694 Deckfederrest 11 mm

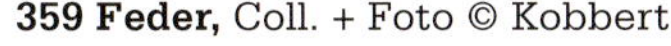

359 Feder, Coll. + Foto © Kobbert

SÄUGER

MAMMALIA

Baumlebende Säuger sind im Bernsteinwald sicher häufig mit Harz in Kontakt geraten und deshalb ist die logische Folge, dass auch Säugerhaare im Baltischen Bernstein vielfach gefunden wurden.

Eine nähere Bestimmung der Funde ist generell schwierig. In der Vergangenheit wurden viele Vermutungen geäußert, die alle bisher nicht eindeutig belegt werden konnten: Bachofen-Echt (1949) sprach von Siebenschläfern, Eckstein (1904) von Eichhörnchen. Voigt (1952) wies darauf hin, dass diese Säuger sich erst viel später entwickelten und im eozänen Bernsteinwald nur die Vorfahren gelebt haben könnten, also Hörnchenverwandte (Sciuromorpha). Er erkannte, dass die Oberfläche der Haar-Cuticula spezifische Strukturen zeigt, die man eventuell für eine Bestimmung verwenden könnte. Das wurde von dem Kriminologen Foos (2010) bei einem der Haar-Einschlüsse bestätigt:

„Bei der Untersuchung von 10 Bernsteinstücken mit Säugetierhaaren aus der Sammlung von Herrn Carsten Gröhn fand sich ein Exemplar, das Haare mit einer sehr charakteristischen Besonderheit der Cuticulaschuppen eingeschlossen hat. Es handelt sich um eine Art Widerhaken, die in der Literatur m. W. bisher nur bei einigen Lemurenarten nachgewiesen wurden. Toldt (1935) erwähnt sie in seinem Standardwerk, wo er auf seine Veröffentlichung von 1912 hinweist. Dort vergleicht er diese Cuticulastruktur mit einer mehr oder weniger scharfen Adlernase; und Lambert und Balthazard (1910) vergleichen sie mit den Fußstützen an Stelzen."

Diese Haare sind auch in der Grube Messel gefunden worden, deren Fossilien das gleiche Alter wie die des Baltischen Bernsteins haben. Sowohl die elektronenmikroskopische Aufnahme als auch das Mikrofoto zeigen diese Fortsätze deutlich.

Von welchen Säugern die anderen eingeschlossenen Haare stammen könnten, lässt sich nur vermuten. Die Funde der Grube Messel zeigen, dass es urtümliche Nagetiere (Rodentia) wie Mäuse (Murinae) oder Bilche (Gliridae) gewesen sein könnten, urtümliche Insektenfresser (Eulipotyphia) wie der Kopidodon, Urraubtiere (Creodonta), Fledermäuse (Microchiroptera) oder andere Fledertiere (Chiroptera) usw.

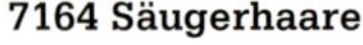

7164 Säugerhaare

2636 Bernstein mit Haaren von Lemuren

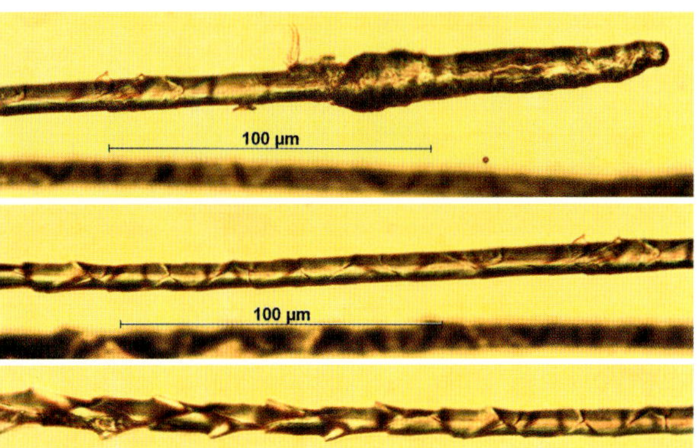

2636 Lemurenhaare, Fotos © Foos

2636 Lemurenhaar, Foto © Foos

2636 Lemurenhaar

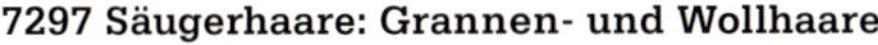

7297 Säugerhaare: Grannen- und Wollhaare

PFLANZEN

FLORA

Für die Pflanzen im Bernstein ist ein Extrawerk in Planung. Es wird neben vielen Bildern auch ausführliche Beschreibungen der pflanzlichen Einschlüsse beinhalten. Während das vorliegende Buch nur die Einschlüsse im Baltischen Bernstein behandelt, wird das kommende Buch auch pflanzliche Einschlüsse aus anderen Bernsteinlagerstätten erfassen, z. B. Dominikanische, Burmesische u. a. Inklusen.

An dieser Stelle werden nur einige Bilder ohne Kommentare gezeigt.

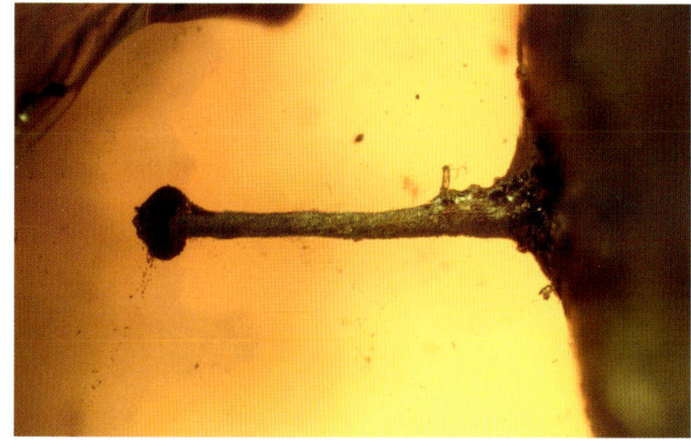

Harzbewohnender Pilz *Chaenothecopsis*, Foto © Schmidt

Schimmelpilze *Aspergillus* auf Collembola,
Coll. + Foto © Grabenhorst

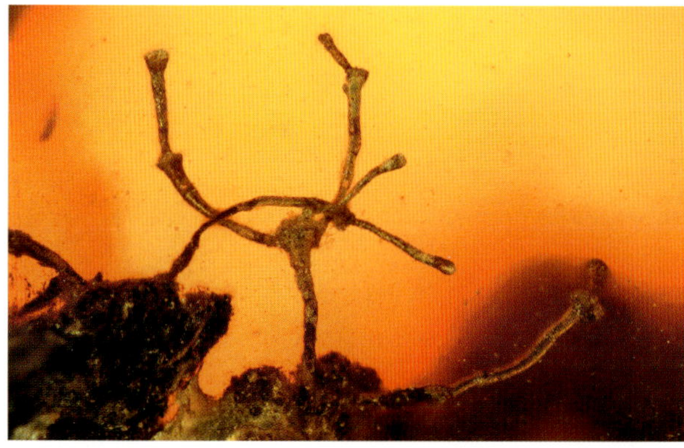

Harzbewohnender Pilz *Chaenothecopsis bitterfeldensis*,
Foto © Schmidt

2831 Schimmelpilze auf Schabe

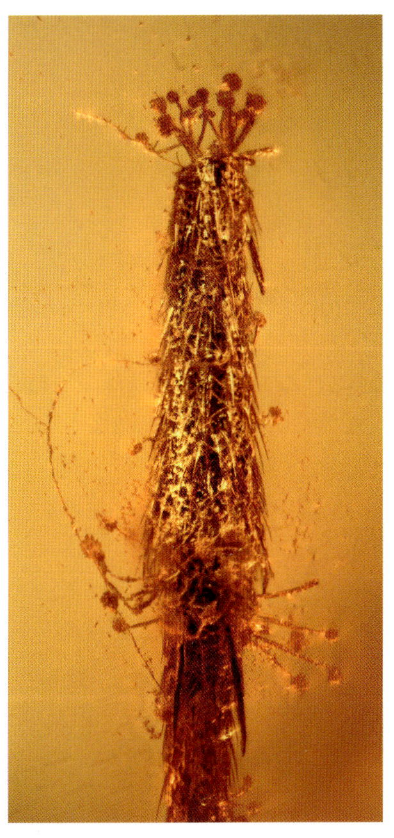

1752 Pilze mit Sporenkapseln auf Insektenbein, Coll. Ludwig

3506 Zwitterling Tricholomataceae 2,7 mm, *Asterophora*

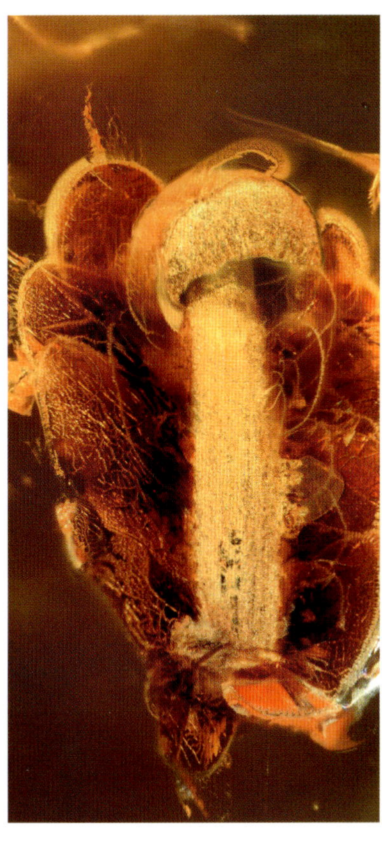

6416 Blätterpilz Homobasidiomycetes, Foto © Schmidt, Publ. in Vorber.

Flechten, Coll. Damzen

3576 Epiphytische Flechte: Apothecium, Foto © Schmidt

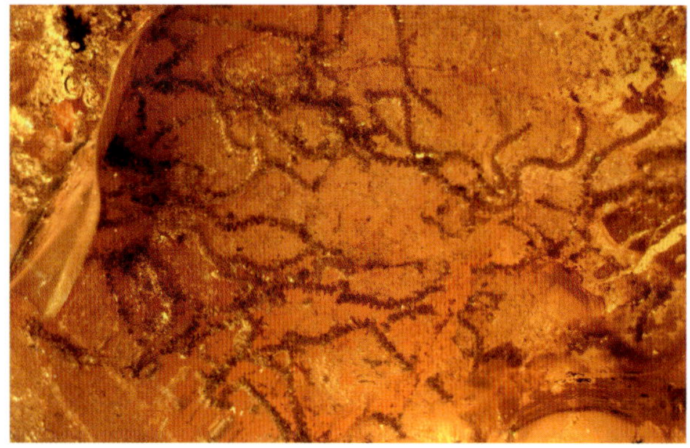

2007 Lebermoos *Frullania*

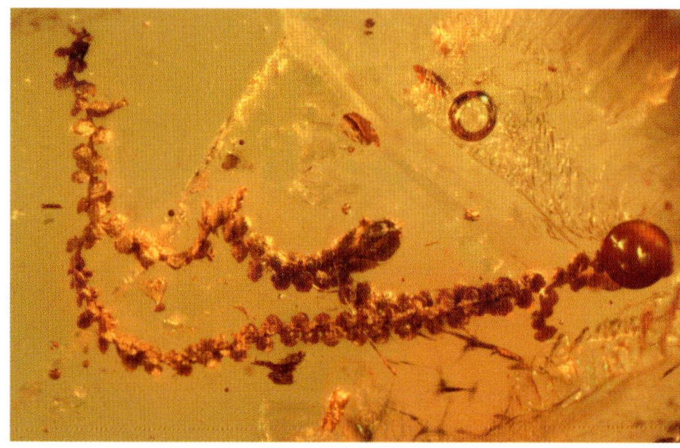

2010 Lebermoos

5818 Lebermoos *Nippolejeunea* sp.

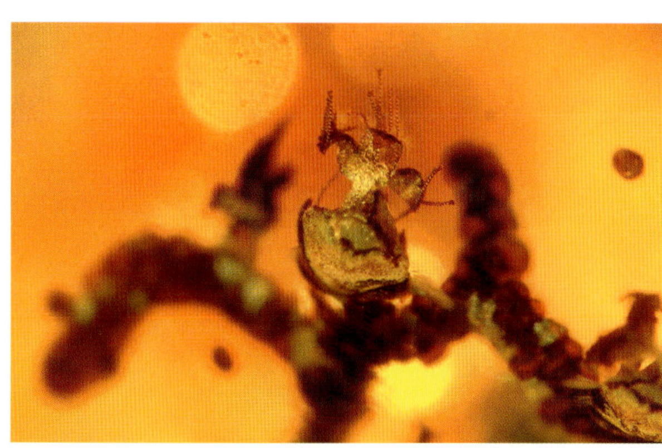

5818 Lebermoos *Nippolejeunea* sp., mit Elateren

5824 Lebermoos *Scapania hoffeinsiana*

2011 Lebermoos 2,5 mm

5829 Lebermoose

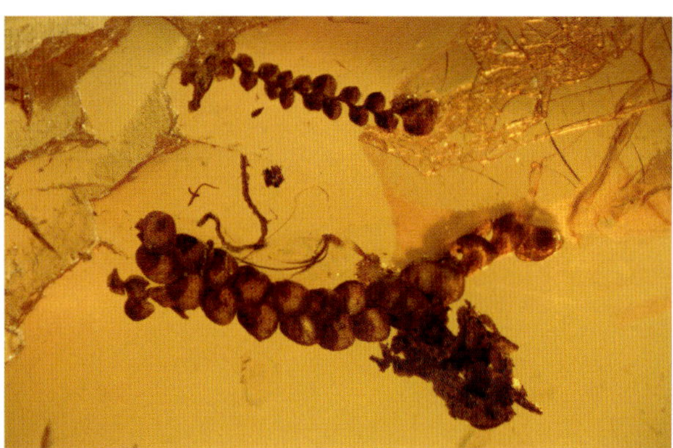

5808 Lebermoos

5810 Laubmoos 8 mm, Dicranaceae *Brothera leana*

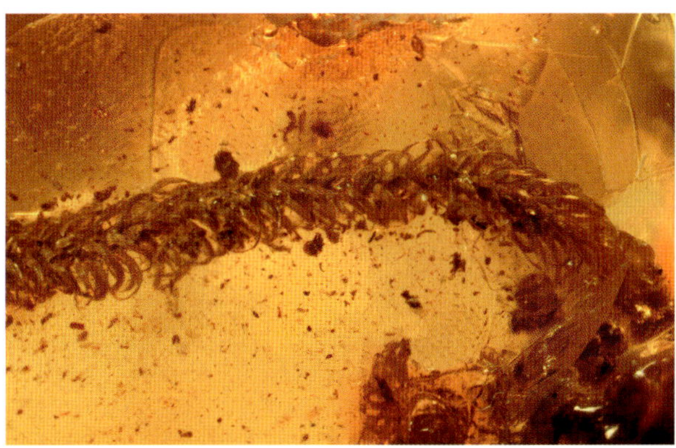

5807 Laubmoos 8 mm

5835 Laubmoos 8 mm

5822 Laubmoos

2040 Laubmoose mit Sporenkapseln, Coll. Ludwig

6541 Laubmooskapsel

5828 Laubmoos 16 mm

6525 Farnblättchen 9 mm

Farnblättchen 14 mm, Coll. + Foto © Damzen

6408 Thujazapfen 3,8 mm

6411 Thujazweig mit Zapfen, 4 mm

886 Thuja 14 mm

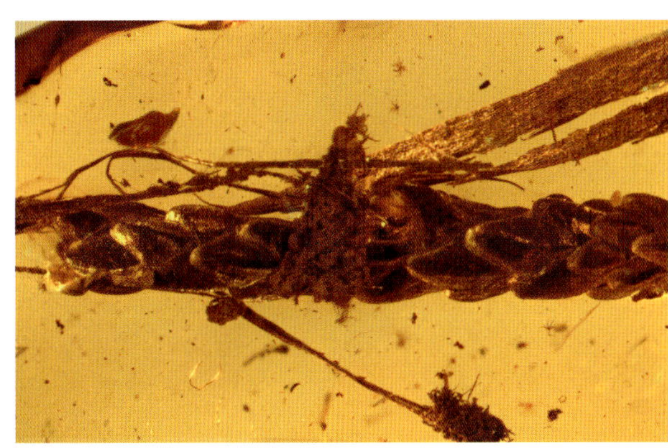

6354 Taxodiaceae 11,5 mm

229 Holz eines Nadelbaumes, Coll. Behlke

6322 Nadelblätter 4,7 mm

3677 Nadelblatt Pinaceae, Foto © Sadowski

6359 Kiefernzapfen 30 mm, Coll. Nielsen

Kiefernzapfen 21 mm, Coll. Damzen

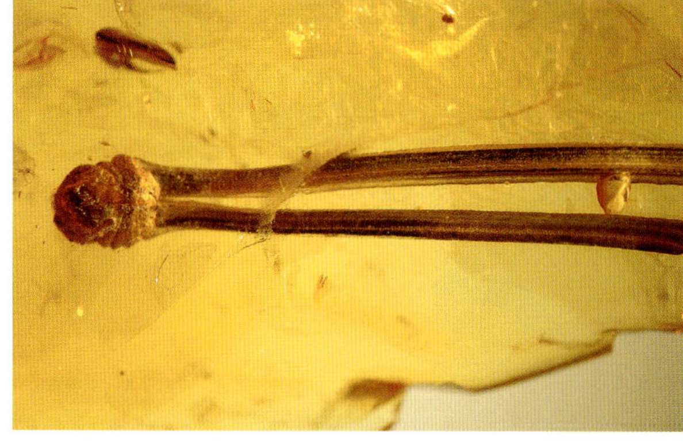

3690 Kiefer-Doppelnadel 20 mm

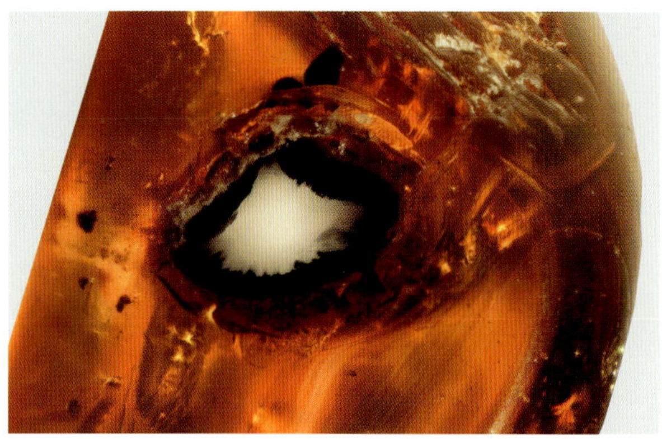

6671 Querschnitt einer Kiefernadel

3502 Nadelblatt einer Angiosperme, Foto © Sadowski

6575 Sternhaare, Büschel 3 mm

8433 Blütenstand 3,8 mm

3538 Männlicher Eichenblütenstand 28,5 mm

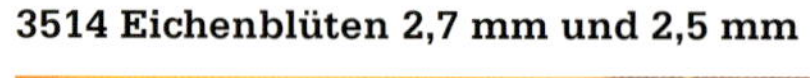

3514 Eichenblüten 2,7 mm und 2,5 mm

6369 Blatt 25 mm

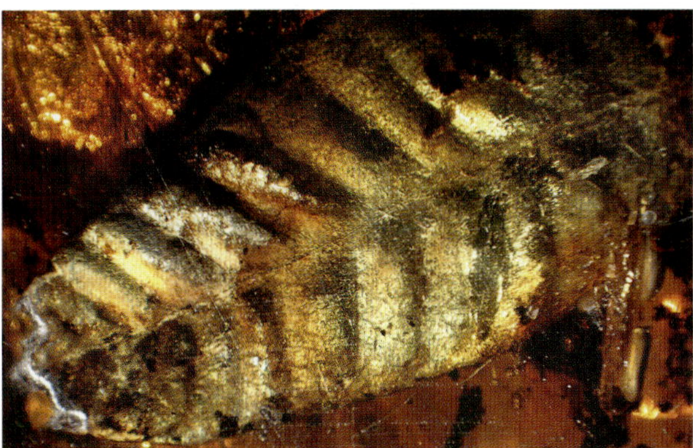

6546 Buchenblatt 25 mm

6584 Blatt Salicaceae 10 mm, Foto © Veta

6537 Dilleniaceae, Foto © Sadowski

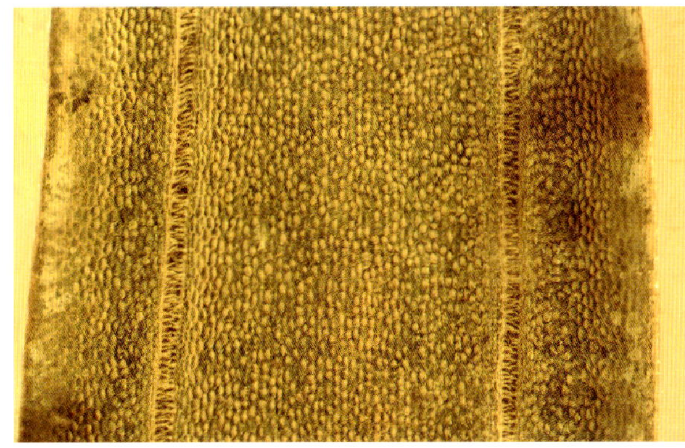

6537 Dilleniaceae, Ausschnitt, Foto © Sadowski

Roridulaceae, Coll. Hoffeins, Foto © Sadowski & Schmidt

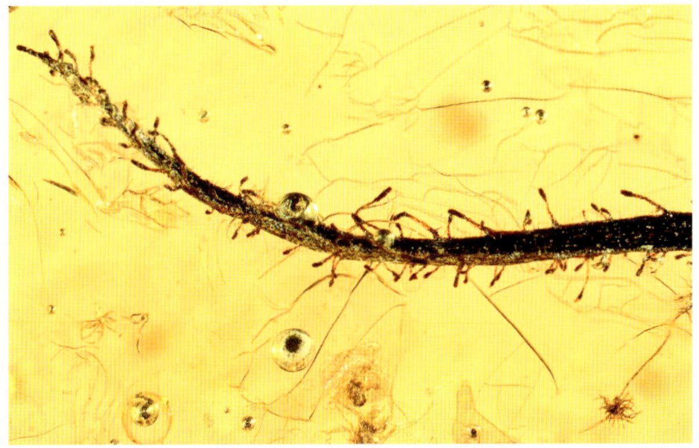

6385 Blatt 11 mm, Ameise und Sand

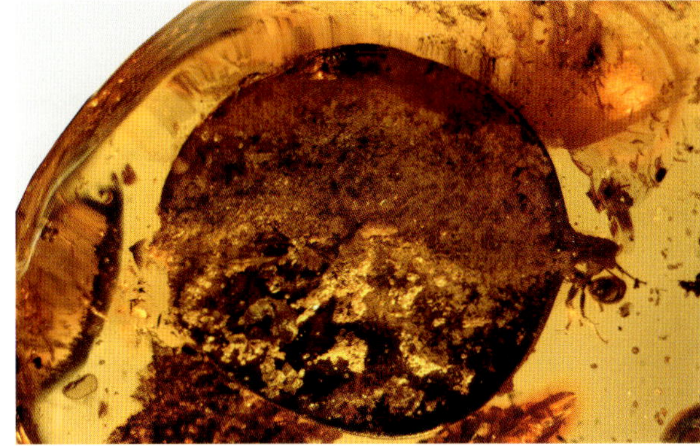

3632 Blüte Clethraceae, mit Stängel 8,5 mm

3661 Blüten Celastraceae, mit Stängel 7 mm

6434 Blüte 6,5 mm

6503 Blüte 4,5 mm

6392 Blüte 4,2 mm

6488 Doppelblüte, mit Stängel 7,3 mm

6364 Blüte, mit Stängel 6 mm

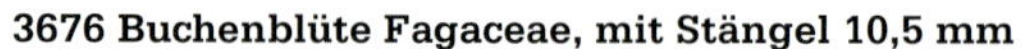

3676 Buchenblüte Fagaceae, mit Stängel 10,5 mm

Blütenbreite 7 mm

Blüte 10 mm

Fruchtstand Araceae *Acoropsis minor*, Foto © Veta

6466 Blütenstand 5,2 mm

3534 Frucht mit Stängel 8 mm

3699 Frucht 5 mm

BESTIMMUNGS-SCHLÜSSEL

Bestimmungsschlüssel für die Hauptgruppen der Tiere im Baltischen Bernstein

Die genannten Abbildungen befinden sich am Ende des Bestimmungsschlüssels. Es werden mit diesem Schlüssel nicht alle Tiergruppen erfasst, einige sehr seltene sind ausgelassen. Die Bestimmungsschlüssel sind auf der Grundlage meiner praktischen Erfahrung mit Inklusen des Baltischen Bernsteins erstellt, ergänzt durch Bestimmungsbücher (Brohmer, Jacobs/Renner, Janzen, Larsson, Müller, Peterson, Stresemann).

1	- Tiere mit Flügeln	2
	- Tiere ohne Flügel: siehe **Schlüssel für ungeflügelte Tiere**	
2	- mit 2 Flügeln (1 Flügelpaar)	23
	- mit 4 Flügeln	3
3	- Vorderflügel verhärtet, meist ohne Adern ***Abb. 19***	**Käfer (Coleoptera)**
	- Vorderflügel häutig, wie die Hinterflügel	4
4	- Vorderflügel größer als Hinterflügel	14
	- Hinterflügel größer als Vorderflügel	26
	- kleine Tiere mit gefransten, schmalen Flügeln ***Abb. 1***	**Fransenflügler (Thysanoptera)**
5	- Flügel mit mehreren bis vielen Queradern zw. den Längsadern	6
	- nicht so	12
6	- kurze Fühler, langer, dünner Körper, typisches Geäder ***Abb. 2***	**Libellen (Odonata)**
	- lange Fühler	7
7	- nur zwei Reihen Queradern („Leitern") im Flügel ***Abb. 3a, b, c***	**Steinfliegen (Plecoptera)**
	- anders	8
8	- Brust ungewöhnlich lang	9
	- Brust normal groß	10
9	- Vorderbeine bedornt ***Abb. 4a***	**Gottesanbeterinnen (Mantodea)**
	- Vorderbeine nicht bedornt ***Abb. 4b***	**Kamelhalsfliegen (Raphidioptera)**

10	- Kopf nach unten schnabelartig verlängert ***Abb. 5***	**Schnabelfliegen (Mecoptera)**
	- nicht so	11
11	- Fl. m. einigen dickeren, dunklen Längsadern, gr. Tiere ***Abb. 6***	**Schlammfliegen (Megaloptera)**
	- Fl. m. zarten Adern, außen einige bis viele Queradern und Verzweigungen der Adern ***Abb. 7a***	**Netzflügler (Neuroptera)**
	- ohne solche Queradern und Verzweigungen, kl. Tiere ***Abb. 7b***	**Staubhafte (Coniopterygidae)**
12	- Flügel mit kleinen Schuppen (Mikroskop! (Schuppen haben z. B. auch einige seltene Arten von Rindenläusen (Psocoptera)	**Schmetterlinge (Lepidoptera)**
	- Flügel behaart ***Abb. 8***	**Köcherfliegen (Trichoptera)**
	- Flügel unbehaart	13
13	- an den Vorderbeinen ist ein Glied verdickt ***Abb. 9***	**Tarsenspinner (Embioptera)**
	- nicht so ***Abb. 10***	**Termiten (Isoptera)**
14	- Einschnürung zwischen Brust und Hinterleib ***Abb. 38b***	**Hautflügler: Ameisen, Wespen, Bienen (Apocrita)**
	- keine Einschnürung zwischen Brust und Hinterleib	15
15	- 2 oder 3 lange Fortsätze am Hinterleib (Cerci) ***Abb. 11***	**Eintagsfliegen (Ephemeroptera)**
	- keine langen Fortsätze	16
16	- viele Zellen im Flügel (Adern bilden viele Zellen)	**Hautflügler (Symphyta)**
	- nicht so	17
17	- Körper behaart	18
	- Körper nicht behaart	19
18	- Flügel mit kleinen Schuppen	**Schmetterlinge (Lepidoptera)**
	- Flügel mit Haaren	**Köcherfliegen (Trichoptera)**
19	- nur eine Ader beginnt am Flügelanfang	20
	- mehr als eine Ader beginnt am Flügelanfang ***Abb. 12***	**Rindenläuse (Psocoptera)**
20	- Flügel fast ohne Adern ***Abb. 13***	**Zwergwespen (Mymaridae)**
	- nicht so	21
21	- Vorderfl. meist mit „Pterostigma“ (dunkle Zelle am Flügelvorderrand) ***Abb. 14a***	**Blattläuse (Aphidoidea)**
	- nicht so	22
22	- die Hauptader im Vorderflügel gabelt sich ungefähr i. d. Flügelmitte, wenig Adern ***Abb. 15***	**Mottenschildläuse (Aleurodidae)**
	- nicht so	24
23	- Fühler gefächert (verzweigt) ***Abb. 17***	**Fächerflügler (Strepsiptera)**
	- nicht so	24
24	- Fl.ansatz schmal, Fl.ende verbreitert, mit Haaren außen ***Abb. 18***	**Wespen (Mymarommatidae)**
	- nicht so	25
25	- höchstens 2 ungeteilte Längsadern im Fl. (häufig gleichmäßig senkrechte Streifung im Fl.) ***Abb. 20***	**Schildläuse (Coccoidea)**
	- mehr Adern, hinter den Flügeln sog. Schwingkölbchen ***Abb. 42***	**Zweiflügler (Diptera)**
	- gewölbte, geäderte, käferartige Flügel, kleine Tiere	**Staubläuse (Sphaeropsocidae)**
	- stark hervortretende Adern, nur 1 Ader an der Flügelbasis, Hinterflügel meist verdeckt ***Abb. 16***	**Blattflöhe (Psylloidea)**
26	- Flügel auf ganzer Fläche dünnhäutig, Rüssel entspringt auf Unterseite des Kopfes ***Abb. 43a, b***	**Zikaden (Cicadina)**
	- Flügel an Basis oft derbhäutiger als an den Enden, Rüssel entspringt vorne am Kopf, typisches dreieckiges „Schildchen“ auf dem Rücken ***Abb. 44–46***	**Wanzen (Heteroptera)**

Ungeflügelte Tiere

Schnecken, Nematoden, Ringelwürmer und einige schwer bestimmbare Larven werden nicht behandelt.

0	- 3 Beinpaare (Achtung: Jungmilben haben auch 3 Beinpaare)	**Insekten (Insecta, Hexapoda)**
	- 4 Beinpaare	**Spinnentiere (Arachnida)**
	- mehr Beinpaare	1
1	- länglicher, dünner Körper	**„Tausendfüsser" (Myriapoda)**
	- anders	6
2	- jeweils 2 Beinpaare ab dem dritten Körpersegment (Doppelfüßer)	4
	- nur 1 Beinpaar pro Segment, lange bis sehr lange Beine ***Abb. 22***	**Spinnenläufer (Scutigeridae)**
	- nur 1 Beinpaar pro Segment, kurze Beine (Chilopoda u. a.)	5
3	- Hinterleib segmentiert, die Fortsätze am Kopf mit Zangen	**Pseudoskorpione, Skorpione**
	- Hinterleib nicht segmentiert	7
4	- mit Haarbüscheln an den Körpersegmenten ***Abb. 23***	**Pinselfüßer (Poly-, Synxenidae)**
	- ohne Haarbüschel, höchstens Borsten a. d. Segmenten ***Abb. 21***	**Schnurläufer (Julidae u. a. Diplopoda)**
5	- mit Zangen am Kopf („Hundertfüßer" [Chilopoda])	22
	- ohne Zangen ***Abb. 24***	**Zwergfüßer (Symphyla)**
6	- seitlich abgeflachter Körper, häufig gekrümmt ***Abb. 25***	**Flohkrebse (Amphipoda)**
	- von Oberseite zu Unterseite abgeflacht (dorso-ventral) ***Abb. 26***	**Asseln (Isopoda)**
	- mit Haarbüscheln seitlich am Körper	**Larven v. Pinselfüßern (Poly-, Synxenidae)**
7	- zwischen Kopf und Hinterleib eine Einschnürung	**Spinnen (Araneae)**
	- zwischen Kopf und Hinterleib keine Einschnürung	8
8	- meist lange Beine ***Abb. 27***	**Weberknechte (Opiliones)**
	- meist kurze Beine ***Abb. 28 a, b***	**Milben (Acari)**
9	- am Körperende mit Fortsätzen (2–3)	10
	- keine	19
10	- lange Hinterbeine m. verstärkten Schenkeln ***Abb. 29***	**Grillen, Schrecken (Orthoptera)**
	- nicht so	11
11	- zwei Fortsätze am Hinterleibsende	12
	- drei Fortsätze	15
12	- Zangen (oder längl. zangenähnl. Fortsätze am Hinterleib) ***Abb. 30***	**Ohrwürmer (Dermaptera)**
	- ohne solche Fortsätze, mehr oder weniger behaart	13
	- kleine Tiere mit einer Sprunggabel ***Abb. 36 a, b***	**Springschwänze (Collembola)**
13	- irgendwelche Beine haben Dornen (dornenartige Borsten)	14
	- Beine ohne Dornen	16
14	- vordere Beinpaare bedornt, schlanke Beine, kleine Augen ***Abb. 4 a***	**Gottesanbeterinnen (Mantodea)**
	- vordere Beinpaare bedornt, kräftige Beine, größere Augen ***Abb. 4 c***	**Raubschrecken (Mantophasmatodea)**
	- alle Beinpaare auffällig bedornt ***Abb. 32***	**Schaben (Blattoidea)**
15	- kleine Augen oder Augen nicht erkennbar ***Abb. 33 b***	**Silberfischchen (Lepismatidae)**
	- große Augen ***Abb. 33 a***	**Felsenspringer (Machilidae)**
	- große Augen, Beine seitlich flach stehend ***Abb. 34 a***	**Eintagsfliegen (Ephemeroptera)**
16	- ein Glied an den Vorderbeinen anders (verdickt) ***Abb. 9***	**Tarsenspinner (Embioptera)**
	- normale Vorderbeine	17

17	- Tiere mit langem Körper, langgestreckter Hinterleib ***Abb. 35***	**Stabschrecken (Phasmida)**
	- Beine seitlich flach stehend ***Abb. 34b***	**Steinfliegen (Plecoptera)**
	- meist kleine Tiere, kein langer Hinterleib	18
18	- mit Augen (oft klein), am Hinterleib Sprunggabel ***Abb. 36a, b***	**Springschwänze (Collembola)**
	- ohne Augen, 2 lange Fortsätze am Hinterleib ***Abb. 37***	**Doppelschwänze (Diplura)**
19	- starke Einschnürung zw. länglicher Brust und dickerem Hinterleib, meist 4–5 Hinterleibssegmente (Königinnen mehr, Achtung: auch auf einige Wespen trifft die Beschreibung zu) ***Abb. 38a***	**Ameisen (Formicidae)**
	- ohne diese Einschnürung, mehr Hinterleibssegmente	20
20	- Brust klein, sehr schmal, schmaler als Kopf und Hinterleib **Abb. 39**	**Termiten (Isoptera)**
	- Brust breiter oder fast genauso breit wie der Kopf	21
	- Brust genauso breit wie der übrige Körper, längliche Tiere	24
21	- Mundwerkzeuge stechend, als Verlängerung der Kopfkapsel nach unten zeigend	23
	- Mundwerkzeuge stechend, an der Unterseite des Kopfes (Kehle) entspringend, flach unter den Körper gelegt, oft länger als Körper	**Blattläuse (Aphidoidea)**
	- ohne stechende Mundwerkzeuge	25
22	- sehr dünn und lang, über 20 Beinpaare ***Abb. 40***	**Erdläufer (Geophilidae)**
	- breite, flache Körpersegmente, bis 15 Beinpaare ***Abb. 41***	**Steinläufer (Lithobiidae)**
23	- Rüssel entspringt auf Unterseite des Kopfes, Kopfschild bis unter den Kopf gezogen ***Abb. 43a–c***	**Zikaden (Cicadina)**
	- Rüssel entspringt vorne am Kopf ***Abb. 44–48***	**Wanzen (Heteroptera)**
24	- dünne, längliche Tiere, die 3 Beinpaare weit vorn sitzend ***Abb. 31***	**Käfer (Coleoptera)**
	- anders	**Käferlarven u. a.**
25	- Hinterleib stellt die dickste Stelle am Körper dar	26
	- andere ungefl. Insekten, häufig Larven ***Abb. 54***	**Fransenflügler (Thysanoptera) u. a.**
26	- sichtbare Mundwerkzeuge, meist zangenförmig ***Abb. 49***	**Netzflügler (Neuroptera)**
	- keine sichtbaren Mundwerkzeuge	27
27	- kurze Fühler, Hinterleib gestreckt ***Abb. 54***	**Fransenflügler (Thysanoptera)**
	- lange, dünne Fühler, Hinterleib dicker als Kopf ***Abb. 50***	**Rindenläuse (Psocoptera)**

Ameisen (Formicidae)

Ameisen sind auch ohne Flügel gut bis zur Unterfamilie zu bestimmen. Myrmicinae und Formicinae haben manchmal Stacheln an der Brust. Seltene Unterfamilien sind nicht erfasst.

1	- Stielchen zwischen Brust und Hinterleib mit zwei Knoten (Petiolus und Postpetiolus), 1. Hinterleibssegment größer als die anderen	4
	- auf Stielchen sitzt eine Schuppe	2
2	- 1. Hinterleibssegment vom nächsten durch eine schwache Einkerbung abgesetzt, kleine Augen ***Abb. 57***	**Stechameisen: Ponerinae**
	- nicht so, größere Augen	3
3	- von oben 4 Hinterleibssegmente sichtbar, Schuppe auf Stielchen abgerundet ***Abb. 58***	**Drüsenameisen (Dolichoderinae)**
	- von oben 5 Hinterleibssegmente sichtbar (letztes klein), Schuppe spitz, häufig sehr große Tiere ***Abb. 59***	**Schuppenameisen (Formicinae)**
4	- kleine Augen ***Abb. 56***	**Knotenameisen (Myrmicinae)**
	- größere Augen ***Abb. 60***	**Pseudomyrmecinae**

Zweiflügler (Diptera)

Fühler meist gleichförmig gegliedert, meist dünn (und meist lang), behaart oder unbehaart: **Mücken (Nematocera) *Abb. 42b***

Fühler meist ungleichmäßig gegliedert: **Fliegen (Brachycera) *Abb. 47, 48***

Auf eine Bestimmunsgtabelle wird verzichtet. Stattdessen werden die häufigsten Mücken und Fliegen beschrieben, die über 90 % der Dipteren ausmachen. Siehe auch vorne im systematischen Teil.

Trauermücken (Sciaridae)
- M1+2 typische „Gabel" im Flügelgeäder ***Abb. 61***
- Augenbrücke (die beiden Fazettenaugen durch eine Brücke aus Fazetten verbunden)

Zuckmücken (Chironomidae)
- Flügel mindestens 3x so lang wie breit
- Flügelgeäder zart ausgebildet
- Kopf setzt direkt an gebuckelter Brust an
- Fühler beim Männchen stark behaart, beim Weibchen nur wenig Glieder und locker behaart

Gnitzen (Ceratopogonidae)
- kleine, zarte Mücken ***Abb. 62***
- verstärkte Adern am Flügelvorderrand, hochgewölbter Rücken, kurzer Stechrüssel
- Kopf mit Hals
- an Füßen meist Krallen
- Fühlerendglieder meist länger

Pilzmücken (Mycetophilidae)
- meist kräftige Mücken ***Abb. 63***
- Hüften (1. Beinglieder) länger als Vorderkörper hoch
- bedornte Beine

Schmetterlingsmücken (Psychodidae)
- Flügel mit vielen gleichmäßigen, starken Längsadern
- behaart ***Abb. 64***

Gallmücken (Cecidomyiidae)
- wenige, zarte Flügeladern ***Abb. 65***
- Fühlerglieder perlschnurartig
- oft sind die Füße (Tarsen) abgebrochen

Stelzmücken und Schnaken (Tipuloidea)
- meist größere Mücken mit langen Beinen
- Flügel mindestens 3x so lang wie breit
- Zelle im Flügelgeäder (Queradern und Längsadern bilden eine Zelle) ***Abb. 51***

Wir unterscheiden zwei Familien: Schnaken (Tipulidae) und Stelzmücken (Limoniidae).

Schnaken (Tipulidae)
- lange „Nase" ***Abb. 52***
- 1. Randader (Subcosta) mündet in die darunter liegende Ader (Radius) ***Abb. 53***
- Endglied des Tasters peitschenförmig verlängert

Stelzmücken (Limoniidae)
- kurze „Nase"
- 1. Randader mündet nach außen hin in die Flügelrandader (Costa)
- Endglied des Tasters nicht verlängert

Kriebelmücken (Simuliidae)
- kleine, robuste Mücken
- Kopf setzt direkt an Brust an
- stark gebuckelt
- verbreiterte Flügel
- kurze, weniggliedrige Fühler

Haarmücken (Bibionidae)
- stark behaarte Mücken
- fliegenähnliches Aussehen
- Mückenfühler: gleichmäßig gegliedert (auf 2 Basalglieder folgt die vielgliedrige Geißel)
- Männchen mit großen Augen, die über dem Kopf zusammenstoßen

Dungmücken (Scatopsidae)
- unbehaarter Körper
- typische, unverwechselbare Fühler: kurz, gedrungen, dick
- typisches Flügelgeäder

Langhornmücken (Macrocerinae)
- auffallend lange Fühler, die über Körperlänge erreichen können
- Körper pilzmückenähnlich, mit denen sie verwandt sind

Fliegen (Brachycera)

Langbeinfliegen (Dolichopodidae)
- häufigste Fliege mit typischen Fühlern
- 1 Querader im Flügel (selten keine)
- längere borstenartige Haare auf Brustoberseite
- lange Beine

Tanzfliegen (Empidoidea)
- viele verschiedene Formen, die schwer zu unterscheiden sind
- meist 2 Queradern
- Fühler typisch, meist ist das Endglied spitz ausgezogen
- höchstens schwache Beborstung
- manchmal bedornte Fangbeine
- manchmal Stechrüssel zu erkennen

Buckelfliege = Rennfliege (Phoridae)
- kurze, starke Borsten auf dem Kopf
- gedrungener Körperbau, meist verdickte Hinterschenkel
- verstärkte Vorderrandader, von der einige schwächere ungegabelt abzweigen, keine Querader in der Flügelmitte

Schnepfenfliegen (Rhagionidae)
- immer ohne Borsten
- meist recht große Fliegen
- reiches Flügelgeäder, die beiden Adern (Cubitus und Analader) stoßen meist zusammen
- die häufigen Gattungen: Symphoromyia mit einer dicken Fühlerkeule, Rhagio ohne eine solche

Schwebfliegen (Syrphidae)
- große Augen, die aber nicht den ganzen Kopf einnehmen
- die vordersten Adern verlaufen ohne Gabelung
- typische Hinterrandader

Augenfliegen (Pipunculidae)
- Augen nehmen den ganzen Kopf ein
- Kopf im Vergleich zum Körper überproportional groß
- keine Hinterrandader

Bremsen (Tabanidae)
- ohne Borsten
- 3. Fühlerglied verlängert
- typische Kopfform mit großen Augen

Acalyptrate Fliegen (Acalyptratae)
- Kopf und Körper markant beborstet
- Fühler dreigliedrig, mit borstenförmigem Anhang (Arista) am dritten Fühlerglied
- zweites Fühlerglied mit einer Furche

Kugelfliegen (Acroceridae)
- Körper sehr gedrungen und beinahe kugelig
- Brustschüppchen überdecken oft die Schwingkölbchen
- oft feinpelzig behaart
- häufig mit langem Saugrüssel

Raubfliegen (Asilidae)
- große Fliegen
- stark behaart
- Hinterleib gegenüber der Brust nicht dicker, meist deutlich schmaler
- Fangbeine mit Borsten
- Stirnfurche mit Höcker und drei Punktaugen zwischen den großen Fazettenaugen
- Mundwerkzeuge als Stech- oder Saugrüssel ausgebildet

Wollschweber (Bombyliidae)
- auffällig hummelartig behaart
- oft mit sehr langem Rüssel
- dicker Hinterleib
- Körperform von oben gesehen tropfenförmig

Stelzenfliegen (Mikropezidae)
- lange, stelzenartige Beine
- langgestreckter Körper
- abgeflachter Kopf mit großer Stirn

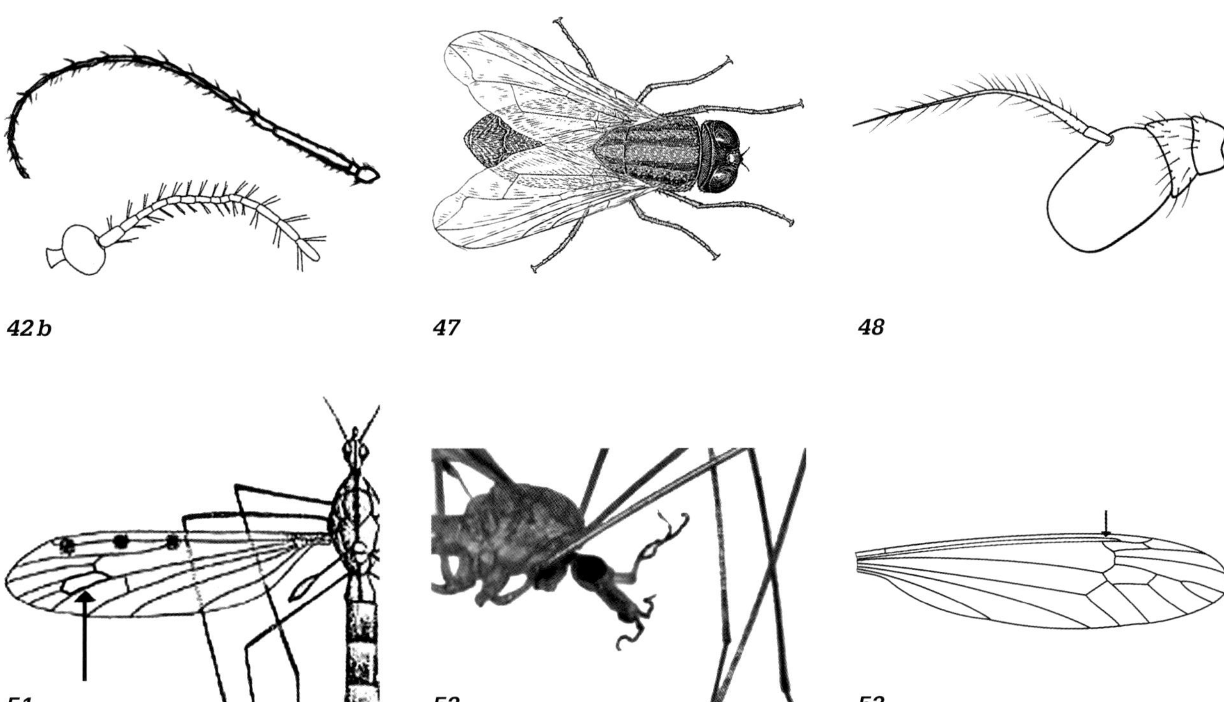

42 b *47* *48*

51 *52* *53*

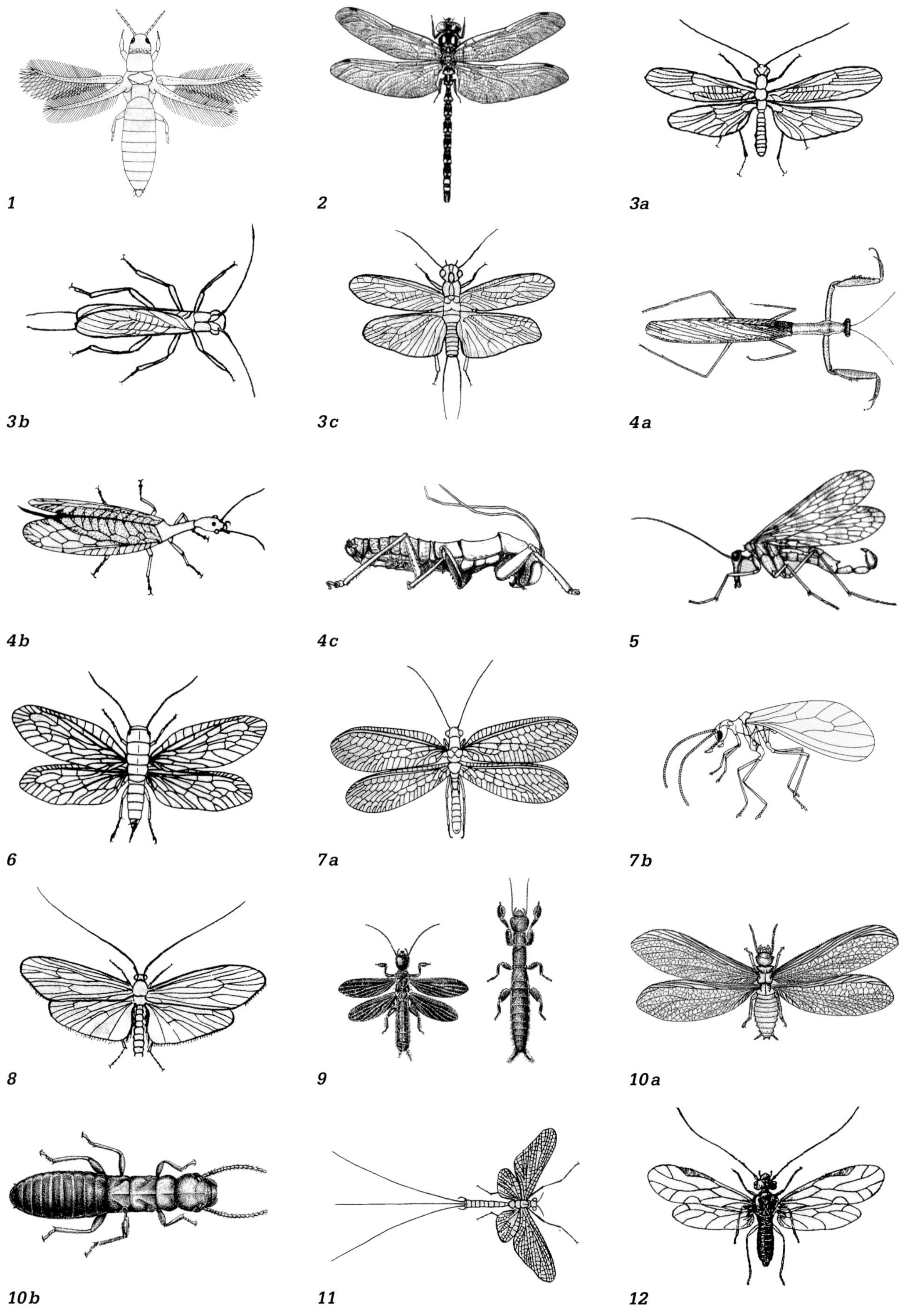
1
2
3a
3b
3c
4a
4b
4c
5
6
7a
7b
8
9
10a
10b
11
12

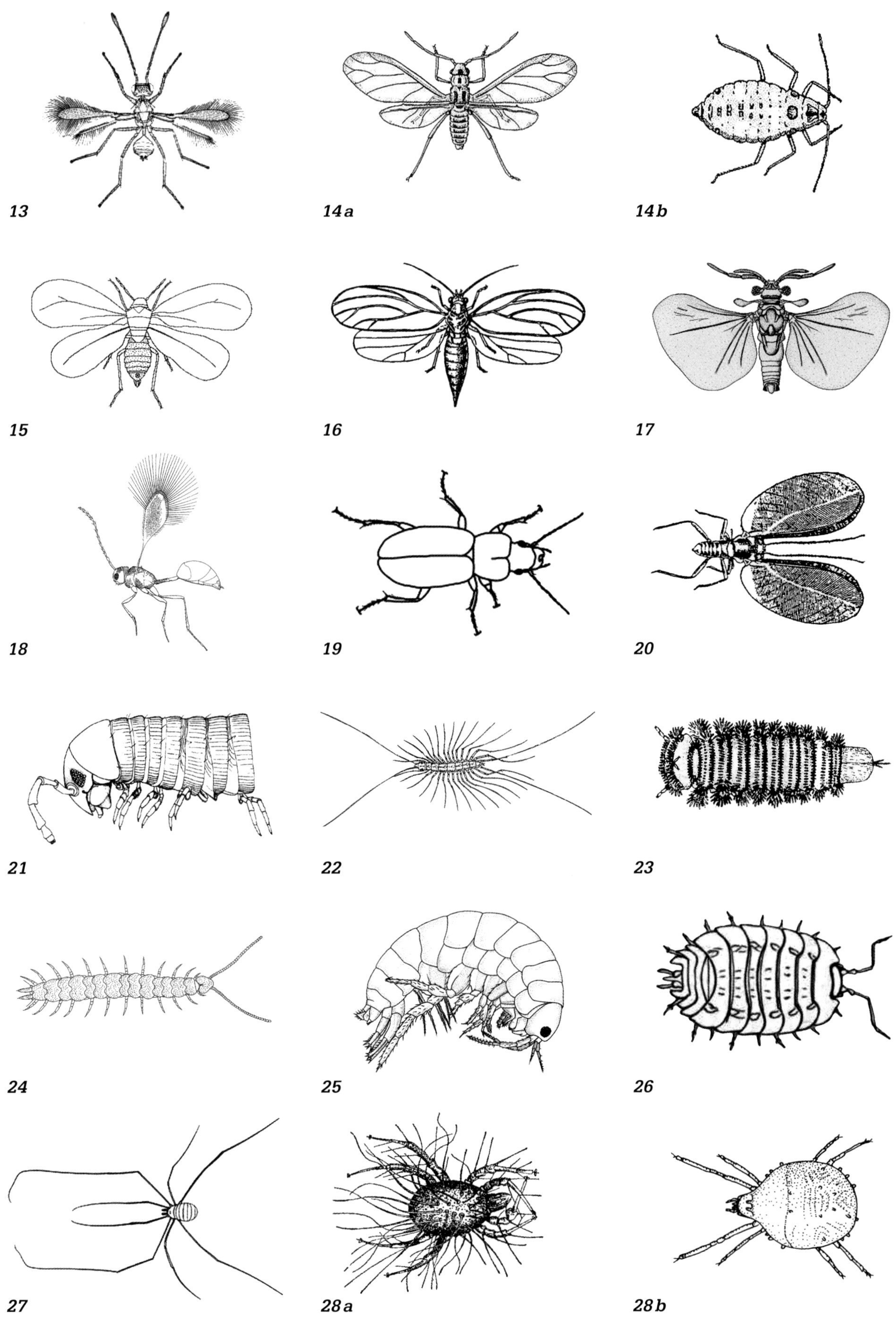
13
14 a
14 b
15
16
17
18
19
20
21
22
23
24
25
26
27
28 a
28 b

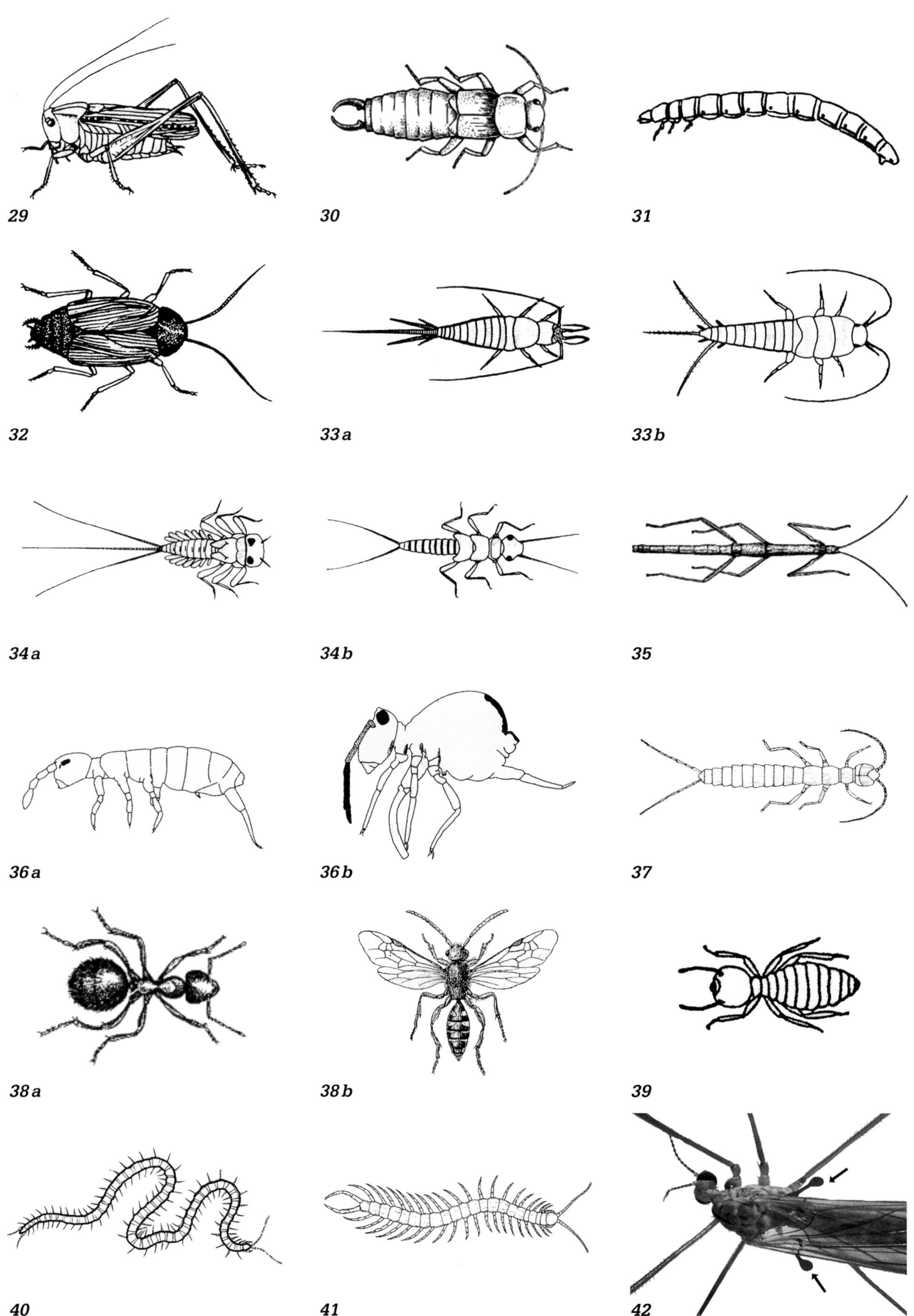
29
30
31
32
33 a
33 b
34 a
34 b
35
36 a
36 b
37
38 a
38 b
39
40
41
42

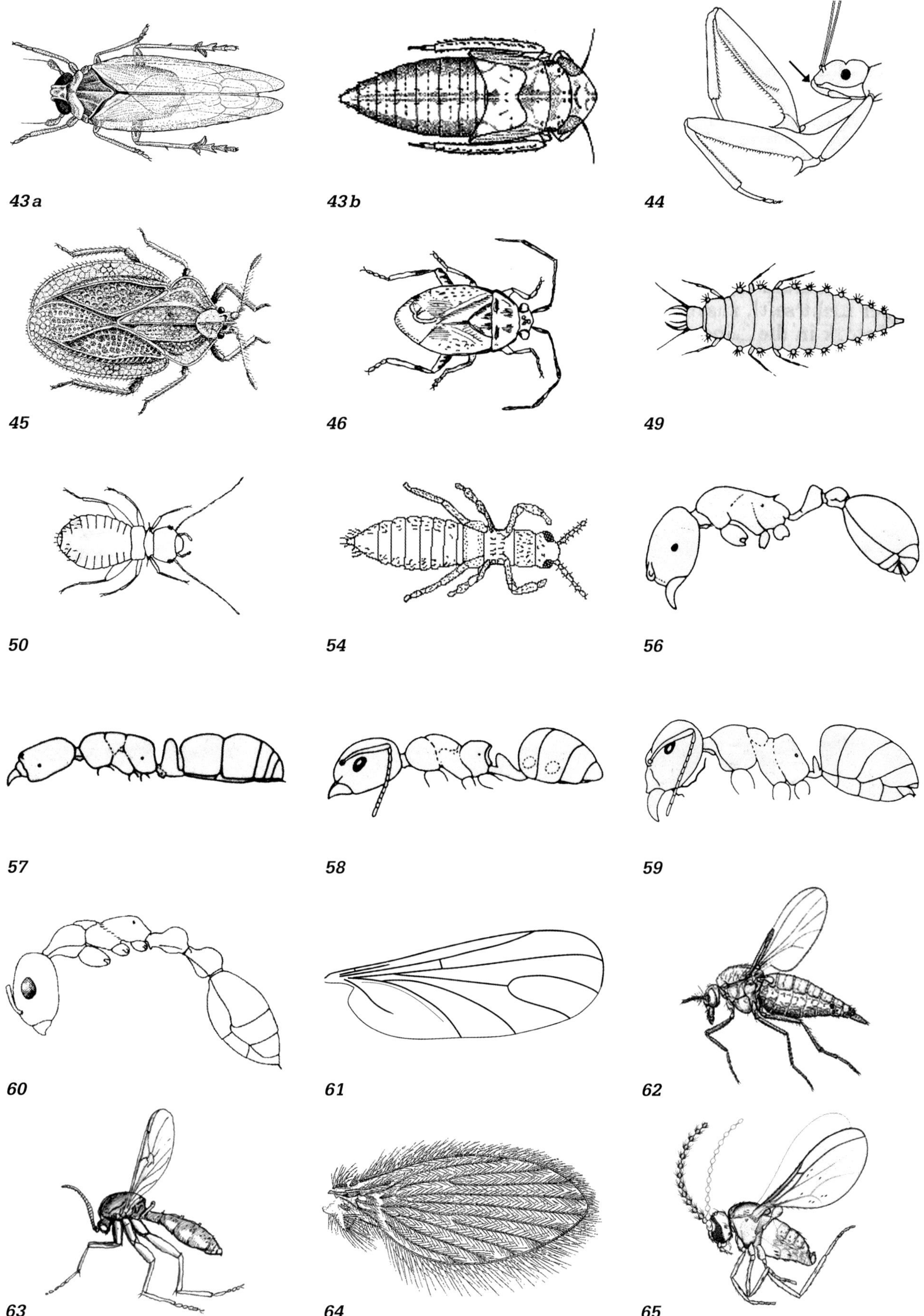
43a
43b
44
45
46
49
50
54
56
57
58
59
60
61
62
63
64
65

LITERATUR-VERZEICHNIS UND QUELLEN

Literaturnachweise:

Aguiar, A. P. & Jennings, J T. (2013): Updated classification of the order Hymenoptera. – Zootaxa 3703 (1): S. 51–62.

Anisyutkin, L. N. & Gröhn, C. (2012): New cockroaches (Dictyoptera: Blattina) from Baltic amber, with the description of a new genus and species: *Stegoblatta irmgardgroehni*. - Proceedings of the Zoological Institute RAS, Vol. 316, Nr. 3, S. 193–202.

Archibald, S. B. & Makarkin V. N. (2006): Tertiary Giant Lacewings (Neuroptera: Polystechotidae): Revision and Description of New Taxa... – Journal of Systematic Palaeoyntolog 4 (2), S. 119–155.

Bachofen-Echt, A. (1936): Das Vorkommen von Federn im Bernstein. – Nova Acta Leopoldina 4, S. 341–347.

Bachofen-Echt, A. (1949): Der Bernstein und seine Einschlüsse. – Springer-Verlag, Wien, 1949.

Beasley, C. W. (1964): The first fossil Tardigrade: *Beorn leggi*. – Cooper, from Cretaceous Amber, Reprinted from Psyche, Vol. 71, No. 2.

Beaucournu, J. - Cl. (2003): *Palaeopsylla groehni* n. sp., quatrième espèce de Puce connue de l'ambre de la Baltique (Siphonaptera, Ctenophthalmidae). – (3), Bulletin de la Société entomologique de France, S. 217–220.

Beaucournu, J. C. & Wunderlich, J. (2001): A third species of Palaeopsylla WAGNER, 1903, from Baltic amber. – Entomologische Zeitschrift Stuttgart, 111 (10).

Bechly, G. & Wichard, W. (2008): Damselfly and Dragonfly nymphs in Eocene Baltic amber (Insecta: Odonata), with aspects of their palaeobiology. – Palaeodiversity 1, S. 37–73.

Beck, C. W., Wilbur, E. & Meret, S. (1964): Infrared Spectra and the Origin of Amber. – in: Nature 201, S. 256–257.

Behrendt, G. (1845-1856): Die im Bernstein befindlichen organischen Reste der Vorwelt. – 2 Bände, Berlin.

Berlotani, R. & Grimaldi, D. (2000): A new Eutardigrade (Tardigrada: Milnesiidae) in amber from the Upper Cretaceous (Turonian) of New Jersey.

Borkent, A. (2000): Biting midges from Lower Cretaceous Lebanese amber with a discussion of the diversity and patterns found in other ambers. – in: Grimaldi, D.: Studies on Fossils in Amber, Backhuys Publishers, Leiden, S. 355–451.

Bouchet, P. & Rocroi, J.-P. (2005): Classification and nomenclator of gastropod families. – Malacologia, International Journal of Malacology, 47 (1–2).

Brady, S. G., Fisher, B. L., Schultz, T. R. & Ward, P. S. (2014): The rise of army ants and their relatives: Diversification of spezialized predatory doryline ants. – BMC Evolutionary Biology.

Brandt, A. & Poore, G. C. B. (2003): Higher classification of the flabelliferan and related Isopoda based on a reappraisal of relationships. – Invertebrate Systematics, 17, 6, S. 893–923.

Bratek, A. (2013)): Mantodea in Bernstein, Morphologische Beschreibung und Vergleich mit rezenten Taxa. – GPIH Hamburg, Bachelorarbeit 6226446.

Brohmer, P. (1969): Fauna von Deutschland, Ein Bestimmungsbuch unserer heimischen Tierwelt.

Brown, B. V. (1992): Generic revision of Phoridae of the Nearctic Region and phylogenetic classification of Phoridae, Sciadoceridae and Ironomyiidae (Diptera: Phoridea). – Memoirs of the Entomological Society of Canada, Nr. 164.

Bukejs A., Kirejtshuk A.G. & Rücker W. H. (2011): New species of *Latridius* (Coleoptera: Latridiidae) from Baltic amber. – Baltic Journal of Coleopterology 11 (2): S. 203–207.

Burckhardt, D. & De Queiroz, D. L. (2013): Phylogenetic relationships within the subfamily Aphalarinae including a revision of *Limataphalara* (Hemiptera: Psylloidea: Aphalaridae). – Acta Musei Moraviae, Scientiae biologicae (Brno) 98 (2), S. 35–56.

Burckhardt, D. (2009): Taxonomy and phylogeny of the Gondwanan moss bugs or Peloridiidae (Hemiptera, Coleorrhyncha). – Dtsch. Entomol. Zeitschrift 56 (2), S. 173–235.

Burckhardt, D. (2010): Mooswanzen – Peloridiidae (Hemiptera, Coleorrhyncha), eine enigmatische Insektengruppe. – Entomologica Austriaca 17, S. 9–22.

Cameron, St. L., Barker, St. C. & Whiting, M. F. (2006): Mitochondrial genomics and the new insect order Mantophasmatodea. – Molecular Phylogenetics and Evolution 38: S. 274–279.

Caruso, C. & Wichard, W. (2010): Overview and descriptions of fossil stoneflies (Plecoptera) in Baltic amber. – Entomologie heute 22: 85-98; Düsseldorf.

Caruso, C. & Wichard, W. (2011): Paleogeographic Distribution of Leuctridae and Nemouridae Genera preserved in Baltic Amber, with the Description of *Palaeopsole weiterschani* n. gen., n. sp. (Plecoptera). – Entomologie heute 23: 6–77, Düsseldorf.

Coleman, C. O. & Myers, A. A. (2000): New Amphipoda from Baltic amber. – Polskie Archiwum Hydrobiologii 47, S. 457–464.

Coleman, C. O. (2006): An Amphipod of the genus *Synurella* ... found in Baltic amber. – Organisms Diversity & Evolution 4: 1–7.

Cooper, K. W. (1964): The first fossil tardigrade: *Beorn leggi,* from Cretaceous Amber. – Psyche, Journal of Entomology 71 (2): 41.

Crowson, R. A. (1967): The Fossil Record. – Geological Society, London 1967, S. 499–534, zitiert in Poinar, G. O. (1992): Life in Amber. – Stanford University Press, Stanford.

Crowson, R. A. (1973): On a new Superfamily Artematopoidea of polyphagan beetles, with the definition of two new fossil genera from the Baltic Amber. – Journal of Natural History 7: S. 225–238.

Cryan, J. R. & Urban, J. M. (2011): Higher-level phylogeny of the insects order Hemiptera: is Auchenorrhyncha really paraphyletoc? – Systematic Entomology, DOI: 10.1111/j.1365–3113.

Dampf, A. (1910): *Palaeopsylla klebsiana,* ein fossiler Floh aus dem baltischen Bernstein. – Sonder-Abdruck aus den "Schriften der Physik.-ökonom. Gesellschaft zu Königsberg i. Pr., LI Jahrgang , II, S. 248–259.

Dlussky, G. M. (1997): Genera of Ants (Hymenoptera: Formicidae) from Baltic Amber. – Paleontological Journal, Vol. 31, S. 616–627.

Dlussky, G. M. (2009): The Ant Subfamilies Ponerinae, Cerapachyinae and Pseudomyrmecinae (Hymenoptera, Formicidae) in the Late Eocene Ambers of Europe. – Paleontological Journal, Vol. 43, Nr. 9, S. 1043–1086.

Dlussky, G. M. (1996, 2008): Ameisen - Zeichnungen der Unterfamilien, verändert.

Dörfelt, H. & Schmidt, A. R. (2005): A fossil *Aspergillus* from Baltic amber. – Mycol. Res. 109 (8), S. 956–960.

Dunlop, J. A. & Klann, A. E. (2009): A second camel spider (Arachnida: Solifugae) from Baltic amber. – Acta Geologica Polonica, Vol. 59, No. 1, S. 39–44.

Dunlop, J. A. & Bernardi, L. F. O. (2014): An Opilioacarid mite in Cretaceous Burmese amber. – Naturwissenschaften DOI 10.1007/s00114-014-1212-0. The final publication is available at link.springer.com.

Dunlop, J. A. & Mammitzsch, L. (2010): A new genus and species of Harvestman from Baltic amber, *Stephanobunus mitovi.* – Palaeodiversity 3, S. 23–32.

Dunlop, J. A. & Mitov, P. G. (2009): Fossil harvestmen (Arachnida, Opiliones) from Bitterfeld amber. – ZooKeys 16, S. 347–375.

Dunlop, J. A., Penney, D. & Jekel, D. (2013): A summary list of fossil spiders and their relatives. – in: Platnick, N. I.: The world spider catalog, version 14.0, American Museum of Natural History.

Dunlop, J. A., Wunderlich, J. & Poinar Jr., G. O. (2004): The first fossil opilioacariform mite (Acari: Opilioacariformes) and the first Baltic amber camel spider (Solifugae). – Transaczions of the Royal Society of Edinburgh: Earth Sciences, 94, S. 261–273.

Eckstein, K. (1890): Tierische Haareinschlüsse im Baltischen Bernstein. – Schrift. Naturf. Gesellsch. Danzig, N. F. 7, S. 90–93.

Ehrmann, R. (2002): Mantodea – Gottesanbeterinnen der Welt. – Natur- und Tierverlag.

Eisenbeis, G. & Wichard, W. (1977): Zur feinstrukturellen Anpassung des Transportepithels am Ventraltubus von Collembolen bei unterschiedlicher Salinität. – Zoomorphologie 88: 175–188.

Eisenbeis, G. & Wichard, W. (1985): Atlas on the Biology of Soil Arthropods. – 2. rev. engl. ed., Springer-Verlag, Berlin, Heidelberg, New York.

Eisenbeis, G. & Wichard, W. (1987): Atlas zur Biologie der Bodenarthropoden. – G. Fischer Verlag, Stuttgart.

Enderlein, G. (1911): Die fossilen Copeognathen und ihre Phylogenie. – Palaeontographica (1846–1933), Band 58, S. 279–360.

Engel, M. S., Grimaldi, D. A & Krishna, K. (2007): A synopsis of Baltic amber termites (Isoptera). – Stuttgarter Beiträge zur Naturkunde, Serie B Nr. 372, 20 S., 10 Abb., Stuttgart.

Engel, M. S. & Grimaldi, D. A. (2006): The earliest webspinners from mid-cretaceous amber from Myanmar. – American Museum Novitates, NY 10024, no. 3514.

Engel, M. S. (2001): A monograph of the Baltic amber bees and evolution of the Apoidea (Hymenoptera). – Bulletin of the AMNH no. 259.

Evenhuis, N. L. (1004): Catalogue of the fossil flies of the world (Insecta: Diptera). – VII, 600 S., Backhuys Publishers, Leiden.

Fischer, T. (2013): Pygmy moths (Lepidoptera, Nepticulidae) from Baltic Amber (Eocene). – Zitteliana A 53 S. 85 – 92.

Fischer, T. (2014): Caterpillars and cases of Tineidae (Clothes Moths, Lepidoptera) from Baltic amber (Eocene). – Zitteliana A 54 S. 75–81.

Foos, K. (2010): Haare eines Lemuriformen im Baltischen Bernstein. – Noch nicht veröffentlicht.

Freude, H. & Harde, K. W. & Lohse, G. A. (1965): Die Käfer Mitteleuropas. – Mehrere Bände.

Friis, E. M. & Drane, P. R. & Pedersen, K. R. (2011): Early flowers and angiosperm evolution. – Cambridge University Press.

Ganzelewski, M. & Slotta, R.. (1996): Bernstein – Tränen der Götte. – Deutsches Bergbaumuseum, Bochum.

Geißelskorpion: „*Typopeltis* fg01" von Fritz Geller-Grimm - Eigenes Werk. Lizenziert unter CC BY-SA 3.0, Wikimedia Commons

Girard, V., Saint-Martin, S., Saint-Martin, J.-P., Schmidt, A.-R. & Struw, St. et al. (2009): Exceptional preservation of marine diatoms in upper Albian amber. – Geology 37, S. 83–86.

Girard, V., Schmidt, A., Martin, S. S., Struwe, St., Perrichot, V. & Martin, J.-P., S. et al. (2008): Evidence for marine microfossils from amber. – PNAS, Nov. 11, Vol. 105, no. 45.

Gnezdilov, V. M. (2007): On the systematic positions of the Bladinini Kirkaldy, Tonginae Kirkaldy, and Trienopinae Fennah (Homoptera, Fulgoroidea). – Zoosystematica Rossica, 15 (2).

Gnezdilov, V. M. (2013): Contribution to the taxonomy of the family Tropiduchidae Stål, 1866 (Hemiptera, Fulgoroidea) with description of two new tribes from Afrotropical Region. – Deutsche Entomol. Zeitschrift, 60 (2).

Gröhn, C. (2010): Bernstein-Abenteuer Bitterfeld. – BoD, Norderstedt, ISBN 978-3-8391-1580-0.

Gröhn, C. (2013): Alles über Bernstein. – Wachholtz Verlag Neumünster, ISBN 978-3-529-05438-9.

Haaromo, M. (2008): Collembola. – Mikko's Phylogeny Archive.

Hädicke, C. W., Haug, C. & Haug, J. T. (2013): Adding to the few: a tomocerid collembolan from Baltic amber. – Palaeodiversity 6, S. 149–156.

Haring, E. & Aspöck, U. (2004): Phylogeny of the Neuropterida: a first molecular approach. – Syst. Entom. 29, S. 415–430.

Hartl, C., Gröhn, C., Heinrichs, J., Rikkinen, J. & Schmidt, A. (2013): Enlightening lichens from Baltic amber. – Courant Research Centre, Geobiology, Poster.

Háva, J. & Löbl, I. (2005).: A World catalogue of the family Jacobsoniidae (Coleoptera). – Studies and reports of District Museum Prague-East, Taxonomical Series 1 (1 – 2), S. 89–94.

Heie, O. E. & Wegierek, P. (2011): A list of fossil aphids (Hemiptera). X-ray micro-CT reconstruction reveals eight antennomeres in a new fossil taxon that constitutes Monographs of the Upper Silesian Museum No. 6.

Heie, O. E. (1967): Studies on fossil aphids (Homoptera: Aphidoidea). – Spolis Zool. Musei Haunienis 26, S. 1–273

Henderickx, H. & Boone, M. (2014): The first fossil *Feaella* Ellingsen, 1906, representing an unexpected pseudoscorpion family in Baltic Amber (Pseudoscorpiones, Feaellidae). – Entomo-Info Jaargang 25 (1).

Henderickx, H., Bosselaers, J., Pauwels, E., Van Hoorebeke, L. & Boone, M. (2013): X-ray micro-CT reconstruction reveals eight antennomeres in a new fossil taxon that constitutes a sister clade to *Dundoxenos* and *Triozocera* (Strepsiptera: Corioxenidae). – Palaeontologica Electronica.

Henderickx, H., Bosselaers, J., Pauwels, E., Van Hoorebeke, L. & Boone, M. (2013): X-ray micro-CT reconstruction reveals eight antennomeres in a new fossil taxon that constitutes a sister clade to *Dundoxenos* and *Triozocera* (Strepsiptera: Corioxenidae). – Palaeontologica Electronica, 16 (3), S. 16–31.

Henderickx, H. A., Tafforeau, P. & Soriano, C. (2012): Phase-contrast microtomography reveals the morphology of a partially visible new *Pseudogarypus* in Baltic amber (Pseudoscorpiones: Pseudogarypidae). – In PALAEONTOLOGIA ELECTRONICA, Vol. 15 (2, 17a), S. 1–11.

Hennig, W. (1965): Die Acalyptratae des Baltischen Bernsteins und ihre Bedeutung für die Erforschung der phylogenetischen Entwicklung dieser Dipteren-Gruppe. – Stuttgarter Beiträge zur Naturkunde, Nr. 145, 215 S..

Hoffeins, Chr. & Hoffeins, H. – W. (2003): Untersuchungen über die Häufigkeit von Inklusen in Baltischem und Bitterfelder Bernstein. – Studia Dipterologica 10 (2): S. 381–392.

Hoffeins, Chr. & Hoffeins, H. W. (2014): Diptera in Baltic amber- the most frequent order within arthropod inclusions. – 8. International Congress of Dipterology, Potsdam 2014, Abstract volume.

Hoffeins, Chr. (2010): Diptera in Baltic amber. – International Symposium Kaliningrad 12.

Hoffeins, Chr. (2012): Dipteren im Baltischen Bernstein – ein aktueller Überblick. – 100 J. Paläontol. Ges., 18. Symposium.

Hoffeins, Chr. (2012): On Baltic amber inclusions treated in an autoclave. – Polish Journal of Entomology, Vol. 81, S. 165–181.

Horn, W. (1906): Über das Vorkommen von *Tetracha carolina* im preußischen Bernstein und die Phylogenie der *Cicindela*-Arten. – Entomolog. Zeit., S. 461–466, Berlin.

Jacobs, W. & Renner, M. (1988): Biologie und Ökologie der Insekten. – Gustav Fischer Verlag, Stuttgart, S. 498 Protura.

Janetschek, H. (1970): Handbuch der Zoologie. Eine Naturgeschichte der Stämme des Tierreiches. – Band IV, Teil 2/3, Spezielles, Protura. Walter de Gruyter, Berlin.

Janzen, J.-W. (2002): Arthropods in Baltic amber. – Ampyx-Verlag Dr. Andreas Stark.

Jazdzewski, K. & Kulicka, R. (2002): New fossil amphipod, *Palaeogammarus polonicus* n. sp. from Baltic amber. – Acta Geologica Polonica 52 (3): S. 379–382.

Johnson, K. P. & Yoshizawa, K. & Smith, V. S. (2004): Multiple origins of parasitismn in lice. – Proc. Biol. Sci. 271, Nr. 1550, S. 1771–1776.

Just, J. (1974): On *Palaeogammarus* ZADDACH, 1864, with a description of a new species from Western Baltic amber. – Steenstrupia 3 (10), S. 93–99.

Kehlmaier, Chr. & Dierickx M. & Skevington, J. H. (2014): Micro-CT studies of amber inclusions reveal internal genitalic features of big-headed flies, enabling a systematic placement of *Metanephrocerus* Aczél, 1948 (Insecta: Diptera: Pipunculidae). – Arthropod Systematics & Phylogeny 72 (1).

Kirejtshuk, A., Nel, A. & Collomb, F.-M. (2010): New Archostemata from the French Paleocene and Early Eocene. – Annales de la Société entomologique de France (n. s.), 46, S. 216–227.

Kirejtshuk, A. & Poinar Jr., G. (2007): Species of two Paleoendemic Sap Beetle Genera of the Tribe Nitidulini (Nitidulidae: Coleoptera) from the Baltic and Dominican Amber. – Paleontological Journal, Vol. 41 (6), S. 629–641.

Klausnitzer, B. (1976): Neue Arten der Gattung *Helodes* Latreille aus Bernstein (Coleoptera Helodidae). – Reichenbachia 16, S. 53–61, Dresden.

Klausnitzer, B. (1997): Diplura, Doppelschwänze. – In Westheide, Rieger (Hrsg.): Spezielle Zoologie Teil 1: Einzeller und Wirbellose Tiere, S. 620 – 621.

Klebs, R. (1885): Gastropoden im Bernstein. – Jahrbuch der Königlichen Preussischen Geologischen Landesanstalt und Bergakademie zu Berlin für das Jahr 1885, S. 366–394.

Kobbert, M. J. (2005): Bernstein – Fenster in die Urzeit. – Planet Poster Editions, Göttingen.

Koteja, J. (1984): The Baltic amber Matsucoccidae (Homoptera: Coccinea). – Annales Zoologici 37, S. 437–496.

Koteja, J. (1998): Essays on coccids (Homoptera): Sudden death in amber.

Koteja, J. (2008): Xylococcidae and related groups (Hemiptera: Coccinea) from Baltic amber. – Prace Muzeum Ziemi 49, S. 19–56.

Kotrba, M. (2004): Baltic amber fossils reveal early evolution of sexual dimorphism in stalk-eyed flies (Diptera: Diopsidae). – Organisms, Diversity & Evolution 4, S. 265–275.

Kováč, L'., L'uptáčik, P. & Palacios-Vargas, J. G. (2002): Distribution of *Eukoenenia spelaea* (Peyerimhoff, 1902) (Arachnida, Palpigradida) in the Western Carpathians with remarks on its biology and behavior. – ISB AS CR, České Budějovice, p. 93–99.

Krisper, G. (1990): Das Sprungvermögen der Milbengattung *Zetorchestes*. – Zoolog. Jb. Anat. 120.

Krzemiński, W. & Soszyńska-Maj, A. (2012): A new genus and species of scorpionfly (Mecoptera) from Baltic amber, with an unusual developed postnotral organ. – Systematic Entomology 37, S. 223–228.

Krzemiński, W. (2007): A revision of Eocene Bittacidae (Mecoptera) from Baltic amber, with the description of a new species. – African Invertrebrates, Vol. 48 (1), S. 153–162.

Larsson, S. G. (1978): Baltic amber – a palaeobiological study. – Entomonograph, Vol 1.

Lienhard, C. & Smithers, C. N. (2002): Psocoptera (Insecta): World Catalogue and Bibliography. – Instrumenta Biodiversitatis, Nr. 5, Muséum d'histoire naturelle, Genève.

Lourenço, W. R. & Weitschat, W. (2000): New fossil scorpions from the Baltic amber. – Mitteil. Geol.-Paläont. Inst. Univ. Hamburg, Heft 84, S. 247–260.

Lourenço, W. R. & Weitschat, W. (2001): Description of another fossil scorpion from Baltic amber. – Mitteil. Geol.-Paläont. Inst. Univ. Hamburg, Heft 85, S. 277–283.

Lourenço, W. R. (2012): Further considerations on scorpions found in Baltic amber, with a description of a new species (Scorpiones: Buthidae), *Euscorpius*. – Occasional Publications in Scorpiology, No. 146.

Lucks, R. (1927): *Palaeogammarus balticus*, nov. sp., ein neuer Gammaride aus dem Bernstein. – Schriften der Naturforschenden Gesellschaft in Danzig 8 (3), S. 1–13.

Lühe, M. (1904): Säugerhaare im Bernstein. – Schriften phys.-ökon. Gesellsch. Königsberg 45, S. 62–63.

Mayr, G. & Wilde, V.: Neues aus der Grube Messel, Vogelblütigkeit vor 47 Millionen Jahren. – National Geographic.

Mockford, E. L. & Johnson, K. (2003): Molecular systematic of Psocomorpha (Psocoptera). – Systematic Entomology 28, S. 409–416.

Mockford, E. L. (2003): Psocoptera (Psocids, booklice). – Encyclopedia of Insects, Academic Press, S. 966–969.

Moulton, J. K. & Wiegmann, B. M. (2007): The phylogenetic relationships of flies in the superfamily Empidoidea. – Mol. Phylogenet. Evol. 43 (3).

Müller, H. J. (1986): Bestimmung wirbelloser Tiere im Gelände. – Gustav Fischer Verlag, Stuttgart.

Niehuis, O., Hartig, G. & Pohl, H., Lehmann, J. & Tafer, H. et al. (2012): Genomic and Morphological Evidence Converge to Resolve the Enigma of Strepsiptera, Current Biology.

Norton, R. A. & Sidorchuk, E. A.: *Collohmannia johnstoni* n. Sp. (Acari, Oribatida) from West Virginia (USA), including description of ontogeny, setal variation, notes on biology and systematic of Collohmanniidae. – Acarologia 54 (3), S. 271–334.

Nowak, M. A., Tarnita, C. E. & Wilson, E. O. (2010): The evolution of eusociality. –Nature 476 – 7310.

Ohl, M. (2004): The first fossil representative of the wasp Genus *Dolichurus,* with a review of fossil Ampulicidae (Hymnenoptera: Apoidea), *Dolichurus heevansi* in Baltic Amber. – Journal of the Kansas Ent. Soc. 77 (4): S. 332–342.

Ohl, M. (2011): Aboard a spider – a complex developmental strategy fossilized in amber. – Naturwissenschaften 98, S. 453–456.

Ouvrard, D., Burckhardt, D. & Greenwalt, D. (2013): The oldest jumping plant-louse (Hemiptera: Sternorrhyncha) with comments on the classification and nomenclature of the Palaeogene Psylloidea. – Acta Musei Moraviae, Scientiae biologicae (Brno) 98 (2): S. 21–33.

Palpigrada-Foto: *Eukoenenia spelaea* (Peyerimhoff, 1902), Foto: Smrž et al. 2013, Creative Commons 3.0

Pape, T. et al.: Animal biodiversity: An outline of higher-level classification and survey of taxonomic richness. – Zootaxa 3148, Zhi-Qiang Zhang, Animal biodiversity.

Perkovsky, E. (2005): The first Eocene representative of *Ipelatus* (Coleoptera, Agyrtidae) from the Baltic Amber. – Vestnik zoologii, 39 (1): S. 59 – 671.

Peus, F. (1968): Über die beiden Bernsteinflöhe. – Paläontologische Zeitschrift der Paläontologischen Gesellschaft 42, S. 62–72. Stuttgart.

Pictet, F. J. & Hagen, H.: Plecoptera – in Behrendt, 1856.

Platnick, N. I. (200 – 2013): The World Spider Catalog, Version 14.0, American Museum of Natural History.

Poinar, G. O. (2007): Enchytraeidae (Annelida: Oligochaeta) in amber. – Megadrilogica 11 (5), S. 53–57.

Poinar, G. O. Jr. (1992): Life in Amber. – 350 S., 147 Fig., 10 Tafeln, Stanford University Press, Stanford (Cal.).

Popov, Y. (2008): *Pavlostysia wunderlichi* gen. nov. and sp. nov., the first fossil spider-web bug (Hemiptera: Heteroptera: Cimicimorpha: Plokiophilidae) from Baltic amber. – Acta Entomol. Musei Nat. Pragae 48, S. 497–502.

Ritzkowski, S. (1997): Kalium-Argon-Altersbestimmung der bernsteinführenden Sedimente des Samlandes (Paläogen, Bezirk Kaliningrad). – Metalla, Sonderheft 66, S. 19–23.

Roesler, G. (1943/4): Über einige Copeognathengenera. – Stettiner Entomolog. Z. 104, S. 1–14, und: Die Gattungen der Copeognathen, dto Nr. 105, 117–166.

Ross, E. S. (1956): A new genus of Embioptera from Baltic amber. – Mitt. Geolog. Staatsinstitut Hamburg, 25, S. 76–81.

Ross, L., Shuker, D. M. Normark, B. & Pen, I. (2012): The role of endosymbionts in the evolution of haploid-male genetic systems in scale insects (Coccoidea). – Ecology and Evolution.

Sadowski, E., Schmidt, A. R., Kunzmann, L., Gröhn, C. & Seyfullah, L. J. (2015): *Sciadopitys cladodes* from Eocene Baltic amber. – Botanical Journal of the Linnean Society, submitted.

Schaufuss, C. (1891): Preussens Bernstein-Käfer. Neue Formen aus der Helm'schen Sammlung im Danziger Provinzialmuseum. – Berliner Entomologische Zeitschrift 36, S.53–64.

Scheller, U. & Wunderlich, J. (2001): First description of a fossil pauropod, *Eopauropus balticus* (Pauropoda: Pauropodidae) in Baltic amber. – Mitteil. Geol.-Paläontol. Inst. Univ. Hamburg, Heft 85, S. 221–227.

Schmalfuss, H. (2003): World catalog of terrestrial isopods (Isopoda: Oniscidea). – Stuttgarter Beiträge zur Naturkunde, Serie A (Biologie), Bd. 654, S. 1–341.

Schuh, R. T. & Slater, A. (1995): True bugs of the World (Hemiptera: Heteroptera). – Classification and Natural History, Pavel Stys – Hypsipterygidae.

Schulz, W. (2003): Geologischer Führer für den norddeutschen Geschiebesammler. – S. 27.

Seredszus, F. & Wichard, W. (2002): Buchonomyiinae (Diptera, Chironomidae) im Baltischen Bernstein. – Studia dipterologica, 9: 393–402.

Seredszus, F. & Wichard, W. (2007): Fossil chironomids (Insecta, Diptera) in Baltic amber. – Palaeontographica, Abt. A. 279: 49–91, Stuttgart.

Seredszus, F. & Wichard, W. (2010): Overview and descriptions of fossil non-biting midges in Baltic amber (Diptera: Chironomidae). – Studia dipterologica 17: 121–129.

Sharov, A. G. (1968): Filogeniya ortopteroidnykh nasekomykh. – Trudy Paleontol. Inst. Akademii Nauk SSSR 118, S. 1–216.

Sidorchuk, E. A. & Klimov, P. B. (2011): Redescription of the mite *Glaesacarus rhombeus* (Koch & Berendt, 1854) from Baltic amber (Upper Eocene). – Journal of Systematic Palaeontology, Vol. 9, Issue 2, p. 18–196.

Sidorchuk, E. A. & Norton, R. A. (2011): The fossil mite family Archaeorchestidae (Acari, Oribatida) I: redescription of *Strieremaeus illibatus* and synonym of *Strieremaeus* with *Archaeorchestus.* – Zootaxa 2993, S. 34–58.

Sinclair, B. J. & Cumming, J. M. (2006): The morphology, higher-level phylogeny and classification of the Empidoidea (Diptera). – Zootaxa 1180.

Skalski, A. W. (1976): Les lépidoptères fossiles de l'ambre. Etat actuel de nos connaissances.

Sohn, J.-C., Labandeira, C., Davis, D. & Mitter, C. (2012): An annotated catalog of fossil and subfossil Lepidoptera (Insecta : Holometabola) of the world. – Zootaxa 3286, S. 1–132.

Sohn, J.-C. (2015): The fossil record and taphonomy of butterflies and moths (Insecta, Lepidoptera): implications for evolutionary diversity and divergence-time estimates. – BMC Evol. Biol. 15 (1): 12.

Soszyńska-Maj, A. & Krzemiński, W. (2013): Family Panorpidae (Onsecta, Mecoptera) from Baltic amber (upper Eocene): new species, redescription and palaeogeographic remarks of relict scorpionflies. – Zootaxa 3636 (3), S. 489–499.

Spahr, U. (1992/3): Ergänzungen und Berichtigungen zu R. Keilbachs Bibliographie und Liste der Bernsteinfossilien - Verschiedene Tiergruppen. – Stuttgarter Beiträge Naturkunde.

Spangler, P. J. (1963): A description of the larva of *Macrovatellus* (Dytiscidae). – The Coleopterist's Bulletin 17, S. 97–100.

Staniczek, A. H. & Bechly, G. (in Vorbereitung): Über die Baltischen Zygentomen, eine neue Familie Nicoletiidae mit der Art *Electronicoletia groehni.*

Stresemann, E. (1967): Exkursionsfauna von Deutschland, Wirbellose I. – Volk und Wissen Volkseigener Verlag Berlin, S. 393 Pauropoda.

Stroiński, A. & Szwedo, J. (1999): Redescription of *Tritophaniapatruelis* Jacobi, 1938 from Eocene Baltic amber (Hemiptera: Nogodinidae. –, Annales Zoologici, 49 (3).

Stuckenberg, B. R. (1974): A new genus and two new species of Athericidae (Diptera) in Baltic amber. – Ann. Natal Museum 22, S. 275–288.

Stworzewicz, E. & Pokryszko, B. M. (2006): Eocene terrestrial snails (Gastropoda) from Baltic amber. – Annales Zoologic, 56 (1), S. 215–224.

Szadziewski, R. & Sontag, E. (2001): Tiere im Bernstein. – S. 151 – 171, in KRUMBIEGEL: Faszination Bernstein.

Szadziewski, R. (1988): Biting midges (Diptera: Ceratopogonidae) from Baltic amber. – Polish Journal of Entomology (Polskie Pismo Entomologiczne) 58, S. 3–283.

Szumik, C. A. (1994): *Oligembia vetusta,* A new fossil Embioptera from Dominican Amber. – J. New York Entomol. Soc. 102 (1), S.67–72.

Szwedo, J. & Stroi´nski, A. (2013): An extraordinary tribe of Tropiduchidae from the Eocene Baltic amber, with notes on fossil taxa (Hemiptera: Fulgoromorpha: Fulgoroidea). – Zootaxa, 3647 (2).

Tilgner, E. H. (2002): Systematics of Phasmida. – Tree of Life, Web projects.

Troppenz, U.-M. (2012): Oberordovizische Schwämme in der Südheide aus dem tertiären Eridanos-Urstrom-System. – In: Der Geschiebesammler, Jahrgang 45, Heft 1, Januar 2012.

Ubick, D. & Dunlop, J. A. (2005): On the placement of the Baltic amber harvestman *Gonyleptes nemastomoides* Koch & Berendt, 1854, with notes on the phylogeny of Cladonychiidae (Opiliones, Laniatores, Travunioidea). – Mitt. Mus. Naturkunde Berlin, Geowiss. Reihe 8, S. 75–82.

Ulmer, G. (1912): Die Trichopteren des Baltischen Bernsteins. – Beiträge Naturkunde Preussens 10: 1–380.

Ulrich, H. & Schmelz, R. M. (2001): Enchytraeidae as prey of Dolichopodidae, recent and in Baltic amber (Oligochaeta; Diptera). – Bonn. Zool. Beitr., Bd. 50, H. 1 – 2, S. 89–101.

Urania Tierreich, 3. Band Insekten (1969), Verlag Harri Deutsch, Frankfurt.

Van Keulen, P., Smit, R. & Rhebergen, F. (2012): Ordovizische lavendelblaue Hornsteine in miozänen bis altpleistozänen Ablagerungen des „Baltischen Flußsystems". – Archiv für Geschiebekunde, Band 6, Heft 3, Seite 184–185.

Voigt, E. (1952): Ein seltener Fund: Nissen im Bernstein. – Umschau in Wissenschaft und Technik, Vol. 52.

Von Tschirnhaus, M. & Hoffeins, Chr. (2009): Fossil flies in Baltic amber – insights in the diversity of Tertiary Acalyptratae (Diptera, Schizophora), with new morphological characters and a key based on 1,000 collected inclusions. – Denisia 26, Kataloge der oberösterreichischen Landesmuseen, Serie 86, S. 171–212.

Wegierek, P. (1990 ff): Aphid species from the collection of the Baltic amber in the museum of the Earth. – Polish Academy of Sciences in Warsaw, Prace Museum Ziemi, 41, S. 83–90.

Weidner, H. (1955): Die Bernstein-Termiten der Sammlung des Geologischen Staatsinstituts Hamburg. – Mitteil. Geol. Staatsinst. Hamburg Nummer 24, S. 55–74.

Weidner, H. (1964): Eine Zecke, *Ixodes succineus* sp. n., im Baltischen Bernstein. – Veröffentlichungen aus dem Übersee-Museum in Bremen 3: 143–151.

Weitschat, W. (2008): Bitterfelder Bernstein versus Baltischer Bernstein – Hypothesen, Fakten, Fragen. – 2. Bitterfelder Bernsteinkolloquim, Tagungspublikation.

Weitschat, W. & Wichard, W. (1992): Farbeffekte bei Komplexaugen von Köcherfliegen (Insecta: Trichoptera) im Bernstein. – Mitt. Geol.-Paläontolog. Inst. Univ. Hamburg, Heft 73, S. 223–233.

Weitschat, W. & Wichard, W. (1998): Atlas der Pflanzen und Tiere im Baltischen Bernstein. – 256 S., Dr. Pfeil Verlag München.

Weitschat, W. & Wichard, W. (2000): Szenen aus dem Bernsteinwald. – Spektrum der Wissenschaft 8/2000: 54–61.

Weitschat, W. & Wichard, W. (2002): Atlas of Plants and Animals in Baltic Amber. – 256 pp., Dr. Pfeil Verlag München.

Weitschat, W. & Wichard, W. (2005): Szenen aus dem Bernsteinwald. – Spektrum der Wissenschaft, Dosier 1: 74–82.

Weitschat, W. & Wichard, W. (2010): Baltic Amber - in Penny, D. (ed.): Biodiversity of fossils in Amber from the major world deposits. – Kap. 5: 50–83, Siri Scientific Press.

Weitschat, W., Brandt, A., Coleman, C. O., Møller-Andersen, N., Myers, A. A. & Wichard, W. (2002): Taphocoenosis of an extraordinary arthropod community in Baltic amber. – Mitt. Geol.-Paläont. Institut Univ. Hamburg 86, S. 189–210.

Wichard, W. (1997): Schlammfliegen aus Baltischem Bernstein (Megaloptera, Sialidae). – Mitt. Geol.-Paläont. Inst. Univ. Hamburg 80: 197–211.

Wichard, W. (2002): Eine neue Schlammfliege aus dem Baltischen Bernstein (Megaloptera, Sialidae). – Mitt. Geol.-Paläont.Inst. Univ. Hamburg 86: 253–261.

Wichard, W. (2003): *Chauliodes,* ein Großflügler im Baltischen Bernstein (Megaloptera, Corydalidae). – Mitt. Geol.-Paläont. Inst. Univ. Hamburg 87: 144–161.

Wichard, W. (2005): Wasserinsekten im Baltischen Bernstein – Zeitzeugen eines alttertiären Waldes. – Biologie in unserer Zeit 35 (2): S. 83–89.

Wichard, W. (2009): Taphozönosen im Baltischen Bernstein. – Denisia 26: 257 - 266.

Wichard, W. (2013a): Bemerkenswerte und kuriose Köcherfliegen (Trichoptera) im Baltischen Bernstein. – Entomologie heute 25: 99–107, Düsseldorf.

Wichard, W. (2013b): Overview and Description of Trichoptera in Baltic Amber – Spicipalpia and Integripalpia. – 190 S. Verlag Kessel, Remagen .

Wichard, W. & Wagner, R. (2014): Die Köcherfliegen. – 180 S., Die Neue Brehm-Bücherei 512, VerlagsKG Wolf.

Wichard, W. & Weitschat, W. (2005): Im Bernsteinwald. – Gerstenberg Verlag, Hildesheim, 2. Dt. Auflage (1. Aufl. 2004).

Wichard, W., Arens, W. & Eisenbeis, G. (1995): Atlas zur Biologie der Wasserinsekten. – 434 pp., G. Fischer Verlag, Stuttgart.

Wichard, W., Arens, W. & Eisenbeis, G. (2002): Biological Atlas of Aquatic Insects. – 339 pp., Apollo Press, Kopenhagen.

Wichard, W., Buder, T. & Caruso, C. (2010): Aquatic lacewings of family Nevrorthidae (Neuroptera) in Baltic amber. – Denisia 29: 445–457; Linz, Austria.

Wichard, W., Chatterton, C. & Ross, A. (2005): Corydasialidae fam. n., (Megaloptera) from Baltic Amber. – Insect Systematic & Evolution 36 (3): 279–283.

Wichard, W. & Engel, M. S. (2006): A New Alderfly in Baltic Amber (Megaloptera: Sialidae). – Am. Mus. Novitates 3513.

Wichard, W., Gras, A., Gras, H. & Dreesmann, D. (2005): Antireflexbelag und Schillerfarben auf den Augen von Köcherfliegen im Bernstein (Trichoptera). – Entomol. Gener. 27 (3/4): 223–238.

Wichard, W., Gröhn, C. & Seredszus, F. (2009): Wasserinsekten im Baltischen Bernstein – Aquatic insects in Baltic amber. – 336 S., Kessel Verlag, Remagen.

Wolfe, A. P., Tappert, R., Muehlenbachs, K., Boudreau, M. et al. (2009): A new proposal concerning the botanical origin of Baltic amber. – In: Proceedings of the Royal Society B. Band 276, S. 3403–3412, London.

Wunderlich, J. (2004 – 2013): Fossil Spiders in Amber and Copal. – Beitr. Araneol. 3A und folgende Bände bis 8.

Wunderlich, J. (2015): Mesozoic Spiders – Spinnen des Erdmittelalters. – Beitr. Araneol., 9.

Zaddach, G. (1864): Ein Amphipode im Bernstein. – Schriften der Königlichen Physikalisch-Ökonomischen Gesellschaft zu Königsberg 5, S. 1–12.

Zimmermann, D. J. C. (1756): Grundsätze der Theoretisch-Practischen Chemie.

Zompro, O., Adis, J., Moombolah- Goâgoses, E. & Marais, E. (2002): Gladiators: a new order of insects. – Scientific American, Nr. 287 (5), S. 60–67.

Zompro, O., Klass, K.-D., Kristensen, N.-P. & Adis, J. (2002): Mantophasmatodea: A new order with extant members in the Afrotropics. V Science 296, S. 1456–1459.

Zompro, O. (2001): The Phasmatodea and Raptophasma n. gen., Orthoptera incertae sedis, in Baltic amber. – Mitteil. aus dem Geol.-Paläntol. Inst. der Universität Hamburg, Heft 85.

Zompro, O. (2004): Revision of the genara of the Areolatae, including the status of *Timema* und *Agathemera* (Insecta, Phasmatodea). – Goecke & Evers Verlag, Keltern.

Zompro, O. (2005): Inter- and intra-ordinal relationships of the Mantophasmatodea with comments on the phylogeny of polyneopteran orders (Insecta: Polyneoptera). – Mitt. GPIH (89).

Zompro, O. (2008): Das System der geflügelten Insekten (Pterygota). – Arthropoda 16 (1).

Bilder und Zeichnungen – Quellen:

Zeichnung „Der Bernsteinwald": Gabriele Diebel

Geißelskorpion: „*Typopeltis* fg01" von Fritz Geller-Grimm - Eigenes Werk. Lizenziert unter CC BY-SA 3.0, Wikimedia Commons

Zeichnungen: Kapuzenspinne, Geißelskorpion, Zwerg-Geißelskorpion und Palpigrada: aus Wunderlich, Beitr. Araneol. 3 A (2004), Fossil Spiders in Amber and Copal

Foto Palpigrada: *Eukoenenia spelaea* (Peyerimhoff, 1902), Foto: Smrž et al. 2013, Creative Commons 3.0

Ameisen – Zeichnungen der Unterfamilien: nach Dlussky, 1996 und 2008 (s. o.), verändert

Zeichnungen im Bestimmungsschlüssel:

Nicht näher spezifizierte Zeichnungen:
Wikimedia und Wikipedia Commons

1 Thysanoptera, Creatice Commons, HYPP Zoology home page

2 Odonata, Creatice Commons, The Natural History Collections Navigation Bar

4a Mantodea, Creative Commons, Mantis Study Group © P. E. Bragg, 2008

4c Mantophasmatodea, Creative Commons, Systematics Mantoph. © Thom Glas

5 Mecoptera, Creative Commons, General Entomology, John Meyer

9 Embioptera, Trans. Linn. Soc. Zool., A. D. Imms, 1913

10 Isoptera, Creative Commons, Metaphysica

13 Mymaridae, Creative Commons, Universal Chalcidoidea Database, Nat. Hist. Museum

15 Aleyrodidae, Creative Commons, HYPP Zoology home page

16 Psylloidea, Creatice Commons, Dic. Academic. Ru., Psylloidea-Website

19 Käfer, Creatice Commons, © Th. Seilnacht

23 Polyxenidae, Creative Commons, Flickr, © A. Damgaard

24 Symphyla, verändert nach: Spez. Zool., Westheide & Rieger

25 Amphipoda, Dreative Commons, Key aquatic Crustacea, Trueman & Dimitriadis

26 Isopoda, Creative Commons, Free Books – Manual of Zool.

27 Opiliones, Creative Commons, CSIRO

28 Acari, Creative Commons, Round Robin

30 Dermaptera, Creative Commons, US Berkeley, BioKeys

33b Lepismatidae, Creative Commons, Summit College Santa Ana

35 Phasmida, Creative Commons, The Nat. Hist. Coll. Navigation Bar

40 Geophilidae, verändert nach Spez. Zool. Westheide & Rieger

41 Lithobiidae, verändert nach Spez. Zool. Westheide & Rieger

50 Brachycera, Creatice Commons, verändert nach dreamstime

56–60 Zeichnungen von Ameisen: verändert aus Wikipedia, Creative Commons

61 Sciaridae-Flügelzeichnung: Giancarlo Dessi, CC BY-SA 3.0 Wikimedia Commons

62 Ceratopogonidae-Zeichnung: Wikimedia Commons, from CSIRO

63 Mycetophilidae Zeichnung: Zeichnung Halvard, Senckenberg, Wikimedia Commons

64 Psychodidae-Flügelzeichnung: Quate & Vockeroth, Wikimedia Commons

65 Cecidomyiidae Zeichnung: M. Jaschhof, Wikimedia Commons

DANKSAGUNG

Viele Spezialisten für die einzelnen Tiergruppen haben mir mit Rat und Tat zur Seite gestanden, haben Einschlüsse bestimmt, Korrektur gelesen usw. Ohne die Hilfe dieser Wissenschaftler aus aller Welt wäre dieses Werk nicht möglich gewesen. So hat z. B. Prof. Dr. Wilfried Wichard die Kapitel Megaloptera, Plecoptera und Trichoptera Korrektur gelesen und authorisiert. Ich sage ganz herzlichen Dank an:

Wilfried Wichard (Megaloptera, Plecoptera, Trichoptera)
Volker Lohrmann (Hymenoptera)
Max J. Kobbert (Allgemeines)
Jacek Szwedo (Cicadina)
Christel Hoffeins (Brachycera Acalyptratae)
Michael von Tschirnhaus (Brachycera)
Thilo Fischer (Mikrolepidoptera)
Ernst Heiss (Heteroptera)
Axel Niggeloh (Formicidae)
Alexander Schmidt (Niedere Pflanzen, Pilze, Einzeller)
Frank Wieland (Mantodea, Mantophasmatodea)
Reinhard Ehrmann (Mantodea)
Oliver Zompro (Phasmida, Mantophasmatodea)
Jörg Wunderlich (Araneae)
Rainer Willmann (Mecoptera)

Weiterhin gilt mein Dank
(in alphabetischer Reihenfolge):

Vitali I. Alekseev (Coleoptera)
Leonid Anisuitkin (Blattoidea)
Bruce Archibald (Neuroptera)
Volker Assing (Staphylinidae)
Michael Balke (Wasserkäfer)
Jean-Claude Beaucournu (Siphonaptera)
Günter Bechly (Odonata)
Dan Bickel (Dolichopodidae)
Volker Brachat (Pselaphidae)
Andris Bukejs (Chrysomelidae, Dermestidae)
Daniel H. Burckhardt (Psylloidea)
Chen-Yang Cai (Coleoptera)
Garcia José Carillo (Pseudoskorpione)
Charles Oliver Coleman (Amphipoda)
Selvin Dashdamirov (Pseudoscorpiones)
Gennady Dlussky (Formicidae) posthum
Jowita Drohojowska (Aleurodidae)
Jason Dunlop (Arachnida)
Stefan Dwillies (Formicidae)
Greg Edgecombe (Myriapoda)
Reinhard Ehrmann (Mantodea)
Michael S. Engel (Apoidea etc.)
Karlheinz Foos (Mammalia)
Hans-Peter Frahm (Moose) posthum
Roman Godunko (Ephemeroptera)
Viktor Golub (Heteroptera – Tingidae)
Hartmut Greven (Pseudoscorpiones)
Riclef Grolle (Lebermoose), posthum
Fabian Haas (Dermaptera)
Joachim T. Haug (Blattoidea)
Martin Hauser (Therevidae)
Jiří Háva (Anobiidae, Dermestidae)
Sam W. Heads (Orthoptera)
Jochen Heinrichs (Lebermoose)
Hans Henderickx (Pseudoscorpiones, Strepsiptera)
Aleksander Herczek (Heteroptera)
Marie Hörnig (Blattoidea)
Hans-Werner Hoffeins (Nematocera)
Gerrit Holighaus (Lymexylonidae)
Jens-Wilhelm Janzen (Hymenoptera)
Christian Kehlmaier (Pipunculidae)
Bernhard Klausnitzer (Coleoptera Scirtidae)

Alexander G. Kirejtshuk (Coleoptera)
Jan Koteja (Coccoidea), posthum
Marion Kotrba (Diopsidae)
Ulrich Kotthoff (Hymenoptera)
Frank-Thorsten Krell (Coleoptera Scarabaeidae)
Ivan Löbl (Coleoptera)
Wilson R. Lourenço (Scorpiones)
Vladimir N. Makarkin (Neuroptera)
Joanna Mąkol (Acari)
Peter Martin (Acari)
Paolo Mazzoldi (Coleoptera Gyrinidae)
Edward Mockford (Psocoptera)
André Nel (Neuroptera, Nematocera usw.)
Roy A. Norton (Acari)
Michael Ohl (Mantispidae)
Jaime Ortega-Blanco (Hymenoptera)
David Penney (Mecoptera u. a.)
Evgeny Perkovsky (Formicidae, Coleoptera)
Michel Perreau (Coleoptera Leiodidae)
Vincent Perrichot (Formicidae)
Fredrik Pleijel (Polychaeta)
Sigitas Podenas (Limoniidae)
George Poinar (Pflanzen)
Beta M. Pokryszko (Gastropoda)
Yuri Popov (Heteroptera)
Volker Puthz (Coleoptera Staphylinidae)
Dávid Rédei (Hypsipterygidae)
Hans-Peter Reike (Latridiidae)
Alexander Riedel (Curculionidae)
Wolfgang Rücker (Coleoptera Latridiidae)
Eva-Maria Sadowski (Pflanzen Gymnospermen)
Wolfgang Schedl (Symphyta)
Rainer Schimmel (Coleoptera Elateridae)
Helmut Schmalfuss (Isopoda)
Michael Schülke (Staphylinidae)
Fabian Seredszus (Chironomidae)
Ekaterina Sidorchuk (Acari)
Thomas Sobczyk (Lepidoptera)
Martin Stiewe (Mantodea)
Jens-Hermann Stuke (Syrphidae)
Ewa Stworzewicz (Gastropoda)
György Sziráki (Coniopterygidae)
Dmitry Telnov (Coleoptera Anthicidae)
Teruhisa Ueno (Coleoptera)
Manfred Ulitzka (Thysanoptera)
Francesco Vitali (Cerambycidae)
Rüdiger Wagner (Psychodidae)
Marek Wanat (Curculionidae)
Piotr Wegierek (Aphidoidea)
Jason D. Weintraub (Cylindrotomidae)
Thomas Weiterschan (Coniopterygidae)
Doreen Werner (Simuliidae)
Andreas Wohltmann (Acari)
Hannah Wood (Archaeidae)
Iuri Zappi (Cleridae)
Lothar Zerche (Coleoptera Staphylinidae)

Der Großteil der gezeigten Einschlüsse stammt aus meiner privaten Sammlung. Von einigen Tiergruppen hatte ich keine fotogenen Exemplare: Viele Sammler haben mich unterstützt, indem sie mir entweder Fotos zur Verfügung gestellt oder ihre Einschlüsse zum Fotografieren ausgeliehen haben.

Der Dank für die Ausleihe von Einschlüssen bzw. die Zur-Verfügung-Stellung von Fotos oder Zeichnungen geht an (alphabetische Reihenfolge):

Günter Bechly
Alexander Bratek
Thomas Czora
Jonas Damzen
Jason Dunlop
Holger Ehlen
Friedhelm Eichmann
Thilo Fischer
Heinrich Grabenhorst
Ernst Heiss
Hans Henderickx
Marie Hörnig
Christel Hoffeins
Hans-Werner Hoffeins
Jens Janzen
Friedrich Kernegger
Max J. Kobbert
Thomas Krage
Wilson Lourenço
Walter Ludwig
Axel Niggeloh
Frank Paulsen
Sigitas Podenas
Alexander Schmidt
Manfred Ulitzka
Juozas Veilandas
Jürgen Velten
Marius Veta (www.ambertreasure4u.com)
Thomas Weiterschan
Wolfgang Weitschat
Wilfried Wichard
Frank Wieland
Karin Wolf-Schwenniger
Jörg Wunderlich

WEITERE BERNSTEINBÜCHER, ERSCHIENEN IM WACHHOLTZ VERLAG

Gröhn, Carsten
Bernstein suchen und sammeln
14,3 × 19,7 cm, 111 S.,
zahlr. Abb., brosch.
ISBN 978-3-529-05441-9
€ 14,80

Gröhn, Carsten
Bernstein suchen und finden
Wachholtz kompakt
11 × 16,8 cm, 96 S., zahlr. Abb., brosch.
ISBN 978-3-529-05474-7
€ 7,90

Gröhn, Carsten/ambertop
Alles über Bernstein
21 × 28 cm, 208 S.,
zahlr. Abb., geb.
ISBN 978-3-529-05438-9
€ 29,90

Carsten Gröhn

wurde 1949 im schleswig-holsteinischen Mölln geboren, studierte Biologie an der Christian-Albrechts-Universität Kiel und war über 40 Jahre lang Biologielehrer am Gymnasium Glinde.

Seit 25 Jahren ist er begeisterter Bernsteinsammler. Sein Hauptinteresse gilt den Einschlüssen im Bernstein, mit Schwerpunkt auf Baltischem Bernstein. Sein Anliegen ist es, Bernsteinfreunden umfassende Informationen zukommen zu lassen. Viele Leser hat seine Website www.ambertop.de sowie das Standardwerk ALLES ÜBER BERNSTEIN. Er ist Autor und Coautor diverser weiterer Bücher und Veröffentlichungen über Bernstein.

Als 1. Vorsitzender des Arbeitskreises Bernstein an der Universität Hamburg betreut er über 200 Bernsteininteressierte aus aller Welt.